国家出版基金项目
NATIONAL PUBLICATION FOUNDATION

◎ 主　编 / 白学军
◎ 副主编 / 杨海波　吴　捷

# 灾害心理防护

ZAIHAI XINLI
FANGHU

天津出版传媒集团

天津教育出版社
TIANJIN EDUCATION PRESS

**图书在版编目（CIP）数据**

灾害心理防护 / 白学军主编；杨海波，吴捷副主编
. -- 天津：天津教育出版社，2023.12
ISBN 978-7-5309-9015-5

Ⅰ.①灾… Ⅱ.①白… ②杨… ③吴… Ⅲ.①灾害—
心理保健 Ⅳ.①B845.67

中国国家版本馆CIP数据核字(2023)第243322号

**灾害心理防护**

ZAIHAI XINLI FANGHU

| 出 版 人 | 黄　沛 |
|---|---|
| 主　　编 | 白学军 |
| 副 主 编 | 杨海波　吴　捷 |
| 选题策划 | 王艳超　曾　萱 |
| 责任编辑 | 曾　萱 |
| 装帧设计 | 郭亚非 |

出版发行　天津出版传媒集团
　　　　　天津教育出版社
　　　　　天津市和平区西康路35号 邮政编码300051
　　　　　http://www.tjeph.com.cn 电话:(022)23378789

| 经　　销 | 新华书店 |
|---|---|
| 印　　刷 | 北京捷迅佳彩印刷有限公司 |
| 版　　次 | 2023年12月第1版 |
| 印　　次 | 2023年12月第1次印刷 |
| 规　　格 | 16开（787毫米×1092毫米） |
| 字　　数 | 500千字 |
| 印　　张 | 37.25 |
| 定　　价 | 68.00元 |

# 编 委 会

## 主 编

白学军

## 副 主 编

杨海波　吴　捷

## 编写人员

李　馨　周广东　谷　莉

王　锦　毋　嫘　朱　叶

林　琳　张秀阁　章　鹏

# 推荐序

灾难不仅给人们的生活和生命财产造成严重损失，同时给人们的心理健康也造成严重损害。灾难可能致使我们发生焦虑、抑郁、恐惧、闪回等应激反应，进而影响正常的生活，甚至有可能致使我们罹患"急性应激障碍""创伤后应激障碍"等精神疾病。

5·12汶川地震发生后，我国心理学工作者开展了我国历史上规模最大的一次心理救援，取得了一定成效。灾害心理的概念逐渐被公众所了解，人们对灾害引发的心理危机有了初步的认识。灾害发生后，实施高效的生命营救和物质救援的同时，及时地开展科学的心理援助，可以帮助灾区群众调整心理，逐步回归正常的社会生活。

近年来，每当出现重大灾害时，心理学工作者第一时间奔赴灾区，从普及心理健康知识、受灾民众心理健康状况评估、灾后心理安抚、心理咨询和危机干预等多渠道开展灾后心理援助工作，已收集到大量的珍贵资料和科学数据。尽管目前我国在灾后心理防护及援助等方面较以往有了突破性进展，但是与发达国家的心理援助体系相比，还有一些差距，尤其是缺少符合中国国情的灾后心理防护体系。《"十四五"国家应急体系规划》中明确提出，要"引导心

理援助与社会工作服务参与灾害应对处置和善后工作，对受灾群众予以心理援助"。因此，急需有一专门的学科来探索灾害心理的规律，以便帮助人们走出困境，更有效地预防和应对灾害。

本书在国内首开"灾害心理防护学"的学科理念，全面介绍近年来国内、国际灾害心理防护学领域的最新进展，详尽阐述了灾害心理防护学的理论体系，系统论述灾害心理防护学的组织管理和专业技术。特别是结合近年来我国灾后心理救援的经验教训，对各种常见灾害的心理防护和救援进行了详细的阐述。内容全面系统，紧密结合实际，科学性和指导性强，集中反映了当前灾害心理防护学发展的新趋势。这本书将推动我国建立一套科学、完整、实用而有效的灾害心理防护学体系，使相关部门及广大心理健康工作者能够在灾害面前从容应对，迅速有效地组织和实施灾害心理防护行动，从而大幅度减少灾害造成的心理伤害，让受灾民众顺利度过心理危机。

我相信这本书的出版将增进人们对灾害心理的认识，推动我国灾害心理防护的水平。

是为序。

2023 年 12 月 13 日

# 目 录

CONTENTS

## 第二部分　实践操作

## 第三部分 灾后心理援助

# 前　言

　　人类历史上，有一部分被永远铭记，那就是灾害。我们曾从资料中获悉，甚至目睹了巨大而沉痛的灾害。不管是面对自然灾害还是人为灾害，人类都是无助的、渺小的，甚至是束手无策的，但人类总是那么百折不挠、充满力量。在长期应对灾害的过程中，人类既得到了很多惨重的教训，也积累了许多宝贵的经验和方法。

　　我国也是自然灾害频发的国家之一，灾害种类多，分布地域广，发生频率高，造成损失重。幅员辽阔的土地养育了中华民族，复杂多样的地质、气候条件也造成灾害频发。灾害，犹如波澜不惊的海面，没有人知道它何时浊浪排空，汹涌而至。当一种危险事件（一种可能造成生命、财产或环境损失的事件或物理条件）出现，所造成的损失超过了社会可调用已有资源的能力时，灾害就发生了。尽管灾害的类型、影响和后果各不相同，但它们无一例外会改变许多人的生活。

　　近年来，随着社会经济和科学技术的发展，人类对灾害的预测能力有所改善，但仍有许多灾害无法预料，甚至有更多的灾害在不断超出人类社会的反应能力（刘秀丽，王鹰，2011）。人们常说大难不死必有后福，在经历过一场灾害性事件之后，人们会更加珍惜所拥有的一切。但经历过重大灾难的人们是否可以正常开始新的生活？

或者说他们完全可以接受已经发生的事情吗？还是会逃避或者选择性遗忘所发生的一切？大规模的自然灾害和人为灾害使得公众和学术界开始关注灾害对人类社会的影响，尤其是对心理健康方面的影响（郑日昌，2003）。

改革开放40多年来，在中国共产党的坚强领导下，中国人民一次次在各种灾害中顽强抗争、守望相助，一次次在废墟中挺直脊梁，彰显出伟大的中国速度、中国力量、中国精神。防灾减灾救灾事关人民生命财产安全，事关社会和谐稳定。党的十八大以来，以习近平同志为核心的党中央高度重视防灾减灾救灾工作，作出一系列重要决策部署，推动我国防灾减灾救灾工作取得长足发展。面对灾难，党和政府坚持以人民为中心的发展思想和人民至上、生命至上的原则，始终把保护人民群众生命财产安全和身体健康放在第一位，以防范化解重大安全风险为主线，深入推进应急管理体系和能力现代化，坚决遏制重特大事故，最大限度降低灾害事故损失，全力保护人民群众生命财产安全和维护社会稳定。

但同时也要看到，我国发展仍然处于重要战略机遇期。作为世界上自然灾害较为严重的国家之一，我国仍面临灾害种类多、分布地域广、发生频率高、造成损失重等情况，防灾减灾能力比较薄弱，安全生产仍处于爬坡过坎期，各类安全风险隐患交织叠加，生产安全事故仍然易发多发。为全面贯彻落实习近平关于应急管理工作的一系列重要指示和党中央、国务院决策部署，根据《中华人民共和国国民经济和社会发展第十四个五年规划和2035年远景目标纲要》，国务院印发了《"十四五"国家应急体系规划》，扎实做好安全生产、防灾减灾救灾等工作，积极推进应急管理体系和能力现代化。到2035年，建立与基本实现现代化相适应的中国特色大国应急体系，全面实现依法应急、科学应急、智慧应急，形成共建共治共享的应急管理新格局。

党的二十大报告中强调，要"提高防灾减灾救灾和重大突发公共事件处置保障能力，加强国家区域应急力量建设"。因此在新时代背景下，以习近平同志为核心的党中央坚持以人民为中心的发展思想，统筹发展和安全两件大事，把安全摆到了前所未有的高度，对全面提高公共安全保障能力、提高安全生产水平、完善国家应急管理体系等作出全面部署，为解决长期以来应急管理工作存在的突出问题、推进应急管理体系和能力现代化提供了重大机遇。

以往关于灾后救助，人们更多关注紧急抢险，人力、物力支援，灾后卫生防疫，家园重建等物质层面的工作，而灾害给受灾个体心理带来的创伤却往往被忽视。伴随着我国社会经济的快速发展，人们越来越重视灾后的心理援助。如5·12汶川地震、"8·12"天津滨海新区爆炸事故、新冠疫情暴发、"3·21"东航MU5735航空器飞行事故等，在应对处理这些灾难事件时，灾后心理援助成为人们关注的焦点，也成为整个社会救援系统的重要组成部分。

因此，在推进高质量应急管理体系建设的过程中，灾害风险防范、研判和预警工作以及灾后救援工作非常重要，科学有效的灾害心理救援体系建设也同样重要。《"十四五"国家应急体系规划》中明确提出，"引导心理援助与社会工作服务参与灾害应对处置和善后工作，对受灾群众予以心理援助"。

在高质量构建具有中国特色的应急体系、推进应急管理体系和能力现代化的过程中，只有准确把握和预测不同民众的心理行为特征，才能采取恰当的灾害信息发布和沟通方式，引导民众识别和梳理复杂的不确定性信息，帮助民众理性接受和配合各级组织的灾难

危机管理措施。充分了解重大灾害后民众的心理特点，积极探索缓解民众心理障碍的对策，有效地对民众进行心理防护及援助，对促进新时代民众心理健康和社会和谐发展有着重要的现实意义。

近年来，每当出现重大灾害时，心理学工作者都会第一时间奔赴灾区，从普及心理健康知识、受灾民众心理健康状况评估、灾后心理安抚、心理咨询和危机干预等渠道，多方位开展灾后心理援助工作，已收集到大量的珍贵资料和科学数据。尽管目前我国在灾后心理防护及援助等方面较以往有了突破性进展，但是与发达国家的心理援助体系相比，还有一些差距，尤其是缺少符合中国国情的灾后心理防护体系。

本书编委会经过深入调研和反复论证，组织专家编写本书，目的在于创建"中国灾害心理防护"的科学理念，建立一套科学、完整、实用而有效的灾害心理防护体系，以促进相关部门迅速有效地组织和实施灾害心理防护及救援行动，减少并缓解灾害对民众造成的心理伤害，使受灾地区能够更快地得到恢复和重建。

本书编委会

# 第一部分

## 基础综合

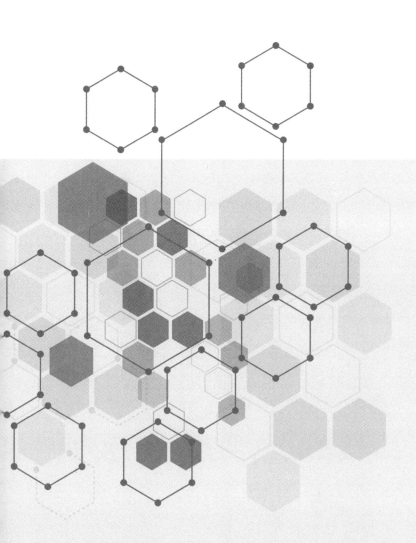

# 第 一 章
# 总 论

本章旨在探讨灾害的概念及灾害对个体心理的复杂影响方式。同时，对灾害心理学进行界定，梳理其研究方法和原则。对过去和现在的灾害心理学研究情况进行总结概括，并对未来的相关研究进行展望。

## 第一节　灾害心理研究概述

为了更好地理解灾害心理研究对于社会发展以及个体身心健康的影响，本节首先就"灾害"一词的不同含义进行梳理，其次描述灾害的一般类型和特征（旨在理解这些事件对心理健康影响后果的区别），最后对灾害心理学这一交叉学科进行界定。

### 一、灾害概述

宇宙中每时每刻都发生着重大的灾害，例如，太阳每时每刻都在发生核聚变、行星与行星之间的撞击、黑洞吞噬小行星……而人

们口中的灾害，往往指自然发生或人为造成的，且对人类和社会具有危害性后果的事件与现象（安东尼·奥利弗-斯密斯 等，2013）。

## （一）灾害的界定

灾害可以被广泛地分为自然灾害、生态灾害和人为灾害。自然灾害是人类生存的自然界中所发生的异常现象，既有地震、火山爆发、泥石流、海啸、台风、洪水等突发性灾害，也有地面沉降、土地沙漠化、干旱、海岸线变化等在较长时间内才能逐渐显现的渐变性灾害，还有臭氧层变化、水体污染、水土流失、酸雨等人类活动导致的环境灾害。自然灾害对人类社会所造成的危害往往是触目惊心的。人类要科学认识这些灾害的发生、发展，尽可能减小它们所造成的危害，这已是国际社会共同关注的课题（陈更生，2010）。

生态灾害是指生态系统平衡被破坏而给社会、人类带来的灾害，如因无节制地开垦土地、无节制地滥伐森林而使土地荒漠化等。

人为灾害是指由人类不合理活动导致的灾害，包括恐怖袭击、操作不当、生态破坏、火灾等。随着社会转型的不断深入，各类社会矛盾累积和爆发，各类社会冲突、社会群体性事件也应该归类于人为灾害的范畴。人为灾害具有不确定性、破坏性、不可抗拒性、公共性和长期性的特征。

2013年，习近平提出构建人类命运共同体理念。那时，世界正处于大发展、大变革、大调整时期，人类前进具备许多积极因素，也面临诸多挑战。世界各国需要逐步超越意识形态和社会制度差异，从相互封闭走向开放包容，从猜忌隔阂走向互信认同，结成你中有我、我中有你的命运共同体（韦红，马赟菲，2021）。

（二）灾害和灾难的区别和联系

依据《现代汉语词典》的释义可知，灾害和灾难是两个相似但略有不同的概念。

灾害是指自然现象和人类行为对人和动植物以及生存环境造成的一定规模的祸害。它通常是一个广泛的术语，包括自然灾害（如地震、洪水、飓风、台风、龙卷风、干旱等由自然因素引起的事件）和人为灾害（如战争、恐怖袭击、工业事故等由人为因素引起的事件）（刘正奎 等，2011）。

灾难是指天灾人祸所造成的严重损害或痛苦，通常指代大规模的、毁灭性的事件，它比灾害更加强调严重性和广泛性。灾难可以是自然灾难，如大地震、巨大洪水或飓风等；也可以是人为灾难，如核事故、大规模火灾或战争等。灾难往往会造成大量的生命和财产损失，影响范围广泛，并对受灾地区和人群造成长期的影响。

相较而言，灾害是一个较为广泛的术语，包括自然灾害、生态灾害和人为灾害，但不强调程度；而灾难更强调严重性和影响的大规模性。这两个概念在实际使用中会存在一些交叉和重叠，可以根据具体情境和程度进行区分。在本书中，参考国家相关规定以及学术界常用的表述，同时结合灾难或灾害出现的具体情境，采用灾害和灾难两种表述，如自然灾害、事故灾难等。

## 二、灾害类别

一般而言，世界上每天都会发生不同类型的灾害（Norris，2006）。不同的灾害具有不同的形式和影响力，以下具体介绍不同灾

害的内容及特点。

### （一）地质灾害

地质灾害是指在自然或人为因素的作用下形成的，对人类生命财产造成损失、对环境造成破坏的地质作用或地质现象（潘懋，李铁锋，2002）。地壳运动不断积蓄力量，瞬间爆发，形成强烈的地震和火山喷发，破坏人工建筑和地表形态，造成灾害性的后果。此外，地质灾害往往会带来严重的次生灾害，例如地震、火山可以引发泥石流、滑坡、崩塌、风暴、洪水、海啸、瘟疫等次生灾害。次生灾害带来的损失往往大于地震、火山喷发本身带来的损失。因此，地质地貌灾害被列为世界自然灾害之首（Irasema & Alcántara-Ayala，2002）。

### （二）气象灾害

气象灾害是指大气对人类的生命财产、国民经济建设、国防建设等造成的直接或间接的损害（张养才，何维勋，1991）。地球大气圈和水圈是一对密不可分的自然系统，互相渗透，互相影响。大气中所产生的冷、热、干、湿、风、云、雨、雪、霜、雾、雷、电等现象，无一不对地球水文状况产生直接或者间接的影响。大气现象、水文状况超过人类可以忍受的程度，突破临界限度，便会造成灾害。

### （三）生物灾害

生物灾害是由于人类的生产生活不当，破坏生物链，或在自然条件下某种生物过多、过快繁殖（生长）而引起的对人类生命财产造成危害的自然事件（霍治国，王石立，2009）。在自然界，人类与各种动植物相互依存，一旦失去平衡，生物灾害就会接踵而至。如捕杀鸟、蛙，会导致老鼠泛滥成灾；用高新技术药物捕杀害虫，反而增强了害虫的抗药性；盲目引进外来植物，会排挤本地植物等。生物灾害直接致人死亡的案例比较少见，但生物灾害间接危害人类生命，造成成千上万人死亡的案例不少，后果不亚于洪水、地震和战争。

### （四）战争灾害

战争是人类给自己制造的最大灾害，其破坏性相当于所有自然灾害的总和（刘彦威，2001）。中国自1840年至1949年百余年间战争不断，如鸦片战争、太平天国运动、甲午战争、北洋军阀之间的战争、国民党新军阀之间的战争、抗日战争以及解放战争等。战争导致了人口减少、田园荒芜、生产设施损毁，致使近代中国的农业丧失了正常的发展条件。

### （五）环境污染

环境污染指自然的或人为的破坏，向环境中添加某种物质超过环境的自净能力而产生危害的行为。环境因素是制约个体心理发展的条件之一。在传统的心理学研究中，人们往往注重社会文化因素的心理效应，而忽视自然环境特别是环境污染的心理效应。近年来，研究发现环境污染既可以通过作业环境、室内环境、生态环境对人的心理行为产生影响，也可以通过遗传变异导致出生缺陷或直接损伤身体等原因对心理和行为产生影响（边秀兰，2008）。

### （六）交通事故

车辆、船舶、飞行器在运行中因故障或意外发生的致死、伤人或损伤物件的事故，统称为交通事故。交通事故被深深打上时代的烙印，可称为"20世纪的灾害"。在人力畜力交通时代，交通事故微乎其微。自从交通工具安上机械，插上"翅膀"，上天入地之后，交通体系进入机动时代，大型、快速的交通工具取代了原始交通工具，给人类社会带来了极大方便，与此同时交通事故也接踵而来，成了一种严重的社会灾害。

### （七）工伤事故

广义的工伤事故指意外发生的、导致工作时间内人员伤亡的事件，并延伸到职业引起的丧失能力的职业病，包括工业生产、建筑施工、交通运输、商品流通中一切导致人员伤亡、财产损坏的事故和职业病（熊祥川，郭金保，2015）。个体在不正常的心理状态下极易导致工伤事故，所以运用心理学知识来调节人的行为，制定预防工伤事故的有力措施，尤为重要。

### （八）瘟疫

大范围流行、死亡人数众多的急性传染病称为瘟疫。从古至今，人类遭遇了无数次瘟疫的侵袭，其中有些瘟疫特别严重，如天花、霍乱等。人类历史上有明确记载的瘟疫至少有二十次。瘟疫往往最能造成大范围的社会恐慌。

## （九）火灾

自古以来，火灾与水灾并列为灾害之首。火灾系统十分复杂、庞大，绝大部分火灾作为次生灾害出现在各类自然、人为灾害之中。每一次重大灾害不仅会给人们带来身体、物质上的损失，更会带来心理、精神上的创伤。这种心理创伤对灾害的亲历者，特别是对一线的应急人员（如面对火灾的消防战士、救灾现场的应急志愿者等）伤害最大（王文杰，2020）。

通过对不同灾害及其特点的具体介绍可以发现，一些灾害之间存在共性。因此，基于《国家突发公共事件总体应急预案》的相关规定，对灾害的种类进一步综合划分，主要分为以下四类：第一类是自然灾害，主要包括水旱灾害、气象灾害、地震灾害、地质灾害、海洋灾害、生物灾害和森林草原火灾等；第二类是事故灾难，主要包括工矿商贸等企业的各类安全事故、交通运输事故、公共设施和设备事故、环境污染和生态破坏事件等；第三类是公共卫生事件，主要包括传染病疫情、群体性不明原因疾病、食品安全和职业危害、动物疫情以及其他严重影响公众健康和生命安全的事件；第四类是社会安全事件，主要包括恐怖袭击事件、经济安全事件和涉外突发事件等。本书后述内容均沿用此分类。

## 三、灾害心理学

灾害心理学是介于灾害学、社会心理学、组织行为学和临床心理学之间的一门新兴的交叉学科（López-Ibor & Juan，2006）。灾害不仅是自然现象，也是社会现象，它与人类的心理和行为有着不可分割的联系。一方面，灾害的发生给人们的身心造成不同程度的影响；另一方面，人们的心理及行为又将影响甚至在某种程度上控制灾害发生的概率和破坏程度。因此，灾害心理学作为心理学的一个应用分支学科，是当今蓬勃发展的心理科学的一个重要组成部分，应当在科学之林占有一席之地，为人类的文明进步助力。

灾害除了带来生命安全和财产损失、家庭和社会变迁之外，更会给人们的心理健康带来重大影响，甚至产生一系列的灾害心理问题（安媛媛 等，2014）。灾害心理学是研究灾害发生中及灾害后，人们的心理、行为的特点与规律，以及如何对受灾者进行灾害心理救助的一门学科（王雪艳，张丽萍，2013）。

这个定义包含两层含义。一是在时间上，身受灾害的个体既有在灾害发生中的心理与行为的特点，又有在灾害结束后发生的后续心理反应。二是在空间上，灾害中的个体可分为不同的角色群体，例如从性别上可分为男性、女性；从年龄上可分为儿童、青少年、中年人、老年人；从身份上可分为受伤者、家属及救援者等。换言之，灾害心理学研究灾害发生的不同时间阶段、个体或群体的心理与行为的特点与规律，以便有针对性地进行心理救助。

## （一）灾害引发的身心反应

当个体面对灾害时会产生一系列身心反应，例如在生理上会出现肠胃不适、头痛、疲乏、失眠、做梦、容易受到惊吓、感觉呼吸困难、梗塞感、肌肉紧张等症状；在情绪上会出现害怕、焦虑、恐惧、怀疑、沮丧、易怒、绝望、无助、麻木、否认、紧张、烦躁、自责、过分敏感、无法放松、持续担忧、害怕死去等；在认知上会表现出注意力不集中、缺乏自信、无法作决定、健忘、效能降低等；

在行为上会表现出行为退化、社交退缩、逃避与疏离、不敢出门、容易自责或怪罪他人、不易信任他人等。

对于灾害引发的身心反应，研究者关注最多的是创伤后应激障碍（post-traumatic stress disorder，PTSD）。创伤后应激障碍是由于异乎寻常的威胁性、灾害性的心理创伤事件或处境直接引起的持续性警惕、注意力难以集中、做噩梦、睡眠障碍甚至自杀等问题（颜刚威，2020）。创伤后应激障碍已成为灾害心理学研究的主要课题之一。

（二）灾害心理学研究的必要性

灾害往往会导致受灾群体的广泛性不良心理后果，如创伤后应激障碍、灾后抑郁、复杂性悲伤等，这些不良后果有时会持续相当长一段时间，对受灾群体乃至整个社会造成长期、严重、深远的影响。国家对此也高度重视。2022年，国务院办公厅印发的《"十四五"国民健康规划》中强调，将心理危机干预和心理援助纳入突发事件应急预案。同时，值得注意的是，受灾群体的不良心理后果受到很多因素的影响，涉及灾前、灾中和灾后不同阶段个人或社会层面的多个方面。这提示我们要全面、系统了解灾害影响个体的复杂方式。建立灾害心理学的理论和研究体系，有助于为社会提供有效的灾害防控形式、手段和方法；对受灾人员和救灾人员进行必要的心理干预，将是一项提高防灾、抗灾、救灾工作水平和减少灾害带给人类身心影响的重要工作。

（三）灾害心理学研究的特殊性

与其他集体经历的可能造成创伤的事件相比，灾害最突出的特征是其发生的紧急性、短时间内的破坏性、长时间的影响性。这意味着一旦灾害发生，会在第一时间带来大量需要进行关注、干预的群体。这不仅包含因灾害造成身体伤害的主要受害者、因灾害经历丧亲之痛的次要受害者，还包含与灾害有关的整个社区民众，更包含参与灾害急救的相关工作人员。换言之，所有经历和未经历灾害的个体、所有在不同阶段接触灾害的个体，都有可能成为灾害心理学需要研究和干预的对象，这使得灾害心理学研究体系庞大、任务艰巨。

一些发达国家（如美国、日本）的灾害心理学已经逐渐形成体系。然而，不同国家和地区有着不同的社会文化背景，国外灾害心理学的理论和研究结论可能不完全适用于我国。在我国，灾害心理学的研究和应用方面仍有待完善，还不能完全适应社会的迫切需求，需要我国学者大力开展灾害心理学的研究，推进灾害心理的教育与辅导，提高心理救援的时效性，把心理学很好地应用于灾害救援工作中。

## （四）灾害心理学研究中存在的问题

我国在灾害心理学的理论探讨和实践应用方面，仍存在一些问题，具体表现在如下方面：

首先，灾害心理学从业人员缺乏。相对于庞大的人口数字和自然灾害、人为灾害频发的国情，我国现有心理从业人员的数量远远无法满足民众的需求（张丽萍，王雪艳，2009）。

其次，灾害心理学研究需要更为严谨。大多数灾害心理研究者是在其家乡、社区发生重大事件后，才进入灾害心理健康领域，他们通常没有时间对灾害相关文献进行慎重和批判性评估，就直接进入研究问题阶段。对实验设计严谨性的关注也常常以灾害相关信息提供者的信念和临床需求为主。此外，在大规模自然灾害之后，围绕着幸存者的研究也常常面临着伦理问题。

再次，灾害心理学尚未形成完整的学科体系。2006年在美国出版的《国际灾害心理学手册》，被认为是灾害心理学产生的重要标志，但该书实际属于学术论文集式的应急之作。而在我国，灾害心理学尚未形成完整的学科体系（张丽萍，王雪艳，2009）。

最后，心理救助意识薄弱。很多专业部门、受灾民众对灾后心理创伤治疗的重要性了解不足，加上心理医生数量和知识层次难以满足市场需求，主动找心理医生治疗的人更是少之又少。

总之，灾害心理学研究任重而道远，不仅需要完善自身理论体系和研究方法，还肩负着提高民众意识等重担。

## 第二节　灾害影响个体心理的方式

经历灾害后，个体可能会出现创伤后应激障碍、灾后抑郁等心理问题。造成上述心理问题的因素包括灾害的特征、暴露于灾害的程度、丧亲之痛、创伤（如受伤的程度、生命威胁感、对灾害的恐惧）、财产或资源损失、灾害的间接影响等。本节将梳理灾害影响个体心理的复杂方式。

### 一、灾害的特征

灾害会对个体的心理产生影响。有研究者（Norris et al.，2002）

回顾了1981至2001年的灾害研究，发现经历暴力事件的被试中，约67%患有严重或非常严重的心理问题，其比例显著高于经历技术灾害（39%）和自然灾害（34%）的被试。这表明，与自然灾害相比，人为灾害更易造成频繁、严重且持久的心理问题。

研究者（Norris et al.，2002）还发现，与发达国家相比，发展中国家遭遇自然灾害后往往会产生更严重的后果。这可能与防灾和灾后措施、重建问题、受灾者社会经济水平等密切相关。此外，旅游事故常常也比普通事故带来更大的负面影响。例如国际航班遭遇恐怖袭击，或著名旅游景点发生爆炸，其受害者可能来自世界各地，从而造成更为广泛的影响（Dougall et al.，1995）。

在各类灾害中，流行病是最能造成大范围恐慌的灾害事件，如非典型肺炎、埃博拉病毒病、新型冠状病毒感染等。疫情的暴发往往会带来全球性的恐慌，人们由此产生抑郁、焦虑和创伤后应激障碍（Cao et al.，2020；Jalloh et al.，2018；Lee et al.，2018；McMillan et al.，2017；Park et al.，2020；Rutherford et al.，2021；Tang et al.，2021；Tang et al.，2020；魏毅 等，2020；温芳芳 等，2020；张艳 等，2020）。

## 二、暴露于灾害中的程度

暴露于灾害中的程度是决定个体心理问题水平的关键因素（Brewin et al.，2000；Armenian et al.，2000）。研究者（Weisaeth，1989）对工厂爆炸的幸存者进行研究，并依据幸存者与爆炸点的距离，将其分为高暴露组和中暴露组，结果发现，高暴露组在灾后7个月创伤后应激障碍的检出率为36%，2年后为27%，3年后为

22%，4年后为19%；中暴露组在灾后7个月创伤后应激障碍的检出率为17%，4年后下降至2%。暴露于灾害中的程度不仅影响着最初的患病率，也对心理疾病持续时间造成影响。

研究者（Buydens-Branchey et al.，1990）对84名退伍军人进行研究，考察他们暴露于战斗的持续时间（以月为单位）对创伤后应激障碍的影响。研究发现，暴露于战斗的持续时间与创伤后应激障碍的患病率和持续性之间存在显著的相关性。侯彩兰等（2008）对矿难幸存者进行调查，发现创伤后应激障碍的患病率与暴露于矿难的程度有关。徐唯、宋瑛、梁爱民、董红兵和胡刚（2003）对28名特大意外爆炸事故幸存者进行调查，发现创伤后应激障碍的患病率与暴露于事故的程度相关。近期研究也发现，暴露于灾害中的程度与创伤后应激障碍的患病率密切相关（Afari et al.，2014；McKernan et al.，2019；Nicol et al.，2016；伍新春 等，2017）。

新冠疫情暴发后，研究者（Tang et al.，2020）对6所大学2485名在家隔离的大学生进行调查，发现创伤后应激障碍和抑郁症的患病率分别为2.7%和9.0%。尤为重要的是，新冠疫情暴发的程度，是心理问题的重要预测因素。大量研究者开始关注重大突发公共卫生事件中居民的心理问题。例如，研究者（Liu et al.，2020）在新冠疫情暴发1个月后，对285名武汉市民进行调查，发现7%的被试存在创伤后应激障碍。

## 三、丧亲之痛

灾害通常会造成大量的人员伤亡，并给幸存者带来无尽的伤痛。研究者（Gleser et al.，1981）对1972年美国某大坝坍塌事件进行了研究。在大坝坍塌后的几个小时内，附近乡村有125人死亡，约1000人受伤，4000人无家可归。所有经历者的生活都受到了影响，35%的人失去了亲友，26%的人失去了家庭成员。大坝坍塌两年后，参与研究的380名成年人中有2/3、273名儿童中有1/3被评估为存在中度或重度心理问题，并伴随着广泛性焦虑障碍（成年人中有60%，儿童中有20%）和重度抑郁（成年人中有70%，儿童中有25%）。值得注意的是，与失去熟人或财产的幸存者相比，那些失去亲友或家庭成员的幸存者呈现更多的精神病理特征。

研究者（Murphy，1984）研究了美国圣海伦斯火山爆发造成的丧亲之痛对个体的影响。该研究包含丧亲组、财产损失组和控制组。研究发现，火山爆发11个月后，丧亲组被试在抑郁、躯体不适和持续压力感方面的得分均高于控制组和财产损失组。亲人被推测死亡的39名被试与亲人被确定死亡的30名被试在得分上没有差异。在火山爆发35个月后，再次对被试进行调查，发现丧亲组被试的心理健康状况仍差于控制组和财产损失组。

研究者（Hu et al.，2016）在2008年5·12汶川地震发生6个月后，对幸存者进行调查，发现子女丧生是幸存者患创伤后应激障碍最强有力的预测因素，其次是其他家庭成员丧生、财产损失。研究者（Cheng et al.，2015）在5·12汶川地震1年后，对丧亲幸存者和非丧亲幸存者进行调查，发现丧亲幸存者患有创伤后应激障碍的人数是非丧亲幸存者的5.51倍。研究者（Chan et al.，2012）也发现，在2008年5·12汶川地震1年后，丧亲幸存者患创伤后应激障碍的比例（65.6%）显著高于非丧亲幸存者（27.1%），且失去子女是灾后心理问题的显著预测因素。袁茵等（2009）在5·12汶川地震6个月后，对丧亲幸存者和非丧亲幸存者进行调查，发现丧亲组幸存者患创伤后应激障碍的比例（44.4%）显著高于非丧亲组（15.1%）。

对儿童和青少年的研究也表明，失去家人、朋友与灾后抑郁、创伤后应激障碍间存在联系。张本等（2000）对57名因1976年唐山大地震致孤的儿童进行调查，发现被试具有较高的创伤后应激障碍检出率。张本等（2000）还对比了地震致孤儿童和非孤儿的心理问题情况，发现57名地震致孤儿童中有13人被诊断为患有创伤后应激障碍，47名非孤儿中仅有1例。在唐山大地震30年后，张本等（2008）对260名地震致孤儿童进行调查，发现有32名被试患有创伤后应激障碍。朱明婧、张兴利、汪艳和施建农（2010）对111名5·12汶川地震致孤儿童进行调查，发现创伤后应激障碍的检出率为39.6%。柳铭心、张兴利、朱明婧、汪艳和施建农（2010）在5·12汶川地震发生半年和1年后，对比地震致孤儿童和非孤儿的心理问题情况，发现地震发生半年和1年后，地震致孤儿童创伤后应激障碍的检出率均高于非孤儿。研究者（Pfefferbaum et al., 2006）在1998年美国驻肯尼亚内罗毕大使馆爆炸案发生后10个月，调查了幸存的156名儿童，他们分别失去了父母（5%）、兄弟姐妹（1%）、亲戚（37%）、朋友（32%）或熟人（42%）。该研究发现，丧亲之痛增加了创伤后应激障碍的严重程度，失去父母是创伤后应激障碍的最重要的预测因素。

## 四、创伤

灾害往往是突然发生的，会带来严重的后果。个体经历灾害后，身体可能会受伤，会感到生命受到威胁，也会对灾害产生恐惧，这些统称为创伤。

生命威胁感（即在事件中感到自己的生命处于危险之中）不仅

会在死亡率较高的灾害中存在，在死亡率很低的事件中也普遍存在。例如在遭遇安德鲁飓风后，尽管美国本土很少有人在飓风中丧生，但研究者在两个受灾城市进行调查时发现，仍有46%的受访者报告感到了生命受到威胁（Norris & Uhl，1993；Thompson et al.，1993）。

在很多研究中，生命威胁感和受伤（即在灾害中受伤）都被认为是造成心理疾病的高风险因素。研究者（Thompson et al.，1993）分别在吉尔伯特飓风后的12、18和24个月，对831名成年人进行调查，发现生命威胁感和受伤对心理健康各个领域（抑郁、焦虑、一般性压力、创伤性压力等）均存在持续的影响。另有研究者（Livanou et al.，2002）发现，在地震发生时的恐惧体验，能预测幸存者在14个月后的创伤后应激障碍，但不能预测灾后抑郁水平。另有研究者（Maes et al.，2000）对128名舞厅大火的受害者和55名大规模交通事故的受害者进行调查，发现被试均报告其感到受伤、生命受到威胁或两者都有。其中，46%的被试患有创伤后应激障碍，13%的被试患有严重抑郁症，18%的被试患有除创伤后应激障碍以外的焦虑障碍。可见，生命威胁感与灾后心理问题密切相关。

自我报告的"生命威胁感"和"受伤"具有一定程度的主观性，但采用相对客观的测量方法的研究也得到了一致的结论。研究者（Maes et al.，2000）发现，火灾幸存者的烧伤程度与抑郁症和焦虑症的发生率和严重程度密切相关。美国俄克拉何马城爆炸案发生6个月后，研究者（North et al.，1999）对182名成年幸存者进行调查，其中77%的被试需要进行医疗干预（包括住院治疗和手术治疗）。研究发现，34%的被试患有创伤后应激障碍。有研究者（Blanchard et al.，1995）调查了大型交通事故中的98位幸存者，让他们报告自己身体的受伤程度，发现身体受伤程度能显著预测幸存者创伤后应激障碍的发生率和严重程度。

生命威胁感和恐惧（即对灾害事件的恐惧）是儿童和青少年灾后常见的心理问题。研究者（McDermott et al.，2005）在2003年澳大利亚堪培拉丛林大火事件6个月后，调查了222名8~18岁的未成年人，发现11%的未成年人认为他们在丛林大火期间感受到了生命的威胁，29%的未成年人担心家庭成员死亡。感受到自己或家人的生命受到威胁是严重的创伤后应激症状。有研究者（Thienkrua et al.，2006）对2004年12·26印度洋海啸的幸存者进行调查，被试包含167名生活在难民营、99名生活在受灾村庄、105名生活在未受灾村庄的儿童，结果发现，患有创伤后应激障碍的比率分别为13%、11%和6%，患抑郁症的比率分别为11%、5%和8%。生命威胁感和恐惧与创伤后应激障碍显著相关，生命威胁感与灾后抑郁也显著相关。

## 五、财产或资源损失

### （一）财产损失

自然灾害（如洪水、飓风、地震等）带来的财产和经济损失可能是幸存者最典型的压力源。相关研究者探讨了财产和经济损失的后果，例如在尼加拉瓜遭遇飓风米奇6个月后，房屋被毁与更高的创伤后应激障碍水平相关（Caldera et al.，2001）。2004年12·26印度洋海啸发生4个月后，一项针对325名青少年的研究显示，财产损失程度能预测更严重的灾后抑郁和创伤后应激障碍（Wickrama & Kaspar，2007）。研究者（Su et al.，2010）在我国台湾9·21南投地震发生6个月和3年后，对1756名幸存者进行追踪调查。调查发现，

严重的财产损失是延迟性创伤后应激障碍的重要预测因素之一。

纵向研究发现，财产损失对个体心理的影响随着时间的推移而减少。例如有研究者（Thompson et al.，1993）发现，财产损失与飓风后一年的抑郁、焦虑、一般性压力和创伤性压力显著相关，但这些影响大多在几个月内消失，而生命威胁感、受伤带来的影响则不会消失。然而，也有证据表明，灾害带来的财产损失会阻碍创伤后应激障碍的恢复。

（二）资源损失

在不同灾害类型、不同灾害发生地点和灾后不同阶段的研究中，资源损失与成年人（Cohen et al.，2019；Hobfoll et al.，2006；McLaughlin et al.，2011；Sattler et al.，2010；Sattler et al.，2002）和青少年（Dirkzwager et al.，2006；Wickrama & Kaspar，2007）的心理问题之间的相关程度很高。

"社会支持恶化模型"（Kaniasty & Norris，1993；Norris & Kaniasty，1996）认为，灾害不仅会对经历灾害的个体心理产生影响，也会造成普遍的群体意识受损。例如灾后的搬迁、失业、扰乱常规的社会活动、疲劳、情绪激动等会导致灾后社会支持的下降。资源的稀缺增加了人际冲突和社交退缩的可能性。

# 六、灾后系列问题

## （一）住房和重建问题

创伤和损失给个体带来了极大的压力，而紧随其后的一系列问题（如糟糕的住房条件、重建以及恶劣的灾后环境等）会给个体带来连续的挫折和压力。在安德鲁飓风中，美国佛罗里达州有大量住房被完全摧毁，大片地区要在飓风后重建。研究者（Burnett et al.，1997）认识到了住房问题的普遍性，考察了安德鲁飓风后重建过程中的问题。考察发现，重建问题的频率和强度影响了幸存者在灾后9至12个月的创伤后应激障碍。研究者（Norris et al.，1999）考察了"生态压力"（11项生活标准量表，用于评估物资短缺、热量、昆虫和卫生问题，以及拥挤感、隔离感和对犯罪的恐惧感等）对幸存者灾后6个月和30个月的抑郁和创伤后应激障碍的影响。在控制灾前、灾中和灾后等其他因素后，灾后生态压力能预测幸存者灾后6个月的抑郁和创伤后应激障碍；灾后6个月和30个月之间，生态压力的改善程度是心理恢复的重要预测变量。

## （二）灾后生活压力事件和慢性压力

在灾害研究中，通常采用生活压力事件和慢性压力来表征灾后压力源。生活压力事件通常采用清单的方式来记录生活中无关联的变化。慢性压力指持续的、充满压力的生活环境。大量研究表明，灾后生活压力事件是灾后心理问题的预测因素（Caramanica et al.，2014；Creamer et al.，1993；Epstein et al.，1998；Maes et al.，2002；Norris et al.，1999）。

对于灾后生活压力事件的研究有一个重要的局限性，即生活压力事件并不能完全反映个体所体验到的压力。压力不仅受到生活事件的影响，也受到激烈争吵、紧张等因素的影响。研究者（Norris & Uhl，1993）通过探讨慢性压力的中介作用，来探讨这一问题。他们在吉尔伯特飓风1年后，对930名成年幸存者的7个生活领域进行了评估。评估发现，幸存者在经济、婚姻和身体方面的压力能完全

解释经济和个人损失对心理问题的影响。同时，这些因素作为中介也传导了受伤和生命威胁感对心理问题的影响。研究者（Norris & Uhl，1993）提出，旨在恢复房屋和基本服务的救援工作只是解决了灾民的表面问题，在一场大灾害后相当长的一段时间里，幸存者还面临着婚姻紧张、子女负担、经济和邻里关系等各种各样的问题。

一些研究将灾后父母的功能与孩子的心理问题联系起来。总的来说，与体验到较少压力的父母相比，在灾后感到较多压力的父母，其孩子会表现出更多的情绪和行为问题。例如在美国"9·11"恐怖袭击事件后，研究者（Fairbrother et al.，2003）在纽约市进行亲子关系的调研发现，看到父母哭泣的孩子，其出现严重或非常严重的创伤后应激障碍的可能性要比未看见父母哭泣的孩子高出3倍。如果父母患创伤后应激障碍，其子女患严重或非常严重的创伤后应激障碍的可能性是普通儿童的4倍。研究者（Endo et al.，2007）采用家长调查和临床评估的方法，在日本10·23新潟中越地震5个月后，对756名儿童及其父母进行考察。父母在12项一般健康问卷中的得分越高，儿童的问题行为就越持久。对于年龄较大的儿童，地震发生1个月后，父母的精神状况不佳与儿童患创伤后应激障碍显著相关。类似的研究结果在以下灾害中得到证实：吉尔伯特飓风（Swenson et al.，1996）、战争（Herzog et al.，2011；Lester et al.，2010）、美国"9·11"恐怖袭击（Lester et al.，2016）等。儿童会将其尊敬的成年人作为社会参照的信息来源。父母（以及其他与孩子共同生活的重要人物）扮演的角色可能会加剧或减缓灾害对孩子的影响（Wasserstein & LaGreca，1998）。

### （三）迁移和重新安置

在灾害发生后，房屋受到严重破坏，幸存者面临着被迫迁移和被重新安置。研究者（Quarantelli，1985）认为，1972年美国某大坝垮塌后，幸存者由于未能得到妥善安置而产生严重的心理问题。政府几乎没有采取任何措施来安置这些幸存者，以帮助他们恢复之前的社区和家庭关系。研究者（Goto et al.，2010）对日本三宅岛火山爆发的幸存者进行研究发现，与迁移频率较低的被试相比，迁移频率较高的被试有更高的创伤后应激障碍检出率。李松蔚、牟文婷、徐凯文、王雨吟和钱铭怡（2010）对比了5·12汶川地震后不同安置社区中受灾群众（$N = 2000$）的情况，发现迁址安置组被试的抑郁水平、事件冲击水平均高于原址安置组。研究者（Salcioglu et al.，2016）在2011年土耳其地震发生后16.5个月对幸存者进行调查，发现是否被重新安置能显著预测被试创伤后应激障碍的患病情况。

卡特里娜飓风幸存者的大规模迁移在美国是前所未有的。流离失所的人数一度达到250万（Larrance et al.，2007）。研究者（Larrance et al.，2007）在灾后8至9个月，调查了366名迁移者，发现被试无家可归的平均时间为246天，68%的被试在新社区感到不安全，尤其是在晚上。在接受调查前的2个月内，超过半数被试的家庭中有一个或多个成员患有慢性或急性疾病，50%的被试被诊断为重度抑郁。

# 七、灾害的间接影响

## （一）次要受害者

有研究者（Bolin，1985）认为，灾害的受害者分为两类：主要受害者和次要受害者。主要受害者指直接遭受身体、物质或个人损失的人；次要受害者是生活在受灾地区的其他人。虽然他们没有遭受人身伤害或财产损失，但次要受害者也经历了各种困难，并可能遭受经济、环境、社会和文化上不同程度的破坏。可以推断，灾害会对次要受害者造成潜在的心理后果（Norris，2006）。

在一项关于灾害间接影响的早期研究中，研究者（Smith et al.，1986）考察了美国密苏里州海滩附近地区（这些地区已经被有毒物质淹没）的居民。研究者将被试分为直接受害者（$n = 139$）、间接受害者（$n = 215$）和非受害者（$n = 189$）。结果并未发现间接影响存在的证据。

然而，也有研究者（Norris et al.，1994）的研究发现了间接影响的证据。他们研究了美国密西西比河洪水对次要受害者的影响。该研究中的220名被试均参与了一项针对老年人心理健康的大规模调查，这使得他们在洪水发生前3个月接受了采访，并在洪水发生后接受了4次采访。该研究覆盖了10个洪水受灾县和5个未受灾的邻近县，被试通过自我报告的方式报告个人损失，同时采用档案数据来记录县级的损失。研究发现，与次要受害者和非受害者相比，主要受害者在洪水后的负面情绪高于洪水前。与非受害者相比，主要受害者和次要受害者的积极情绪低于洪水前。只有主要受害者的亲属支持感在洪水后下降，但主要和次要受害者的非亲属支持感在洪水后都下降了。总之，研究结果反映出个体认为周围环境不积极、不热情，导致自己精力不充沛，以及灾后不能享受生活。这表明，灾害可能会在相当长的时间内损害社区的生活质量。

在美国"9·11"恐怖袭击事件发生后，灾害对心理健康产生间接影响的可能性尤为突出。这引起了研究人员的兴趣（Bleich et al.，2003；Gabriel et al.，2007；Schuster et al.，2001；Silver et al.，2002）。研究者（Galea & Resnick，2005）发现，美国"9·11"恐怖袭击事件后，那些没有直接受到袭击事件影响（如目睹灾害、丧失亲友、失业）的人群中也出现了较高的心理疾病发生率。

然而，有研究者质疑，证实间接影响存在的研究结果可能混淆了其他变量，如灾害前的创伤和家族精神病史。例如，有研究者（Neria et al.，2006）发现，灾前创伤史和家族精神病史增加了间接接触美国"9·11"恐怖袭击事件的个体患创伤后应激障碍的可能性。研究者（Aber et al.，2004）对美国纽约市768名青少年进行研究，发现在美国"9·11"恐怖袭击事件之前目睹过社区暴力的青少年报告了更多的创伤后应激症状。另有研究者（Regehr et al.，2007）对高风险职业人群进行考察，发现曾经的灾害经历会增加被试在最近一次受灾后的心理压力。

## （二）目睹灾害

目睹灾害发生时令人厌恶和恐惧的画面，会使目击者难以从生命威胁感和恐惧中走出来。因此，研究者对目睹灾害和心理健康的关系进行了研究，但研究结论不一致。有研究者（Maes et al.，2000）发现，看到朋友或家庭成员在火灾或车祸中受伤或死亡，是灾后心理失调的重要预测因素，甚至超过了生命威胁感和损失（如财产）的影响。美国"9·11"恐怖袭击事件为研究该现象提供了样本，大量目击者看到了飞机撞击世贸中心以及世贸中心倒塌的画面。研究者（Galea et al.，2002）发现，与非目击者相比，目击者有更高的创伤后应激障碍和抑郁水平。有研究者（Pfefferbaum et al.，2003）在美国大使馆遭受恐怖袭击后的8至14个月内，采用身体暴露量表（包括受到人身伤害、听到喊叫、看到他人受伤、看到他人受伤后流血、接触他人血液、知道有人在爆炸中受伤或死亡等项目），对肯尼亚首都内罗毕的38所学校共562名中学生进行观察。观察发现，目睹灾害可以解释3%的创伤后应激障碍差异，目睹灾害增加8个百分点可以使创伤后应激障碍的发生率增加2.2个百分点。尤美娜和程文红（2012）选取了387名目睹大型火灾的学生（距离起火建筑200米，包含六年级、七年级和八年级学生）和480名未目睹大型火灾的学生进行观察，发现目睹大型火灾的学生在创伤后应激障碍检出率、广泛性焦虑障碍检出率等方面均高于未目睹大型火灾的学生。

然而，有研究者（Maes et al.，2000）在控制了恐惧和损失后，并未发现目睹灾害与创伤后应激障碍和灾后抑郁的关系。同样，研究者（Thienkrua et al.，2006）对2004年12·26印度洋海啸幸存者的研究发现，看到他人死亡或受伤与创伤后应激障碍、抑郁症相关，但在控制恐惧和损失后，却未发现相关。

对救援人员和尸体护理员的研究对于理解目睹灾害对心理健康的影响尤为重要。1988年，德国拉姆斯泰因空军基地发生飞机相撞和坠毁事件，造成大量人员烧伤和死亡。研究者（Epstein et al.，1998）对355名在该事件中接触过烧伤患者或处理过遇难者遗体的医疗保健专业人员进行研究，发现14%的被试表现出创伤后应激障碍。接触烧伤患者（特别是儿童受害者）、接触遇难者遗体均与创伤后应激障碍有关。研究者（Ozen & Sir，2004）在2003年土耳其宾格尔地震的2个月后，对44名救援人员进行调查，发现25%的被试被确诊为创伤后应激障碍。新冠疫情暴发后，研究者（Johnson et al.，2020）对挪威1773名卫生保健工作者和公共服务提供者进行调查，发现28.9%的被试存在创伤后应激障碍，20.5%的被试存在抑郁。

本部分内容总结了灾害影响个体心理的复杂方式，并将其划分为灾害的特征、暴露于灾害中的程度、丧亲之痛、创伤、财产或资源损失、灾后系列问题、灾害的间接影响。了解灾害影响个体心理的多种方式，有助于提高人们对灾害的理解。然而，全面描述灾害影响个体心理的方式并不是一件简单的事情。人们对各种潜在压力源之间的关系知之甚少，也不知道它们是如何共同影响个体心理的。尽管如此，梳理灾害影响个体心理的复杂方式仍具有一定的指导意义。

## 第三节　灾害心理的研究方法和研究原则

### 一、灾害心理的研究方法

（一）调查法

调查法的含义：调查者采用统一设计的问卷向被试了解情况或征询意见的一种收集资料的方法。问卷的内容通常包括多个问题，其目的不在测量被试的能力，而是希望了解被试对问题的意见、兴

趣或态度，因此没有标准答案，允许被试表达个人主观意见（郭秀艳，2013）。

调查法的类型：（1）问卷调查，通过发放纸质问卷或线上电子问卷（如问卷星）采集数据；（2）电话调查，研究人员通过电话向被调查者进行询问。

实际应用：张迪等人（2021）通过发放纸质版创伤调查问卷，调查经历四川雅安地震的中学生的创伤暴露程度。该问卷包括是否目睹他人的被困、受伤或死亡情况，以及事后是否得知他人的被困、受伤或死亡情况等。温芳芳等（2020）通过问卷星，线上发放自编主观心理距离问卷，调查民众的风险认知情况。

调查法的优点：（1）能突破时空限制，在更广的范围内收集资料；（2）效率高，能在短时间里获得大量资料，节省了人力、时间和经费，适合于需要获得大量样本信息的研究；（3）减少主试对被试造成干扰，影响结果的可能性；（4）能对调查结果进行定量研究。

调查法的不足：（1）难以进行定性分析，不像访谈法和个案法那样可以采用多种方式详细地进行研究；（2）难以揭示变量之间的因果关系，不像实验法那样可以对变量进行操纵，得出因果关系；（3）受被试的受教育程度影响，可能存在被调查者不理解问题、误解题意的现象；（4）线上发放问卷的回收质量可能会受影响。

（二）测验法

测验法的含义：测验法指用标准化的量表来测量个体的智力、人格、态度、兴趣以及其他个性特征的方法（白学军，2020）。

测验法的类型：（1）能力测验，包括一般能力测验、特殊能力测验；（2）学业成绩测验，主要测量个人经过某种正式教育或训练之后对知识和技能的掌握程度；（3）个性测验，主要测量人格、气质、兴趣、态度等个性特征；（4）症状自评量表，用于筛选和诊断特殊人群的量表，如创伤后诊断量表、创伤后应激障碍检查量表（PTSD checklist-5 version，PCL-5）等（Weathers，2013）。

测验法的要求：（1）在测验前要做好准备工作，包括通知测验的时间、地点和内容，主持测验的人员要熟悉测验指导语且能准确地背诵，准备好测验材料，熟悉测验的程序。（2）保持良好的测验环境。一般需要安静的环境。在正式测验开始后，无关人员不再出现在测验现场。（3）严格按测验要求进行。在对被试进行测验时，一定要严格按照测验的要求进行，不能擅自改动测验的要求。（4）按标准评定测验结果。对测验结果的评定一定要按评分手册进行。在评定完原始分数后，根据手册中的常模表，对数据进行正确转换（白学军，2020）。

实际应用：杨海波等（2017）在考察患创伤后应激障碍的青少年的执行功能时，采用创伤后应激障碍检查量表筛选被试。

测验法的优点：除具有调查法的优点之外，通过测验法收集的数据可以直接和常模进行比较。

测验法的不足：（1）难以进行定性分析；（2）难以揭示变量之间的因果关系。


（三）观察法

观察法的含义：观察法是指在自然情境下，对被观察者的行为作系统的观察记录，以了解其心理的方法。深入细致的观察常使心理学工作者获得系统而重要的信息。

观察法的类型：（1）参与观察，指观察者成为被观察者活动中的一个正式成员，其双重身份一般不为其他观察者所知晓。（2）非参与观察，指观察者不参与被观察者的活动，不以被观察者团体中的一个成员身份出现（白学军，2020）。

观察法的要素：（1）观察对象。观察对象的年龄、特征、角色等。（2）观察内容。观察对象做了什么、说了什么等。（3）发生的时间。事件持续多久、何时结束等。（4）发生的地点。事件发生的具体位置、情境等。（5）发生的过程。事件为何发生、是否与其他事件有关联等（白学军，2020）。观察法是一门专门的技术，要实施好，一定要注意这五个要素。

实际应用：在课堂上，教师通过提问来观察学生的行为反应，以了解学生对知识的掌握情况，教师运用的就是参与观察。第二次世界大战期间，美国在日本广岛、长崎投掷原子弹爆炸之后，很多研究者对当地的居民进行长时间的行为观察，以评估这场灾害所带来的后果，这就是非参与观察（郭秀艳，2013）。

观察法的优点：不为被观察者所知，他们的行为和心理活动较少或没有受到干扰，有助于了解现象的真实状况。

观察法的不足：（1）在自然条件下，事件很难按相同的方式重复出现，因此，对某种现象难以进行重复观察，而对观察的结果也难以进行检验和证实。（2）在自然条件下，影响某种心理活动的因素是多方面的，因此用观察法得到的结果，往往难以进行精确的分析。（3）由于对条件未加控制，观察时可能出现不需要研究的现象，而要研究的现象却没有出现。（4）观察容易各取所需，即观察的结果容易受到观察者本人的兴趣、愿望、知识经验和观察技能的影响。

### （四）访谈法

访谈法的含义：访谈法是通过交谈来收集个体心理资料的研究方法。它是心理学研究中运用最广泛的研究方法之一（王重鸣，2001）。

访谈法的类型：（1）结构访谈，指在心理学研究中，一种有指导的、正式的、事先设定了问题项目和反应可能性的访谈形式。（2）无结构访谈，指在心理学研究中，一种非指导的、非正式的、自由提问和作出回答的访谈形式（白学军，2020）。

访谈法的要求：（1）相互信任。访谈者与受访者之间必须建立相互信任的关系。（2）气氛友好。在访谈过程中，访谈者要通过真诚的语气、和蔼的态度创造一种友好的气氛。（3）问题要简单明了。当受访者对问题理解出现困难时，访谈者一定要采取通俗易懂的语言来说出自己所要问的意思。（4）及时追问。在访谈的过程中，如果受访者的回答有歧义，要及时追问，搞清楚受访者的真实意思（白学军，2020）。

实际应用：安媛媛、李秋伊、伍新春（2015）采用半结构式访谈法对5·12汶川地震极重灾区的8位老师和2位学生进行深度访谈，以探究青少年创伤后成长的结构维度和产生机制。对老师的访谈提纲：（1）成长的具体表现。（觉得学生在地震后有哪些变化？）（2）产生变化的原因。（产生这种变化的原因可能有哪些？）对学生的访谈提纲：（1）积极的改变。（这次地震给你造成了什么样的影响？）（2）自由描述为何会产生这些积极的改变。访谈时间为每次50至60分钟，访谈前先得到受访者的同意，对访谈内容进行记录和录音。在访谈过程中，采访者认真倾听，及时进行澄清和确认，以

保证资料的准确性。访谈发现，自然灾害后青少年的创伤后成长表现在个人力量增强、人际关系改善、对未来充满希望、更注重个人品德、责任感增强五个方面。

访谈法的优点：（1）灵活性。在实际的访谈过程中，研究者可以根据被访者的具体反应对提纲进行调整或完善。如果被访者对提问的含义没有领会清楚，误解题意，研究者也可以进一步对问题进行解释说明。（2）深入性。研究者与被访者通过面谈、电话、网络进行直接或者间接的交谈，研究者可以适当引导和进一步追问，可以与被访者探讨一些深层次的问题。另外，在访谈中研究者可以观察被访者的表情、动作等肢体行为，以此来推测被访者当时的心理状态。

访谈法的不足：（1）对研究者的访谈经验要求较高，在访谈过程中，研究者的态度、肢体、穿着打扮和询问的方式都会影响被访者的回答，这就需要研究者具有一定的访谈常识和足够的访谈经验。（2）数据整理较为困难，被访者的回答内容各异，没有一定的统一标准，使访谈结果的整理和分析比较困难。

（五）个案研究

个案法的含义：个案法是指对某个或少数几个人进行深入而详尽的观察与研究，以便发现影响某种行为和心理现象的原因。

实际应用：张雯、张日昇、徐洁（2009）采用个案法探讨箱庭疗法对强迫思维患者的有效性和治疗过程，文献详细记录了对1名强迫思维女大学生进行12次箱庭治疗的过程，发现来访者的箱庭治疗经历了"问题呈现—斗争对抗—转换成长—治愈整合"四个阶段，来访者的箱庭作品主题呈现出由"受伤主题"向"治愈主题"的转化。经过系统的箱庭治疗，来访者的强迫症状得以缓解，来访者的内心世界从创伤走向治愈。

个案法的优点：能够对研究内容进行深入透彻、全面系统的分析与研究，可以揭示许多在实验中可能被忽视的变量，为进一步研究提出假设。

个案法的不足：由于研究只局限于少数案例，个案法的研究结果可能只适用于个别情况，因此在推广运用这些研究结果或作出更概括的结论时，必须持谨慎态度。一般来说，个案法常用于提出理论或假说，若要进一步检验理论或假说，则有赖于其他方法的帮助（郭秀艳，2013）。

### （六）实验法

实验法的含义：实验法是在控制情境下系统地观察记录，以了解被试心理的方法。实验法是一种控制条件下的观察法。在心理学实验中，研究对象一般称为被试或参与者。开展心理研究的人一般称为主试或实验者。实验法中最主要的变量有自变量、因变量和无关变量。自变量指由实验者所操纵且施加于被试的刺激物。因变量指实验中所要观察的被试的各种反应。无关变量指在实验过程中，除自变量以外，其他一切可能对因变量发生影响，因而需要加以限制的变量。

实验法的类型：（1）自然实验。自然实验指在自然情境中所进行的实验。教育心理实验是典型的自然实验，指在教育过程中，改变某些条件来研究学生心理的方法。（2）实验室实验。实验室实验指在严格控制的条件下，借助于一定的仪器所进行的实验。

实际应用：杨海波等（2017）采用实验法，考察5·12汶川地震重灾区某中学患创伤后应激障碍的青少年的执行功能缺陷是否具有情绪特异性。以震后患创伤后应激障碍的青少年、震后未患创伤后应激障碍的青少年、没有经历地震的青少年（作为控制组）为被试。实验1采用经典Stroop范式，实验材料为"红""绿"汉字，分别呈现为红色和绿色，该范式包括两种条件，分别为颜色和字义一致条件、颜色和字义不一致条件，实验任务要求被试又快又准判断汉字的颜色。正式实验前，先让被试进行10个试次的练习。正式实验材料中，每种词汇各12个，共48个试次，为平衡顺序误差，四种类型的词随机出现。不一致条件与一致条件的反应时差是Stroop效应量，Stroop效应量越大，表示执行功能越差。实验发现三组被试的Stroop效应量无显著差异。实验2采用情绪Stroop范式，该范式包括3种条件，地震词、正性词、中性词，分别用红色和绿色呈现，每种词汇各12个，共72个试次。任务要求被试又快又准判断词的颜色，实验流程同实验1。地震词的Stroop效应量等于地震词与中性词的反应时差，正性词的Stroop效应量等于正性词与中性词的反应时差，Stroop效应量越大，表示对情绪词的抑制能力越差，执行功能越差。实验发现创伤后应激障碍组对地震词的Stroop效应量显著大于非创伤后应激障碍组和控制组，在正性词的Stroop效应上，三组无显著差异。两个实验表明，震后患创伤后应激障碍的青少年的执行功能缺陷具有情绪特异性。

实验法的优点：（1）自然实验的生态效应高，结果易于推广。（2）实验室实验对实验条件进行了严格控制，有利于实验者弄清楚特设条件与个体心理或行为之间的因果关系，实验室实验可以重复且精确性高（白学军，2020）。

实验法的不足：（1）在自然实验过程中，受干扰的因素较多且不易控制，理想的实验设计不易达到。（2）实验室实验的条件同个体正常的生活条件相差较大，所以实验结果在推广时受到一定的限制（白学军，2020）。

## 二、灾害心理的研究原则

### （一）客观性原则

客观性原则是指在研究过程中心理学工作者必须实事求是地反映个体心理的真实面貌，以达到对心理现象的科学认识。客观性原则是一切科学工作者必须遵守的根本原则。违背这一原则，心理学研究就会误入歧途，甚至导致反科学的结论。

在研究中，心理学工作者如何贯彻客观性原则呢？

第一，坚持实事求是地揭示心理学的规律。对研究对象的选择、研究的设计、实验仪器的使用、结果的记录、数据的统计分析、结论的得出，都要实事求是。上述任何一个环节出现失误，都不符合客观性原则。

第二，在心理学研究中还要注意：（1）心理学的研究绝不是为了去论证或说明某一决策，去附和某人预先的"结论"，而是为决策提供科学的依据，起先行作用。（2）心理学的研究不允许从"期待"出发，而必须从实际出发。那种符合自己"期待"的结果就采用，而不符合自己"期待"的结果则舍去的做法，是不符合科研工作者的职业道德要求的。（3）对心理学研究成果的评价要客观。

第三，在心理学研究前，研究者要制定客观的指标。客观指标应该是能观察和测量到的（白学军，2020）。

### （二）发展性原则

发展性原则指坚持用发展变化的观点来研究心理现象。

第一，坚持个体心理是不断发展变化的观点，即不能用静止的观点来看待个体心理发展的现状和水平；在衡量和评价个体心理发展的水平时，标准和指标不能是绝对的、一成不变的，而应该是动态的、变化的。

第二，坚持教育决定个体心理发展变化的观点，即发挥教师的主导作用，促进个体心理产生质的变化，同时充分发挥个体的主观能动性（白学军，2020）。

### （三）教育性原则

教育性原则指心理学研究要有利于个体身心的发展。在开展心理学研究时，一定不能忘记研究的对象是人不是物。因此，在选择方法和安排程序时，不能只考虑是否有助于解决所需要研究的问题，还要考虑所用的方法对个体身心发展是否不利，特别需要考虑是否侵犯或伤害个人权利。

心理学工作者在研究中要做到以下两点：

第一，始终牢记所研究的对象是人，要考虑所施加的实验条件对其心理发展的当前和长期影响，特别是要注意那些不利的影响。

第二，尽量控制实验研究中一些意外事件对个体心理造成的不良影响。如果出现，就要想方设法消除（白学军，2020）。

### （四）理论联系实际原则

理论联系实际原则是指心理学研究的问题要来源于实践，研究成果也要服务于实践。为什么要坚持理论联系实际原则呢？

第一，检验理论的适当性和应用性水平。心理学的理论是由实验或观察所获得的经验事实，是通过科学抽象而概括出来的理性认识。只有将它应用于人们的实际生活中，才能检验其是否符合实际，从而说明其适当性和应用性水平。

第二，克服实验室研究的精确性、严密性与自然性、应用性之间的矛盾。实验室研究是在特别设置的环境下进行的，利用各种仪器设备精确地测量各种行为反应，故其所得的结论能否在现实生活环境中应用，还需要在实践中进行检验。

第三，促进心理学服务社会发展。心理学只有与社会发展和人民的需要相联系时，才具有发展的前途和强大的生命力（白学军，2020）。

（五）系统性原则

系统性原则指在对人的心理现象进行研究时，必须考虑各种内外因素相互之间的关系和制约作用，应该把某一心理现象放在多层次、多因素和多维度的系统中进行分析。这是因为人的心理是一个极其复杂、动态的系统，在它内部系统的各因素之间、心理系统与外部环境之间均存在着密切的联系，而且由系统研究这些关系，人们才能真正把握心理现象的活动规律。

（六）伦理性原则

伦理性原则指在从事心理学研究时不能违反社会的伦理道德准则。贯彻伦理性原则，必须坚持以下三点：

第一，无伤害。在心理学研究中，必须遵守的最高原则是对被

试（人或动物）不能进行故意伤害（身体和心理）。

第二，保护。保护主要涉及知情同意、数据保密和事后解释。知情同意是指心理学研究中，要采用易于理解的语言告知被试所研究的内容，让其在知情的情况下决定参加与否。数据保密是指在研究过程中和结束后要保障数据的安全性。事后解释是研究结束后，研究者留出时间和希望了解研究的被试进行讨论，详细、诚恳地回答他们提出的问题。

第三，尊重隐私。在某些情况下，研究可能涉及被试的隐私问题。一般的解决办法是必须事先征得被试的同意，或者采取匿名化的方式来报告（白学军，2020）。

## 第四节　灾害心理研究的过去、现在和未来

心理学、历史学、人口学、社会学等不同学科领域的学者对灾害及灾害环境下人类的行为本质进行了大量研究。在灾害心理研究中，研究者开展的许多开创性研究，对该领域的发展具有一定的科学贡献。

### 一、灾害心理研究的历史背景

#### （一）早期努力

灾害心理研究最早源自对战争所造成的心理创伤的调查。随着研究的推进，学者们开始意识到灾害能够影响受害者的心理健康状况。例如，有研究者（Adler，1943）研究了1942年美国波士顿椰林

夜总会火灾后受害者的神经精神性症状。有人（Lindemann，1944）撰写了一篇"症状学和急性悲伤管理"的报告，也强调了灾后个体心理健康的重要性。这可能是灾害心理研究的开端。

20世纪50年代，有研究者（Tyhurst，1950）考察了个体在面对社会灾害、自然灾害时的心理现象，并重点探讨"灾害综合征"。灾害综合征指个体在经历灾害后，所产生的头晕、呆滞、意识不清或漫无目的游荡等短暂的现象。他们发现，有20%至25%的灾害受害者会出现灾害综合征。这引起了众多研究者的广泛关注。有研究者（Quarantelli，1954）认为，灾害的发生或灾害所产生的威胁将导致人类恐慌和社会解体，应重视这种威胁对人类心理健康的影响，这对当时人们的认知是一种挑战。总体来说，早期研究人员已经认识到灾害能够引起各种不良的身心反应，然而，他们没有系统地探究具体的相关性。

在20世纪60年代，灾害中的人类和社会（Baker & Chapman，1962）、集体压力的社会学检验（Barton，1969）、灾害中的组织行为（Dynes，1970）等众多研究如雨后春笋般蓬勃发展。这些研究强调了灾害事件对社会的影响、民众对它们的反应以及后续的解释等。有些研究会关注被污名化和受害者身份的无助感；有些研究又会否定灾害所造成的心理健康后果，而作出积极的解释。

（二）20世纪70年代和80年代

在20世纪70年代和80年代，灾后个体的心理健康问题成为研究的焦点。有研究者（Kinston & Rosser，1974）总结了灾害对心理健康和身体健康的影响。在这之后，大量研究集中在特定的自然灾害上，如洪水、海啸、地震、火山爆发、森林火灾、旋风、飓风、

龙卷风、风暴等。研究内容不仅涉及人群的流行病学方法，也包括特定受害群体的心理学研究。从这时起，大量学者开始真正探讨灾害对受害者的心理健康的影响。

这个时期的相关研究有助于更好地理解特定灾害的性质及其对人群短期和长期心理健康的潜在影响。对不同灾害背景（如矿井坍塌、建筑坍塌、化学事故、海上事故等）的研究也表明，灾害经历与心理问题高度相关。此外，这一时期的研究也为受灾害影响的不同人群及其经历的应激源和心理健康结果提供了更多解释。有研究者（Taylor & Frazer，1982；Jones，1985）认为，需要重视灾害救援者和受害者的心理健康。此外，相关学者对灾后儿童、青少年、中年人和老年人的不同心理需求也达成一致。

布法罗溪灾害（Buffalo Creek Disaster）的研究扩展了社会学和心理健康的研究。该研究表明，压力因素（如面临生命威胁、失去亲人、对儿童的影响以及社会纽带的破坏）对个体和社会发展具有破坏性和长期性的影响。随着时间的推移，多种社会学和临床研究推动了灾害领域的深入发展，社会学家、心理学家和精神病学家等都作出了不同的贡献。例如，有研究者（Ochberg & Soskis，1982）发现，恐怖主义也会影响受害者的心理健康。这些研究将心理健康的内容置于社会背景下，关注社会环境对个体发展的影响。

为了应对灾害的影响，学者们也编写了相关手册。如《紧急事件和灾害管理：心理健康手册》，这本手册包含了灾害心理研究领域内多位研究者的成果（Parad et al.，1976）。此外，另有研究者（Cohen & Ahearn，1980）编写的《灾害受害者心理健康护理手册》影响力也很大。

随着灾害心理研究的日趋深入，研究者逐渐关注心理创伤问题。

研究者（Horowitz，1976）最早对创伤性应激综合征（traumatic stress syndromes）进行概念化是在1976年。1980年，越战老兵的心理创伤对其心理健康造成了严重的影响，因此DSM-3诊断中确立了创伤后应激障碍的概念。随后，又有研究者（McFarlane，1988）对澳大利亚森林火灾的研究，为创伤后应激障碍等创伤后疾病的病因和演变提供了新的契机。"心理创伤（psychological trauma）"和"创伤应激（traumatic stress）"这两个不断演变的概念，成为20世纪80年代以来灾害心理研究领域的主要概念。

值得注意的是，在20世纪80年代中期之前，灾害干预指导方面的研究依旧相对较少。直到20世纪80年代中期之后，许多国际协作方法和共享方法逐渐产生。例如，世界卫生组织（WHO）等机构以及红十字会等众多救援组织重点关注灾害的程度及其带来的心理健康影响。在这种背景下，学者们成立了一个重要的国际发展组织——国际创伤压力研究学会，它致力于建立知识库，对不同灾害下不同群体的心理健康情况进行比较，并提出对策建议，将研究成果与灾害应对相结合。虽然将研究转化为实践和将实践转化为研究的问题至今仍然是一个难题，但该组织在应对当时的大规模恐怖主义事件时还是发挥了较大的作用。

此外，灾后心理援助的对象不仅包括受害者，也包括灾害中的救援者及受灾地区的普通民众，因此，心理急救和心理疏泄（Raphael，1977）、丧亲者咨询（Singh & Raphael，1981）和心理治疗外延等概念陆续发展起来。其中，研究者（Mitchell，1983）于1983年开发的紧急事件应激晤谈（critical incident stress debriefing，CISD）成为当时主要的干预模式，它是一种用于紧急服务的结构化模式，在面对混乱和不确定性时，为受灾人群提供了行为上的指导方针。

# 二、灾害心理研究现状

## （一）国外灾害心理研究现状

国外针对灾害开展了大量的心理研究，尤其是美国的灾害心理研究相对比较成熟，主要包括三个方面：一是灾害心理的相关研究；二是灾后心理干预；三是灾害心理卫生服务工作，已形成较为完善的服务系统（张丽萍，2009）。

### 1.灾害心理的相关研究

第一，灾害的心理影响。众所周知，灾害会带来情感创伤，造成心理影响。从时程上来说，短期内，灾害与严重的精神病症状、创伤后应激障碍、焦虑、沮丧、生理疾病和噩梦的增加相关。对灾害的长期影响研究不是很多，但是灾害对情绪具有微小且持续的影响，它们会导致压力和一系列的心理问题。有些精神病的症状存在一定的潜伏期，会延迟出现，而且症状可持续长达14年。

此外，灾害影响也有性别差异，女性更容易遭受创伤后应激障碍，男性更容易出现行为障碍。从年龄上来说，灾害事件对儿童的影响尤为显著。关于儿童的创伤后应激障碍研究发现，目击重大灾害的儿童存在情感、生理、心理的反应，在女性和年幼儿童中存在创伤后症状的比率较高。灾害中有父母伤亡的儿童比起经历过灾害无父母伤亡的儿童，以及没有受伤的儿童，显示出更多的创伤后应激障碍症状。此外，灾后，年长者更容易感到悲痛，在某些情况下他们会更加关注象征着他们生命过程的物品，如一本家庭相册、一棵树等。对比年长者和年轻者的反应，他们有程度几乎相同的悲痛反应，但年长者的不安和压力反应相对要小一些。其中，受伤、生命威胁、经济损失等对中年受害者的影响最大。

分属不同种族和经济地位的群体受灾害影响程度不同。在美国一项关于恐惧和地震相关的研究中发现，西班牙裔女性和穷人对灾害风险的恐惧程度最高。美国北岭地震后，当地黑人和拉丁裔经受了更大强度的情感创伤。在美国布法罗克里克大坝倒塌的研究中发现，相比白人，14年后更多的黑人出现延迟性的创伤后应激障碍症状。在经济地位方面，相比低收入的受害者，高收入的受害者经受较少的心理伤害。贫穷、灾害都会对心理产生影响，但不论是贫穷导致心理困境，还是灾害恶化了这种困境，灾害带来的经济损失都会造成精神应激。总体来说，儿童、老人、穷人、先前有过情感障碍经历的人、灾前处在社会边缘的人，遭受灾害情感创伤的风险较高，他们是易受灾害影响的群体（张丽萍，2009）。

第二，灾害的社会行为研究。1972年发生的尼加拉瓜大地震中，马那瓜的大部分地区遭到破坏，当一些幸存者还在尽力抢救他人的时候，却发生了奇怪的现象——出现大量的偷抢、掠夺。很多学者认为这种现象是罕见的；反之，亲社会的、利他性的反应才应该是主流。

2.灾后心理干预方法

美国开展了大量的灾后心理干预工作，具有完备的灾后心理干预方法和特殊干预模式。美国红十字会的灾害心理卫生服务项目干预标准中提出了灾后心理干预的三种常用方法：减压（defusing）、危机干预（crisis intervention）和分享报告（debriefing）。美国灾害心理干预的特殊干预模式有两种，一种是紧急事件应激晤谈（critical incident stress debriefing，CISD），另一种是灾后心理卫生反应策略（disaster mental health response strategies，DMHRS）。危机事件应激报告模式强调在"认知—情绪—认知"的框架下，小组成员一起讨论灾害经历，通过灾后早期的宣泄、对创伤经验的描述，以及小组和同伴的支持，来促使参加者从创伤性经历中逐渐恢复。灾后心理卫生反应策略旨在为灾害幸存者、家庭、救助者及组织团体提供及时的、与灾后心理反应阶段相适应的心理卫生服务。

3.灾害心理卫生服务系统

美国的灾害心理卫生服务系统相对较为完善，包括对突发灾害事件的社会心理反应，对各年龄层受害者及家属造成的心理影响，设计执行及评估对灾害幸存者进行的心理卫生服务及治疗，预防创伤后应激障碍综合征及并发症，完善灾害心理卫生服务系统等（赵炜 等，2005）。在灾害心理卫生服务系统的构建方面，发达国家的心理干预有些已经形成组织网络。灾害发生后，相关组织会尽快组织专业人员赴现场进行危机干预、督导和后援等相关工作。

20世纪80年代以来，世界卫生组织精神卫生与物质依赖署和紧急事件与人道主义行动署联合提供灾害后所需要的心理和社会支援，标志着危机干预开始了国际合作。在日本阪神大地震、美国"9·11"恐怖袭击事件等重大灾害后，都有世界卫生组织派出的心理危机干预专家与当地各级危机干预组织携手为灾民提供心理救助（刘萍，2005）。

### （二）国内灾害心理研究现状

我国的灾害心理研究起步比较晚，真正开展相关研究始于20世纪70年代。国内已有的灾害心理研究主要集中在对受灾民众的心理状态进行评估，明确灾害对民众的心理产生不良影响，阐述了灾后危机干预的重要性，但具体开展的心理干预工作相对偏少。

　　灾害心理研究的目的有两个：一是研究灾害的不同时间序列中，不同群体的灾害心理的发生发展规律及特点；二是如何对灾害的不同时间序列中的不同空间群体进行心理救助（王雪艳，张丽萍，2013）。围绕这两个目的，目前灾害心理的研究范围主要涉及以下五个方面。

　　第一，灾后心理评估研究。心理评估（psychological assessment）是指应用多种方法所获得的信息，对个体某一心理现象作全面、系统和深入的客观描述。进行灾害心理救助，首先要对救助对象的情况进行准确的评估。在评估体系上，徐选华、薛敏和王春红（2014）改进了 ISR 模型，对自然灾害社会心理风险源、社会心理风险应对资源、社会心理风险表现形式及结果进行分析和识别，形成了较为系统的自然灾害社会心理风险体系，为进行有效的心理评估提供了依据。张本、王学义、孙贺祥、汪向东和赵垂智等调查了 1976 年唐山大地震、1988 年云南澜沧地震以及 1998 年张北尚义地震对当地民众身心健康的影响，发现受灾组民众的心理健康水平明显低于未受灾的对照组，有亲人伤亡的幸存者的心理健康水平尤其低，地震经历使得民众生活质量降低。

　　第二，灾后心身应激反应研究。应激是个体面对应激源时引起的生理（唤醒）和心理上的反应模式。灾后不同个体会产生各种不同的心身应激反应。如短期内多次发生地震后，受灾地区人群应激障碍发生率有所提高，而且应激障碍患者具有明显的躯体化、抑郁及焦虑症状。其中，女性、对物质支持满意度低的个体、震后分离症状多的个体，患创伤后应激障碍的危险性高。儿童比成人更为脆弱，容易产生恐惧、害怕、无助、警觉性提高等情绪反应，或者因紧张焦虑的情绪产生头痛、头晕、腹痛、腹泻、哮喘、荨麻疹等生理上的疾病。同时也可能产生发脾气、攻击等行为反应，而抚养人稳定的情绪、坚强的信心、积极的生活态度会使儿童产生安全感。

第三，灾害心理危机干预研究。心理危机干预是指针对处于心理危机状态的个人及时给予适当的心理援助，使之尽快摆脱困难的一门心理学技术（刘春华，2005）。刘正奎（2012）提出了基于时空二维框架的心理援助模型，包括重灾区的应激阶段（A）、灾害周边区的应激阶段（B）、非灾区的应激阶段（C）、重灾区的冲击阶段（D）、灾害周边区的冲击阶段（E）、灾区的重建期（F）、可能发生灾害区（G），该模型对我国灾害心理危机干预具有一定的指导意义。此外，丧亲者是重要的干预群体之一，对丧亲者系统的干预需要在专业人员指导下进行，帮助丧亲者适应、应对创伤事件，提高自己控制情感的能力，辅助丧亲者顺利走出悲哀，早日适应新的生活。

第四，灾害危机教育。灾害危机教育是指为应对自然及人为灾害所造成的损害和影响，通过有效的方式进行的促进个体提高灾害应对能力的教育。为减少或防备灾害对人类身体、心理以及物质财富的损耗，政府、学校等相关部门也编制了相关灾害危机教育手册，通过相应的教育让人们掌握灾害发生的原因、预防措施、应对策略等知识（王雪艳，康瑛，2014）。正确进行灾害危机教育可以减少灾害带来的损失，在培养和塑造健全人格方面有着普通教育所无法替代的作用（颜苏勤，2004）。

第五，灾害心理卫生服务体系初探。灾害心理卫生服务体系是在国家灾害援助体系中发挥重要功能的子体系，一个科学合理、组织严密、运行有效的灾害心理卫生服务体系应包括：建立健全的制度体系；实现"政府主导、专业援助、社会参与"的组织体系；按照"政府主导，专业队伍与自愿队伍互相配合"的原则构建队伍体系；探讨灾后心理卫生问题的科学研究体系；加强危机应对教育，提高民众正确社会认知的宣教体系。只有合理构建灾害心理卫生服务体系，才能使灾后心理卫生服务工作科学、有序地进行（阴山燕 等，2011）。

## 三、灾害心理研究的发展道路

"防灾减灾救灾"事关国民的生命财产安全与社会的和谐稳定。党的十八大以来，以习近平同志为核心的党中央高度重视防灾减灾救灾工作，作出一系列重要决策部署，为推进防灾减灾救灾事业的高质量发展提供了根本遵循。目前，在灾害事故救援过程中，我国不仅关注减少灾害造成的可见损失，同时也开始关注灾害的心理服务工作。2016年，国家卫生计生委、中宣部、中央综治办、民政部等22个部门共同印发《关于加强心理健康服务的指导意见》，强调发挥社会组织和社会工作者在心理危机干预和心理援助工作中的作用。2020年4月，国家卫生健康委、中央政法委、教育部等部门《关于印发全国社会心理服务体系建设试点2020年重点工作任务及增设试点的通知》中指出，要将社会心理服务体系建设试点作为推进平安中国、健康中国建设的重要抓手。2021年3月，国家卫生健康委、中央政法委、教育部等9部门印发的《全国社会心理服务体系建设试点2021年重点工作任务》中指出，要对相关重点人员提供心理援助服务。2022年，国务院办公厅印发的《"十四五"国民健康规划》提出，要完善心理危机干预机制，将心理危机干预和心理援助纳入突发事件应急预案。由此可见，我国政府已经认识到灾害

心理研究的重要性，开始关注灾害心理和心理创伤干预的工作。在我国建立针对灾害、危机的心理干预系统是一项保障社会安定、造福民众的系统工程。

### （一）灾害的大众心理危机干预

灾害发生后的第一原则是以人为本，抢救生命。在保障生命的基础上，灾害也会对人们的心理产生巨大影响。因此，经历特大灾害者不但需要生命和身体的救助，还需要进行心理危机干预，只有通过此类心理卫生服务才能帮助灾区民众（儿童、青少年、中老年等）疗愈心理创伤。此外，对救援人员来说，在面对大量伤亡，直接感受到生命的脆弱之后，也需要专业人员给予心理支持、疏导和情感宣泄，缓解心理压力，使救灾工作更加有效。通过心理危机干预，尽最大可能将灾害对人们的心理影响降到最低，减少心理疾病的发生和对心理社会功能的后遗影响。因此，未来的灾害心理危机干预研究涉及心理危机干预理论与模式、干预技术与步骤，以及在灾害不同时期干预的评估与实施办法等内容。

### （二）灾害心理健康教育和灾害心理卫生服务体系

民众的灾害心理健康教育工作是灾害心理学研究工作的重要组成部分，从中小学生到大学生，以及广大民众，都要通过多种方式学习，丰富灾害心理知识，提升自身的灾害心理救助意识。政府部门要加强灾后心理教授制度的实施与监督，学术机构应加快专业人才的培养步伐，民间团体也需积极动员起来，广泛参与并提高灾害救援技能。

未来应加强灾前心理预警及心理宣教工作。心理救援网络内各区域部门在平时（灾害前）应制订灾后心理救援计划，并组织社区开展心理健康服务和教育，印制灾害心理自救、危机中的心理干预与调适等内容的宣传品分发到户，定期开展针对社区居民的心理健康讲座及防灾救灾演练，提高民众的灾害应对能力及自我调适能力。

完善心理救援网络和机构。按地域进行划分，构建区域性的救援网络，覆盖面从省市细化到区县甚至街道，将能够提供心理援助的各级组织、单位和个人，如民政部门、红十字会、医疗机构、教育机构和心理服务志愿者、社工等都纳入其中。该救援网络系统可以由政府和非政府部门合作设立，鼓励企业发挥积极性，提供赞助或设立基金。组织心理专家对网络内的团体或个人进行逐级差异化、针对性强的心理培训，掌握心理健康服务和心理危机干预的技术。各社区机构配备救援所需药品和物资并定期更新，保证在灾害发生后的黄金救援期内，在专业救援人员到来之前能够开展自救和互救，且灾后能对所在区域进行长期的跟踪随访与心理康复训练（崔轶等，2014）。

建立灾害心理卫生服务体系。针对灾害事件开展专业的心理卫生服务已成为国内外心理卫生工作者的共识，如何建立完善的心理卫生服务体系，也是灾害心理学必须加以研究的内容（高虹，2006）。未来要探讨心理卫生服务体系在灾害救助中的作用，分析相关国内外灾害心理卫生服务体系现状，建立我国灾害心理卫生服务体系。

## （三）面向未来、面向可持续发展

自20世纪50年代以来，人类社会所面临的人口猛增、粮食短缺、能源紧张、资源破坏和环境污染等问题日益增多，导致生态危机逐步加剧，突发性自然灾害事件越来越多。此外，由于多种原因，

一些地区出现了经济增长速度下降，甚至金融危机。如今，人类重新审视自己在生态系统中的位置，在和平与竞争中，努力寻求长期生存和发展的道路。为了达到这一目的，按照科学发展观，必须"以人为本"，通过实施可持续发展（sustainable development）的构想，推动人类社会实现经济、资源、环境和人的共同的和谐发展。因此，真正预防和避免灾害发生，需要人类社会从传统发展观和思维方式中走出来，这才是灾害心理学发展的目标，才可能从根本上解决灾害预防和控制、减少灾害发生的核心问题，达到面向未来，建立和谐世界的理想目标（时勘，2010）。

# 参考文献

安东尼·奥利弗-斯密斯，彭文斌，黄春，文军.（2013）."何为灾难？"：人类学对一个持久问题的观点.西南民族大学学报（人文社会科学版），34（12），1-7.

安媛媛，李秋伊，伍新春.（2015）.自然灾害后青少年创伤后成长的执行研究——以汶川地震为例.北京师范大学学报（社会科学版），6，107-113.

安媛媛，伍新春，陈杰灵，林崇德.（2014）.美国9·11事件对个体心理与群体行为的影响——灾难心理学视角的回顾与展望.北京师范大学学报（社会科学版），6，5-13.

白学军.（2020）.心理学基础.北京：中国人民大学出版社.

边秀兰.（2008）.环境污染对心理健康的影响.现代预防医学，（3），414-415.

陈更生.（2010）.新闻摄影的生命尊重和人性关注.新闻战线，26（6），41-42.

崔轶，唐云翔，朱丰海，张志坚，潘霄，严进，田文华.（2014）.国外心理救援模式及经验对我国灾难心理救援的启示.解放军预防医学杂志，32，378-380.

高虹.（2006）.学习考察德国紧急救援应急管理体系的启示.中华医院管理杂志，6，430-432.

郭秀艳.（2013）.实验心理学（第2版）.北京：人民卫生出

版社.

侯彩兰，李凌江，张燕，李卫辉，李则宣，杨建立，李功迎.
（2008）.矿难后2个月和10个月创伤后应激障碍的发生率及相关因素.中南大学学报（医学版），33，279-284.

胡曼曼，周英，杨从艳，李慧.（2021）.新冠肺炎疫情期间护理人员创伤后应激障碍影响因素研究.赣南医学院学报，40，1107-1111.

霍治国，王石立.（2009）.农业和生物气象灾难.北京：气象出版社.

李松蔚，牟文婷，徐凯文，王雨吟，钱铭怡.（2010）.震后3个月不同安置社区中轻度受灾者的创伤后应激症状和抑郁症状.中国心理卫生杂志，24，652-656.

刘春华.（2005）.灾害事故救援中的心理干预简析.湖南公安高等专科学校学报，3，47-50.

柳铭心，张兴利，朱明婧，汪艳，施建农.（2010）.异地安置5·12汶川大地震孤儿的创伤后应激障碍评估.中国科学院研究生院学报，27，131-137.

刘萍.（2007）.灾难心理服务研究（硕士学位论文）.北京林业大学，北京.

刘夏，王小清，边阳，柴榕.（2020）.支援武汉市某医院新冠肺炎治疗的山东省一线医护人员心理健康状况.职业卫生与应急救援，38，466-470.

刘秀丽，王鹰.（2011）.灾害危机管理的转变趋势及其对我国灾害心理救助管理的启示.东北师大学报（哲学社会科学版），（4），173-176.

刘彦威．（2001）．中国近代的战争与自然灾难对农业生产的破坏．古今农业（1），17-29.

刘正奎．（2012）．重大自然灾害心理援助的时空二维模型．中国应急管理，5，41-45.

刘正奎，吴坎坎，王力．（2011）．我国灾害心理与行为研究．心理科学进展，19（8），1091-1098.

潘懋，李铁锋．（2002）．灾害地质学．北京：北京大学出版社．

时勘．（2010）．灾难心理学．北京：科学出版社．

王重鸣．（2001）．心理学研究方法（第2版）．北京：人民教育出版社．

王文杰．（2020）．重视灾难风险亲历者的心理救助．中国应急管理，（2），46-47.

王雪艳，康瑛．（2014）．我国灾难危机教育的现状及对策．天津市教科院学报，5，16-17.

王雪艳，张丽萍．（2013）．灾难心理学学科体系初探．吉林医药学院学报，34，350-352.

韦红，马赟菲．（2021）．论灾难外交中人类命运共同体的共同情感建设．社会主义研究，2，163-172.

魏毅，孟宪东，倪云霞．（2020）．新冠肺炎期间社区人群焦虑及创伤后应激障碍现况及影响因素分析．实用医院临床杂志，1，267-270.

魏毅，倪云霞，王立．（2020）．新冠肺炎期间医院运输工人创伤后应激障碍及应对方式的调查分析．成都医学院学报，15，649-652.

温芳芳，马书瀚，叶含雪，齐玥，左斌．（2020）．“涟漪效应”

与"心理台风眼效应"：不同程度COVID-19疫情地区民众风险认知与焦虑的双视角检验.心理学报，52，1087-1104.

伍新春，张宇迪，林崇德，臧伟伟.（2013）.中小学生的灾难暴露程度对创伤后应激障碍的影响：中介和调节效应.心理发展与教育，6，83-90.

熊祥川，郭金保.（2015）.工伤事故的心理与预防.中国安全生产，10（44），34-35.

徐唯，宋瑛，梁爱民，董红兵，胡刚.（2003）.特大爆炸事故幸存者创伤后应激障碍的初步研究.中国心理卫生杂志，9，603-606.

徐选华，薛敏，王春红.（2014）.基于改进ISR压力模型的自然灾害社会心理风险识别研究.灾害学，1，1-7.

颜刚威.（2020）.创伤后应激障碍的研究综述.江西科学，38（4），529-536.

颜苏勤.（2004）.我校心理健康教育的实践探索.大众心理学，3，12-13.

杨海波，赵欣，汪洋，张磊，王瑞萌，张毅，王力.（2017）.PTSD青少年执行功能缺陷的情绪特异性.心理学报，49，643-652.

阴山燕，康瑛，张丽萍.（2011）.我国灾难心理卫生服务体系的构建初探.现代预防医学，1，109-110+114.

尤美娜，程文红.（2012）.初中生目睹特大火灾后的心理健康状况.中国心理卫生杂志，26，181-185.

袁茵，毛文君，杨德华，冉茂盛，孔娣，张涛，何江军.（2009）.汶川地震丧亲与非丧亲者创伤后应激障碍焦虑和抑郁情绪的对比研究.中华行为医学与脑科学杂志，12，1109-1111.

曾旻，周宵，伍新春，陈杰灵．（2017）．创伤暴露程度对中学生创伤后应激障碍的影响：控制感的调节作用．中国临床心理学杂志，25，59-64．

张本，张凤阁，王丽萍，于振剑，王长奇，王思臣，郭印川，徐广明，岳玲梅，苗丽玲，马文有，姜涛，张朝新，王馨，牛俊红．（2008）．30年后唐山地震所致孤儿创伤后应激障碍现患率调查．中国心理卫生杂志，6，469-473．

张本，王学义，孙贺祥，马文有，徐广明，于振剑，… 刘秀花．（2000）．唐山大地震所致孤儿心理创伤后应激障碍的调查．中华精神科杂志，2，111-114．

张本，王学义，孙贺祥，马文有，徐广明，于振剑，… 李秀芝．（2000）．唐山大地震孤儿远期心身健康的调查研究．中国心理卫生杂志，14，17-19．

张迪，伍新春，田雨馨，曾旻．（2021）．青少年情绪调节困难对创伤后应激障碍症状的影响：侵入性反刍与状态希望的中介作用．中国临床心理学杂志，29，478-482．

张丽萍．（2009）．灾难心理学．北京：人民卫生出版社．

张丽萍，王雪艳．（2009）．灾难心理学研究现状与思考．天津中医药大学学报，4，218-219．

张雯，张日昇，徐洁．（2009）．强迫思维女大学生的箱庭疗法个案研究．心理科学，32，886-890．

张养才，何维勋．（1991）．中国农业气象灾难概论．北京：气象出版社．

张艳，庄凌云，杨伟．（2020）．新冠疫情期间中学生创伤后应激障碍症状调查——以成都市树德中学为例．教育科学论坛，503，

47-50.

赵炜，程云松，黎檀实．（2005）．灾难医学继续教育项目专栏——Ⅴ：美国联邦灾难心理卫生服务系统．中国危重病急救医学，17，576-576.

郑日昌．（2003）．灾难的心理应对与心理援助．北京师范大学学报（社会科学版），（5），29-32.

朱明婧，张兴利，汪艳，施建农．（2010）．汶川地震孤儿的创伤后应激障碍和自我意识．中国临床心理学杂志，18，73-75.

Aber, J., Gershoff, E., Ware, A., & Kotler, J.（2004）. Estimating the effects of September 11th and other forms of violence on the mental health and social development of New York City's youth: A matter of context. Applied Developmental Science, 8, 111-129.

Abrahams, M. J., Price, J., Whitlock, F. A., & Williams, G. （1976）. The Brisbane floods, January 1974: Their impact on health. Medical journal of Australia, 2, 936-939.

Adler, A.（1943）. Neuropsychiatric complications in Victims of Boston's Coconut Grove Disaster. Journal of the American Medical Association, 123, 1098-1101.

Afari, N., Ahumada, S. M., Wright, L. J., Mostoufi, S., Golnari, G., Reis, V., ... Cuneo, J. G.（2014）. Psychological trauma and functional somatic syndromes: A systematic review and meta-analysis. Psychosomatic Medicine, 76, 2-11.

Ahmed, M. Z., Ahmed, O., Aibao, Z., Hanbin, S., Siyu, L., & Ahmad, A.（2020）. Epidemic of COVID-19 in China and associated psychological problems. Asian Journal of Psychiatry, 51, 102092.

Armenian, H. K., Morikawa, M., Melkonian, A. K., Hovane-sian, A. P., Haroutunian, N., Saigh, P. A., ... Akiskal, H. (2000) . Loss as a determinant of PTSD in a cohort of adult survivors of the 1988 earthquake in Armenia: implications for policy. Acta Psychiatrica Scandinavica, 102, 58-64.

Baker, G., & Chapman, D. (1962) . Man and society in disaster. New York: Basic Books.

Barton, A. H. (1969) . Communities in disaster: A sociological analysis of collective stress situations. Garden City, New York: Double-day.

Blanchard, E. B., Hickling, E. J., Mitnick, N., Taylor, A. E., Loos, W. R., & Buckley, T. C. (1995) . The impact of severity of physical injury and perception of life threat in the development of post-traumatic stress disorder in motor vehicle accident victims. Behaviour Research and Therapy, 33, 529-534.

Bleich, A., Gelkopf, M., & Solomon, Z. (2003) . Exposure to terrorism, stress-related mental health symptoms, and coping behaviors among a nationally representative sample in Israel. Journal of the American Medical Association, 290, 612-620.

Bolin, R. (1985) . Disaster characteristics and psychosocial impacts. In B. Sowder (Ed.), Disasters and mental health: Selected contemporary perspectives (pp. 3 - 28) . Rockville, MD: NIMH.

Brewin, C. R., Andrews, B., & Valentine, J. D. (2000) . Meta-analysis of risk factors for posttraumatic stress disorder in trauma-exposed adults. Journal of Consulting and Clinical Psychology, 68,

748-766.

Burnett, K., Ironson, G., Benight, C. G., Wynings, C. G., Greenwood, D., Carver, C. S., ... Schneiderman, N. (1997). Measurement of perceived disruption during rebuilding following Hurricane Andrew. Journal of Traumatic Stress, 10, 673-681.

Buydens-Branchey, L., Noumair, D., & Branchey, M. (1990). Duration and intensity of combat exposure and posttraumatic stress disorder in Vietnam veterans. Journal of Nervous and Mental Disease, 178, 582-587.

Caldera, T., Palma, L., Penayo, U., & Kullgren, G. (2001). Psychological impact of the hurricane Mitch in Nicaragua in a one-year perspective. Social Psychiatry and Psychiatric Epidemiology, 36, 108-114.

Cao, W., Fang, Z., Hou, G., Han, M., Xu, X., Dong, J., ... Zheng, J. (2020). The psychological impact of the COVID-19 epidemic on college students in China. Psychiatry Research, 287, 112934.

Caramanica, K., Brackbill, R. M., Liao, T., & Stellman, S. D. (2014). Comorbidity of 9/11-related PTSD and depression in the world trade center health registry 10-11 years post disaster. Journal of Traumatic Stress, 27, 680-688.

Chan, C. L., Wang, C. W., Ho, A. H., Qu, Z. Y., Wang, X. Y., Ran, M. S., ... Zhang, X. L. (2012). Symptoms of posttraumatic stress disorder and depression among bereaved and non-bereaved survivors following the 2008 Sichuan earthquake. Journal of Anxiety Disorders,

26, 673-679.

Chatzea, V. E., Sifaki-Pistolla, D., Vlachaki, S. A., Melidoniotis, E., & Pistolla, G. (2017). PTSD, burnout and well-being among rescue workers: Seeking to understand the impact of the European refugee crisis on rescuers. Psychiatry Research, 262, 446-451.

Cheng, Z., Ma, N., Yang, L., Agho, K., Stevens, G., Raphael, B., ...Yu, X. (2015). Depression and posttraumatic stress disorder in temporary settlement residents 1 year after the Sichuan earthquake. Asia Pacific Journal of Public Health, 27, 1962-1972.

Cohen, R. E., & Ahearn, F. L. (1980). Handbook of mental health care for disaster victims. Baltimore, MD: John Hopkins University Press.

Cohen, G. H., Tamrakar, S., Lowe, S., Sampson, L., & Galea, S. (2019). Improved social services and the burden of post-traumatic stress disorder among economically vulnerable people after a natural disaster: A modelling study. The Lancet Planetary Health, 3, 99-101.

Creamer, M., Burgess, P., Buckingham, W., & Pattison, P. (1993). Posttrauma reactions following a multiple shooting: A retrospective study and methodological inquiry. In J. Wilson & B. Raphael (Eds.), International handbook of traumatic stress syndromes (pp. 201-212). New York: Plenum.

Dirkzwager, A. J. E., Kerssens, J. J., & Yzermans, C. J. (2006). Health problems in children and adolescents before and after a man-made disaster. Journal of the American Academy Child and Adolescent Psychiatry, 45, 94-103.

Dougall, A., Herberman, H., Delahanty, D., Inslicht, S., & Baum A. (2000). Similarity of prior trauma exposure as a determinant of chronic stress responding to an airline disaster. Journal of Consulting and Clinical Psychology, 68, 290-295.

Dynes, R. R. (1970). Organized behavior in disaster. Lexington, MA: Heath Lexington Books.

Endo, T., Shioiri, T., Someya, T., Toyabe, S., & Akazawa, K. (2007). Parental mental health affects behavioral changes in children following a devastating disaster: A community survey after the 2004 Niigata-Chuetsu earthquake. General Hospital Psychiatry, 29, 175-176.

Epstein, R. S., Fullerton, C. S., & Ursano, R. J. (1998). Posttraumatic stress disorder following an air disaster: A prospective study. American Journal of Psychiatry, 155, 934-938.

Fairbrother, G., Stuber, J., Galea, S., Fleischman, A. R., & Pfefferbaum, B. (2003). Posttraumatic stress reactions in New York City children after the September 11, 2001, terrorist attacks. Ambulatory Pediatrics, 3, 304-311.

Gabriel, R., Ferrando, L., Sainz Corton, E., Mingote, C., Garcia-Camba, E., Fernandez Liria, A., ...Galea, S. (2007). Psychopathological consequences after a disaster: An epidemiological study among victims, the general population, and police officers. European Psychiatry, 22, 339-346.

Galea, S., Ahern, J., Resnick, H., Kilpatrick, D., Bucuvalas, M., Gold, J., ... Vlahov, D. (2002). Psychological sequelae of the September 11 terrorist attacks in New York City. The New England

Journal of Medicine, 346, 982–987.

Galea, S., & Resnick, H. (2005). Posttraumatic stress disorder in the general population after mass terrorist incidents: Considerations about the nature of exposure. CNS Spectrums, 10, 107–115.

Galea, S., Vlahov, D., Resnick, H. S., Ahern, J., Susser, E. S., Gold, J., ... Kilpatrick, D. (2003). Trends of probably post-traumatic stress disorder in New York City after the September 11 terrorist attacks. American Journal of Epidemiology, 158, 514–524.

Gleser, G., Green, B., & Winget, C. (1981). Prolonged psychological effects of disaster: A study of Buffalo Creek. New York: Academic Press.

Goto, T., Wilson, J. P., Kahana, B., & Slane, S. (2010). The Miyake island volcano disaster in Japan: Loss, uncertainty, and relocation as predictors of PTSD and depression. Journal of Applied Social Psychology, 36, 2001–2026.

Herzog, J. R., Everson, R. B., & Whitworth, J. D. (2011). Do secondary trauma symptoms in spouses of combat-exposed National Guard soldiers mediate impacts of soldiers' trauma exposure on their children? Child and Adolescent Social Work Journal, 28, 459–473.

Hobfoll, S. E., Tracy, M., & Galea, S. (2006). The impact of resource loss and traumatic growth on probably PTSD and depression following terrorist attacks. Journal of Traumatic Stress, 19, 867–878.

Horowitz, M. J. (1976). Stress response syndromes. New York: Jason Aronson.

Hu, X., Cao, X., Wang, H., Qian, C., Liu, M., & Yama-

moto, A.（2016）. Probable post-traumatic stress disorder and its predictors in disaster-bereaved survivors: A longitudinal study after the Sichuan earthquake. Archives of Psychiatric Nursing, 30, 192-197.

Irasema, & Alcántara-Ayala.（2002）. Geomorphology, natural hazards, vulnerability and prevention of natural disasters in developing countries. Geomorphology, 47（2-4）, 107-124.

Jalloh, M. F., Li, W., Bunnell, R. E., Ethier, K. A., O' Leary, A., Hageman, K. M., ... Redd, J. T.（2018）. Impact of Ebola experiences and risk perceptions on mental health in Sierra Leone, July 2015. BMJ Global Health, 3, e000471.

Johnson, S. U., Ebrahimi, O. V., & Hoffart, A.（2020）. PTSD symptoms among health workers and public service providers during the covid-19 outbreak. Plos One, 15, e0241032.

Jones, D. R.（1985）. Secondary disaster victims: The emotional effects of recovering and identifying human remains. American Journal of Psychiatry, 142, 303-307.

Kaniasty, K., & Norris, F.（1993）. A test of the support deterioration model in the context of natural disaster. Journal of Personality and Social Psychology, 64, 395-408.

Kilic, E. Z., Ozguven, H. D., & Sayil, I.（2003）. The psychological effects of parental mental health on children experiencing disaster: The experience of Bolu Earthquake in Turkey. Family Process, 42, 485-495.

Kinston, W., & Rosser, R.（1974）. Disaster: Effects on mental and physical state. Journal of psychosomatic research, 18, 437-456.

Larrance, R., Anastario, M., & Lawry, L. (2007). Health status among internally displaced persons in Louisiana and Mississippi travel trailer parks. Annals of Emergency Medicine, 49, 590-601.

Lee, S. M., Kang, W. S., Cho, A. R., Kim, T., & Park, J. K. (2018). Psychological impact of the 2015 MERS outbreak on hospital workers and quarantined hemodialysis patients. Comprehensive Psychiatry, 87, 123-127.

Lester, P., Aralis, H., Sinclair, M., Kiff, C., Lee, K. H., & Mustillo, S., ... Wadsworth, M. D. (2016). The impact of deployment on parental, family and child adjustment in military families. Child Psychiatry and Human Development, 47, 938-949.

Lester, P., Peterson, K., Reeves, J., Knauss, L., Glover, D., Mogil, C., ... Beardslee, W. (2010). The long war and parental combat deployment: Effects on military children and at-home spouses. Journal of the American Academy of Child and Adolescent Psychiatry, 49, 310-320.

Lifton, R. (1967). Death in life, survivors of Hiroshima. New York: Random House.

Lindemann, F. (1944). Symptomatology and management of acute grief. American Journal of Psychiatry, 101, 141-148.

Liu, N., Zhang, F., Wei, C., Jia, Y., Shang, Z., Sun, L., ... Liu, W. (2020). Prevalence and predictors of PTSS during COVID-19 outbreak in China hardest-hit areas: Gender differences matter. Psychiatry Research, 287, 112921.

Livanou, M., Basoglu, M., Salcioglu, E., & Kalender, D.

（2002）. Traumatic stress responses in treatment-seeking earthquake survivors in Turkey. Journal of Nervous and Mental Disease, 190, 816-823.

Logue, J. N., Hansen, H., & Struening, E. (1979). Emotional and physical distress following Hurricane Agnes in Wyoming Valley of Pennsylvania. Public Health Reports, 94, 495-502.

López-Ibor, & Juan. (2006). Disasters and mental health: new challenges for the psychiatric profession. World Journal of Biological Psychiatry, 7 (3), 171-182.

Maes, M., Mylle, J., Delmeire, L., & Altamura, C. (2000). Psychiatric morbidity and comorbidity following accidental man-made traumatic events: Incidence and risk factors. European Archives of Psychiatry and Clinical Neuroscience, 250, 156-162.

Maes, M., Mylle, J., Delmeire, L., & Janca, A. (2002). Pre-and post-disaster negative life events in relation to the incidence and severity of post-traumatic stress disorder. Psychiatry Research , 105 , 1-12.

McCabe, O. L., Semon, N. L., Lating, J. M., Everly Jr, G. S., Perry, C. J., Moore, S. S., ...Links, J. M. (2014). An academic-government-faith partnership to build disaster mental health preparedness and community resilience. Public Health Reports, 129, 96-106.

McDermott, B. M., Lee, E. M., Judd, M., & Gibbon, P. (2005). Posttraumatic stress disorder and general psychopathology in children and adolescents following a wildfire disaster. Canadian Journal of Psychiatry, 50, 173-143.

McFarlane, A. C. (1988). The longitudinal course of posttraumatic morbidity: the range of outcomes and their predictors. The Journal of Nervous and Mental Disease, 176, 30-39.

McKernan, L. C., Johnson, B. N., Crofford, L. J., Lumley, M. A., & Cheavens, J. S. (2019). Posttraumatic stress symptoms mediate the effects of trauma exposure on clinical indicators of central sensitization in patients with chronic pain. The Clinical Journal of Pain, 35, 385-393.

Mclaughlin, K. A., Berglund, P., Gruber, M. J., Kessler, R. C., Sampson, N. A., & Zaslavsky, A. M. (2011). Recovery from PTSD following hurricane Katrina. Depression and Anxiety, 28, 439-446.

McMillan, K. A., Asmundson, G. J. G., & Sareen, J. (2017). Comorbid PTSD and Social Anxiety Disorder: Associations with quality of life and suicide attempts. The Journal of Nervous and Mental Disease, 205, 732-737.

Mitchell, J. T. (1983). When disaster strikes: The critical incident stress debriefing process. Journal of emergency medical services, 8, 36-39.

Murphy, S. (1984). Stress levels and health status of victims of a natural disaster. Research in Nursing and Health, 7, 205-215.

Murphy, S. A. (1986). Status of natural disaster victims' health and recovery 1 and 3 years later. Research in Nursing and Health, 9, 331-340.

Neria, Y., Gross, R., Olfson, M., Gameroff, M. J., Wickramaratne, P., Das, A., ... Marshall, R. D. (2006). Posttraumatic stress disorder in primary care one year after the 9/11 attacks. General

Hospital Psychiatry, 28, 213-222.

Nicol, A. L., Sieberg, C. B., Clauw, D. J., Hassett, A. L., & Brummett, C. M. (2016). The association between a history of lifetime traumatic events and pain severity, physical function, and affective distress in patients with chronic pain. Journal of Pain Official Journal of the American Pain Society, 17, 1334-1348.

Norris, F. (2006). Community and ecological approaches to understanding and alleviating postdisaster distress. In Y. Neria, R. Gross, R. Marshall, & E. Susser (Eds.), September 11, 2001: Treatment, research, and public mental health in the wake of a terrorist attack. New York: Cambridge University Press.

Norris, F. H., Friedman, M. J., Watson, P. J., Byrne, C. M., Diaz, E., & Kaniasty, K. (2002). 60,000 disaster victims speak: Part I. An empirical review of the empirical literature, 1981-2001. Psychiatry-interpersonal and Biological Processes, 65, 207-239.

Norris, F., & Kaniasty, K. (1996). Received and perceived social support in times of stress: A test of the social support deterioration deterrence model. Journal of Personality and Social Psychology, 71, 498-511.

Norris, F., Perilla, J., Riad, J., Kaniasty, K., & Lavizzo, E. (1999). Stability and change in stress, resources, and psychological distress following natural disaster: Findings from Hurricane Andrew. Anxiety, Stress, and Coping, 12, 363-396.

Norris, F., Phifer, J., & Kaniasty, K. (1994). Individual and community reactions to the Kentucky floods: Findings from a longitudinal study of older adults. In R. Ursano, B. McCaughey, & C. Fullerton (Eds.), Individual and community responses to trauma and disaster. Cambridge: Cambridge University Press.

Norris, F., & Uhl, G. (1993). Chronic stress as a mediator of acute stress: The case of Hurricane Hugo. Journal of Applied Social Psychology, 23, 1263-1284.

North, C., Nixon, S., Shariat, S., Mallonee, S., McMillen, J., Spitznagel, E., ...Curtis, J. (1999). Psychiatric disorders among survivors of the Oklahoma City bombing. Journal of the American Medical Association, 282, 755-762.

Ochberg, F. M., & Soskis, D. A. (1982). Victims of Terrorism. Boulder, CO: Westview.

Ozen, S., & Sir, A. (2004). Frequency of PTSD in a group of search and rescue workers two months after 2003 Bingol (Turkey) earthquake. Journal of Nervous and Mental Disease, 192, 573-575.

Parad, H. J., Resnick, H. L. P., & Parad, L. G. (1976). Emergency and disaster management: A mental health sourcebook. Bowie, MD: Charles Press.

Park, H. Y., Park, W. B., Lee, S. H., Kim, J. L., Lee, J. J., Lee, H., ... Shin, H. (2020). Posttraumatic stress disorder and depression of survivors 12 months after the outbreak of Middle East respiratory syndrome in South Korea. BMC Public Health, 20, 605.

Pfefferbaum, B., North, C. S., Doughty, D. E., Gurwitch, R. H., Fullerton, C. S., & Kyula, J. (2003). Posttraumatic stress and functional impairment in Kenyan children following the 1998 American

Embassy bombing. American Journal of Orthopsychiatry, 73, 133 –149.

Pfefferbaum, B., North, C. S., Doughty, D. E., Pfefferbaum, R. L., Dumont, C. E., & Pynoos, R. S. (2006). Trauma, grief, and depression in Nairobi children after the 1998 bombing of the American Embassy. Death Studies, 30, 561–577.

Quarantelli, E. L. (1954). The nature and conditions of panic. American Journal of Sociology, 60, 267–275.

Quarantelli, E. L. (1985). An assessment of conflicting views on mental health: The consequences of traumatic events. In C. R. Figley (Ed.), Trauma and its wake. Vol. I: The study and treatment of posttraumatic stress disorder (pp. 173–215). New York: Brunner/Mazel.

Raphael, B. (1977). The Granville train disaster: Psychological needs and their management. Medical Journal of Australia, 1, 303–305.

Regehr, C., Leblanc, V., Jelley, R. B., Barath, I., & Daciuk, J. (2007). Previous trauma exposure and PTSD symptoms as predictors of subjective and biological response to stress. Canadian journal of psychiatry. Revue Canadienne De Psychiatrie, 52, 675–683.

Rutherford, B. R., Choi, C. J., Chrisanthopolous, M., Salzman, C., Zhu, C., Montes-Garcia, C., ... Roose, S. P. (2021). The COVID-19 pandemic as a traumatic stressor: Mental health responses of older adults with chronic PTSD. American Journal of Geriatric Psychiatry, 29, 105–114.

Salcioglu, E., Ozden, S., & Ari, F. (2016). The role of relocation patterns and psychosocial stressors in posttraumatic stress disorder and depression among earthquake survivors. Journal of Nervous and Mental Disease, 1, 19-26.

Sattler, D. N., Alvarado, A., Castro, N., Male, R. V., & Vega, R. (2010). El Salvador earthquakes: Relationships among acute stress disorder symptoms, depression, traumatic event exposure, and resource loss. Journal of Traumatic Stress, 19, 879-893.

Sattler, D. N., Preston, A. J., Kaiser, C. F., Olivera, V. E., Valdez, J., & Schlueter, S. (2002). Hurricane Georges: A cross-national study examining preparedness, resource loss, and psychological distress in the U.S. Virgin Islands, Puerto Rico, Dominican Republic, and the United States. Journal of Traumatic Stress, 15, 339-350.

Schuster, M. A., Stein, B. D., Jaycox, L. H., Collins, R. L., Marshall, G. N., Elliott, M. N., ...Berry, S. H. (2001). A national survey of stress reactions after the September 11, 2001, terrorist attacks. New England Journal of Medicine, 345, 1507-1512.

Shore, J. H., Tatum, E. L., & Vollmer, W. M. (1986). Psychiatric reactions to disaster: The Mount St. Helens experience. The American Journal of Psychiatry, 143, 590-595.

Silver, R. C., Holman, E. A., McIntosh, D. N., Poulin, M., & Gil-Rivas, V. (2002). Nationwide longitudinal study of psychological responses to September 11. Journal of the American Medical Association, 288, 1235-1244.

Singh, B., & Raphael, B. (1981). Post disaster morbidity of the bereaved. A possible role for preventive psychiatry? The Journal of Nervous and Mental Disease, 169, 203-212.

Smith, E. M., Robins, L. N., Przybeck, T. R., Goldring, E., &

Solomon, S. D. (1986). Psychosocial consequences of a disaster. In J. H. Shore (Ed.), Disaster stress studies: New methods and findings (pp. 49–76). Washington, DC: American Psychiatric Press.

Su, C. Y., Tsai, K. Y., Chou, H. C., Ho, W. W., Liu, R., & Lin, W. K. (2010). A three–year follow–up study of the psychosocial predictors of delayed and unresolved post–traumatic stress disorder in Taiwan Chi–Chi earthquake survivors. Psychiatry and Clinical Neurosciences, 64, 239–248.

Swenson, C. C., Saylor, C. F., Powell, M. P., Stokes, S. J., Foster, K. Y., & Belter, R. W. (1996). Impact of a natural disaster on preschool children: Adjustment 14 months after a hurricane. American Journal of Orthopsychiatry, 66, 122–130.

Tang, W., Hu, T., Hu, B., Jin, C., Wang, W., Xie, G., ... Xu, J. (2020). Prevalence and correlates of PTSD and depressive symptoms one month after the outbreak of the COVID–19 epidemic in a sample of home–quarantined Chinese university students. Journal of Affective Disorders, 274, 1–7.

Tang, S., Xiang, M., Cheung, T., & Xiang, Y. T. (2021). Mental health and its correlates among children and adolescents during COVID–19 school closure: The importance of parent–child discussion. Journal of Affective Disorders, 279, 353–360.

Taylor, A. J. W., & Frazer, A. G. (1982). The stress of post–disaster body handling and victim identification work. Journal of human stress, 8, 4–12.

Thienkrua, W., Cardozo, B. L., Chakkraband, M. L. S., Guadamuz, T. E., Pengjuntr, W., Tantipiwatanaskul, P., ... van Griens-ven, F. (2006). Symptoms of posttraumatic stress disorder and depression among children in tsunami-affected areas of southern Thailand. Journal of the American Medical Association, 296, 549–559.

Thompson, M., Norris, F., & Hanacek, B. (1993). Age differences in the psychological consequences of Hurricane Hugo. Psychology and Aging, 8, 606–616.

Turner, S., Thompson, J., & Rosser, R. (1995). The kings cross fire: Psychological reactions. Journal of Traumatic Stress, 8, 419–427.

Tyhurst, J. S. (1951). Individual reactions to community disaster: The natural history of psychiatric phenomena. American Journal of Psychiatry, 107, 764–769.

Wasserstein, S. B., & LaGreca, A. M. (1998). Hurricane Andrew: Parent conflict as a moderator of children's adjustment. Hispanic Journal of Behavioral Sciences, 20, 212–224.

Weathers, F. W. (2013). The PTSD checklist for DSM-5 (PCL-5): Development and initial psychometric analysis. Abstract presented at the 29th Annual meeting of the International Society for Traumatic Stress Studies, Philadelphia.

Weisaeth, L. (1989). The stressors and the post-traumatic stress syndrome after an industrial disaster. Acta Psychiatrica Scandinavica, 80 (Suppl. 355), 25–37.

Wickrama, K. A. S., & Kaspar, V. (2007). Family context of mental health risk in Tsunami-exposed adolescents: Findings from a pilot study in Sri Lanka. Social Science and Medicine, 64, 713-723.

Zhang, W. R., Wang, K., Yin, L., Zhao, W. F., Xue, Q., Peng, M., ... Wang, H. X. (2020). Mental health and psychosocial problems of medical health workers during the COVID - 19 epidemic in China. Psychotherapy and Psychosomatics, 89, 242-250.

Zung, W. W. (1971). A rating instrument for anxiety disorders. Psychosom, 12, 371-379.

# 第 二 章

## 灾害心理防护的理论基础

本章试图梳理总结目前关于灾害心理加工的理论基础，以期为灾害的心理防护与援助提供理论依据。

## 第一节 不同类型灾害心理加工的理论基础

目前涉及各类灾害的理论，主要有风险认知理论和压力管理理论。

### 一、风险认知理论

在灾害事件的预防、应对以及灾后重建过程中，了解不同类型人群的风险认知特征非常重要，这有助于把握其心理行为规律和变化态势，从而更好地进行协调和干预。风险认知理论是灾害心理研究领域最为重要的理论依据之一。

风险认知是一个广义的概念，其关联问题可以通过如下逻辑关系来回顾：风险认知→风险沟通→行为决策→心理与行为指标→预测模型。了解风险认知，能够帮助我们理解人们在面对灾害时的心

理过程和行为决策，进而可以制订更科学有效的灾害援助和灾区重建计划。在实施心理干预时，了解这些将为我们提供重要依据，以更好地帮助受灾人群恢复心理健康和适应灾后生活。

（一）风险认知及其多层次特异性

通常认为，在风险事件中，人们的认知和决策是理性的。然而，有研究者（Simon，1956；Kahneman，1982）提出了不同的观点，指出人类的记忆和思维有局限性，这可能导致认知偏差。研究者（Kahneman，1982）发现，经典的期望效用理论无法解释人们在认知选择中出现的系统性偏差，而个体的认知策略会极大地影响人的认知结果。

另有研究者（Slovic，1987）将公共危机事件比喻为"涟漪中心的石头"（见图 2-1），并认为涟漪水波的深度和广度取决于风险事件的性质，也取决于公众在涟漪波及过程中如何获取和解释相关信息。同时将风险事件以"忧虑性"和"未知性"两种角度进行评判，并使用风险认知地图来显示人们对风险的知觉特征。

这些研究对于了解公众在面对风险事件时的心理行为和决策过程非常重要，有助于制订更有效的风险沟通和灾害援助计划，以及在灾后重建中实施相应的心理干预措施。

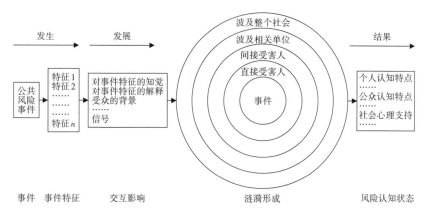

**图2-1 公共危机事件传播的涟漪波及过程图**（Slovic，1987）

研究者（Tversky，Kahneman）在1992年的研究中发现，公众的认知脆弱性与聚众行为之间存在显著的关联。另有研究者（Covello et al.，2001）指出，人们对风险事件的感知极大地影响个体情绪和态度，进而影响其行为。因此，在危机管理中，风险认知起着至关重要的作用。

谢晓非等（2005）对我国非典型肺炎期间民众的心理行为特征进行研究，发现风险认知在衡量民众在危机情况下的心理变化中起着关键作用。由于风险认知具有领域特异性（domain specific），不同危机事件的民众心理反应态势的预警受多个风险认知因素影响，包括事件是否可预见、可控制、传播速度、影响范围和损失程度等。

从社会安全角度来看，全面了解民众对各种危机事件的风险认知状况，并考察危机事件进程中风险认知变化的动态规律，是构建民众心理行为预测模型的基础。这些研究有助于深入了解公众对危机事件的认知和态度，为危机管理和灾害应对提供科学依据和决策支持。

### （二）风险沟通的内容和渠道

研究结果表明，风险沟通会影响风险认知和心理行为。风险沟通不仅传达与风险相关的信息，还传达发布者对风险事件的看法和组织的风险管理规定和措施等。有研究者（Slovic，1987）指出，危机不仅仅来自事件本身，还取决于民众对事件的接受与理解程度。在社会风险事件中，沟通双方通常不对称，政府部门或管理机构掌握更多信息，而民众则处于被动地接收和询问的位置。因此，如何采取有效的沟通方式，使风险信息能够更好地传递给民众，帮助民众理性认知并作出适当的行为反应，成为社会安全心理研究的难点和关键点。

目前的社会安全风险沟通研究主要涵盖内容、渠道和信任等方面。在内容方面，采用不同方式播报相同的风险内容会带来截然不同的效果。例如，有研究者（Gigerenzer et al.，2005）发现，采用概率方式播报危机事件时，民众很难理解，而采用频率形式则更易于民众理解。另外，负面信息对个体影响更为深远。同时，发布风格、内容、速度、准确性、诚实性以及发布方的权威性与可信赖性等因素也会影响民众对事件的决策与行为（Digiovanni，2001）。谢晓非等人（2005）的研究则指出，民众对风险信息的知觉并不等权重，需要考虑民众信息知觉的层次。

有研究者（Griffin，1998）的研究结果显示，风险焦虑高的人更信赖大众媒体和人际关系，而专业媒体对他们的影响最大。时勘等人（2003）则发现，个体对信息渠道的选择会影响其心理行为状态，不同渠道之间的沟通效果存在显著差异。例如，政府发布的正面信息可以稳定并降低风险认知，而来自亲友的臆测和网络流传的小道消息则会非理性地增大消极的风险认知。

在沟通信任方面，信任是影响风险沟通有效性的重要指标，但建立和保持信任需要长时间的努力，而且容易遭到破坏。有研究者（Covello，2001）认为，关注与同情、奉献与承诺、能力与专业知识、诚实与开放性等因素是信任建立和保持的重要影响因素。另有研究者（Peters et al.，1997）提出了企业、政府与公民团体建立信任的决定因素模型，强调信任在风险沟通中的重要意义。此外，沟通效果还依赖于沟通双方建设性的互动过程。

总体来说，政府和专家在危机事件中通常掌握更多信息并扮演着信息发布者的角色，而民众则处于信息接收者和询问者的位置。已有研究表明，如果民众对政府产生不信任或不满，信息不对称性会加剧小道消息的盛行和泛滥，导致民众严重的心理恐慌，甚至引发危及社会安全的突发事件。在突发性的风险情境下，由于沟通双方的信息不对称性，风险沟通研究亟须更系统化和具有针对性，特别需要探索中央政府、地方机构和专业组织在风险沟通方面的影响机制以及危机应对策略。

## （三）民众与领导者的行为决策

传统决策理论认为，在复数选择方案的情况下，人们会理性地计算各选择方案可能带来的结果，并挑选其中（主观）期望值最大（即收益最大、损失最小等）的方案。根据一些研究者（Gigerenzer et al.，2005）的观点，突发危机事件发生时，个体面对海量信息，用于决策的时间相对有限，因此会倾向于利用更简洁、更实用的启发式决策。此外，也有研究表明，中国人在某些决策领域上比西方人更冒险、更过分自信（Weber & Hsee，1998；Yates et al.，1992）。

未来研究需要通过跨文化比较，探索当今中国人的决策倾向和行为特征，揭示中国人可能因文化因素（如个人主义—集体主义等）和社会因素（如社会经济转型时期）而表现出更过分自信、追求风险和竞争的原因。这是灾害心理学研究的前沿问题。

危机管理的核心问题之一是领导决策。领导者所采用的决策方法是否科学，直接影响着决策方案的质量。研究发现，领导者的个人特征会通过影响其风险偏好进一步影响其行为，而风险认知会调节风险偏好与风险行为之间的关系（Williams & Narendran，1999）。因此，在危机决策中，领导者的风险认知状况和决策方式具有至关重要的意义。危机决策是一种典型的非结构化问题，由于危机信息随着危机发展的态势不断演变，很难用某种模型进行定量分析。因此，需要从多个维度综合分析领导者的危机决策规律。

在突发危机事件情境中，政府部门及相关管理部门的领导者发挥着至关重要的作用。我国政府在处置突发危机事件时具有集中调配、统一指挥的优势，能够调集各职能部门和社会专家，建立正式的危机决策团体，由该团体制定合理的对策。然而，这种决策也受到部门之间条块分割的限制。目前，群体决策的研究内容相当丰富，但危机决策研究相对较少。因此，有必要深入探索在正常与危机情境中领导风格对团体危机决策和风险沟通的影响机制，特别是探索我国文化背景、管理制度和转型时期的特定影响。这将有助于理解我国管理者在危机管理决策中的独特特征，并为建构突发危机事件的预案系统和提高决策效能提供依据。

## 二、压力管理理论

（一）压力的概念

1.压力概念的来源

"压力"或称为"应激"，指当物体受到试图扭曲它的外力作用时，在内部产生相应的力；而"紧张"则表示当压力超过物体承受能力时，造成的扭曲结果或状态。

20世纪中叶，被誉为"现代'压力'概念之父"的加拿大内分泌学家汉斯·塞利（Hans Selye）认为，压力可以导致生理反应，他区分了压力源和压力反应。他指出，无论是正面还是负面的压力，都可能产生有益或有害的压力反应。

随着社会经济的发展，工作场所的节奏加快，工作压力已经严重威胁到员工的职业健康，因此关于工作压力的研究也逐渐增多。工作压力的来源和定义十分复杂，初期的压力研究主要关注生活压力，直到1962年，有研究者（French，Kahn）将压力概念引入企业管理领域。他们在密歇根大学社会研究中心（Institute of Social Research，ISR）开展的研究项目对后来的工作压力研究产生了重要影响。

2.三种压力概念

关于压力概念的主要观点有三种：刺激式、反应式和交互式。

（1）刺激式概念

刺激式概念将压力看作环境的刺激，强调社会与外在环境变化对个人的影响。基于这种压力概念，可以把压力研究分为基于刺激的研究和基于反应的研究。基于刺激的研究主要关注的是压力事件本身的性质。

（2）反应式概念

反应式概念着重研究压力反应方式，而非压力的性质。汉斯·塞利的研究基于这一概念，认为压力是个人对有害环境的反应。

（3）交互式概念

交互式概念则主张压力是人与外界环境动态交流系统中的一部分，强调人与环境的互动关系。在外界环境事件的影响下，人是居于统治地位的主角，整个互动的过程是连续而非独立的，当个人认为该事件非自己能力所及或危及自己的健康时，压力就会产生。所以，压力是"压力源"与"压力反应方式"的互动结合。

3.压力包含的因素

一个完整的压力概念应该包含以下因素：压力源，即引起压力的事件；压力应对，即个体在面对压力情境时所采取的应对策略；应对资源，即影响个体压力应对的个人资源、环境资源；压力反应，即个体在面对压力情境时所产生的生理、心理和行为变化；压力结果，即压力对个体产生的持久性影响。

4.压力的概念及其发展过程

综合以上因素，压力是一个动态联系的过程。在这个过程中，个体通过对个人资源和潜在压力情境进行比较来评估该情境对自己的影响。当个体认为情境会对自己造成压力时，其心理、生理和行为会发生变化，并采取某种策略来应对压力情境。应对策略可能成功，也可能失败，其结果会对个体的身心健康产生影响，也可能影响下次对情境的评估及选择应对策略的依据。因此，压力概念是一个复杂而动态的过程，涉及多个变量之间的相互作用。

（二）压力的经典理论

压力的经典理论可分为传统理论和交互理论两种，两者在对压力的理解和研究方法上存在不同观点。传统理论主要关注对工作压力或个体压力感受的评价，侧重寻找大多数人普遍感受到的压力特点。然而，交互理论认为压力的测量应包括压力源评价、应对资源和压力症状，强调个体与环境之间的相互影响，将压力和应对视为动态变化的过程。因此，交互理论认为个体对压力的感受存在个体差异，并且同一个体在不同时间、不同经历等情境下对同一种压力的反应也会有变化。

目前，更多的研究倾向于以交互理论为基础，认为压力过程是个体与环境之间相互作用的结果。在不同的压力理论基础上，学者们提出了各种压力研究模型，以更好地理解和解释个体在压力情境下的反应和应对方式。这些理论和模型的不断完善有助于更深入地认识压力对个体健康和适应性的影响，并为压力管理和干预提供理论依据。

1.个体—环境匹配模型（person-environment fit model）

根据该模型，行为是个体和环境相互作用的结果，紧张的来源在于个体与组织的价值观差异。组织场景中，个体—环境匹配可细分为个体—工作匹配、个体—团队匹配和个体—组织匹配等亚型，分别对应个体、团队和组织不同环境水平的匹配。高水平的个体—环境匹配与高绩效和高满意度相关，不同匹配亚型与不同结果变量之间存在显著差异。因此，组织应全面考虑个体特征与组织环境特征的匹配，以实现最佳效果（Jex，1998）。

2.认知交互作用模型（cognitive transactional model）

有研究者（Lazarus & Folkman，1984）提出了认知交互作用模型，这是一个以认知评价过程为基础的压力模型。在这个模型中，压力被视为一个动态的过程，强调个体与环境之间的特殊关系。个体和环境之间的关系是动态关联的，在时间、工作任务和活动上都在不断变化，而不是像传统工作压力理论那样将它们视为分离和静止不变的。该模型认为认知评价过程包括初级评价、次级评价和再评价三个阶段。

（1）初级评价：感知环境重要性、环境要求以及评估事件积极性或消极性。它涉及回答："我现在是否遇到了或将来是否会遇到麻烦？我是否会受益？我会有怎样的麻烦或收益？"初级评价分为无关的、良性的和有压力的三种类型，取决于个体对事件影响的评估。

（2）次级评价：对选择不同类型行为可能性的觉察，包括现有社会、物质或个人资源的评估。它用来回答："如果可以的话，能对它做些什么？"次级评价考虑可用的应对选择、实现预期结果的可能性以及个体有效应用特定应对策略的可能性。

（3）再评价：除了初级评价和次级评价，再评价是基于新环境信息的变化性评价。它可能降低、增强或改变个体感受到的工作压力及压力反应。再评价是一个不断变化的过程，因此在研究中较少被关注。

认知交互作用模型强调认知评价过程在压力应对中的重要性，并指出个体对压力源的评价和对应的再评价都会影响压力的结果。

3. ISR 模型

这个压力模型源于研究者（French，Kahn，Katz）于1962年至1978年在密歇根大学社会研究中心（Institute of Social Research，

ISR）进行的一系列研究。该模型为工作压力对健康的影响提供了理论框架，并为未来的压力管理研究奠定了理论基础。

该模型中的主要观点如下：

（1）起始于客观环境或客观压力源，包括工作环境中员工可能会感知到的各种因素，如物理因素（噪音、光线、振动、工作台的布置等）和心理社会因素（人际冲突、角色模糊和角色冲突等）。不同的员工可能对相同的环境作出不同的评价。

（2）对客观环境的评价会产生心理压力，即心理反应。不同的个体对相同的工作量等因素可能会有不同的感知，从而形成不同的心理压力源。

（3）心理压力源会引起个体的情感、生理和行为反应。情感反应包括愤怒、焦虑或抑郁等负面情绪；生理反应包括头痛、心率加快或疲倦等生理状态；行为反应包括迟到、缺席或辞职等。

（4）长期的工作压力反应可能对员工的健康和生产力产生不利影响，例如导致高血压、心脏病或骨骼肌肉系统疾病。个体之间的差异，如人格特质以及人际关系等，可能影响他们对工作环境的感知和反应。

该模型认为压力是一个动态的过程，个体与环境之间的关系是不断变化的。不同个体可能会对同一种压力源产生不同的反应，因此该模型强调个体差异在压力反应中的重要性。

（三）压力源

1.压力源的概念

压力源是指那些会迫使个体偏离他的正常心理和（或）生理功能的工作相关因素（Beehr & Newman，1978）。主要关注工作条件对

个体健康的负面影响，主要的压力来源包括：角色压力（例如角色模糊、角色冲突、角色超载等）、工作量过大、缺乏控制感、人际冲突和组织限制性（Jex，1998）。

2.压力源的分类

从理论研究的角度，压力源可以分为三大类：

（1）客观压力源与感知压力源：客观压力源（objective stressors）指引起个体感到压力的环境因素，如定量的工作。而感知压力源（perceive stressors）是指个体对客观压力源的评价，如对工作量的感知。不同的个体可能会对相同的工作环境有不同的感知，这是因为感知压力源会受个体差异的影响。

（2）基于工作任务的压力源与社会压力源：基于工作任务的压力源（task-based stressors）与工作内容和任务相关，例如工作项目的截止日期或时间压力。社会压力源（social stressors）则是指工作场所中的人际关系，例如与上司的冲突。这些因素都可能对个体产生压力。

（3）挑战性压力源与阻碍性压力源：挑战性压力源（challenge stressors）是个体为了达到工作目标和发挥自身能力而必须应对的工作要求，如超负荷工作量、时间压力、高风险责任和工作复杂性。而阻碍性压力源（hindrance stressors）则是个体视为不必要的障碍和阻碍，包括角色冲突、角色模糊、组织内部争斗、缺乏职业保障等。这些因素会阻碍目标的实现和个人的成长。

这些压力源在工作场所中常常同时存在，并且相互影响。个体对这些压力源的感知和应对策略都可能对其健康和工作绩效产生影响。因此，压力管理需要综合考虑这些不同类型的压力源，并针对性地制定相应的干预措施。

3.导致压力的因素

尽管不同的人对压力有不同的感受，潜在的工作压力还是有规律可循的。涉及影响个体工作压力的因素，主要可分为环境因素、组织因素和个人因素三个方面。

（1）环境因素：环境因素主要强调环境的不确定性，包括经济、政策和技术的不确定性。经济萧条、劳动力减少、解雇和薪资下调等因素均会给员工带来安全保障方面的压力。

（2）组织因素：组织因素是来源于组织层面的工作压力因素，包括与工作本身有关的因素（工作量、新技术的使用、工作时间等）、企业变化（对工作将来可能发生的变化的担心）以及组织文化（沟通障碍、上司的理解和支持等）。

（3）个人因素：个人因素导致的压力更为复杂，包括角色压力源（角色模糊、角色冲突、角色超载）、工作—家庭冲突（工作干扰家庭、家庭干扰工作）、人际关系冲突、工作自主性缺乏等。这些因素会影响个体对工作环境的感知和产生相应的压力反应。

总体来说，不同群体在面对相同的压力源时，可能会有不同的感受和反应，但潜在的工作压力有规律可循，受到环境、组织和个人因素的综合影响。这些因素的相互作用会影响员工的压力水平和健康状况。


（四）压力反应

压力反应是指个体对于压力的消极反应，包括心理压力反应、生理压力反应和行为压力反应。这些反应与个人所面临的压力源和工作条件有关。

1.生理压力反应

在压力情境下，躯体反应受到自主神经系统的控制。长期的生理压力反应可能导致心脏病、糖尿病、癌症等。

2.心理压力反应

心理压力反应包括工作满意度的下降和抑郁症状的增加。工作压力源，如角色压力、工作量超载、工作自主性缺乏等，与沮丧、焦虑、愤怒、离职意愿等消极情绪显著相关。

3.行为压力反应

行为压力反应涵盖一系列不良行为，如酗酒、抽烟、暴食等。在沟通行为方面，人们可能表现为不良的倾听行为、攻击性沟通等。压力还会影响习惯性行为和与健康相关的行为，导致长期锻炼的人停止锻炼，而刚开始锻炼的人可能难以坚持。

这些压力反应受到个体对压力源的感知和评估、应对策略和个人特质的影响。长期处于高压力状态，可能对健康和工作绩效产生负面影响。

## （五）压力应对模式

1.压力应对理论

压力应对理论可分为特质论和情境论两个理论。早期对应对的看法比较倾向于特质论，即把应对看作是个体的一种特质或相对稳定的风格，认为个体对外在事件的应对方式是有一定的、固有的倾向性的（McCrae & Costa，1986；Carver et al.，1989）。后期应对研究的重点则转入应对过程与应对处理上，倾向于认为情境是影响应对的重要因素。在环境中存在的应对资源、个体对事件的认知评估会影响到个体的应对行为与应对结果（Lazarus & Folkman，1984），这种看法就是所谓的情境论观点。由于这种观点把应对视为变化的特质，该倾向的研究者常称"应对"为"应对策略"。也有一些研究认为，可以以两种途径来共同定义应对，应对风格能够预测不同情境下的应对策略（Carver et al.，1989）；而根据个体不同情境下的应对策略，也可以将个体的应对风格进行归类。

2.应对资源

应对资源是指个体、群体、组织和环境的某些稳定特征，这些特征不能被直接或全面控制，它们以一种静止的状态存在，准备好对个体的反应作积极或消极的调节，能够帮助人们进行自我管理或适应压力（Moos & Schaefer，1993）。这种应对资源可以分为个体资源和社会资源。

（1）个体资源：个体资源主要是指来自个体内部的稳定特征。

（2）社会资源：社会资源是社会情境中对压力产生影响的较为稳定的特征，主要关注社会支持的作用。社会支持是指个体所经历的各种社会关系对自己的心理支持和物理支持。

3.压力管理模式

压力不仅关系到个体的身心健康，而且对个体和组织的工作绩效有很大的影响。因此，对压力的有效应对与管理是领导干部务必充分注意的问题。在一个组织中，压力管理模式包括预防、评估和调节三个环节。

（1）预防

有研究者（Quick，2004）提出，预防工作压力包括初级预防、次级预防和高级预防。初级预防通过行动减少或消除压力来源，提升支持性和健康的工作环境。次级预防注重个人关注和改变减压技巧。高级预防关注曾受压力影响严重的人的康复和痊愈。

（2）评估

评估过程包括初级评估、次级评估和应对策略。对压力的威胁和个体的应对能力进行评估，然后决定采取的应对策略。

（3）调节

调节压力涵盖身体、心理和灵性三个方面的健康措施，如健康生活方式、良好心理素质、积极心态和避免过分追求物质等。

## 第二节　灾害心理防护与干预的理论基础

心理危机干预理论起源于20世纪40年代林德曼的相关研究。林德曼在经典研究中提出了危机带来改变与机遇的观点，这个观点在后来一系列不同理论的影响下逐渐被广泛接受。特别是危机干预作为一种治疗手段的观点，不仅可以追溯到林德曼早期的工作，还可以追溯到他与同事凯普兰共同进行的研究。本节主要介绍心理危机的基本理论和心理危机干预的基本理论，为深入理解心理危机干预奠定基础。

### 一、心理危机理论

在人生的某个时刻，人难免会遭受某种心理创伤，这些应激事件本身构成了危机事件。伴随着危机的出现，个体可能暂时陷入不平衡状态，但同时也会有促使成长的契机。成功解决危机可能带来积极和建设性的结果，如增强自我应对能力，减少消极、自我否定和功能失调的行为。罗伯特·亚诺西克（Robert Janosik）将危机理论概括为四个不同的水平：基本危机理论、扩展危机理论、危机人格论和应用危机理论。这些理论有助于理解和应对人们面临的不同危机和挑战。

### （一）基本危机理论

基本危机理论是以社会精神病学、自我心理学和行为学习理论为基础的。它认为人们在创伤性事件中的反应是正常的、暂时的，可通过短期危机干预治疗。危机是应激障碍的结果，只有当个体主观上感到威胁时才会进入危机状态。该理论由林德曼于1944年首次提出，1964年凯普兰发展完善。

1.林德曼的观点

林德曼的基本危机理论主要关注亲人离世导致的危机。他认为悲哀行为是正常、暂时的，可通过短期危机干预治疗。悲哀行为包括想起亲人、认同亲人、表现内疚、日常生活紊乱和躯体不适。他反对将这种危机反应视为异常或病态。在危机干预中，他采用平衡/失衡模式，关注悲哀反应的解决。该模式包括四个时期：紊乱的平衡、短期治疗或悲哀反应、求助者试图解决问题和恢复平衡情况。

2.凯普兰的观点

凯普兰是基本危机理论的代表人物，他认为危机是由生活目标受阻所致，常规行为难以克服。他与林德曼一样采用平衡/失衡模式，将危机干预应用于发展性和境遇性事件。两人的工作推动了危机干预和短期心理治疗的发展，帮助危机当事人认识和矫正因创伤性事件引发的认知、情绪和行为扭曲。

### （二）扩展危机理论

随着危机理论和危机干预的发展，研究者逐渐认识到，在心理、社会、环境和境遇等多种因素的共同作用下，任何人在创伤事件中都可能出现短暂的病理症状，因此不可能简单地定义人的反应为"正常"或"异常"。基本危机理论未充分考虑影响事件成为危机的社会、环境和境遇等因素，但扩展危机理论弥补了这一缺点。扩展危机理论汲取了心理分析理论、系统理论、适应理论、人际关系理论、混沌理论等的有益成分，并对危机干预提供了更加全面和综合的视角。

1.心理分析理论

应用于扩展危机理论的心理分析理论主要基于这一观点：认为通过深入了解个体的无意识思想和过去的情绪经历，人们能够理解伴随危机产生的不平衡状态。心理分析理论假设某些儿童早期固着（fixation）可能是导致其经历危机事件后出现心理危机的主要解释因素。当个体受到危机事件影响时，这一理论可以帮助干预对象理解其行为的动机和原因。

2.系统理论

系统理论并不强调处于危机中的个体的内部反应，而是强调人与人、人与事件之间的相互关系和相互影响。系统理论认为一个生态系统的所有要素都相互关联，任何关联水平上的变化都会影响整个系统。该理论涉及情绪系统、沟通系统和需要满足系统，所有系统成员都相互影响和被影响。

相较于传统危机理论只关注个体的内部变化，系统理论从社会和环境范畴考察危机，运用人际关系系统的思维模式，而不仅仅着眼于受影响个体的线性因果关系。

通过融合心理分析理论和系统理论，扩展危机理论提供了更全面和综合的视角来理解和干预危机情境。

3.适应理论

适应理论指出，适应不良行为、消极思想和损害性防御机制在个体危机中起到维持作用。该理论假设，通过改变适应不良行为为适应性行为，个体的危机会逐渐减轻。打破功能适应不良链意味着逐步转变为积极适应行为，促进积极思维和建立健康防御机制，帮助当事人克服危机导致的困境，走向积极的成长模式。

在心理危机干预工作中，干预者的帮助使当事人学会将旧有、不良的行为转变为新的、积极的行为。这些新的行为能够在危机条件下起到作用，最终导致危机成功解决或增强应对危机的能力。通过适应理论的指导，干预工作者帮助当事人建立积极的适应模式，使他们度过危机并朝着更加积极的方向发展。

4.人际关系理论

人际关系理论基于科米尔（Karl Cormier）等人提出的增强自尊的多个维度，如开放、诚信、共享、安全、无条件积极关注。该理论强调，如果个人相信自己和他人，并拥有自我实现和克服危机的信心，个人的危机不会持续很长时间。然而，若个人将评价自己的权利交给他人，就会依赖他人来获得信心。因此，人际关系理论认为，个人对控制权的丧失与其危机的持续时间相对应。

人际关系理论的最终目标是帮助个体重新获得对自我评价的控制权，使其在思想上能够掌控自己的命运，并恢复能力和行动来应对危险的境遇。人际关系理论通过加强个体的自尊和信心，促进个体更积极地面对危机，找到应对问题的有效途径。

5.混沌理论

混沌理论也被称为"混沌与复杂性理论"，起源于非线性动力系统原则。它主要应用于那些表面看来杂乱无章但仔细研究却能揭示出内在秩序的系统或事件。混沌理论与社会学、心理学等学科的联系在于以下方面：人类行为常常处于混沌状态，缺乏可预见性；一些看似复杂和混乱的系统，当从整体角度看时，可以呈现出内在的秩序性；混沌可以被视为一种极度焦虑的状态，为心理成长与变化提供动力。

混沌作为自组织系统，类似一种进化理论。它是一个完全开放、不断变化的系统，可以生成新的系统。例如，在危机情境这样的混沌环境中，当人们意识到无法识别目前的困境时，会形成自组织模式。由于危机是一个混沌情境，没有已知的解决方案，服务工作者必须通过自发的试误实验来应对。危机不是缺乏秩序，而是其秩序尚未为人所知，因此是不可预测、自发且持续变化的发展模式，受到众多独立因素的共同驱动。只有通过实验才能逐渐澄清危机。这种实验可能会带来失败或暂时的错误，也可能产生创新和创造性的解决方案、临时有效的方法和合作等"进化"努力，以实现危机的有效解决。

（三）危机人格论

除了客观危机情境的影响外，心理危机的发生还涉及个体面临危机时的人格特征。为什么在相同的危机情境下，有些人感到无所适从，时刻感受到威胁的存在；而有些人则能够镇定自若、善于应对，无须进行危机干预。布罗克普（Prokop）对这一现象进行了系统研究，并提出了"危机人格论"。

危机人格论认为，容易陷入危机状态的个体在人格特征上具有一定的特异性。首先，他们注意力明显缺乏，日常生活中不善于审时度势，处理问题时只看表面，从不考虑问题的实质，因此容易出现应付和处理问题不当的情况。其次，在社会倾向性上，表现为过分内省、沉默寡言。这种过分内省的人格特征使他们一旦遇到危机情境时，常常瞻前顾后，总是联想到事情的不良后果，因此常需要他人的支持和帮助。再次，在情绪、情感方面具有明显的不稳定性，自信心不足，面临困难时总是依赖他人的援助，独立处理问题能力极差。最后，在解决问题时缺乏尝试性，从不思索，行为上显得冲动，频繁地出现毫无效果的反应行为。拥有以上特征的人更容易出现心理危机，因此是危机干预的主要服务对象。

### （四）应用危机理论

每个人的每次危机都可能是不同的，因此，危机干预工作者必须将每一个人和造成危机的每一个事件都看作独特的。布拉默（Brammer）提出，应用危机理论包括三方面：发展性危机、境遇性危机和存在性危机。

1.发展性危机（developmental crisis）

发展性危机指在正常成长和发展过程中，急剧的变化或转变所导致的异常反应。例如，孩子出生、大学毕业、中年生活改变或退休等都可能导致发展性危机。发展性危机被认为是正常的。但由于个体所处的状态不同，所有的人和所有的发展性危机都是独特的，因此必须以独特的方式进行评价和处理。

2.境遇性危机（situational crisis）

境遇性危机是指出现罕见或者超常事件，且个人无法预测和控制时出现的危机。区分境遇性危机和其他危机的关键在于它的出现是否是随机的、突然的，且危机是否是具有震撼性的，是否是强烈的和灾害性的。

3.存在性危机（existential crisis）

存在性危机是指伴随着重要的人生问题，如关于人生的目的、责任、独立性、自由和承诺等出现的内部冲突和焦虑。存在性危机可以是基于现实的，也可以是基于后悔的，还可以是基于一种压倒性的、持续的感觉。

# 二、灾害心理危机干预理论

心理危机干预理论是危机产生后，给处于心理危机中的个体或群体提供有效帮助和支持的一种必然的应对策略。心理危机干预理论包括行为干预理论、认知干预理论、生态系统理论、建构主义干预理论、折中的危机干预理论等。

## （一）行为干预理论

行为干预的目的主要是实现特定的行为改变，降低或消除个体在危机中的一些不良行为，培养或提高个体一些良好的行为，从而提高个体对危机的免疫能力（实现特定行为的改变）。行为干预主要包括三类技术。

1.降低不良行为发生的频率

主要采取的手段是实施惩罚。如果某一行为是由于得到了正强化的刺激而发生的，那么采用负性刺激就将逐渐减少甚至消除该行为。暂停正强化、橡皮圈拉弹等是这类行为干预技术常用的方法。

2.提高良好行为发生的频率

正强化是一种行为干预方法，其原理是将令人愉悦、喜爱的事物或事件与特定的目标行为相联系，以提高该行为的发生率。在特定情境下，如果一个人的某种行为出现后，伴随产生令他本人感到满意的结果，那么在类似情境下，他更有可能再次表现出这一行为。这里，感到满意的结果是指行为实施者因此产生愉悦、积极的情感体验的强化刺激。这种强化刺激可以是物质的，也可以是精神的。通过正强化，能够促进和增加积极的行为，并建立更加积极、有益的行为模式。

3.行为塑造

这需要持续地逐一强化更为接近目标行为的行为，同时消退先前的较为违背目标行为的行为，使目标行为得以形成。

（二）认知干预理论

20世纪60年代，临床心理学领域出现了一种对人的心理问题进行干预的研究，即认知途径。这种研究逐渐发展成为一类认知改变的技术，并形成了认知干预理论。认知干预理论基于认知过程影响情感和行为的理论假设，通过认知和行为技术来改变当事人的不良认知。该理论强调对当事人不良认知和思维方式的重视，并将自我挫败行为视为不良认知的结果。不良认知是指歪曲的、不合理的、消极的信念或思想，往往导致情绪障碍和非适应性行为。认知干预技术旨在纠正这些不合理的认知，从而改变当事人的情感和行为。例如贝克的认知疗法、艾里斯的认知情绪疗法等都属于认知干预技术的范畴。

认知干预理论不仅关注适应不良行为的矫正，还注重改变干预对象的认知方式，以促进认知、情感和行为三者之间的和谐。该理论认为，认知在客观事件或外部刺激与个体情感和行为之间起着中介作用，是造成个体心理问题的重要原因。因此，要解决心理问题，必须将个体的认知，特别是认知方面的偏差和失调，作为干预的目标和切入点。认知干预理论在临床实践中被广泛应用，帮助人们改善心理问题，提升心理健康和适应能力。

### （三）生态系统理论

生态系统理论（ecosystem theory）认为，危机是产生于整体生态系统中的，灾害事件能够影响和改变整个生态结构。因此，仅仅处理幸存者的情绪创伤是不够的，还要恢复和稳定其与环境之间的平衡。

目前，生态系统理论正在迅速发展，在以下三方面发挥着重要的作用。

1.电子媒介的影响

一方面，电子媒介的影响如此广泛，以至于地球每个角落的灾害和创伤性事件都会迅速传遍世界。另一方面，正是由于科学技术的巨大进步，现在能够预测台风、火山爆发、地震等灾害，并在一定程度上提前做好准备。

2.系统的相互依赖

人们逐渐地认识到，不管多么希望把不愉快的问题隔离开来，推迟付出心理、社会、经济和环境的代价，事实上是做不到的。付出得越迟，将来要偿还的代价就越高，出现更大灾害的可能性就越大。

3.一种宏观系统的方法

如果危机没有得到解决，那么不仅求助者会受到影响，其周边的社会经济和环境资源也会受到很大的破坏。

### （四）建构主义干预理论

建构主义干预理论关注个体如何运用自身的经验、心理结果和内部信念来建构知识和对外部世界的解释。个体的经验和信念存在差异，因此对外部世界的理解也有很大差异，这要求个体主动和创造性地对知识和经验进行建构。建构主义可分为三个阶段：

第一阶段，危机干预前期。个体处于环境协调、压力适中的情境，心理处于短暂的平衡状态，但潜在危机可能出现。在这一阶段，需要采取预防措施，帮助个体认识到危机的可能性，进行初级建构，以形成新的认知图式。

第二阶段，危机干预中期。这是帮助个体进行高级建构的阶段。个体在危机中需要内化、建构更成熟、科学的认知图式。干预形式包括团体辅导、个别辅导等，帮助个体积极应对问题，完善认知图式，减轻焦虑，提高自我评价，恢复社会功能。

第三阶段，危机干预后期。个体在解决心理问题的过程中学习有效的自我调节方法，不断内化、建构和完善图式，获得新的成长。

不论是初级建构还是高级建构阶段，干预措施要提供具体情境，让个体在具体情境中矫正不良信念，得出合理认知，以在面对心理危机时作出理性行为。建构主义危机干预模式能提高个体的应对和应变能力，是最根本的心理危机干预方式。

### （五）折中的危机干预理论

折中的危机干预是有意识地、系统地选择和整合各种有效概念和策略来帮助干预对象。它不拘泥于特定理论，而是将各种方法混合使用。折中理论注重任务导向，包括以下要点：

一是确定有效成分并整合为内部一致的整体，以适应行为资料的阐释。

二是根据对时间和地点的了解，考虑所有相关的理论、方法和标准来评价和操作临床资料。

三是保持开放心态，对各种方法和策略进行实验。

折中理论融合了以下两个主题：个体和危机都各自独特而不同，但同时也存在共同的普遍性。虽然不同的个体和危机类型都有普遍共性的成分，但针对个体的干预必须因人而异，因为每个个体和家庭对危机的感受和影响会受多种因素共同作用而产生差异。

折中理论并不是随意尝试各种干预方法，而是要求干预者熟悉多种理论和方法，从不同角度理解当事人的需求，制订适当的干预计划。真正的折中意味着需要进行大量的学习、广泛阅读专业文献、进行科学研究，同时接受专业人员的指导。同时，折中也意味着敢于冒险、勇于放弃，如果某一方法被证明不切实际，就要果断放弃。

## 第三节　心理防护在灾害救援中的作用

在灾害救援过程中，除了物质援助外，心理防护也起着至关重要的作用。本节内容将主要探讨心理防护在灾害救援中的作用，并介绍常见且有效的心理防护措施。

### 一、灾后心理冲击和创伤

灾害常常造成人们的心理创伤，包括焦虑、恐惧、悲伤、愤怒等负面情绪。灾后心理冲击的主要特点是突发性和广泛性，受灾人群普遍感到心理上受到创伤。根据文献显示，在灾害出现后的6个月内，约有40%~50%的受灾民众出现不同程度的心理障碍，如创伤后应激障碍等。

## 二、心理防护的重要性

心理防护在灾害救援中具有重要意义。首先，心理防护可以提前预防灾后心理问题的发生。及早干预，帮助受灾民众认识心理反应的正常性和可逆性，减轻灾后心理负担，有助于防止心理问题的进一步恶化。其次，心理防护有助于提高受灾民众的心理韧性和适应能力。通过心理防护，增强受灾民众的心理韧性，使其更好地适应灾后生活，更快地恢复正常生活和工作。最后，心理防护有助于提高救援人员的工作效率和工作质量。心理健康的救援人员能更好地理解和关心受灾者，从而提供更加有效的援助。

## 三、心理防护的实践措施

在灾害救援中，心理防护采用多种形式和手段进行干预，以下是一些常见的心理防护实践措施。

1.心理教育和宣传

在救援过程中，为受灾民众提供心理教育和宣传，让他们了解心理反应的正常性和可逆性，认识到自己的情绪变化是正常的反应。同时，向受灾民众传授应对心理压力的方法和技巧，帮助他们有效缓解负面情绪。

2.心理支持和心理咨询

设立心理支持工作站或心理咨询点，为受灾民众提供情绪宣泄和倾诉的机会。专业心理咨询师可以通过倾听和积极回应，帮助受灾民众化解心理压力，减轻心理负担。

3.心理干预和治疗

对于出现明显心理问题的受灾民众，可以进行心理干预和治疗，如认知行为疗法、心理支持疗法等，帮助受灾民众改变消极的认知和情绪，重建心理平衡。

4.社会支持

社会支持是心理防护的重要组成部分。建立灾后社区支持系统，使受灾民众切实感受到来自家人、朋友和社会的温暖和关心。

## 四、心理防护的效果评估

心理防护的效果评估是为了判断干预措施是否有效，并及时调整干预策略。在灾害救援中，可以通过心理评估工具对受灾民众的心理状况进行跟踪和测量，了解干预效果和心理恢复情况。

综上所述，心理防护在灾害救援中的作用至关重要。通过心理防护，可以提前预防灾后心理问题的发生，增强受灾民众的心理韧性和适应能力，提高救援人员的工作效率和工作质量。在灾害救援过程中，受灾民众和救援人员都可以从心理防护中受益，共同渡过难关，重建生活。因此，加强心理防护工作，提高心理防护的专业水平，对于灾害救援工作的顺利进行和受灾民众心理健康的恢复具有重要意义。

# 参考文献

时勘.（2010）.灾难心理学.北京：科学出版社.

孙宏伟.（2018）.心理危机干预.北京：人民卫生出版社.

谢晓非，郑蕊，谢冬梅.（2005）.SARS危机中公众心理反应模式初探.北京大学学报，（4），628-639.

Beehr，T. A.，& Newman，J. E.（1978）. Job stress，employee health，and organizational effectiveness：A facet analysis，model，and literature review 1. Personnel psychology，31（4），665-699.

Caplan，G.（1964）. Principles of preventive psychiatry.

Carver，C. S.，Scheier，M. F.，& Weintraub，J. K.（1989）. Assessing coping strategies：A theoretically based approach. Journal of personality and social psychology，56（2），267.

Covello，V. T.（1998）. Risk perception，risk communication，and EMF exposure：tools and techniques for communicating risk information. In Risk perception，risk communication，and its application to EMF exposure：Proceedings of the World Health Organization/ICNRP international conference（ICNIRP 5/98）. Vienna，Austria：International commission on non-ionizing radiation protection（Vol. 179）.

Covello，V. T.，Peters，R. G.，Wojtecki，J. G.，& Hyde，R. C.（2001）. Risk communication，the West Nile virus epidemic，and bioterrorism：responding to the commnication challenges posed by the inten-

tional or unintentional release of a pathogen in an urban setting. Journal of urban health, 78, 382-391.

DiGiovanni, C. (2001) . Pertinent psychological issues in the immediate management of a weapons of mass destruction event. Military medicine, 166 (suppl_2), 59-60.

French Jr, J. R., & Kahn, R. L. (1962) . A programmatic approach to studying the industrial environment and mental health 1. Journal of social issues, 18 (3), 1-47.

Gigerenzer, G., Hertwig, R., Van Den Broek, E., Fasolo, B., & Katsikopoulos, K. V. (2005) . "A 30% chance of rain tomorrow": How does the public understand probabilistic weather forecasts? Risk Analysis: An International Journal, 25 (3), 623-629.

Jex, S. M. (1998) . Stress and job performance: Theory, research, and implications for managerial practice. Sage Publications Ltd.

Kahneman, D., Slovic, P., & Tversky, A. (Eds.) . (1982) . Judgment under uncertainty: Heuristics and biases. Cambridge university press.

Katz, D., & Kahn, R. L. (1978) . The social psychology of organizations? (Vol. 2, p. 528) . New York: wiley.

Lazarus, R. S., & Folkman, S. (1984) . Stress, appraisal, and coping. Springer publishing company.

Lindemann, E. (1944) . Symptomatology and management of acute grief. American journal of psychiatry, 101 (2), 141-148.

Moos, R. H., & Schaefer, J. A. (1993) . Coping resources and processes: Current concepts and measures.

Peters, R. G., Covello, V. T., & McCallum, D. B. (1997). The determinants of trust and credibility in environmental risk communication: An empirical study. Risk analysis, 17 (1), 43–54.

Simon, H. A. (1956). Rational choice and the structure of the environment. Psychological review, 63 (2), 129.

Slovic P. (1987). Perception of risk. Science, 236, 280–285.

Selye, H. (1956). The stress of life.

Tversky, A. & Kahneman, D. (1992). Advances in prospect theory: Cumulative representation of uncertainty. Journal of Risk and Uncertainty, 5 (4), 297–323.

Weber, E. U., & Hsee, C. K. (1998). Cross-cultural differences in risk perception, but cross-cultural similarities in attitudes towards perceived risk. Management Science, 44, 1205–1217.

Williams, S., & Narendran, S. (1999). Determinants of managerial risk: Exploring personality and cultural influences. The Journal of Social Psychology, 139 (1), 102–125.

Yates, J. F., Lee, J. W., & Shinotsuka, H. (1992). Cross-national variation in probability judgment.

# 第 三 章

# 我国灾害心理防护及援助体系

    个体在遭受灾害后通常会伴随各种应激心理反应，甚至造成长期心理疾病。因此，科学有效的灾后心理援助对于个体身心康复和灾后重建工作都具有至关重要的意义。我国灾后心理创伤的研究刚刚起步，虽然已经在灾区开展大量个体和团体心理干预工作，但这些干预方法往往缺乏统一性，导致缺乏评估灾后心理辅导效果的相关工作。所以，需要形成一套具有针对性的个体和群体干预方法和技术体系。自2008年5·12汶川地震以来，我国灾害心理防护体系日趋完善，能够根据灾后心理创伤发生、发展和变化的轨迹，针对不同人群开发有针对性的个体和群体干预方法，并客观、全面评估干预效果，以便切实帮助到遭受心理创伤困扰的人群。本章主要介绍我国灾害心理防护体系的主要内容，即个体、家庭、社区和社会四个层面的心理防护体系，以及我国灾害心理防护及援助的组织机构。

# 第一节　我国灾害心理防护及援助体系概述

## 一、个体心理防护及援助体系

大量研究表明，个体的灾害心理危机干预常常从识别（觉察和识别自身的心理应激反应）、调适（调整心态，采取科学方法应对心理问题）、支持（寻求社会支持与专业心理援助）以及成长（在危机中塑造更强的心理免疫力）四个方面进行。

### （一）识别心理应激反应

应激反应是个体对应激源进行认知评价后，产生的一系列心理和生理反应。常见的心理应激反应可以归纳为情绪、认知、行为意向和躯体反应四个方面。

在情绪上，个体容易出现焦虑、恐慌、抑郁、愤怒等情绪问题。

在认知上，个体容易产生负性认知，进而会出现多种认知偏差，如过分自我关注、否定、怀疑、灾难化认知、强迫思维、对负性信息的注意偏向等。

在行为意向上，为缓冲应激带来的影响，摆脱身心紧张状态，适应环境，会产生异常的行为意向，如逃避与回避、无助与依赖、强迫、敌对与攻击等。

在躯体反应上，个体容易产生特殊的生理反应，如分泌特定激

素、肌肉紧张、心跳加快等，并易出现疲劳、头痛、头晕、肌肉异常、进食障碍、胃部不适、睡眠障碍等症状。

因此，个体有必要及时学习、觉察和识别出自己的应激反应，并采取科学方法进行调节，防止初期轻微症状的加重，进而减少或避免由此引发的严重心理或生理问题。

### （二）积极调适和应对

#### 1.接受现状，接纳自我

接纳是自主调节的首要环节。人们面对重大灾害事件，均会产生焦虑、恐惧、无助、愤怒等复杂的心理感受，甚至会出现心慌、头昏、胸闷、出汗、颤抖等生理异常现象，这些都是人们面对重大危机事件时的正常反应。这些应激反应本身具有积极的适应意义，个体应当尝试着接纳自己的情绪、生理反应，而非一味地否认和排斥。接纳可以有效应对负性事件造成的负面情绪。目前较为普遍的正念训练的核心理念是不带评判地觉察和接纳。个体接纳自身情绪、认知状态以及行为、躯体上的变化，认识到这是一种正常现象，慢慢适应当下的生活和心理状态，焦虑情绪就会逐渐减轻。

#### 2.正确对待灾害信息

近年来网络媒体迅速发展，而长时间浏览灾情信息易造成信息过载及信息判断、筛选、甄别和整合能力的降低，同时还容易产生焦虑、抑郁、愤怒等负面情绪。正确的应对方式应该是正视灾害事件的复杂性和变化性，关注有效信息源，浏览政府部门、权威专家、医疗机构等官方媒体发布的事实信息，减少阅读非官方媒体发布的信息或者社会上出现的未经证实的信息等。控制每日浏览信息的时长和数量，每日浏览时长最好不要超过1小时，且尽可能不要在睡前浏览信息，以免造成失眠。还可以做一些自己感兴趣的事或参加一些娱乐活动以转移注意力。只有合理接收信息，才能形成对灾害的理性认知，进而避免错误信息引发焦虑。

3.规律作息，充实生活

重大灾害事件打破了人们平常的生活节奏，因此要尽快恢复健康的生活方式，可以从以下几个方面作出改变：（1）制订合理的计划，安排好每天要做的事情，特别是要保证规律的饮食和睡眠；（2）钻研一件感兴趣的事情，如看书、听音乐、写字或学习一项新技能等，并且享受这个过程；（3）设定一个目标，并且制订实现该目标的明确的、可操作的计划，保持对生活的希望；（4）积极关注当下，做眼前能做的事情，并从中寻找意义和乐趣，看到力量与能量；（5）寻找自己喜欢的放松方式来转移注意力，如听音乐、运动、写日志等。

4.适度运动，合理放松

大量研究已证明，运动有助于缓解焦虑、调节情绪。实证研究表明（Bernstein et al., 2018），短期间歇和长期规律的锻炼都能有效增强个体应对压力的能力以及情绪管理能力。研究进一步说明，运动不是简单地降低焦虑情绪出现的频率，而是通过增强自我调节能力来帮助个体应对突发环境变化中的情绪波动。有氧运动对于负面情绪、强迫症状、痛苦等都具有显著改善作用。

由于出现重大灾害无法进行户外运动，如疫情防控期间隔离在家，个体可以根据家中环境因地制宜地进行运动锻炼，如广播体操、垫上运动、太极拳、八段锦等。此外，还有许多方法有助于放松身心、舒缓紧张情绪。例如，大量研究证明正念冥想可以有效调节情绪，缓解焦虑和抑郁。认知干预疗法中的放松技术，如呼吸训练、肌

肉放松训练等也是许多专家推荐的方法。此外，还可以通过做瑜伽来缓解压力。个体需要积极采用多种方式帮助自己放松心情，激活身体，保持良好精神状态；平时家中最好配备一些健身器材，如哑铃、跑步机等。

### （三）寻求支持援助

在重大灾害面前，来自家人、朋友和社会团体的支持也是帮助个体应对灾害的重要力量。当个体出现严重应激反应，感到无法独自解决时，应当及时向专业心理工作者寻求帮助。

当个体与他人保持良好的关系、获得来自他人的支持时，关系需要得到满足，个体可以感受到安全的人际氛围。有实证研究表明，社会支持可以有效减轻急性应激的心理和生物学影响。因此，当个体无法独自调整灾害导致的负面心理状态时，应当及时向家人、朋友和社会寻求支持，以及向心理工作者寻求帮助。

### （四）创伤后成长

#### 1.培养积极心态

积极情绪的拓展—建构理论认为（Fredrickson），积极情绪能够拓展个体思维、行动的范围，构建个体的心理和社会资源，进而增进健康、满足感和幸福感。已构建的个体资源能够长期积累存储，有利于个体在未来生活中应对应激性事件。个体在回忆经历的危机事件时，积极情绪还有助于增加个体的生命意义感，从而更好地缓解压力冲击，促进个体采取更加积极的应对方式，益于身心健康。培养积极的心态有利于个体形成自动化的情绪调节能力，更好地应对压力。

2.改变问题应对方式

个体面对压力时会采取相应的应对方式，主要分为问题聚焦型应对和情绪聚焦型应对。问题聚焦型应对关注于改变、影响压力源的行为，包括问题解决，寻求工具性社会支持等；情绪聚焦型应对则通过宣泄、寻求情感支持等方式来减少消极情绪。以往的心理疏导大多关注如何调节情绪，将工作重心放在情绪聚焦型应对，但调节情绪是一种应急式的心理防护，不能从根本上解决情绪问题的来源。个体应当学会将目光投向客观问题本身，用科学有效的方法处理问题，获得控制感和安全感，从而避免心理上的焦虑、恐慌。

3.维系社会支持

社会支持能够为个体提供安全的环境，促进其对创伤事件进行积极思考，降低消极影响。研究表明，社会支持能够帮助个体获得积极情绪体验，重新审视自我、他人和外在世界，促进与他人的沟通分享，最终获得心理成长。个体在应激状态下可能出现回避症状、高警觉状态、愤怒情绪、攻击行为等，影响正常人际活动的参与，破坏良好的人际关系，从而减少可获得的社会支持。因此，在灾害期间应当积极维持与他人的交流沟通，交谈丰富多样的话题，获得来自家庭、朋友、同事的关心、安慰与帮助，提高社会支持利用程度，增强心理能量。

4.提升心理资本

近年来，积极心理学在研究和应用领域的影响力逐渐扩大。有研究者（Luthans et al.，2004）提出积极心理学框架下的积极心理资本，简称心理资本，包括自我效能、乐观、韧性和希望四个核心成分。心理资本能够减轻个体的焦虑和心理压力。来自周围环境的支持能够帮助个体应对危机，而社会支持产生作用的重要路径之一就

是增强个体的自我效能感和自尊。因此,心理资本才是应对危机的关键力量。个体应在生活中学会积极与自我对话,肯定自己的能力和价值,强化自我效能感。

## 二、家庭心理防护及援助体系

家庭是人类最早期、最重要、最基本、最核心的社会组织、经济组织和精神家园。个体成长离不开家庭的陪伴与支持,因此许多研究者强调要重视家庭的影响,建立家庭心理危机预防长效机制。

一方面,要重视家庭对个体性格和危机事件应对模式的影响,形成积极的干预效果。家庭是个体生存的社会环境,家庭的每一个成员都会影响个体的心理状态,家庭应参与到心理危机干预中,为受灾个体提供积极支持,许多心理问题会在家人的共同努力下得到解决。因此,要建立长期有效的危机预防干预机制,就要重视家庭的作用,把个体的家庭纳入进来,这样才能更好地化解心理危机。

另一方面,要及时让家人了解个体生活的各个方面,了解受灾后相关的应激心理知识和应对策略,以便更有效地提供帮助。同时,让家属知道自己对个体所产生的影响,避免家属忽视自身对个体的影响,防止对个体造成不必要的二次伤害。

## 三、社区心理防护及援助体系

### (一)学校心理防护及援助体系

在灾后心理重建过程中,学校是其中一个不可或缺的环节。近年来,我国对心理健康的重视程度大幅度提高,尤其是青少年,因此学校逐步构建起较为完善的心理防护体系。学校的危机干预主要包括灾前预防以及灾后心理重建。灾前预防主要是进行生命教育，培养学生积极向上、乐观进取的心态；教会学生正确面对困难和挫折，培养学生良好的心理素质（王春萌，王瑾瑾，2011）。

学生灾后心理重建的干预体系由与学生联系最紧密的同学、家长、教师、校领导、心理专家共同构成，形成五级干预体系。具体模式如图3-1所示。

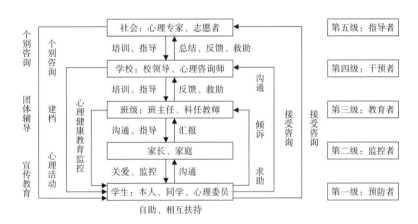

图3-1　学生灾后心理重建的五级干预体系（陈丽君，2008）

第一级是学生本人，也包括其同学、朋友以及所在班级中的心理委员。虽然学生属于危机干预对象，但也需要积极参与到心理救援活动中，积极尝试自我心理救助（陈丽君，2008）。学生的主要任务是了解心理救助知识，掌握心理调节策略，构建社会支持系统。除此之外，班级心理委员也需要经过特殊培训，积极观察并向老师反映班级成员的心理状态，协助老师开展各种心理活动。

第二级是家庭成员。父母、兄弟姐妹等与学生关系最为密切，对学生灾后心理重建尤为重要。家长的职责是：多与孩子沟通，帮

助他们克服灾后的恐惧、焦虑、痛苦等负面情绪；观察和评估孩子的行为表现和情绪状态，及时与班主任进行沟通和反馈；积极参与心理知识的普及以及心理技能的培训，以便更好地识别孩子的心理问题。

第三级是班级。班主任和科任教师与学生的接触最多，对学生心理特征和状况的了解较为深入。其主要工作为：监控学生的日常行为，及时发现学生异常的心理状况，并对需要帮助的学生提供疏导；及时与学校心理教师及家长沟通，全方位了解学生的心理状况；开展日常心理健康教育活动，帮助学生尽早走出灾后的心理困境。

第四级是学校心理工作负责人，主要包括分管学校心理健康教育工作的领导、危机干预中心的教师以及心理健康教师等。其具体工作包括：积极接受专家的培训和指导，提升自身的专业能力；建立全校学生的心理健康档案，甄别高危学生；对存在严重心理问题的学生进行个体辅导与咨询，及时记录干预情况并反馈给班主任和家长；定期在全校开展心理健康活动和团体辅导，营造积极健康的氛围。

第五级是专业的心理干预队伍，主要包括心理健康专家、精神卫生专家等。其承担的主要职责是：指导和培训学校的教师，保证学校灾后心理干预工作顺利进行；对高危学生进行个体辅导，避免其出现极端行为；总结学校干预工作经验，调整危机干预措施，为将来的灾后心理干预工作提供借鉴经验。

但是，在上述五级干预体系中也存在一些问题。首先，该体系最主要的干预对象为学生，忽略了教师的心理健康。因此以后的心理援助工作也需要重点关注教师的心理状况（范茸，2009）。其次，缺少医护人员的参与。心理援助工作往往容易出现极端情况，如自残、自杀等，加入医务人员这一群体，可以更好地维护学生身心方面的健康。

### （二）单位心理防护及援助体系

企业作为一个小的"社区"，在灾后帮助员工医治创伤、应对压力方面担负着重要责任。不同企业所采取的干预方式各不相同，但通常都从领导支持、团队互助和社会支持三方面进行。

第一，领导积极介入。领导是单位的管理者，因此其自身行为必然会影响到员工行为。灾害来临时，领导者应该迅速确认灾害的发生情况，帮助员工稳定情绪，减少不必要的恐慌。灾害发生后，领导者应勇于面对现实，承认灾害对企业的影响，切忌隐瞒真实情况。灾后的重建工作中，领导者要怀有信心，积极与企业员工沟通，表达出战胜困难的决心和勇气。同时，关心员工在灾害中的损失，给予物质和情感支持。

第二，团队成员互相帮助。团队是员工在工作单位中的一个重要支撑，团队成员可能面临相同的困境，有着相似的情感体验，因此一定要注重团队在员工灾后心理重建过程中的重要作用。首先，建立团队互助共同体，员工之间相互倾诉和交流，多多观察团队成员的行为表现及心理状况。其次，定期召开团队分享会，创设集体交流环境。团队之间的讨论，不仅有助于员工在灾后缓解情绪、释放压力，也能为企业重建提出创新性举措。最后，企业应该定期组织一些培训，构建和谐的团队关系，倡导团队成员之间相互支持、相互尊敬。

第三，寻求社会支持。社会作为一个融合政府、民间组织等众

多资源的"共同体"，能够为企业提供各种有益的帮助。很多企业在遭遇重大灾害的冲击后，往往会面临"内忧外患"的情况。在这种情况下，仅有领导支持和团队互助两个途径可能行不通。因此，企业单位就应该积极面向社会寻求帮助，利用各种有效的资源解决当下面临的困境。例如，邀请心理专家，对员工进行团体辅导；咨询管理咨询师，解决企业发展的问题。

企业单位在灾后心理干预中，一定要注意培养员工的角色转换意识，促进其创伤后成长。让员工从"受灾者""被援助者"的角色转换到"企业建设者""帮助者"的角色中去。首先，发挥员工在企业重建中的作用，提高员工的职业效能感，让他们对企业未来发展充满憧憬。其次，发挥员工帮助他人的能力，让员工体验到自我价值，通过提高自我效能感来更好地对抗压力。

## 四、社会心理防护及援助体系

### （一）我国心理防护及援助的积极探索

与国外相比，我国心理救援工作起步较晚，最早可追溯到1994年新疆的克拉玛依大火，当时北京大学精神卫生研究所的专家对伤亡者的家属进行了为期两个月的心理干预，这是我国心理防护工作中一次有益的尝试。随后1998年的张北地震、2002年的大连"5·7"空难等灾害事件中，都进行过危机干预工作，为我国之后的心理救援工作奠定了坚实基础（薛寅，2015）。2003年的非典型肺炎严重影响社会秩序，心理干预进一步走进公众视线，引起政府管理部门和公众的广泛关注。

2008年，5·12汶川地震发生后，政府组织了一支专业心理救援队伍开展相关工作，同时还有很多非政府组织的心理工作者、志愿者加入其中，灾后心理干预的规模和影响都空前提升。人们对灾后产生的心理危机有了更清晰的认识，政府部门也更加重视灾后心理援助。

近年来，国家对于心理学在社会治理中的作用给予高度重视，党中央高度重视心理健康问题，并高瞻远瞩积极推动社会心理服务体系建设工作。党的十九大报告提出，要加强社会心理服务体系建设，培育自尊自信、理性平和、积极向上的社会心态。新冠疫情暴发后，党和政府将人民的生命健康（包括身心健康）提升到更重要位置，同时也对新时代社会心理防护体系和心理干预长效机制建设提出新要求。党的二十大报告强调，推进健康中国建设，要重视心理健康和精神卫生。

### （二）我国心理防护及援助体系建设面临的问题

目前，我国建立健全心理防护体系存在如下五个问题。

第一，重大灾害的预防系统中存在缺陷（闫吉，2015）。政府对重大灾害的预防主要是从灾害本身以及其带来的实质性损害出发，忽略心理危机对人们的负面影响。除此之外，我国心理危机干预方面的相关法律不够完善，这也让灾后心理救援工作面临着缺乏合法性、缺乏动力、缺少资金支持等问题。

第二，心理援助队伍有待健全。主要表现为：心理救助队伍不够稳定且缺乏统一协调机制，救助人员素质参差不齐且没有统一的审核标准（于冬青，胡秀杰，2011）。

第三，干预方案笼统，没有针对特定危机干预对象的具体干预方案。灾害往往具有不可控性，政府在灾害发生后往往都是以挽救

生命、减少损失为主，没有针对不同的危机干预对象（如伤亡者、家属、救灾人员）给出具体干预方案。

第四，各种组织、资源之间缺乏有效的协调机制。首先，灾害发生后，很多隶属各个省份、各个地区的不同心理救援队伍奔赴灾害现场，这些心理援助队伍缺乏国家层面的组织与协调，很可能给灾区民众带来更大的心理危机，如二次伤害、认知失调等。其次，没有很好利用媒体这一有效资源。在过往的灾害报道中往往出现忽视群众的知情权、把握不好正面报道和负面报道的尺度等现象。

第五，缺乏对心理危机干预长期政策的制定。心理创伤的潜伏期通常为6个月左右，因此灾后心理援助应该是长期的、循序渐进的（闫吉，2015）。但由于缺乏经验、财力和人员，我国的心理危机干预通常都是短期的，仅仅着眼于帮助受灾民众迅速排解负面情绪，这对心理创伤恢复并没有实质性作用。

## （三）我国未来心理防护及援助体系的建设

上述问题表明，我国在社会心理防护体系建设方面还有很长的路要走。只有解决了上述问题，心理救援工作才能取得实质性的突破。建议未来灾后心理援助工作从以下方面进行完善和改进。

第一，完善灾害应急心理救援体系，成立国家级灾害心理救援组织，完善救援组织协作机制。其具体协作情况可以参考美国灾害心理救援组织，如图3-2所示。

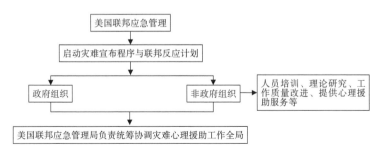

**图3-2　美国灾害心理救援组织协作情况（薛寅，2015）**

　　第二，重视灾害心理危机的预防工作。首先，我国要加强对心理危机干预知识的科学普及、宣传教育，让相关部门以及广大民众认识到心理救援的必要性和重要性。同时，帮助人们掌握防范心理危机的基本知识与技能，让其在危难时刻能够调整心态，积极自救与互救。其次，不断加强灾后心理救援相关法律法规的制定与修订，保证一切救灾活动都有法可依。同时也能明确各个组织的职责，有利于心理救援工作顺利进行，达到最佳干预效果。

　　第三，增强心理危机干预人才队伍建设。首先，制定心理救助人员审核标准，提高心理救助队伍专业化水平。心理救助队伍应该涵盖三类人群：心理危机干预督导、心理危机干预实施者、心理危机干预志愿者与社会工作者。其重点在于前两类人员对第三类人员进行有针对性的长效培训，从技术层面和心理层面给予他们支持，使他们掌握心理救助的专业技术和方法，提高心理救援工作的高效性和科学性。其次，增强心理危机干预的学科教育，充实心理危机干预的专家库。在高校设立相应的专业和课程，不仅可以丰富相关理论研究，还能培养一大批专业素质高的心理危机干预工作者。

　　第四，细化干预方案，针对不同群体采取不同的措施。通常来说，未成年人的身体和心智都还未发育成熟，其情绪管理能力和抗压能力较弱，十分容易受到重大灾害的影响，因此在救援过程中值得特别关注。除此之外，我国在心理援助的过程中常常忽视救灾人员这一特殊人群。救灾人员由于其工作的特殊性，会面临更多"生离死别"的场景，极易产生"替代性创伤"。因此这一人群也需要得到及时的帮助和支持。

第五，正确引导媒体，及时发布权威信息。政府应设置灾害事件的新闻发言人，及时向大众提供灾害事件的发生原因、伤亡人数、救助进展等信息。将灾情具体信息告知大众，有助于缓解社会恐慌心理，保持社会秩序稳定。除此之外，政府也需要对大众媒体进行引导，尽量从正面角度报道灾情，以避免负面消息给大众带来伤害，但也不能虚报谎报，要保障大众的知情权。同时，政府也可以利用媒体向公众传播心理危机常识，鼓励受灾群众自我调适。

第六，重视灾后心理危机持续干预。心理创伤的恢复不是一蹴而就的，而是一个漫长的过程，因此相关部门应当建立长期的心理援助平台和心理援助热线，为受灾群众服务，使他们尽快走出阴霾，恢复日常生活。同时要设立心理危机相关信息的发布机构，不仅可以保障民众的知情权，也有利于整合社会、民间、企业资源，高效解决受灾群众的需求。除此之外，政府要提供心理危机持续干预的资金保障，以保障灾害救援工作正常进行。

总体来说，我国应该建立起政府主导、各类社会资源配合的心理防护体系。最重要的是，发挥政府在灾后心理救援工作中的主导作用。同时也要发挥非政府组织的重要作用，积极动员各种社会组织建立社会支持系统。

# 第二节　我国灾害心理防护及援助的组织机构

## 一、中国心理学会心理危机干预工作委员会

### （一）机构介绍

中国心理学会心理危机干预工作委员会创建于2008年，其宗旨是团结全国范围内的心理危机干预专家、研究者、实践者和志愿者，开展相关学术活动，加强该领域学术研究，指导和促进心理危机干预工作的实践与应用，推动心理危机干预工作规范、有序、有效开展。

### （二）主要工作

中国心理学会心理危机干预工作委员会聚焦重大突发事件后心理危机干预和高校心理危机的预防，以助力平安中国的建设。自2008年以来，中国心理学会心理危机干预工作委员会先后开展了5·12汶川地震、4·14玉树地震、8·7甘肃舟曲特大泥石流、4·20雅安地震等灾区心理危机干预和长期的心理援助工作，有效推动我国重大突发事件的心理援助与危机干预体系建设，发布了重大突发事件心理援助行动纲领及伦理，培养了一大批从事重大突发事件心理危机干预的骨干队伍。

与此同时，中国心理学会心理危机干预工作委员会面向高校，鼓励心理健康工作者结合中国文化特征、高校班级管理以及集中住宿管理等一系列特征，开拓性地创建了以"心理委员"为基础的危

机干预快速反应机制。经过十多年实践，心理委员制度已在我国高校推广，成为我国高校重要的基层心理危机预防网络，从而大大提高了我国高校学生心理危机早发现的可能性，为及早开展学生心理危机干预争取了时间。

## 二、中国心理学会心理服务机构工作委员会

### （一）机构介绍

中国心理学会心理服务机构工作委员会于2018年7月正式成立，由全国各地从事心理服务相关工作的心理学工作者自愿组成。心理服务机构工作委员会的宗旨是积极响应党和国家号召，充分利用心理学的专业和方向优势，整合资源，全方位支持国家开展心理服务工作。

2020年新冠疫情暴发初期，中国心理学会心理服务机构工作委员会第一时间组织发动全国千家心理服务机构开展"送安心"活动，上万名心理学工作者在全国各地开展民众心理疏导和科学宣传工作。

### （二）主要工作

心理服务机构工作委员会主要工作包括：引导和促进心理服务规范化发展；开展心理学知识的科普工作；建立行业标准，规范心理服务；加强心理服务体系建设，开展职后教育。

具体工作包括：

1.每年举办一次心理服务机构发展模式研讨会，根据需要举办心理相关问题的研讨会和论坛。

2.搭建心理服务信息平台，收集与发布国内外心理服务相关领

域的最新进展和信息，开展全国心理服务机构现状的调查研究。

3.组织全国部分心理服务机构开展面向不同群体的心理科普宣传，推动心理服务机构参与社会公益活动。

4.联合其他相关机构，建立心理服务机构的行业标准、行业规范、准入机制、评估机制、督导机制等。

5.搭建心理服务机构联合体系，构建行业自律性评估与督导体系、学术支撑体系以及职后教育体系等。

## 三、全国心理援助联盟

### （一）机构介绍

全国心理援助联盟是由中国科学院心理研究所设立，是旨在凝聚和培养全国心理援助人才队伍，面向全国开展专业心理援助的组织。该组织由为社会提供心理援助志愿服务的单位和个人组成。宗旨是弘扬"奉献、友爱、互助、进步"的志愿者精神，发挥心理学专业优势，提升心理援助服务能力和水平，引领心理援助公益事业发展，践行社会主义核心价值观，为构建和谐社会作出贡献。联盟主管单位为中国科学院心理研究所。

### （二）主要工作

全国心理援助联盟的主要工作包括：

1.建设心理援助队伍。选拔和培养全国心理援助专业队伍；支持联盟成员开展心理援助等社会服务；进行联盟成员评估、考核与认证。

2.开展心理援助工作。灾后第一时间动员灾区附近联盟成员开

展灾后心理援助工作，组织科学、有效、可持续的心理援助专业服务，推动灾后社会重建的可持续发展；在社区、学校、机关和企事业单位等组织中开展应激事件相关的心理援助工作。

3. 规范心理援助行动。联合中国心理学会心理危机干预工作委员会以及全国心理援助领域的专家，制定和修订心理援助服务的伦理道德守则和专业服务标准，推动心理援助服务的标准化进程；建设联盟网站，发布联盟成员名单，宣传联盟工作，普及心理援助知识；促进国内外心理援助机构和队伍的交流、合作与共同发展。

## 四、中国灾害防御协会社会心理服务专业委员会

### （一）机构介绍

中国灾害防御协会社会心理服务专业委员会从2018年4月18日开始筹备，于2018年11月22日正式成立。中国灾害防御协会社会心理服务专业委员会是中国灾害防御协会的组成部分，接受中国灾害防御协会的领导，遵守《中国灾害防御协会章程》和有关规定，在协会的授权范围内开展活动。

### （二）主要工作

1. 搭建平台，整合资源。在中国灾害防御协会指导下，做好社会心理服务工作者的联系和服务工作，构建交流、合作、创新、服务平台；推动社会心理服务行业资源的整合和社会心理服务体系的建立，建立防灾减灾救灾社会心理服务志愿者联盟，为防灾和应急心理教育培训、灾后心理急救、心理危机干预、心理援助和心理重建提供有生力量。

2.开展研究，提供服务。研究各类灾害在不同时期对不同群体产生的心理行为影响；提高全社会在防灾减灾救灾过程中的心理防护意识、心理援助成效和心理重建能力；承接中国灾害防御协会委托的咨询工作，向中国灾害防御协会上报专业咨询报告；承办政府、企事业单位和社会机构委托的与中国灾害防御协会社会心理服务专业委员会宗旨有关的事宜。

3.制定标准，建立体系。制定防灾减灾救灾过程中社会心理服务伦理准则、实施标准、操作规定、规范预案、专业人员标准等，建立好标准体系、教材体系、培训体系、组织体系和认证体系，推动行业规范、专业、有效地建设和发展。

4.宣传科普，增强意识。开展社会心理服务的宣传、教育和知识普及，增强全民防灾减灾救灾过程中的心理健康防护意识。

5.培训人才，建立智库。推动社会心理服务人才培养体系的建设；组织开展相关人才培养和培训工作，建立覆盖全国的人才库和专家智库。

6.学术交流，国际合作。围绕社会心理服务体系建设中的热点、难点问题，积极开展调查研究，定期开展学术交流活动，积极开展国际间的合作与交流，及时追踪跟进国外相关研究成果与学术动态等。

# 参考文献

陈丽君．（2008）．论灾后学校心理危机干预系统的构建．教学与管理，28，9-11.

范茸．（2009）．灾后中小学校对儿童及青少年的心理危机干预．商场现代化，（18），178-180.

金嫣．（2011）．自然灾害下政府应急管理中的心理危机干预研究（硕士学位论文）．内蒙古大学，呼和浩特．

王春萌，王瑾瑾．（2011）．浅析青少年学校灾难教育与灾后心理危机干预．教育理论研究，20，201-202.

薛寅．（2015）．城市灾害心理救援应急能力评价研究（硕士学位论文）．哈尔滨工业大学，哈尔滨．

闫吉．（2015）．我国政府在重大灾难中的心理危机干预研究（硕士学位论文）．沈阳师范大学，沈阳．

于冬青，胡秀杰．（2011）．灾害心理救助队伍建设的思考．东北师大学报（哲学社会科学版），（4），181-184.

# 第 四 章

## 国外灾害心理防护及援助体系

灾害在哪个国家都是不可避免的，无论发达国家还是发展中国家，都无法逃脱灾害带来的伤害和困扰。面对突发灾害导致的困境，人们如果无法妥善应付，就会产生心理危机，进而导致个体心理问题或者社会性的心理恐慌。

目前，各国针对灾害开展了大量的心理学研究。美国的灾害心理学研究相对比较成熟，主要表现在以下三个方面：第一，开展了大量的灾害心理学的专题研究；第二，实施了大量灾后心理干预，有完备的灾害心理干预技术；第三，有组织地开展了灾害心理服务工作，形成了较为完善的服务系统。

灾害心理卫生服务体系是国家灾害救援体系的重要组成部分（张丽萍，2009），在整个救灾工作中扮演着非常重要的角色。灾害心理卫生服务体系不仅包括了灾后心理卫生服务，还包括所有以改善受灾人群心理创伤为首要目标的政府和非政府组织、人员、资金等社会资源之间的有效配置与交互作用，且其中的决策者、管理者与实施者各自的权力与职责应该清晰明确，体系运行流程应该合理、高效（张丽萍，2009）。

历经地震、台风等自然灾害以及恐怖事件、战争等人为灾害的冲击，发达国家及地区灾害心理卫生服务体系已日趋完善和成熟。本章将介绍美国、英国、德国、日本的突发事件管理系统及心理援助体系。

# 第一节　美国国家突发事件管理系统及心理援助体系

美国是较早开展灾后心理援助工作的国家，具有较为完备的灾后心理干预方法和特殊干预模式。本节简要介绍美国心理援助工作的发展历程及灾后心理卫生服务体系。

## 一、发展历程

1942年11月下旬，坐落在美国波士顿中部的椰林夜总会发生火灾，造成300多人丧生，150人受伤。此次大火之后，美国心理学家开始对此次大火给人们心理造成的影响进行研究，美国的心理危机干预研究逐步发展起来（张侃，2012）。

20世纪60年代，美国开始出现针对个人心理受到创伤以及遭遇挫折后想自杀人士提供的公共服务。美国洛杉矶诞生了世界上最早的心理疏导热线，称为"希望线"（又叫"生命线"），这是心理专家针对想自杀人士开展的危机干预——也是最早的个人救助。

20世纪中期，美国国家心理卫生署（National Institute of Mental Health，NIMH）着手制定受灾人员的服务方案，资助对重大灾害的社会心理反应展开的研究。

　　1963年美国国会通过"社区精神健康法"，强调心理健康服务应面向全体公民，并建立由政府提供经费的社区精神服务中心。

　　1974 年美国联邦应急管理局（Federal Emergency Management Agency，FEMA）资助了一项灾害危机干预项目，由美国心理卫生服务中心（Center for Mental Health Services，CMHS）紧急服务及灾害救援项目组（Emergency Services and Disaster Relief Branch，ESDRB）负责，标志着美国官方灾害心理卫生服务的开始。

　　1978 年美国颁布了最早的有关心理康复的官方指南——《NIMH重大灾害人类服务训练指南》。该指南指出，灾后高危人群需要进行心理援助。

　　1978年，美国国家心理卫生署出台了第一部由政府颁布的心理援助手册——《灾难救援心理辅导手册》。

　　20世纪80年代，美国通过对《斯塔福德灾难与紧急援助》的进一步修改，将心理援助工作纳入灾害救助体系之中。

　　2001 年9月11日，发生在纽约世界贸易中心的恐怖袭击事件给美国的经济和社会带来巨大损失，也给美国民众造成了巨大的心理伤害，这一事件称为"9·11"恐怖袭击事件。之后，美国投入了大约2000万美元的资金用于灾后心理救助，其灾害心理卫生服务体系日趋完善（安媛媛，2010）。

## 二、心理援助体系构成

　　美国官方灾害心理卫生服务（disaster mental health service）始于20世纪70年代，是国家灾害医疗系统（National Disaster Medical System）的服务项目之一，该服务体系具有较为完备、全面的组织

架构，包括以下三个方面（张黎黎，钱铭怡，2004）。

（一）政府组织

美国国家灾害医疗系统由四个政府部门联合参与，包括卫生与公共服务部（HHS）、国防部（DOD）、退伍军人事务部（VA）及联邦应急管理局（FEMA）。灾害心理卫生服务主要由卫生与公共服务部、退伍军人事务部和联邦应急管理局三个部门的一些下属机构共同参与。

第一，卫生与公共服务部。卫生与公共服务部下设有公共健康服务中心（Public Health Service，PHS），是灾害医疗服务的领导机构，主要负责组织医疗卫生和心理卫生的专业人员向受灾人员提供紧急的医疗救助。公共健康服务中心下设有药物滥用和精神保健局（Substance Abuse and Mental Health Services Administration，SAMHSA），而药物滥用和精神保健局设有心理卫生服务中心（Center for Mental Health Services，CMHS），该中心的紧急服务及灾害救援项目组（Emergency Services and Disaster Relief Branch，ESDRB）主要为受灾人员提供及时、短程的危机咨询以及情绪恢复的伴随支持等服务。同时，药物滥用和精神保健局还组建了多个灾害医学救援小组（Disaster Medical Assistance Teams，DMATs），每一小组由包含心理专业人员在内的大约30名全能型的专业志愿者组成，为伤病人员提供紧急的医疗服务。

第二，退伍军人事务部。在退伍军人事务部所属部门中，与灾害心理卫生服务体系紧密相关的部门主要是紧急卫生保健组（Emergency Management Strategic Healthcare Group，EMSHG）、国立创伤后应激障碍中心（National Center for Post-Traumatic Stress Disorder，

NCPTSD）以及重新调整咨询署（Readjustment Counseling Service，RCS）。国立创伤后应激障碍中心还与重新调整咨询署联合开展灾害心理卫生项目，组织专业培训，组建反应网络，并联合其他组织机构一起为受灾人员提供心理卫生服务。

第三，联邦应急管理局。联邦应急管理局是美国政府处理平时或战时紧急事务的主要机构，主要负责预防、检测、响应大型灾害。该机构下属的国家灾害医疗系统包括灾害心理援助系统（Disaster Mental Health Service，DMHS），该系统明确规定如何培训心理援助人员以及如何开展心理援助工作。该机构不仅联合其他组织机构为受灾人员提供紧急心理援助，还长期资助灾后心理援助和危机干预的研究项目。目前，全美国有超过82000项政府项目进行与灾害管理相关的心理服务。

除上述联邦一级的政府管理部门外，州一级政府的心理卫生主管部门及其心理卫生服务机构也是灾害心理卫生服务网络的组成部分。美国各州政府、地方政府设立基金，向申请危机辅导援助和培训的社区提供经费支持和援助资金，并通过地方精神卫生机构向受灾人员提供心理援助服务。

## （二）非政府组织

除政府组织外，美国还有许多非营利的社会团体、学术组织、宗教组织和高等院校积极参与灾害心理卫生服务工作。如美国红十字会（American Red Cross，ARC）、美国心理学会（American Psychological Association，APA）、美国婚姻与家庭治疗学会（American Association of Marriage and Family Therapy，AAMFT）、美国精神病学学会（American Psychiatric Association，APA）、美国社会工作者协会（National

Association of Social Workers，NASW），以及各高等院校的医学院、心理系、社会工作系、护理系等（Young et al.，1998）。

美国红十字会的灾害心理卫生服务项目源于1989年秋季的吉尔伯特飓风和洛马·普雷塔大地震后，针对全体红十字会救援工作人员的专项调查。调查发现，在艰苦的救援工作中，68%的工作人员感觉应激水平高于平常。1990年，美国红十字会正式开展了灾害心理卫生服务项目，联合美国心理学会、美国婚姻与家庭治疗学会、美国精神病学学会、美国社会工作者协会等组织分国家和州两级开展工作，为灾害救援工作人员和受害者提供压力管理和危机干预等心理卫生服务，同时还组建专业人力资源系统，并组织开展危机干预等专业培训（Morgan，1995）。

考虑到以往灾害救援工作中心理卫生服务常被忽视，1992年8月，美国心理学会成立100周年之际，美国心理学会联合美国红十字会组织发起灾害反应网络（Disaster Response Network，DRN）。由灾害反应网络认可的心理专业人员为红十字会的志愿者提供心理卫生培训，同时与其他同行协作，在灾害救援过程中指导和帮助工作人员、受灾人员及其家属，以应对各种人为灾害和自然灾害（Aguilera et al.，1995）。

（三）人力资源管理系统

美国的重大灾害及危机心理卫生服务系统具备比较完善的辅助支持系统。其中，人力资源系统的建设一直受到政府及各专业组织的重视，美国心理学会和美国红十字会均组建了专门的灾害心理卫生专业人员数据库，并形成了一整套的管理制度，如组织管理人员职责、临床工作人员职责、临床工作人员遴选标准、专业人员培训计划等。

1.人员组成

迅速有效的灾害心理卫生服务不仅需要心理卫生专业人员，也需要组织管理人员的参与。在美国的灾害心理卫生服务系统中，上述两类人员有不同的任务分工。组织管理人员主要承担计划、组织、协调、实施、沟通等管理职能。灾害发生24至72小时内，他们必须尽快熟悉有关灾害的各种预案以及灾害应急服务的各类资源，组织需要评估的人员，收集其有关信息，制订援助计划，明确在什么时间、什么地点由谁来进行心理卫生援助。在灾害发生后一个月左右，根据评估结果，组织管理人员应当考虑由危机干预逐渐转向伴随帮助，主要的政府资助资金也应向伴随性的灾害心理卫生服务项目倾斜。这就要求组织管理人员应当具备系统、整体的思考能力（Young et al., 1998）。

临床工作人员则根据距灾害发生的时间长短以及帮助对象的类型，选择适合的援助项目，如心理卫生状况评估、心理咨询、心理教育、危机干预等心理卫生服务工作。从事灾害心理卫生服务工作的临床工作人员涉及心理学、精神病学、社会工作等多种相关专业。

灾害发生时，组织管理人员与临床工作人员往往组成小组共同开展工作，经常分成常设组和特别组。其中，常设组通常由政府心理卫生机构或其他组织在灾害发生之前或之后迅速组建，而特别组则根据需要组建于灾后现场（Young et al., 1998）。

2.人员遴选

美国国立创伤后应激障碍中心提出，灾害心理卫生工作者应具备五种个性特征：富有冒险精神、善于社交、冷静、整体把握能力以及对治疗的敏感；还认为灾害心理卫生工作者应具备四种技能：

共情、诚恳、积极关注与倾听。

该中心还提出灾害心理卫生工作者的遴选标准：（1）持有心理卫生临床工作的执照；（2）有可能提供10至14天的全天服务；（3）能够提供相应技能或经验证明。这些技能或经验证明具体为：①能适应时间长、条件差又可能快速变化的艰苦工作条件；②能与不同年龄、种族、经济、社会文化和教育背景的人建立良好的关系；③具有紧急心理卫生工作或培训经验；④具有组织才能；⑤能针对灾害幸存者、工作人员及社区进行小组的心理知识教育；⑥曾作为灾害心理卫生志愿者接受过美国红十字会的有关培训。

3.人员培训

由于应对灾害过程中的许多干预技巧不同于传统医疗工作，因此对参与灾害救援的相关工作人员进行专业培训，已成为美国心理学会、红十字会和国立创伤后应激障碍中心等许多专业机构的共识。尽管培训未必一定能使参与灾害救援的工作人员对灾害有更全面充分的准备，但可能会促使其在发生灾害时采取最佳的适应性反应。

培训内容主要包括以下方面：（1）灾害对于受灾者、救援人员所造成的心理影响；（2）创伤后适应能力的有关因素；（3）灾后易产生心理问题的高危人群；（4）灾后不同时期针对不同高危人群采用的特殊干预方法；（5）心理卫生干预具体方法的操作指南；（6）灾害心理卫生工作者压力管理的操作指南；（7）组建、运作灾害心理卫生服务小组的有关事宜；（8）整体的联邦反应计划、灾害心理卫生工作开展情况以及各组织间的协作沟通。

## 三、灾后儿童心理干预实践

第一，坚持日常宣传引导。健康的心理素质是长期培养教育的结果。为此，美国政府专门将每年5月确定为"全国心理健康宣导月"，把每年5月8日定为"儿童心理健康宣导日"，倡导公众关注心理健康，尤其是关注儿童心理健康问题。

第二，提供迅捷的信息服务。美国相关机构利用方便快捷的互联网，建立了若干儿童心理研究与服务网站，针对不同类型的灾害，随时提供最快速的信息资源服务。由于美国南部地区经常遭受飓风袭击，为便于人们了解救助工作以及飓风对儿童心理的影响，美国纽约儿童研究中心把《如何照顾经历过创伤、灾难和接触过死亡的孩子：父母和专业人士指南》（*Caring for kids after trauma，disaster and death：A guide for parents and professionals*）中关于飓风的相关内容凝练成最简单的小贴士，打印在纸上，以便于知识普及。

第三，持久灵活的培训项目。无论是纽约儿童研究中心、国立儿童创伤应激网络，还是国立儿童权益保护中心，都有较为普遍的培训服务。诸如，针对从事儿童心理救助的专业人士的培训课程、针对研究人员的专业培训、针对家长的辅导课程，也有针对出现心理危机的儿童的培训。

第四，针对儿童的年龄特点采取不同的心理干预措施。美国肯尼绍州立大学终身教授王晋博士总结出美国实行的儿童心理救助的方法和技术。不同年龄阶段的儿童，受灾后其心理的创伤程度也不相同。儿童年龄越大，心理创伤往往也越大。因为他们会分析受灾程度和失去亲人产生的后果，这类儿童的痛苦就更大。因此，针对

不同年龄的孩子，应采取不同的援助手段。

对于1~3岁儿童，每位或每几位儿童都应有一位成人女义务工作者来监护。义务工作者应在生活上悉心照顾他们。因为这一年龄段的儿童理解灾情能力还不强，给予温暖的照顾更为重要，让他们感到亲人还在，并能感受到温暖的呵护和爱。

对于4~6岁儿童，女义务工作者既要扮演母亲的角色，又要扮演心理学家的角色。不仅要在生活上关心他们，而且要组织活动，让他们参与其中，在玩游戏的过程中使他们逐渐忘却痛苦的经历。同时还要耐心给他们讲解灾害是什么，为什么会发生灾害，告诉他们应怎样面对灾害，以及受灾后如何克服困难。女义务工作者应该多表扬鼓励他们，表扬会给孩子带来快乐、增强自信，切记不要责备他们，受灾儿童的心灵已经受到创伤，如再批评他们，会加重心理创伤。

对于7岁以上儿童，他们已具备较强的理解能力，受灾后要询问儿童自身的想法，告诉他们今后的生活、学习和工作都不会受到灾害影响，仍然有许多人会关心、帮助他们。通过征求他们的意见，了解他们希望到什么样的家庭生活，将这些信息输入电脑，建立数据库，以便根据儿童要求和领养家庭的情况进行配对。从心理学角度来讲，这些做法会使受灾的孩子和领养的家庭在心理上得到更好的契合。

## 第二节　英国国家突发事件管理系统及心理援助体系

英国是世界上第一个实现工业化的西方国家。英国的自然、经济、政治、社会环境具有独特的特点，也面临独特的威胁，以气象灾害为主的自然灾害不断，如暴风雨、洪水、风暴潮等；由于经济发达，拥有国际化都市，工业化程度高，存在着由于科技进步导致的事故灾难，如无节制地燃烧化石燃料导致有害气体含量增加，铁路系统管理不当导致火车脱轨、相撞等；由于畜牧业发达，疯牛病等公共卫生事件长期困扰英国；此外，由于经济发展高度依赖国际贸易，大量的人口流动和国际交往增加了发生恐怖袭击事件的风险；同时，英国是一个多民族国家，文化背景和宗教信仰不同也容易引发社会冲突。因此，英国很早就开始建立突发事件应急管理机制，应急预案以及应急资源都有充分准备，一旦遇到突发紧急情况，能马上启动应急管理系统，联合各方力量及时作出反应。近百年来，英国通过不断总结与改革，形成了具有本国特色的应急管理体制机制。

## 一、法律体系

法律是政府工作的基石，英国很早就通过了关于突发事件应急管理的法律，目前已经形成比较完善的应急管理法律体系。

1920年的《应急权力法案》是英国最早颁布的关于应急管理的法律。

1948年颁布的《民防法案》是英国应急管理的基础，规定民防的职责在于中央政府，但也允许地方政府发挥作用，并且规定中央政府为地方政府开展应急管理工作提供财政支持。

但这些法律之间缺乏紧密的衔接，难以发挥应有的作用，无法适应新型灾难危机带来的诸多挑战。

1972年的《地方政府法案》授权政府投入资金以防止、减轻和消除灾害造成的影响。

20世纪80年代英国灾害频发，因此英国政府于1986年通过《和平时期民防法案》，允许地方政府动用民防资源对和平时期的紧急情况作出反应。

20世纪90年代末以来，随着危机类型及其危害不断扩大，英国政府重新审视其应急管理系统，不断加大立法力度，于2004年通过《国内紧急状态法案》，根据该法案修改并重新制定了一批与应急管理相关的法律规范（李雪峰，2010）。该法案的主要内容包括：在日常工作中，对可能引起突发事件的各种潜在因素进行风险评估；制定相应的预防措施；进行应急处理的规划、培训及演练。在突发事件出现后，快速进行处置，强调各相关部门之间的合作、协调和沟通。突发事件处置结束后，要使社会及公众从心理、生理和政治、经济、文化的非常状态中迅速恢复到平常状态，并及时总结应急处理过程中的经验、教训。

英国《国内紧急状态法案》重点强调预防事故是应急管理的关键，要求政府将应急管理与常态管理相结合，尽可能减少灾害发生的风险。同时，该法明确规定地方政府和中央政府对紧急状态进行风险辨识与评估、制订应急计划、组织应急处置和恢复重建的职责。

之后，英国陆续出台《2005年国内紧急状态法案执行规章草案》和《2006年反恐法案》等法律。

## 二、应急管理系统

英国政府基于本国实际，构建以强化中央层面协同各部门为重点，整合社会各方面资源，分级处理突发事件的模式。该模式在资源整合和部门协调基础上，注重能力建设。为强调应急管理体系的整合与协同，英国政府提出从"水平、垂直、理念、系统"四个方面整合应急管理体系的目标。中央政府开展了应急管理能力建设项目，确定3大类18项能力。第一类为组织机构类，包括中央、地区和地方政府应急能力建设3个子项目；第二类为功能类，包括现场清理、传染病防治、疏散和避难能力建设以及化学、生物、放射性物质和核应对等10个子项目；第三类为关键服务类，包括交通、卫生、食品及水供应等5个子项目。每一个能力建设子项目均由一个中央政府部门负责，并由国民紧急事务秘书处（CCS）负责总协调。项目负责人每季度召开一次会议，报告项目进展情况。注重能力建设的理念使得英国政府的应急管理体系与众不同，专业化水平高，应急救援队伍反应快速、应急高效（薛匡勇，2017）。

英国国家应急反应计划分为郡和国家两个水平。突发事件发生后，一般先由政府负责启动应急管理工作，警察、消防、医护等部门直接参与，其他部门和非政府组织予以协助和支持。中央政府一般负责恐怖主义袭击和其他全国性的灾害事件。

英国应急管理涉及的部门主要包括：中央政府、地方政府、警察部门、消防部门、医疗救护部门、健康与安全署、环保署、食品与环境研究署、政府洗消服务机构等，各部门具有明确的职责分工。具体介绍如下：

第一，中央政府。在涉及较大规模的灾害或危机事态时，中央政府根据突发事件所在地的地方政府需求提供帮助，主要职责是确定牵头部门，协调相关工作和涉及的部门。

第二，地方政府。在应急处置过程中，以地方政府为主，在突

发事件处置后的恢复阶段起领导作用，实行属地管理。地方政府包括伦敦市及各个区域性管理当局，行政区政府、郡、县政府。设立专门的"突发事件计划官"，主要负责制定《突发事件应急计划》，联络辖区内应急系统各个相关部门，统筹、协调有关事务，负责与涉及的部门签订援助、协作协议。

第三，警察部门。警察负责控制和警戒灾害、事故现场，以抢救、保护人的生命为优先事项，根据消防部门的建议设立救援和警戒范围，进行交通管制，控制现场人员进出，根据需要做好现场保护工作，收集和保存现场证据。

第四，消防部门。负责事故现场的救援和恢复，防止事态扩大，确定危险区域，营救灾害或事故现场中陷于困境的人员，确保现场各类工作人员的安全与健康；在现场清除污垢，消除生物、化学残余，消除包括核辐射在内的各种放射性污染；参与事故调查工作。

第五，医疗救护部门。负责突发事件中人员的急救、护理、医疗和对公众的健康问题提供专家咨询与指导等。确定一名"事故现场急救官"和一名"事故现场医疗官"，在现场进行急救和医疗方面的监督。

第六，健康与安全署。负责在事故发生时采取正确的应急处置措施，监督和确认处理事故时采取正确步骤，降低公众受伤害风险，负责事故调查，分析事故发生的过程和原因，向中央政府提供建议与措施。

第七，环保署。保护所在地区的水、土资源和大气环境。负责评估环境风险，识别事故风险，为指挥中心提供支持，监测空气质量，提出污染物存储、销毁和运输建议。出现污染事故时，收集相关证据。

第八，食品与环境研究署。发生事故时为环境、食品与农业事务部和其他政府部门提供食品供应链保护和环境健康方面的分析、研究和建议。

第九，政府洗消服务机构。负责事故结构和环境洗消。

第十，战略协调中心。这里是发生重大事故的决策中心，也是英国应急响应的核心组织，由警察部门设立，指挥多个部门协同合作。负责确定和协调战略协调组的战略目标、信息处理和决策，有权调配资源和资金，并得到恢复协调组和科技顾问组的技术支持。组织各部门举行战略协调会议，主要内容包括同意和确认相关领域的责任；确认个人和团体的战略目标；根据大多数人的意见进行协调，确定战略决策；确定和解决发生冲突的领域；确定资源需求和需求的轻重缓急；就应对媒体的策略达成一致，并取得媒体对战略目标和总体规划的信任；确定财务预算；监控所采取的行动，考虑恢复协调组和科技顾问组的技术支持。

第十一，科技顾问办公室。向战略协调组提供科技支持；监督和协调科技团体（包括操作人员）达到战略目标；实现信息共享，对共同行动达成一致意见；确定其他应急响应支持组织的专家，并查询化学品信息；向公众提供信息；考虑人员撤离相关事宜。

第十二，恢复协调组。由当地政府机构主持，负责解决可能影响事后恢复的应急响应阶段的问题，通常由战略协调组确定其人员组成。

简而言之，在中央层面，首相是应急管理的最高行政首长；相关机构包括内阁紧急应变小组（COBR）、国民紧急事务委员会（CCC）、国民紧急事务秘书处（CCS）和各政府部门。其中，内阁紧急应变小组是政府危机处理最高机构，只有在面临重大危机或紧急

事态时才启动。国民紧急事务委员会由各部大臣和其他官员组成，向内阁紧急应变小组提供咨询意见，并负责监督中央政府部门。国民紧急事务秘书处负责应急管理日常工作和在紧急情况下协调跨部门、跨机构的应急行动，为内阁紧急应变小组、国民紧急事务委员会提供支持。政府各部门负责所属范围内的管理工作，警察局、卫生部等相关部门设立专门的应急管理机构。

地方层面建立"金、银、铜"三级突发事件应急处置方式。该模式独具特色，三个层级的组成人员和职责分工各不相同，通过逐级下达命令的方式共同构成一个高效的应急处置工作系统，可实现突发事件应急处置的统一、高效，解决各部门之间长期存在的命令程序、处置方式不同、通信不畅、缺乏协作配合等问题。

事件发生后，"铜级"处置人员首先到达现场，负责应急处置任务的具体落实，主要由现场指挥控制人员组成，直接管理应急资源，执行"银级"下达的命令，决定处置和救援方式，在合适的时间、以合适的方式做合适的事情。如果指挥人员对现场情况评估后发现事件超出本部门的处理能力，需要其他部门参与时，须立即向上级报告，按照预案立即启动"银级"处置机制；如果事件影响范围较大，则需要启动"金级"处置机制。

"银级"人员主要由事件发生地区相关部门的负责人组成，指定专人、定期更换，可直接管控所属应急资源和人员。负责"战术层面"的应急管理，根据"金级"下达的目标和计划，分配任务，并向"铜级"传达命令。

"金级"人员主要由应急处置相关政府部门的代表组成，无常设机构，但明确专人、定期更换，以召开会议的形式运作。负责从"战略层面"总体控制突发公共事件、制定目标和行动计划，并下达给"银级"。"金级"重点考虑以下因素：（1）事件发生的原因；（2）事件可能对政治、经济、社会等方面产生的影响；（3）需要采取的措施和手段，以及这些措施和手段是否符合法律规定、是否会造成新的人员伤亡、是否会对环境和饮用水等产生影响。"金级"可直接调动包括军队在内的应急资源，通常远离事件现场实施远程指挥。由于成员很难短时间集中到一起，一般采用视频会议、电话等通信手段进行沟通和决策（翟良云，2010）。

"金、银、铜"三级处置机制既是一种应急处置运行模式，也是一个应急处置工作系统，有效保证处置命令在战略、战术以及操作层面都能得到有效贯彻实施，形成分工明确、协调有序的工作局面，实现应急处理工作的高效、统一。

## 三、灾害心理危机干预

英国是全球最早关注突发公共事件对公众心理影响的国家之一，通过多年积累，其心理危机干预工作已具备体系化、社会化、专业化等特点（张代蕾，华义，2020）。

第一，心理健康咨询和心理危机干预已被纳入英国国民医疗服务体系（NHS）。如果患者或家属有需要，可以通过该体系获得最直接、便捷的诊治。英国规定各级政府须持续投入心理救援项目，政府拨款是支撑英国国民医疗体系进行心理援助的重要资金来源。

2017年伦敦公寓楼大火导致70多人遇难之后，英国国民医疗服务体系投入了超过1000万英镑用于民众心理援助工作。英国媒体报道称，这是迄今为止英国乃至欧洲针对突发社会事件最大规模的一次心理援助。据统计，在火灾发生后的一年内，英国国民医疗服务

体系共诊治2674名成年人和463名儿童，他们均出现创伤后应激障碍症状。灾后第二年，该体系又专门开辟"圣查尔斯健康与福利中心"，用于评估和帮助心理健康受到大火影响的民众。从心理咨询到认知行为疗法，再到重度心理干预，服务内容范围广泛，至今数百人仍在这里接受心理治疗。

第二，英国心理学家提出，灾后心理干预不是单一维度、直线发展的工作，而是一个漫长、反复的过程，需要整个社区甚至全社会多方面的参与和支持，而且越细越好。

英国有许多慈善机构以心理咨询和心理援助为主要目标，且细分程度较高。有的专注于帮助退役军人，有的关注儿童，有的则以民族宗教为特色。简而言之，无论哪种心理障碍患者，几乎都能找到适合自己的"组织"。

第三，英国注重对心理危机干预的研究，注重积累经验和科学分析，这有助于形成专业化的研究体系，为未来突发事件后的民众心理干预提供参考和理论依据。

## 第三节　德国国家突发事件管理系统及心理援助体系

德国地处欧洲大陆，仅北面临海，自然灾害频发，其中水灾居多，暴雪等灾害也时有发生。德国在应对频繁发生的灾害过程中建立起预警、抢险、救灾、减灾等机制，在灾后重建方面也积累了丰富的经验（郇公弟，2008）。

## 一、法律体系

德国已拥有较为完善的应急管理机制，对突发事件的处理分为两个层次：联邦政府主要负责战争状态下的民事保护，而16个州政府负责和平时期的灾害救助工作。此外，德国在应急管理方面制定了一系列相关法律、规章制度，以保障应急管理工作有序化、制度化以及灾后救助和灾后重建工作的顺利推进。

1997年修订颁布《民事保护法》，受2001年美国"9·11"恐怖袭击事件和2002年德国易北河洪灾影响，2002年12月通过了《民事保护新战略》。

《德意志联邦共和国基本法》中明确规定了对灾害事故的处置方式，各州也制定了专门的应急管理法律来指导、协调社会各方共同面对灾害。德国各州也有关于民事保护和灾害救助的法律，如《黑森州救护法》《黑森州公共秩序和安全法》《巴伐利亚州灾害防护法》等。

2004年5月，德国联邦政府在其内政部下设立联邦民事保护和灾害救助局（简称联邦公民保护局，BBK），协调联邦政府各部门以及各州政府之间的合作，主要负责自然灾害、事故灾难、突发公共卫生事件等重大灾害的协调管理（陈丽，2010）。

此外，德国还颁布《灾害救护法》和《传染病管理法》，来保证灾害中的精神卫生问题能够得到重视和解决。

## 二、应急管理体制架构

面对突发公共卫生事件，德国以工匠精神独创了一套"灾害控制与管理系统"。该系统包含"疾病预警和通报系统""行政组织参与系统""应急医疗系统""社会组织与公民参与系统""欧盟与国际合作系统"等若干子系统。这些子系统之间环环相扣，共同组成应对突发公共卫生事件的整体系统，能够让有关治理活动取得较好效果。

"疾病预警和通报系统"是启动"灾害控制与管理系统"的"开关"。这一开关由著名的罗伯特·科赫研究所（Robert Koch Institute）掌握，只有当该研究所作出风险等级评估和有关通报之后，各个政府机构和社会组织才会启动与灾害控制或公共卫生事件应对相关的行动，并作出相应部署。

作为一个联邦制国家，德国通过"行政组织参与系统"制定了一套标准严格的操作程序规范，为联邦政府和各级地方政府中负责有关公共任务的部门或行政组织提供行动指南，帮助它们作出决策并明确行政领导分工。

灾后重建是一项系统工程，需要多部门共同参与。德国实行以州为主、属地管理的应急管理体制，各州政府是应急管理的主体。突发事件发生后，以州最高行政长官或内政部长为核心的应急指挥小组紧急启动，有关部门以及专家参与决策指挥，统一调动政府以及全社会力量。16个州由州内政部统筹负责，主要应急机构有消防队、警察局、德国联邦技术救援署（THW）、事故医院等相关部门以及各种志愿者救援组织（如红十字会、教会机构、德国沙玛丽工作协会、水上救援协会以及工会组织等）。

德国联邦技术救援署是德国官方的专业灾害救援机构，成立于1950年，负责重大灾害事故的应急救援。德国联邦技术救援署在德国建立688个救援点，专职管理人员达到800人，由志愿者组成的救灾专业队伍达到8万人，每个救援点配备专业的救援设施，建立完整的救援网络和信息平台。

消防队隶属德国各州政府领导和管理，负责本行政区域内一般性灾害事故的应急救援。消防队以其技术、装备和数量优势，成为各类突发事件应急救援的中坚力量。消防队职责十分广泛，不仅包括救火等基础工作，还要承担一切灾害事故（如水灾、地震、交通事故）的抢救工作；不仅负责就地抢险和伤病员运送，还要担负起突发疾病、重病员急救运输工作；不仅承担现场救援重任，还扮演现场指挥角色，同时还要开展宣传和培训。

事故医院也是德国应急管理的主要机构之一，其任务主要是派遣医生参与消防队和德国联邦技术救援署的现场急救工作，并承担伤员急救和治疗康复。德国共有35家大型公立事故医院，并且每家事故医院都设有直升机停机坪。

德国非常重视危机管理培训，认为危机的特点决定着危机管理很难积累经验，唯有通过培训和演练才能建立危机应对和管理的组织指挥才能、技术救援能力和组织协调能力。在德国，主要有两个学院负责危机管理培训，一是危机管理、应急规划和民事保护学院（AKNZ），二是技术救援学院。其中，危机管理、应急规划和民事保护学院主要负责培训危机管理者的指挥能力和组织协调能力，培训对象包括联邦议会代表、联邦政府部门和州政府部门的国务秘书和部长、州长、县长、大城市市长、联邦军队领导阶层、警政单位领

导阶层、重要基础设施企业的高层管理人员等，每年约8000人次参加培训。技术救援学院则侧重于培训危机管理中具体的执行能力，其培训对象主要是各级技术救援指挥中心消防部门领导和技术救援中心领导。此外，该学院还负责在周末（节假日）培训和演练志愿者。

另外，值得一提的是，德国还开展广泛的公民教育和培训。在明确政府职责的基础上，强调公民自身能力培养。政府部门与救援组织合作，对公众开展自我保护知识的培训，如在中小学普遍设置相关教学内容，向公民发放《突发事件预防手册》等（陈丽，2010）。

## 三、灾后心理援助

德国在善后处理工作中非常重视对受灾者的心理干预。危机管理、应急规划和民事保护学院负责心理干预与治疗方面的培训，具体内容包括什么是心理干预，个人或组织在灾害中怎样进行压力管理，大型救援后救援人员出现长期心理问题情况下的心理治疗及干预等。心理干预对象既广泛又明确，不仅包括一般认为的幸存者和家属，还包括目击者、耳证者以及经常被忽略的救援人员等（陈丽，2010）。

此外，德国灾后心理援助的民间组织数量众多，广泛参与各类应急救援，是一支不容忽视的辅助力量。这些组织设有众多分会，会员遍布全国，开展精神护理和心理辅导工作，培训社会救援人员。德国各类应急救援力量中，志愿者人数众多，是应急救援队伍的主力军。德国技术救援和心理干预等灾害救助，几乎都是依靠志愿者体系来完成。如果志愿者在工作时间参加培训或救援，工资由政府支付。

德国联邦技术救援署通过联邦预算拨款为志愿者提供免费救援技术培训，并将志愿者信息输入网络中，能够随时调遣具备心理学专业技能的志愿者进行灾害心理干预工作。目前，德国每个救援工作小组均有后备力量，每个地区都有后备人员（张雪琴，2011）。

# 第四节　日本国家突发事件管理系统及心理援助体系

日本恰好位于环太平洋地震带上，台风、地震、火山喷发、海啸等自然灾害极为常见，是世界上容易遭受自然灾害的国家之一。在长期救灾抢险的过程中，日本形成了一套较为完善的综合性防灾减灾机制。

## 一、法律体系

日本是全球较早制定灾害管理基本法的国家，经过多年发展，已经构建出相对完备的防灾减灾法律体系（毛亚楠 等，2016）。

早在1880年，日本就颁布了第一部应对灾害的法律《备荒储蓄法》。

1946年12月，日本西部大面积地区发生里氏8.0级地震，导致上千人死亡和失踪。因此，日本政府于1947年紧急出台《灾害救助法》。

1959年，超强台风登陆纪伊半岛，横扫伊势湾和名古屋，并造成本州岛中部大规模泥石流和山崩，导致近5000人死亡。

于是，日本政府于1961年颁布《灾害对策基本法》，明确防灾

组织、防灾计划、灾害预防、灾害应急以及灾害重建的各项标准。在此阶段，日本的防灾减灾体制也发生根本性变化，逐渐建立起涵盖各类灾害的综合性防灾减灾管理体系。将地震和火山喷发、台风、雪灾等主要灾害的应对策略综合起来进行立法，并编制基本的规划，实现对多项灾种的综合管理；此外，将防灾减灾等过程的相关政策和规划综合起来进行策划和实施，实现全过程的灾害管理。之后陆续出台各种法律法规，构成完整的防灾减灾法律体系，其中明确规定心理援助在灾后援助中的重要作用。

1978年12月，日本国土厅制定《大规模地震对策特别措施法》。

同时，日本政府还针对具体的灾害和风险，编制详尽的部门应急计划和专项应急计划。例如，在应对油污事故方面，依据1996年1月17日对日本生效的《1990年国际油污防备、反应和合作公约》第六条，日本编制《国家油污防备与反应应急计划》，该计划提出日本油污防备和反应体系。

1995年1月阪神大地震后，日本修订《灾害对策基本法》，制定《地震防灾对策特别措施法》，完善受灾地区心理创伤医治机制。政府建立创伤治疗中心，同时设置心理创伤治疗研究所，对心理创伤及创伤后应激障碍等进行调查研究。

日本阪神大地震后，受灾严重的兵库县开始了长达10年的重建工程"不死鸟计划"，包括"紧急—应急对应期""复旧期""复兴前期"和"复兴后期"四个阶段。阪神大地震以后，对中小学生进行专项调查发现，地震以后的四五年之内，需要心理援助的中小学生数量保持在相当高的水平上，一直到第六年才开始慢慢下降，可见为他们提供心理援助的必要性。为此，心理工作者在受灾地区的中小学内设置"教育复兴负责教员"及"学校个人生活指导员"，并通过与家长及相关机构的紧密合作，进行学生心理创伤救助，密切关注中小学生的心理健康，第一时间为他们提供心理援助。

2011年，日本政府推出了《2011年版自杀对策白皮书》，指出地震、海啸等灾害发生后引发创伤后应激障碍的原因及灾害对民众心理健康的影响。

## 二、应急管理体系架构

2001年，日本改革和重组中央机构，确定应急管理的基本组织构架。目前，日本应急管理机构体系包括常设机构和临时机构两部分：常设机构有安全保障会议、中央防灾会议以及内阁应急管理专门机构，临时机构中有针对各种原因引发的紧急事态的应急管理机构。改革后，日本国家层面的应急管理组织体系有以下特点：（1）在1998年的基础上，修改《内阁法》及其他组织法，加强首相的应急指挥权和内阁官方的综合协调权，强化应急管理机构和中央防灾减灾工作的地位和功能。（2）提高内阁府的防灾决策指挥和综合协调能力，把原来设在国土厅的防灾减灾工作最高决策机构中央防灾会议改设在内阁府。（3）加强国防安全最高决策机构"安全保障会议"的功能。（4）使国防安全保障、应急管理、防灾减灾形成系统，既分工明确又互相关联。建立科学的协调机制，将国家安全保障、应对经济危机、防灾减灾三个方面的安全工作有机整合起来，改变以往各自独立和分割的情况。

### （一）政府力量

日本实行的是多层次灾害救助体系，日本政府从国家公共安全

的各个方面，建立以内阁首相为灾害应急管理最高指挥官的应急管理体系，负责全国灾害应急管理。

日本应急管理体制通过安全保障会议、内阁会议、中央防灾会议制定决策，日本防卫省、警察厅、海上保安厅、消防厅等省厅全面配合。日本政府还在首相官邸的地下一层建立全国应急管理中心，以应对包括战争在内的多种灾难。在其他有关政府部门则设有应急管理处室。一旦发生突发灾害事件，一般内阁会议决议成立对策本部。如果发生比较重大的突发灾害事件，首相亲任本部部长，担任总指挥。在日本灾害应急管理体系中，政府根据不同时间类别，启动不同的应急管理部门。如在自然灾害应急管理中，中央防灾会议作用凸显。以首相为主席的中央防灾会议负责应对全国自然灾害，其成员除首相和负责防灾的国土交通大臣之外，还有其他内阁成员及公共机构负责人等。政府还设立紧急召集对策小组，以防止发生大规模自然灾害时指挥人员不到岗，出现混乱局面。一旦发生重大灾害，除日本自卫队可以投入救援外，日本各都道府县警察总部都设有紧急救援队，各市、町、村也设有消防总部和消防团（唐立红，高帆，2010）。

日本还建成由消防、警察、自卫队和医疗机构组成的较为完善的灾害救援体系。消防机构是灾害救援的主要机构，同时负责收集、整理、发布灾害信息；警察的应对体制由情报应对体系和灾区现场活动两部分组成，主要包括灾区情报收集、传递、各种救灾抢险、灾区治安维持等；根据《灾害对策基本法》和《自卫队法》的相关规定，灾害发生时，自卫队长官可以根据实际情况向灾区派遣灾害救援部队，参与抗险救灾（薛匡勇，2017）。

日本经济发达，但地震频发，极易造成大规模经济损失。为了有效应对灾害，转移风险，日本建立起由政府主导和财政支持的巨灾风险管理体系，政府为地震保险提供后备金和政府再保险。巨灾保险制度在应急管理中起到重要作用，为灾民正常生产生活和灾后恢复重建提供保障（梁茂春，2012）。

此外，日本政府非常注重防灾教育。日本政府每年都印制《防灾白皮书》对以往受灾情况、防灾成果、当年的防灾计划、相关的组织机构和法律法规作详尽介绍。同时印制灾害应对手册，在中小学课堂教授防灾知识和技能，组织演习。日本政府将每年的9月1日定为"防灾日"，每年9月的第一个星期定为"防灾周"（薛匡勇，2017），还利用电视、广播、报刊以及互联网等媒体进行防灾知识宣传。政府和相关灾害管理组织机构协同进行全国范围内的大规模灾害演练，检验决策人员和组织的应急能力，使民众能训练有素地应对各类突发事件。日本政府还成立"市民防灾教育中心"，让参观者亲身体验，其中设有地震体验及训练屋，让市民体验真实的地震发生过程，培养自我保护意识和能力。

### （二）非政府组织

在日本，除政府的救助外，民间团体的"共救"也在灾后心理重建中发挥着重要作用。现在的日本，政府往往是起着指导性、规划性、支撑性作用，不负责具体心理重建行为，只是提供法律框架。在这样的框架下，政府调动社会力量，借助社会力量发挥更多作用。这里的社会力量包括：专业心理咨询队伍、志愿者，甚至宗教心理咨询（毛亚楠 等，2016）。

例如，在儿童心理重建上，建立医疗和福利部门（精神科医生、护士、心理辅导人员、保健员）、教育部门（教师、保育员、学校个人生活指导员）以及家长、救灾志愿者联合救助机制；医疗和福利机构设立心理援助小组、社区医院、保健站和精神科医生，对儿童及其监护者（家长或老师）进行心理援助，并定期与教师、保育员等教育机构人员进行沟通、协商；在教育领域（学校、幼儿园、保育所），设立学校个人生活指导员，并与教师、保育员密切配合，及时向医疗和福利机构提供儿童精神情况，多方紧密合作，共同进行学生心理创伤救助（胡媛媛 等，2012）。

在日本，已经登记注册的非政府组织和非营利性组织有29203个。此外，日本红十字会、生命救助会等组织与内政部建立了固定的联络，仅这些机构就有50万名地震心理援助的专业人员可以随时供政府调度。另外，各大学医学院、心理学系、社会工作系，以及慈善机构的心理援助工作者也是主要的民间心理援助力量。

（三）地域力量

日本在灾后注重加强运用地域性力量，强调邻里心理支持。日本政府注重灾害发生后的自救和"共救"，搭建了比较完善的邻里互助网络。居民委员会参与灾后重建和心理救济，由灾民组成的社区单位在灾后积极开展集体救助，邻里之间分享体验，互相鼓舞，彼此进行精神洗礼和心灵慰藉（毛亚楠 等，2016）。

# 三、心理援助方式

日本专门负责孤儿安置的全国性慈善团体"长足育英会"建立了一座"疗伤屋"，看护抚养孤儿，并与"彩虹之家"心理救助组织合作，专门为这些有心理创伤的孤儿提供心理疏导（张侃，2012）。

疗伤屋里有"火山房"，孩子们可以在里面任意摔打物品，发泄悲伤情绪；也有"回忆房"，可以供孩子们哭泣，以及和去世的父母说悄悄话等。

而在心理咨询过程中，以谈话疗法为主，倾听始终放在第一位。受灾者通过诉说自己的感受、与他人交流，能在一定程度上消除恐惧感与孤独感，释放心理压力。但心理救助者不会强迫受灾者说话，而是亲切地呼唤受灾者的名字，给受灾者安全感，让他们意识到自己被关心；或者可以说一些与灾害无关的话，例如"你看上去气色还行""今天天气不错"等。

同时，日本还利用绘画治疗法治疗儿童的心理创伤，绘画治疗法不限制年龄，成人和儿童都可以通过绘画治疗法满足心理需求。在绘画过程中，借助绘画工具，将潜意识内压抑的感情与冲突呈现出来，同时，绘画者在心灵、情感和思想上，释放压抑的负能量，达到解压、宣泄情绪、调整情绪和心态、修复心灵创伤、填补内心世界空白的效果，从而绘画者获得了满足感、成就感、自信心，实现诊断与治疗目标。

此外，心理锻炼是日本心理援助有别于其他国家的一项重要工作。日本法律规定，所有日本人从幼儿园时期开始接受灾害对策教育，锻炼实际技能，同时提高对地震灾害的思想免疫力和受挫力。

## 四、心理援助策略

日本心理学家总结出经历灾害的个体一般会处于以下三种心理应激状态：（1）由灾害直接引起的心理应激反应，即心理创伤反应，包括直接灾害体验和非直接灾害体验；（2）由于事件和事故，失去

重要的亲人、物品、家园或回忆，从而引起心理应激反应，即丧失反应；（3）事件或事故发生后，日常生活产生变化，由这些持续性刺激造成的心理应激反应，即日常生活上的心理应激反应（胡媛媛等，2012）。

心理创伤反应症状主要表现为：（1）与灾害、事件、事故相关的记忆冻结或侵入；（2）身体上和感觉上过敏；（3）意识和思考迟钝，有意识或无意识回避。丧失反应发生过程包括：外伤体验、打击、无感觉状态、悲哀等。

不适当的心理应激主要体现在身体化和行动化两个方面，其中身体化表现为头痛、腹痛、容易感冒，以及其他一些身体症状，即心身官能症；行动化则表现为指向自身攻击性（自责、自伤、自杀）和指向外在攻击性。

日本的心理援助策略分为以下三个阶段。

## （一）警戒期

在这一阶段中，个体身心受到严重打击，一些认知功能受损，需要帮助受灾者尽快恢复自我行动能力；同时，及时填补个体日常生活上的缺失，满足其基本的生活需要；观察其言谈举止和表情，及时识别需要治疗和帮助的个体，进行专门治疗。

## （二）抵抗期

在这一阶段中，心理援助工作主要包括：对身心受损严重的受灾者开展一对一心理咨询，提供专业援助；为受灾者提供精神上的安全感，防止他们受到二次伤害；帮助受灾者联系具有相同经历的人，寻找同质群体，鼓励他们沟通，产生情感共鸣；帮助受灾者尽量恢复灾前的生活方式，创造与灾前相似的生活环境；支援灾害中受到破坏的现存医疗机构，为受灾地区已有心理问题的患者提供帮助。

## （三）衰竭期

在这一阶段中，心理援助工作主要是诱导受灾者与人沟通，讲述自身受灾的体验，鼓励他们宣泄心中的痛苦；关注受灾地区产生急性精神障碍、精神状态恶化的患者，对应激反应引发的精神问题提供援助；帮助受灾者重新燃起生活希望，恢复信心；关注灾区志愿者和医护人员的心理问题。

# 参考文献

安媛媛．（2010）．美国灾难心理干预模式初探．中国减灾，（7），25.

陈丽．（2010）．德国应急管理的体制、特点及启示．西藏发展论坛，（1），43-46.

胡媛媛，李旭，符抒．（2012）．日本灾后心理援助的经验与启示．电子科技大学学报（社科版），（5），65-68+82.

翟良云．（2010）．英国的应急管理模式．劳动保护，（7），112-114.

李雪峰．（2010）．英国应急管理体系、方法与借鉴．北京：国家行政学院出版社.

梁茂春．（2012）．灾害社会学．广州：暨南大学出版社.

毛亚楠，赵章秀，刘琴．（2016）．灾后心理重建的海外经验．方圆，（10），30-33.

唐立红，高帆．（2010）．日美德政府自然灾害危机管理经验与启示．求索，（2）57-58+34.

郇公弟．（2008）．德国灾后重建经验．农村工作通讯，（11），58-59.

薛匡勇．（2017）．重大突发事件档案应急管理研究．上海：上海世界图书出版公司.

张雪琴．（2011）．国外重大灾害心理援助机制和组织方式的研究.现代预防医学, (06), 1057-1059+1062.

张丽萍.(2009).灾难心理学.北京: 人民卫生出版社.

张侃.(2012).国外开展灾后心理援助工作的一些做法.中国减灾, (3), 23-25.

张黎黎, 钱铭怡.(2004).美国重大灾难及危机的国家心理卫生服务系统.中国心理卫生杂志, (6), 395-397+394.

Aguilera, D. M., & Planchon, L. A.(1995).The american psychological association-cdalifornia psychological association disaster response project: Lessons from the past, guidelines for the future. Professional Psychology: Research and Practice, 26 (6), 550-557.

Morgan, J.(1995).American red cross disaster mental health services: implementation and recent developments. Journal of Mental Health Counseling, 17 (3), 291-300.

Young, B. H., Ford, J. D., Ruzek, J. I., Friedman, M. J., & Gusman, F. D.(1998).Disaster mental health services: a guidebook for clinicians and administrators. Menlo Park, California: National Center for Post - Traumatic Stress Disorder.

# 第二部分

## 实践操作

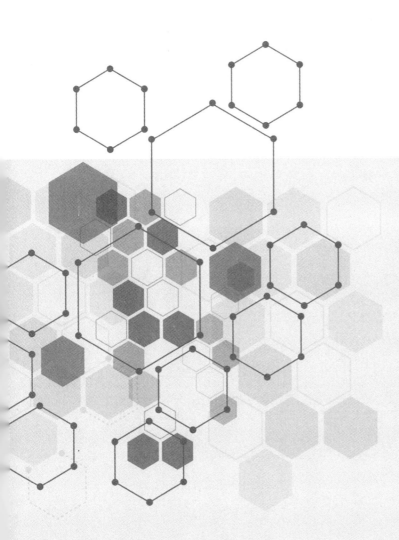

# 第 五 章

# 自然灾害中的心理防护及援助实践

　　自然灾害对人类的影响不容小觑，即便在科技发达的今天，自然灾害每年仍然影响着数以亿计的人们。经历自然灾害的人往往遭受财产、健康的损失或丧亲之痛，难免产生诸多心理问题，严重者甚至发展成心理障碍。因此，自然灾害后的心理防护及心理援助工作必不可少，是救灾工作的重要组成部分。

　　本章将从"自然灾害中常见的心理反应""自然灾害中的心理防护与援助"，以及"5·12汶川地震中的心理防护及援助案例"三个部分展开，以期帮助人们了解自然灾害中常见的心理反应、影响心理反应的因素等，并结合具体案例详细介绍心理防护及援助的过程。

## 第一节　自然灾害中常见的心理反应

### 一、自然灾害中常见的心理反应

　　发展中国家由于经济贫困、教育资源匮乏、基础设施薄弱等原

因，在遭受自然灾害以后，受到的影响更大。并且，由灾害引发的心理健康问题，在发展中国家是一个容易被忽视的领域。另外，心理健康问题还是一个容易被污名化的问题。当灾害袭击人类时，人们居住的家园遭到破坏，身体遭受伤害，必然会伴随心理上的痛苦。与自然灾害带来的生理影响相比，人们心理受到影响的范围更广、持续时间更长、程度更严重。一些自然灾害的幸存者可能会出现心理障碍，其中研究最多的是创伤后应激障碍，其他心理障碍也可能与创伤后应激障碍同时发生（共病）。此外，可能在灾害幸存者身上出现的心理障碍还包括重度抑郁症、广泛性焦虑障碍等。

## （一）自然灾害后常见的一般心理症状

自然灾害可能会带给幸存者及救援人员一种巨大的、无法释放的压力，处于这种压力下，个体会产生许多方面的问题。这些问题可能体现在以下四个方面。

1.体征。如心跳加速和血压升高、恶心、出汗或发冷、抽搐、头痛、腰痛、惊吓反应过度、疲劳等。

2.行为迹象。如一般活动水平的变化、效率下降、有效沟通困难、无法休息、饮食或睡眠模式的变化、亲密关系或性行为模式的变化、社交退缩、易发生事故等。

3.认知症状。如注意力难以集中、决策困难、思维迟钝等。

4.情绪症状。如易哭、情绪波动大、焦虑、易怒、内疚或"幸存者内疚"、绝望、冷漠等。

长期症状可能包括工作或学习成绩下降、婚姻问题，以及反复出现噩梦等。

### （二）心理障碍

对于一些经历严重自然灾害的人来说，他们的心理症状会发展，甚至产生心理障碍。其中，常见的心理障碍有以下几种。

1.创伤后应激障碍

一些自然灾害研究报告显示，灾后前两年创伤后应激障碍的患病率在3.7%~60%之间，大多数研究报告的患病率在这一范围的下半部分（Neria et al.，2008）。幸运的是，创伤后应激障碍的症状通常会随着时间的推移而减少（Galea et al.，2003）。

创伤后应激障碍的特点包括：

（1）以生动的侵入性记忆、闪回或噩梦的形式使个体重新体验创伤性事件。再体验可能通过一种或多种感官模式发生，通常伴随着强烈或压倒性的情绪，特别是恐惧、害怕等，以及强烈的躯体感觉。

（2）受灾者会回避与应激事件相关的想法和记忆，回避能让其回忆起应激事件的相关活动、情境或人。

（3）受灾者可能会持续性感知到不断增强的威胁，例如高度敏感或容易因为意外噪音而受到惊吓。这些症状至少持续数周，并对社交、学习、工作或其他重要功能领域造成严重损害。

2.重度抑郁症

重度抑郁症的症状包括个体表现出持续的、深深的悲伤情绪，并伴有其他症状，如对他们曾经喜欢的活动失去兴趣、自我价值感下降、内疚、睡眠问题和食欲变化等（APA，2004），这些症状共同导致个体社会功能受损。

一些与灾害相关的压力源（如亲人死亡、流离失所、被重新安置、缺乏社会支持等），增加了灾害幸存者患重度抑郁症的风险。研

究者发现，灾害暴露程度越高，重度抑郁症的患病率越高。

3.广泛性焦虑障碍

广泛性焦虑障碍是最常见的心理障碍之一，终生患病率为6.2%（Remes et al.，2016）。广泛性焦虑障碍的特征是普遍或过度焦虑，这些焦虑症状会持续至少几个月，且存在于每天的大部分时间里。主要集中在多个日常事件上，通常与家庭、健康、财务、学校或工作有关，同时伴有其他症状，如肌肉紧张、难以集中注意力、易怒或睡眠障碍等。这些症状会导致社交、学习、工作或其他重要功能领域的严重痛苦或严重损害。

4.延长悲伤障碍

延长悲伤障碍是在伴侣、父母、子女或其他关系密切的人死亡后所出现的一种持续、普遍的悲伤反应，表现为对死者的思念或持续关注，并伴随着强烈的情感痛苦，比如悲伤、内疚、愤怒、否认、责备，难以接受死亡，感觉失去了一部分自我，无法体验积极情绪，情感麻木，难以参与社交或其他活动等。悲伤反应在失去亲人后持续的时间较长（至少6个月），明显超过了个人所在社会、文化或宗教规范的预期。如果悲伤反应持续了较长时间，但被个人所在的文化和宗教背景视为正常，则不应被诊断为延长悲伤障碍。上述这些症状会对个人、家庭、社会、教育、职业或其他重要功能领域造成严重损害。

## 二、自然灾害中心理反应的影响因素

（一）个体因素

1.暴露梯度。个体距离创伤因素越近，或者受到的影响越直接，出现精神症状的可能性就越高。

2.损失和影响的程度。损失涉及很多方面。那些失去家人、朋友或同事的人通常是悲痛最明显的，不过也有其他类型的损失，例如受伤、失业、财产损失和丧失社会地位等。

3.健康状况。身体健康状况差的个体，患心理疾病的风险更大。有些灾害幸存者由于受伤，需要接受长期的治疗，更容易患心理疾病。

（二）集体因素

1.社区破坏程度。个体所在社区在灾害中受到的破坏越大，个体在灾后的不良心理反应越严重。

2.灾前稳定性。那些健康而强大的家庭或社区中的个体，经历灾害后似乎表现得更好；那些灾前即存在严重紧张、冲突或其他困难的家庭或社区中的个体，在灾后的情况似乎并不太好。

3.社区领导者的作用。社区领导者的领导能力，也在一定程度上影响了社区居民灾后的心理情况。

# 第二节　自然灾害中的心理防护与援助

自然灾害对受灾者的生活和精神状态产生重大的影响。合理的心理干预能够帮助受灾者适应灾后的生活，使其恢复到正常的心理健康水平。

## 一、自然灾害后的心理干顾

灾后早期干预的主要目的之一是重建安全感和平静感，而中期干预和长期干预则侧重于获得应对技能和改善心理疾病的病理表现。

2001年，美国国家心理卫生署（National Institute of Mental Health，NIMH）召集国际灾害心理和行为健康专家，就创伤后早期干预达成共识，并提出一种从心理报告转向更灵活、非处方、多方面的方式。专家委员会建议将一系列行动视为早期干预的组成部分，而不是单纯侧重于单一的干预技术，具体包括：确保基本需求，应用心理急救原则，进行需求评估，监测救援和恢复环境，提供信息，培养复原力和恢复能力，进行分类和转诊等（NIMH，2002）。

在灾后中期（即灾后数周和数月），更具体的心理干预可能适合那些表现出持续高水平痛苦（例如高水平焦虑、缺乏应对技能）、明显影响日常生活的人。

在灾害造成的长期后果中，由于灾害困扰持续存在，创伤后应激障碍是最常见的心理障碍。创伤后应激障碍的干预选择一种基于认知行为的心理治疗方法。这种方法的总体目标是重构功能失调的认知，纠正有问题的行为，调节情感反应。

## 二、如何处理丧失

在自然灾害后，人们可能因丧失亲朋而引起丧痛。丧痛发生时通常会引起许多不同的症状，并以不同的方式影响着人们。无论是何种症状，并无对错之分。一些常见的情绪症状包括：

1.震惊和麻木。这是对丧痛的第一反应。

2.巨大的悲伤。通常伴随着痛哭。

3.内疚。比如那些没来得及说出的话，那些做过的后悔的事，那些没来得及弥补的过错，以及对所爱之人逝去的无能为力。

4.怀疑。表现为不相信亲朋的离世，觉得这不是真的，是不可能发生的事情。

5.愤怒。抱怨上天的不公平，不接受所爱之人死亡的事实。

6.恐惧。对自己失去了所爱之人的恐惧、对未来的担忧等。

除了以上情绪症状外，还会伴随疲劳、恶心、免疫力降低、体重减轻或增加、疼痛、失眠等躯体症状。这些症状可能不会持续存在，但可能会突然出现，且灾害幸存者可能无法清晰地意识到这些症状对自己的影响。

以下小技巧可能会对走出丧痛有所帮助：

1.尝试与家人或朋友谈论自己的感受。把心事和感受说出来，有助于释放紧张的情绪。

2.尝试不同的方法来应对自己的丧痛情绪。比如有规律地锻炼身体，试着和朋友一起做简单的活动，做自己擅长的事（如跳舞、弹琴等）。

3. 保证充足的睡眠。充足的睡眠，有助于缓解丧痛。

4. 必要时寻求专业心理咨询师或医生的帮助。

## 第三节  5·12汶川地震中的心理防护及援助案例

5·12汶川地震发生后，中国心理学会、中国科学院心理研究所在灾后第一时间到达灾区开展心理援助，并号召全国心理学界行动起来，先后组织了1000多名心理学工作者在灾区提供持续的心理服务。在服务中探索了灾后心理援助的工作模式以及组织形式：一方面，对灾区的枢纽人群（灾区基层干部、教师、医护人员等）进行了心理辅导和培训，提高了他们的自我调节能力，以及针对受灾民众进行心理辅导的水平；另一方面，针对灾区的儿童、妇女、老人等重点人群，采取各种形式进行持续的追踪服务。同时在服务中开展调查研究，及时撰写报告，为抗震救灾和灾后重建工作提供基础性数据和相关建议，并且想方设法筹集资源、组织人力，建立了强大的灾后心理援助志愿者队伍，保证了灾后心理援助工作的系统性和长期性。

中国科学院心理研究所在四川的心理援助工作形式多样，既有一般意义上的心理关怀、心理支持，还有更具针对性的短期心理辅导，并开展了广泛的社会工作，积极与无国界医生合作，以深入系统的个案辅导方式，开展了针对高危人群的心理咨询与治疗工作。本节将列举两个典型性案例。

# 一、从哀伤中重扬生命的风帆①

（一）基本情况与评估

1.个案基本情况

来访者：小红（化名），女，28岁，身高1.55米左右，体重约65千克。

学历：中专毕业。

婚姻状况：已婚（4年），在5·12汶川地震中丧偶。

职业：某变电站出纳。

家庭状况：父母是普通职员。

咨询时间：2008年6月22日至6月29日（共3次，共4.5个小时）。

来访原因：来访者小红的丈夫在汶川地震当天下午，因下班后留在单位帮助同事一起干活而遇难。小红受到极大打击，陷入极度痛苦，40多天来始终陷于极度悲伤、内疚与自责中无法自拔，严重影响其生活和社交，并产生轻生念头。目前由其母亲和表姐照顾。她每日哭泣，食欲缺乏，只能靠输液维持生命；并伴有失眠、多梦，每每梦到自己与丈夫生前的往事，醒来后更加思念丈夫，经常想到另一个世界与丈夫长相厮守。

2.案例评估

（1）个人卫生

当时状况：头发散乱，一身黑衣，脚穿一双拖鞋。

---

①本案例引自《5·12灾后心理援助行动纪实：服务与探索》，张侃、张建新主编，北京：科学出版社，2009年。

反映出来访者过度悲伤，情绪低落，根本不顾及自己的外表，无法照顾自己。

（2）健康状况

当时状况：来访者浑身无力，无法正常行走，由三个人扶着走进咨询室。

反映出来访者由于多日没有进食，健康状况很差，体力不支。

（3）表达方式

当时状况：来访者进来后只是不停地哭泣，无法用语言正常表达。

反映出来访者心理压力很大，陷入痛苦之中，抑郁情绪较重。

（4）来访方式

当时状况：来访者到医院输液以维持生命，由医院大夫介绍到心理门诊来咨询。属于非主动求助。

推断：对心理治疗的作用和意义认识不足，但抱有一定希望。

## （二）主要问题的心理学理解与分析

来访者因丧夫，陷入极度悲痛情绪，有自杀念头，且持续时间较长，经过40多天，情绪不仅没有逐渐平复，相反，反应更加强烈。

概括其主要心理问题：

### 1.哀伤与哀悼

家庭成员死亡是人生中重大的负性生活事件，而丧偶则是最为重大的、给当事人造成极大精神压力的生活事件。尤其是毫无准备的突然死亡，对亲人的打击更大，来访者小红就属于这种状况。再加上小红的丈夫在单位遇难，而其所在单位完全被滑落的山体掩埋，根本找不到尸骨，这更增加了小红"死不见尸"的悲痛。

亲人离世，生者陷入哀伤情绪，本身是正常现象。小红不住哭泣，茶不思饭不想，终日陷入思念情绪中，说明其精神状况仍属于正常，并且这些行为本身也具有一定的疗愈作用。有一种说法叫作"哀伤要透"，就是指对于那些遭受丧亲打击的人，要给予其充分的宣泄机会表达哀伤，以帮助其逐渐切断与逝去亲人的心理联系，而不是压抑、回避痛苦，以免遗留下更深的心理创伤。

小红目前虽终日沉浸在悲伤情绪中，但是其情绪并没有得到很好的宣泄。因为没有一个正式的"哀悼"仪式（包括没有遗体告别仪式，看不到丈夫的遗体等），这让小红在感觉上并没有与丈夫分开，也导致了小红产生想要"追随丈夫一起去"的想法。

哀伤处理不彻底，是造成小红虽然经过40多天，但仍不能从沉痛的悲伤情绪中摆脱出来，一直陷于抑郁状态的根本原因。

2. 自责与内疚情绪

在自然灾害之后，幸存者经历了亲人的突然离世，大多会有很深的自责与内疚情绪，尤其当幸存者感觉到自己本来是有机会救助、提醒遇难者的时候。

小红的丈夫与她在同一个单位工作，地震当天其丈夫本来已经下班了，但是为了帮助另外一位同事而延长了工作时间，最终遇难。小红以往在下班的时候会提醒丈夫离开单位，但那一天却没有坚持让丈夫回家。"我没有叫他回家，都怨我，我要去找他就好了，我应该把他叫回来……"在咨询过程中，小红忍不住埋怨自己。她感觉自己应当为丈夫的遇难负责，这种深深的自责，也是导致小红无法恢复正常情绪的一个重要原因。

内疚情绪也是突然丧亲后的一种普遍不良情绪。自然灾害发生后，面对亲人的突然离开，幸存者在无法接受事实的同时，也会联

想起许多以往生活中自己没有好好对待、照顾亲人的往事。小红提到了自己脾气不好，经常对丈夫发脾气，而丈夫对自己总是那么宽容、体贴等，从而更加觉得对不起丈夫，陷入内疚情绪中。

自责与内疚都属于自我攻击，长期陷于自我攻击，会严重降低来访者的自我评价，甚至最终导致自杀。自杀是最严重的自我攻击。

3.孤独感

孤独感是一种深刻的人生体验，同时也是对每位不得不面对孤独境况的人的严峻考验。丈夫的突然离去，使小红最不能忍受的或许就是这种孤独感。因为小红从小远离父母，在姨家长大，曾有被忽视的经历，比较自卑，快乐体验较少。4年前，她与丈夫相识，结婚让她摆脱了孤独与自卑。是丈夫使小红从自卑变得自信、快乐起来，也是丈夫使她觉得活着是有意义的，所以丈夫在她生活中太重要了。如今丈夫突然离开，意味着她要重新陷入孤独，这是心理力量薄弱的小红所不愿承担与面对的。小红在叙述中提道："他太孤单了，我要去找他，陪着他，跟他在一起。"这其实是小红自己的心理投射，是自身的孤独感使她觉得丈夫在"那个世界"也很孤单，需要陪伴。


（三）心理援助经过

由于来访者第一次来访时情绪极度低落，心理问题较为严重，因此第一次咨询时间较长，持续了约2个小时。整个咨询过程较为流畅，效果也非常好。第二次来访时来访者的状态彻底改变，咨询的主要目的就是巩固来访者的心理状态。因此，这里主要介绍的是第一次心理援助的经过。

第一步：通过准确共情打开来访者的心扉。

来访者进到咨询室之后，就一直坐在椅子上哭泣，一言不发。咨询师一直身体前倾，注视她，作出开放的姿态，不断体会来访者此时此刻的感受。咨询师不催促来访者表达，而是提供一个充分安全的环境，耐心地等待，容许对方表达内心的悲伤，通过这种非语言信息传递出一种真挚的关怀，逐渐建立起信任关系。

这样几分钟后，咨询师轻轻地说："地震真是太无情了，我们在它面前太渺小了，就像蚂蚁一样，太弱小了，没有办法呀。"与此同时，咨询师有意识地一边递纸巾，一边触碰了一下来访者的胳膊，发现她并没有躲避。咨询师感受到来访者非常缺少关爱，便试图去拥抱她。当咨询师刚刚张开双臂的时候，来访者就一头扎进咨询师的怀里，哭诉起来，不住地说道："我对不起我丈夫……"咨询师拍着来访者的后背，这样持续了5至6分钟的时间，来访者的情绪逐渐得到缓解，缓缓地坐了下来。

当咨询师以准确的共情打开来访者心扉后，来访者很快将自己的悲伤、自责与对孤独的恐惧等情绪倾诉出来。

第二步：认知层面的交流与改变。

在进一步的交流中，来访者提到丈夫生前对自己百依百顺，而自己却经常对丈夫发脾气，现在感到非常愧疚。

咨询师："是什么力量使得你的丈夫对你这么好呢?"

来访者："因为我对他也很好。当初他什么都没有，没有钱，也没有正式工作，但我还是喜欢他，嫁给他。我家里人对他也很好，我妈妈比我还疼他，把他当成亲儿子一样。"

咨询师："所以，其实你对丈夫也是很好的。"

在咨询师的不断提醒下，来访者一点点挖掘出自己和丈夫生活中的许多正面信息。

接下来，来访者诉说其丈夫5岁时母亲去世，之后就跟着祖父祖母在农村生活，家里很穷。一次偶然的机会，两人相识，从此开始了他们快乐、幸福的生活。来访者表现出非常欣赏自己的丈夫，说丈夫长得帅，并拿出手机，让咨询师看照片。她一边看照片一边说："我们在一起是很开心的。"

来访者也叙述了自己与丈夫相识之前，是个很自卑的人。因为来访者也是从小远离父母，在姨家长大，没有得到很好的照顾。在一次生病时，姨没有带她去医院，这让她感到被抛弃，非常难过。

咨询师也从精神分析的角度探讨了来访者的原生家庭，探讨了父母带给她的影响。在来访者的原生家庭中，母亲处于强势地位，这让来访者学会了在夫妻关系中妻子要占上风。咨询师问道："你觉得父母这么打闹，关系怎么样？"来访者回答："也挺好的。"这使来访者逐渐将自己与丈夫的关系模式合理化，化解了内心的愧疚。

在叙述中，来访者还一直后悔自己下班后没有坚持叫丈夫回家，才导致丈夫没有及时离开单位，而在地震中遇难。这种悔恨折磨着来访者，使她觉得自己应对丈夫的遇难负有责任。

咨询师问："你认为自己应该对丈夫的死负有全部责任吗？"

来访者沉思了一会儿，说："也不全是。"

咨询师说："我的感觉是，你希望自己当时叫他回家，那样有可能就避免他遇难了……"

她点点头，没说话。

咨询师说："你认为你们两个人都感到孤单，所以你要去陪他？"来访者再一次点头。

咨询师问："假如你找到他，除了陪伴，你还能做些什么呢？"来访者陷入沉思。

咨询师又问："假如你不死，不去找他，怎样才能让他不孤单，让他觉得好一些呢？我们活着的人能为他做些什么呢？"

在了解来访者曾经接触过一些佛学知识后，咨询师和来访者聊到一些佛学中的理念，使来访者认识到自己可以做一些事情去缅怀丈夫。这在很大程度上缓解了来访者的自责、悔恨与内疚。

第三步：应用多种心理治疗技术，在潜意识层面工作。

使用"空椅技术"。让来访者想象丈夫就坐在对面的椅子上，不断鼓励来访者向丈夫诉说内心的感受——自责、委屈与孤独等。此后来访者感觉好多了，似乎看到丈夫在对她微笑，鼓励她好好活下去。

角色扮演。咨询师扮演了丈夫的角色，与来访者对话。给予来访者更多正面、积极的暗示。

随后，咨询师和来访者一起想象着向离去的丈夫鞠躬（"鞠躬仪式"），为他祈福。

而后，又使用"保险箱技术"，让来访者把失去丈夫的悲痛、对丈夫的思念和有关丈夫的美好回忆，都存放在自己心灵中的某个角落。

这些技术的适时应用，在更深的心理层面解决了来访者的心理问题。"空椅技术"帮助来访者完成了与丈夫的告别，让来访者宣泄了思念与哀伤，处理了来访者内心的自责与歉疚；"角色扮演"让来访者体会到一向深爱自己的丈夫对自己能够好好活下去的期望；"鞠躬仪式"帮助来访者在心理上接受了丈夫离开的现实；"保险箱技术"让来访者珍存起对丈夫的美好情感，有力量重新开始生活。

第四步：为今后的生活寻找资源与力量。

起初，来访者感到自己在长时间的哀伤中得不到足够的心理支

持。"我姨说，地震伤亡人数这么多，没有几个像你这样没完没了的。"其父亲也是这种态度，对来访者的持续哀伤已表现出厌烦。

所以每当梦见丈夫对自己微笑，来访者就认为丈夫是来陪自己的。

咨询师问："妈妈怎么样呢？"

来访者回答："如果不是妈妈天天陪着我，也许就没有现在的我了。"

为了让来访者寻找继续生活下去的勇气，挖掘更有力的社会支持，咨询师开始有意地不断丰厚、扩大母亲对她的影响。询问母亲是怎样关心她的、母亲对来访者丈夫的态度等。

来访者逐渐说出，在地震后，母亲第一时间从外地赶到她身边，并且再没有离开过她。而且她也逐渐意识到，其实母亲可能比自己更伤心，因为她特别疼爱、喜欢这个女婿。意识到母亲的伤心与悲痛，让来访者开始察觉他人的情感，而不只是关注自己。

看到来访者开始关注到外界、他人，于是咨询师将来访者与其他朋友及其他遇难同事的家属进行联结。

咨询师问："你的同事、好朋友，他们的家里都怎么样？"

来访者说："我不清楚。"

咨询师问："其他遇难同事的家属现在是怎样的呢？"

来访者说："我没有给他们打过电话，我想他们也许会跟我一样痛苦吧。"

咨询师问："他们的房屋有没有倒塌的情况？"

来访者说："许多人家的房子都倒了，住在单位。我家的房子还在。"当来访者感受到自己还有房子，还有亲人陪伴，情绪平静了很多。通过调动来访者生活中的社会支持系统，如母亲、家人、朋友等，让来访者感受到来自亲朋的关爱；通过引导来访者与身边处境相似者交流，使来访者逐渐形成对自身状况的客观认识。

随后咨询师使用了意象对话及暗示技术，给予来访者心理力量和支持，使其有能力面对现实生活，回归当前的生活状态。然后带着她做了"蝴蝶拍"，助其进一步增加面对今后生活的心理能量。

来访者从进门时的无力状态，到本次咨询接近结束时能够自己抚慰自己，咨询师感受到来访者的心理能量已得到很大提高。

最后，在来访者离开前，咨询师给来访者布置了作业——在一星期内，为自己做一件想做的事情，并约定了下次咨询的时间。

第二次来访的时候，来访者像换了一个人。

按照上一次的约定，来访者按时来访。这一次，来访者外表上发生了极大的变化：头发整齐地梳了起来，身穿一件肉粉色有紫色郁金香图案的真丝连衣裙，脚上穿一双与裙子颜色相配的凉鞋。

走进咨询室后，来访者先向咨询师表示了感谢，并述说了自己上周主动和母亲上街买了现在穿的这条裙子和这双凉鞋。"他既然希望我好好生活，那我就要好好活下去。"来访者还说到自己现在准备去学开车，因为她曾与丈夫约定要自驾游。

来访者还与其他遇难同事的家属进行了联系，感到自己的处境与他人相比要好得多。咨询师对来访者进行了鼓励，并对其今后如何面对未来给予了引导和力量支持。

（四）主要咨询技巧

在上文介绍的咨询经过中，已经涉及一些咨询技巧的应用。这里仅就上文没有提到的细节以及本次咨询中一些非常规做法进行梳理。

1.细节与隐喻的力量——"把用过的纸巾扔在地上"

在心理咨询中,"细节决定成败"绝对是一条永恒不变的真理。因为心理咨询是一门在潜意识层面对话的艺术。咨询师任何细微的举动都在无意间透露出潜意识信息,而这些信息也被灵敏的来访者一一捕捉。这些细节因为是无意识的行为,即使咨询师自己,当时可能都无法完全认识到其中的含义与力量,而是在事后才明白自己的"良苦用心"。

纸巾、茶杯这些简单道具在咨询中更是意味无穷。因为递不递纸巾、何时递上纸巾、什么时候端茶杯、怎么放下茶杯……这些细微的举动中都蕴藏了无限的潜意识信息,充满了潜意识才能理解的隐喻。

在本次咨询中,当咨询师看到来访者痛苦、无力地坐在椅子上,一个劲儿地流泪,便递给她一张纸巾,并且告诉她"把用过的纸巾扔在地上"。"扔掉纸巾"这个细节其实是在暗示要把哀伤扔掉,而不是抓在手里不放。一些丧失亲人的人长久地沉浸在哀伤情绪中,其实就是抓住哀伤不放。"哀伤"虽然令他们痛苦,但另一方面也使他们充实,因为似乎除了哀伤,他们什么也不能做,继续哀伤是他们活下去的唯一理由。而咨询师提醒、强调来访者将沾满眼泪的纸巾扔掉,便是在潜意识层面提醒来访者与哀伤分离的时候到了。

2.重复就是力量——对关键问题反复提问

在此次咨询中,咨询师抓住了一个重要线索,就是来访者提到在梦中看到丈夫冲自己微笑。"丈夫冲你微笑,这意味着丈夫希望你怎样做呢?"这个问题,咨询师认为是咨询中的关键。

因此,咨询师在不同阶段进行了提问。

在来访者叙述完自己的梦境之后,咨询师第一次提出这个问题,来访者的感觉是："他想让我找他去，还想和我在一起，这样我们都不孤单。"接下来，来访者表达了自己的孤独感受，觉得除了丈夫没有人能够理解自己。在咨询进行到一半时，来访者的部分哀伤、自责与内疚情绪得到处理之后，咨询师再次提问："梦中丈夫的笑意味着什么？"来访者仍然坚持说他想让自己去陪他。

咨询师并没有放弃，继续运用各种技术化解来访者的情绪，给予来访者力量。当咨询师第三次询问这个问题的时候，来访者终于领悟到其中的积极力量，回答说："他希望我好好地生活。"

对于"梦中看到丈夫微笑"这个画面的不同理解，是导致来访者处于不同情绪与心理状态的重要指标，具有重要意义，也蕴含了巨大力量。一开始，当来访者极度悲伤、孤独时，这个画面引导来访者产生自杀倾向，要"追随丈夫一起走"；随着消极情绪的不断减少与积极心理的增强，这个画面的含义最终变成"丈夫在鼓励我勇敢地生活下去"。从而显示了来访者心理能量已经得到提升，同时，来访者的改变也进一步激发了其自身的积极力量。

3.暂时抛开咨访关系——以一个心灵安抚另一个心灵

在咨询过程中，咨询师与来访者的肢体接触有许多禁规。无论是精神分析学派还是其他的咨询流派，都严格禁止咨询过程中咨访双方的肢体接触，即使是同性之间也不例外。这一方面是为了保护来访者，另一方面也是为了保证咨询过程不受干扰。

但是，在此次咨询中，咨询师更专注于自己的感受与来访者的感受。当咨询师强烈感受到坐在面前的来访者弱小、无助、非常缺少关爱的状态时，那一刻，咨询师淡忘了自己咨询师的身份，也淡忘了对方是来访者。那一刻只是两个单纯的心灵，一个渴望被接受、被拥抱，另一个则渴望去接纳、去给予拥抱，所以，凭着感觉，咨

询师伸出了双手。果然，来访者一下子扑过来，趴在咨询师的怀里痛哭。这一伸、一扑，也完全消除了两个陌生人之间的距离，让来访者一下子打开了自己久闭的心扉。心理咨询的本质是心灵之间的陪伴。虽然随着心理咨询行业的发展，越来越多的技术与职业规条被发展出来，有助于咨询师更好地帮助来访者，但是，有时候，当咨询师摘下面具，以一个活生生的人而不是以一个咨询师的面孔来面对来访者时，那时候的力量才是真正震撼的，其咨询的效果也是持久稳固的。

4.根据来访者的知识背景，寻找有意义的信念系统

在这次心理辅导中，涉及一些佛学的内容，这在心理咨询中也算是一种比较特殊的情况。因为，心理咨询毕竟是一种专业的心理辅导，心理咨询界也绝不主张以宗教信仰来引导来访者，把来访者变成宗教信徒，那是心理咨询的大忌。

但是，在本次咨询中，咨询师事先了解到来访者在长期悲伤期间接触过一些佛学内容，但并没有太深的感受。咨询师随后提到2008年5月19日至5月21日的全国哀悼日，人们在这三天全国哀悼日对遇难者表达纪念与哀悼之情，由此提议来访者也可以通过仪式来表达自己对丈夫深切的哀悼与纪念。来访者因此认识到自己不必通过"追随丈夫一起去"来为丈夫做些事情，活着也可以做许多事情，从而放弃了轻生的念头，重新鼓起生活的勇气。

（五）咨询中的启发与思考

本次咨询之所以能够在很短的时间内取得较好的效果，一是由于来访者病程较短，救助及时；二是咨询师真诚、平等地接近、包容来访者，且不拘泥于某种技术或规条，使来访者感受到爱的力量；

三是多种咨询技术灵活运用，在意识、认知与潜意识多个层面进行了充分的工作，从而使来访者的心理状态得到快速而彻底的调整，从极度哀伤、抑郁的情绪泥潭中脱身，重新扬起生命的风帆。

（本案例由郑得芬提供，执笔人：郑得芬、郑莉、史占彪。）

## 二、关于小雨的案例报告[①]

### （一）基本人口学资料

来访者：小雨（化名），女，44岁，初中文化水平。小雨出生于一个普通的农村家庭。家中兄妹共五人，小雨排行老三，上有两个哥哥，下有两个妹妹，除二哥天生残疾外，其余兄弟姐妹均身体健康。其兄妹自幼相亲相爱，相互扶持，小雨就在这种爱的氛围很浓厚的家庭环境中长大。小雨20岁时，父亲因病去世，那时两个哥哥均已成家，小雨便成为家中的主心骨。如今母亲已72岁，身体健康。

1989年，小雨经人介绍与当地的一名男青年结婚，婚后第二年生下女儿。

来访者的丈夫：44岁，地震前是当地磷矿工人。

双方家族均无遗传病史。

### （二）地震经历

来访者自述："2008年5月12日中午，我在山上砍树，午饭是我自己带到山上去的。刚刚吃完午饭，忽然发现天猛地黑了下来，

①本案例引自《5·12灾后心理援助行动纪实：服务与探索》，张侃、张建新主编，北京：科学出版社，2009年。

就像要下暴雨了，一会儿又发现远处山下黑烟滚滚，我心里当时就在犯嘀咕，今天好像不对劲儿。这个时候，我准备收拾东西回家，还没等我收拾完，地就开始摇晃起来，我连忙抱住身旁的大树，只听到周围都是轰隆隆的声音，像是从地底下冒出来的，震耳欲聋，地仿佛要裂开了，山也好像要垮了。我当时害怕极了，心想：'完了，今天可能活不过去了！'大概过了两三分钟吧，地停止了摇晃，我慢慢站起来往周围一看，房子都垮了，山也崩了，到处都是人们的哭喊声，那场面真的是太惨了！我长这么大，从来没有见过这么吓人的场面！我当时就想：'今天不晓得要死多少人哦！'

"等我好不容易缓过神来，第一个想到的就是住在老房子里的父亲（公公），连忙跑回去，看到他吓得瘫软在院子里，没有生命危险，我也就没管他，径直跑去磷矿找我丈夫。等我找到他的时候，他正在救人，隔壁村的李大爷和吴大娘就是他救出来的。把李大爷、吴大娘安顿好，我和丈夫才往山下奔去，找我们的女儿。

"我女儿今年18岁，在中学念高二，成绩很好，读的是尖子班。等我们到学校的时候，看见学校的教学楼已经全部垮成平地，周围摆放了好多学生的尸体。我平时很怕看死人的，但那个时候好像什么都不怕了，一个一个地掀开看，心里好怕我女儿在其中。没看到女儿，我们又到处问别的人，结果都说没看到，人家都在找自己的孩子。

"当时到处都是人们的叫喊声、哭声，有父母呼喊孩子的，有孩子呼喊父母的，还有喊救命的，好惨哪！

"我们也在喊女儿，但直到下午五六点了，声音都嘶哑了，也没得到一声回应。我那个时候早就哭得没劲儿了，我丈夫一个劲儿地安慰我：'我们女儿那么乖，那么优秀，一定没事，老天爷不会那么不长眼的。'下午6点过后，县消防救援队终于赶到了，家长都跑去求先救自己的孩子。我们就守在我女儿班的那个位置。我女儿在四楼，我知道她可能在的大概位置，就一直守在那里寸步不离。每找到一个孩子，我都会跑过去看，生怕是，又怕不是，那种滋味真的太难受了。我们夫妻俩还有我们的兄妹共十多个人，都守在那里，整整守了三天三夜，我吃不下饭，连水都喝不下去一口。

"5月15日下午，我女儿终于被找到了，那种惨状我终生难忘，我当时就晕了过去，我怎样也不能接受这样的现实，连着哭得晕死过去好几次。我丈夫仰天大叫：'老天爷呀，你咋不睁眼！女儿啊，你要是没那么听话就好了！'我们全家十几口人当时都号啕大哭。

"那段日子，很多次想跟女儿一起去了。整整一个月我把自己关在家里哪儿都没去，什么都吃不下，一个月就瘦了20多斤，现在得了胃病。"

（三）地震中的财产损失情况

1.五间平房全部垮塌。

2.家里的家用电器、家居用品全部被埋在废墟里。

3.家禽、家畜无一幸免。

直接经济损失共计15万元以上。

（四）目前的主要问题

1.社会层面

（1）来访者遭受了突发性的、巨大的生活负性事件——丧亲，导致来访者承受了常人难以承受的巨大伤痛。

（2）花尽毕生积蓄修好的房子毁于一旦，对以后的生活感到迷茫。

（3）磷矿的倒塌让丈夫失去了工作，失去了固定的经济来源。

（4）不再与以前的朋友来往，对所有的事情失去兴趣。

2.生理层面

地震发生后，长期的憋屈导致头痛、胃部不适。

3.心理层面

（1）存在一定的错误认知：面对周围健全的小孩，采取了回避的消极应对方式。

（2）觉得当初不该为了节约3000元费用，而送女儿去那所学校读书（由此产生内疚情绪）。

（3）觉得自己年龄大，身体不如从前，加上长期处于这种悲痛状态，身体的各项指标都已不如从前，怕影响再次怀孕，内心存在趋避冲突。

（4）担心等到60多岁了，还在养孩子，会被别人笑；又怕养不起，内心非常焦虑。

（5）突发性灾害所引发的应激反应没有得到及时排解，产生了包括失眠、焦虑、注意力不集中、做噩梦、回避、情绪低落、失去希望、易怒、精力不足、易疲惫等一系列创伤后应激障碍症状。

（五）主要的心理理解与分析

个体在遭受突发性的巨大灾害时，会对外界环境采取一系列的非特异性应激反应，如神经兴奋、呼吸加速、心率加快、哭泣、悲伤、失眠、做噩梦等生理与心理的异常状况。这属于异常状态下的正常反应，在某种程度上来说，只要其强度、频率和持续时间得当，反应不会对人体造成损害。大部分应激反应不会给生活带来永久损伤或极端的影响。但来访者自身不但经历了巨大的创伤性灾害事件，且在地震中损失惨重，并同时经历丧亲这一常人难以承受的刺激等多重压力，从而引发创伤后应激障碍和重性抑郁，无法自行缓解。

据来访者称，地震后她曾第一时间接受过心理辅导，并且不间断地接受了无国界医生的心理援助，时间长达3个月。当时虽有一定的缓解作用，但不久之后又回到原来的状态。和其他有类似经历的人相比，来访者的情况要严重得多。之所以会有这样明显的差异，和来访者本身的性格类型、对逝去女儿的付出及过高期望有很大关系。这种巨大的心理落差与来访者固有的认知模式、行为模式有一定的关联。治疗中，在与来访者建立互相信任的基础上，如能给予一定的行为认知治疗，会有很好的效果。

尽管来访者在地震后竭力封闭自己，断绝与外界的联系，但其母亲一直对她照顾有加，兄弟姐妹们轮流来看望她，并且明确表示以后会帮助她。来访者夫妻关系和睦，邻居对其关怀备至。来访者的社会支持系统完善，已经很大程度上缓解了她的焦虑，降低了其自杀的可能。

### （六）心理援助过程

咨询师第一次看到来访者时，心里很震撼：来访者面容憔悴，精神疲惫，还没开始谈就已经泪流满面，并不断地诉说内心的痛苦。来访者向咨询师诉说自己内心的无助，想走出来，但就是走不出来，每天都沉浸在痛苦中，对任何事情、任何活动，哪怕是与亲人在一起都没有兴趣。

咨询师简单作了自我介绍以后，来访者表示愿意接受咨询师的帮助，咨询师看得出来访者的咨询意愿很强烈。来访者之前已先后

接受过3位心理专家的援助，之后就断了，中间已经间隔至少5个月，而咨询师是为来访者提供服务的第四位心理咨询师。

针对来访者的心理问题，咨询师做了一个比较系统的援助方案，具体包括：

1.向来访者解释创伤后应激障碍，并对创伤后应激障碍的症状作了详细讲解，充分利用正常化、合理化等手段，缓解来访者的焦虑情绪。

2.用心陪伴，尊重来访者的情绪反应。

3.教会来访者通过呼吸放松，对抗焦虑情绪。

4.鼓励来访者重新建立社会关系，并参加社会活动。

5.以谈话治疗为主，在与来访者建立良好关系的基础上进行认知重组。

以下是咨询过程中的部分谈话。

来访者："我女儿很听话，很懂事，真的是跟一般的女孩子不一样，每天都按时上学、放学，从来不去网吧或乱花钱，父母的生日她会买生日礼物，自己却从来不乱花一分钱。"

咨询师："嗯，确实是个懂事的孩子。"

来访者："她刚被找到时，我看到她的样子，哭得晕死过去几回！"

咨询师："我不敢想象你当时的心情，多难受啊！"

来访者："我的心像刀在刺，从来没有那么难受过，真的，好难受，好痛哦！"来访者眼眶红了。

咨询师坐近一点儿，握着来访者的手："想哭的话就哭出来吧！"

来访者很痛心地哭了几分钟："我那么乖的女儿，老天爷咋就不长眼睛，我当时在山上，咋就不把我也打死，如果我当时被打死，也就不会这么痛了。真的，你不晓得，这种痛，痛起来好恼火哦！"

咨询师："唉，想想这样的事情，我也一样心里好难受啊！"

来访者："现在女儿走了，我对生活没了兴趣，活在世上也没有什么意义了！"

咨询师："你觉得没有女儿，活在这世上也就没有任何意义了？"

来访者："是啊，你想想看，我辛辛苦苦地把她养大，快成年了，老天爷就这样让她走了。我现在还能记起地震前的一周，她还在跟我说：'妈妈，我一定会考上理想的大学，让你们过上好日子，让你们不要再那么辛苦。'现在，什么都成为过去，再也回不来了。我要怎样做才能接受这样的现实，我要怎样才能走出来！"

咨询师："你很想走出来，但是却随时还会想念女儿，想哭，心痛的感觉还是会有，是这样吗？"

来访者："是啊，别人也劝我，要我想开点儿，但是他们都不是当事人，怎么可能了解这种痛苦。"

咨询师："你确实承受了人生最痛苦的事，有悲伤的情绪是很正常的，重要的是要正视自己的感情，想女儿的时候就想，想哭的时候就哭，有心痛的感觉也不要去回避，不要去压抑自己的感情。"

来访者："你说得没错，但按常理说已经过去快9个月了，其他跟我一样经历的父母早都走出来了，去打麻将，甚至又怀上第二个孩子了，每天也高高兴兴的，可是我却不行，怎么样都走不出来。"

咨询师："他们是已经经历过你现在所经历的情境了，每个人的情况不一样，有的人可能需要比你更长的时间才能走出来，重要的是要给自己时间，你觉得呢？"

来访者："嗯，谢谢你！"

…………

咨询师："这周以来情况怎么样？"

来访者："唉，到处都是她的影子，每走过一个熟悉的地方，都会出现跟她在一起的情景！"

咨询师："的确，你非常怀念她，因为你们母女有着非常令人难忘的回忆，我想知道，你最愿意想起的事情是什么呢？"

来访者："我最愿意想起的是我们三口在一起的时候，一家人快快乐乐的，现在这一切都已经太遥远了。"

咨询师："你能谈谈你们生活中快乐的时光吗？形象地、具体地说一下。"

沉默……

咨询师："比如你们全家团聚的时光，能具体谈谈吗？"

来访者："每次她周末回来，都会买一些她爸爸喜欢吃的下酒菜，然后陪她爸爸吃饭，一家人这个时候就乐呵呵的。还有一次……"

咨询师很认真地倾听，并不时作出回应，鼓励她继续说下去。

来访者："有的时候我很想去看看她的照片，但我又犹豫。尽管我竭力不去回忆，她还是随时会闯入我的记忆，让我心痛不已。我怕我看了她的照片后，这种记忆会更深刻，我都不知道我现在该怎么做。"

咨询师："哦，是有这样的情况，人们有时面对一些会引起焦虑情绪的场景时，会很自然地去选择消极的应对方式，比如回避。但是往往你越是回避它，越是容易记起，越是记起，就越想回避，最后就形成了一个个恶性循环，让自己陷入更大的痛苦之中。"

来访者："你是说可以去看看她的照片，面对自己的想法，不去回避。"

咨询师微笑鼓励。

来访者："她的一些遗物，地震后被她爸爸藏起来了，我也想看看。"

咨询师："嗯，你选择了面对和正视，这让我感到非常欣慰！"

来访者经过了十多次咨询，情况恢复得很好。

## 三、咨询中的启发与思考

对于丧失亲人的来访者，援助过程首先要建立良好的咨访关系，然后才能帮助他们认识、面对、接受丧亲这一事实。要鼓励来访者表达内心感受和对死者的回忆，允许并鼓励其反复哭泣、诉说、回忆。

由于丧亲者长期处于一种封闭状态，对外界失去兴趣而导致社会功能退缩。这个时候应恰当地引导他们建立良好的社会支持系统，恢复其原有的社会联系，使其重新认识到自己所拥有的社会资源。

对于在地震中经历了丧亲之痛的来访者，重要的是咨询师在整个过程中能取得来访者的信任，以达到与来访者之间的有效互动。咨询师可以运用共情的方法，获得来访者对自己的信任。而来访者一旦选择信任咨询师，就会向咨询师分享自己内心的痛苦，最后会在咨询师的有效陪伴下，了解到问题的核心，找到解决问题的方法，最关键的是重建信心，主动地采取行动，走出困境。

（本案例由郑莉提供，执笔人：郑得芬、郑莉、史占彪。）

# 参考文献

张侃，张建新. (2009). 5·12灾后心理援助行动纪实：服务与探索. 北京：科学出版社.

American Psychiatric Association. (2004). Diagnostic and statistical manual of mental disorders IV, TR. Washington D.C.: American Psychiatric Association.

Australian Psychological Society Ltd. (2009). Guidelines for the provision of psychological services to people affected by the 2009 victorian bushfires. Victoria.

Bryant, R. A., & Litz, B. (2009). Mental health treatments in the wake of disaster. In Neria, Y., Galea, S., and Norris, F. H. (eds.), Mental Health and Disasters. Cambridge: Cambridge University Press.

Drayer, C. S., Cameron, D. C., Woodward, W. D., & Glass, A. J. (1954). Psychological first aid in community disasters: Prepared by the American psychiatric association committee on civil defense. Journal of the American Medical Association, 156 (1), 36–41.

Galea, S., & Resnick, H. (2005). Posttraumatic stress disorder in the general population after mass terrorist incidents: Considerations about the nature of exposure. CNS Spectrums, 10 (2), 107–115.

Galea, S., Vlahov, D., Resnick, H., Ahern, J., Susser, E.,

Gold, J., Bucuvalas, M., & Kilpatrick, D. (2003). Trends of probable post-traumatic stress disorder in New York City after the September 11 terrorist attacks. American Journal of Epidemiology, 158 (6), 514-524.

Hobfoll, S. E., Watson, P., Bell, C. C., et al. (2007). Five essential elements of immediate and mid-term mass trauma intervention: Empirical evidence. Psychiatry, 70, 283-315.

Layne, C. M., Warren, J. S., Watson, P. J., & Shalev, A. Y. (2007). Risk, vulnerability, resistance, and resilience: Towards an integrative conceptualization of posttraumatic adaptation. In Friedman, M. J., et al. (eds.), Handbook of PTSD: Science and Practice. New York: Guilford Press.

Mitchell, J. T. (1983). When disaster strikes: The critical incident stress debriefing process. Journal of Emergency Medical Services, 8, 36-39.

National Institute of Mental Health. (2002). Mental Health and Mass Violence: Evidence-based Early Psychological Intervention for Victims/Survivors of Mass Violence: A Workshop to Reach Consensus on Best Practices. Washington, D. C. US. Government Printing Office. (NIH Publication No. 02-5138).

Neria, Y., Nandi, A., & Galea, S. (2008). Post-traumatic stress disorder following disasters: A systematic review. Psychological Medicine, 38 (4), 467-480.

Neria, Yuval, Gross, R., Olfson, M., Gameroff, M. J., Wickramaratne, P., Das, A., Pilowsky, D., Feder, A., Blanco, C.,

Marshall, R. D., Lantigua, R., Shea, S., & Weissman, M. M. (2006) . Posttraumatic stress disorder in primary care one year after the 9/11 attacks. General Hospital Psychiatry, 28 (3), 213-222.

Norris. (2002) . 60,000 disaster victims speak: Summary and implications of the disaster mental health research. Psychiatry, 65 (3), 240-260.

Norris, F. H., & Wind, L. H. (2012) . The experience of disaster: Trauma, loss, adversities, and community effects. In Y. Neria, S. Galea, & F. H. Norris (Eds.), Mental health and disasters. Cambridge: Cambridge University Press.

Reissman, D. B., Schreiber, M. D., Shultz, J. M., & Ursano, R. J. (2010) . Disaster mental and behavioral health. In Koenig, K. L., and Schultz, C. H. (Eds.), Disaster Medicine. Cambridge: Cambridge University Press.

Remes, O., Brayne, C., van der Linde, R., & Lafortune, L. (2016) . A systematic review of reviews on the prevalence of anxiety disorders in adult populations. Brain and Behavior, 6 (7), 1-33.

Schlenger, W. E., Caddell, J. M., Ebert, L., Jordan, B. K., Rourke, K. M., Wilson, D., Thalji, L., Dennis, J. M., Fairbank, J. A., & Kulka, R. A. (2002) . Psychological reactions to terrorist attacks. Jama, 288 (5), 581-588.

Van Griensven, F., Chakkraband, M. L. S., Thienkrua, W., Pengjuntr, W., Lopes Cardozo, B., Tantipiwatanaskul, P., Mock, P. A., Ekassawin, S., Varangrat, A., Gotway, C., Sabin, M., & Tappero, J. W. (2006) . Mental health problems among adults in tsunami-affected areas in southern Thailand. Jama，296（5），537-548.

Young，B. H.（2006）. Adult psychological first aid. In Ritchie，
E. C.，Watson，P. J.，and Friedman，M. J.（Eds.）. New York：Guil-
ford Press.

# 第 六 章

# 事故灾难中的心理防护及援助实践

火灾、海难、爆炸、严重的交通事故等事故灾难，与难以预测和不可控制的自然灾害不同，事故灾难往往是由于相关人员的失职、失误所导致的。因此，事故灾难的心理防护及救援工作，应当考虑事故的人为性特点，设计和采取有效的干预策略。

## 第一节　事故灾难中常见的危机反应和相关心理障碍

### 一、事故灾难的分类

（一）工矿商贸安全事故灾难

工矿商贸安全事故灾难是指工矿商贸等企业的相关人员因过错或意外导致人员伤亡、财产损失或其他灾难性后果的事故。

（二）交通运输事故灾难

交通运输事故是指在交通运输过程中因过错或意外导致人员伤

亡、财产损失或其他灾难性后果的事故。包括道路交通事故、铁路
交通事故、航空事故和水上交通事故等类型。

### （三）公共设施和设备事故

公共设施和设备事故是指为公众提供公共服务的各种公共性、
服务性设施和设备发生的事故，如桥梁断裂、电梯故障等造成的灾
难性事件。

### （四）环境污染与生态破坏事故

环境污染与生态破坏事故是指使环境受到污染、生态环境受到
破坏，并造成不良影响的突发性事件。主要包括水环境污染事故、
有毒气体扩散事故、溢油事故、危险化学品及废弃危险化学品污染
事故和生态环境破坏事故。

与单纯自然因素引发的"天灾"相比，事故灾难具有人为因素，
事故相关责任人的失误、失职成为灾难的主因和根源。因此，在事
故灾难发生后，受害者及其家属一方面承受着灾难所带来的现实性
改变，如难以言喻的丧亲之痛，面临着长期的身体和心理治疗等；
另一方面，受害者及其家属可能对事故的相关责任人产生强烈的恨
意，进而产生巨大的心理创伤。如果灾后应急工作处理不当，会引
发一系列的社会问题。

## 二、事故灾难中常见的心理危机反应

由于事故灾难发生突然、难以预料、危害性大，人们缺乏思想
准备，经历事故灾难的个体会产生弥漫持久的痛苦，表现出一系列

作用于生理、情绪、认知和行为上的危机反应。这些危机反应是个体对事故灾难刺激产生的适应性反应，一般会维持6~8周。

### （一）心理危机的阶段性特点

1.第一阶段：冲击期

生活中，人们通常认为周遭事物的安排是合理的、有意义的、可预测的和可掌控的。当事故灾难突然降临，人们首先进入心理危机的冲击期阶段，会感到震惊、恐慌、不知所措，甚至意识模糊。原来有序美好的固有信念瞬间瓦解，其生物性本能——战斗、逃跑、木僵、投降等原始反应模式容易被激发出来。在事故灾难发生即刻的冲击期中，不同个体表现出不同的反应，有的人是战斗——高度警觉，不眠不休地助人；有的人是逃跑——惊恐无目的，四处奔走；有的人是木僵—— 一动不动，呆若木鸡；也有的人是投降——失去知觉（类休克症状）。这些反应与受灾者所受教育、道德观念无关，是作为生物体的人类在面临威胁生命安全的重大事件时脑内呈现的自动化反应模式，因此无论是受灾者本人或家属，还是心理援助者，都无须对此作道德方面的是非评价。

2.第二阶段：防御期

由于事故灾难及其情境已超过了个体认知负荷，个体往往在经过冲击期后，会有想控制焦虑、恐惧不安等情绪，想恢复心理平衡及受损认知功能的倾向，因此个体进入对现状无法理解、不知如何去应对的防御期阶段。在此阶段中，人们通常会采用否认、回避和退缩等方式进行不适当的投射或合理化。

3.第三阶段：适应期

个体进入适应期后，能够将自己的注意转向危机刺激，正视并开始接受事实，同时焦虑情绪有所缓解，能较为积极地采取诸多方法为将来做好计划，努力寻求各种资源，设法解决危机事件带来的各种问题。处在这一阶段中，有些个体可以使用情绪调节技巧，一边合理宣泄，一边沉着冷静地面对困难，采用积极有效的应对策略顺利渡过难关。也有些个体虽能正视事实，但仍会采用消极的应对策略，比如依赖烟酒、药物等，更倾向于回避退缩，看似度过危机，实则留下隐患，在相似刺激诱因下也可能再次引发新的心理危机。

4.第四阶段：成长期

对于大多数人来说，危机反应无论在时间上还是程度上，都不会给生活带来永久性或极端性的影响。人们需要的是时间，有亲人朋友之间的相互支持，就能逐步恢复面对生活和未来的信心。大部分受灾者在经历事故灾难后会变得更成熟，不仅表现在行为上，还会表现在心理成长上。但也有少数受灾人员在事故灾难后，即便经历了上述危机心理过程，仍持悲观消极态度，从而出现焦虑、抑郁、冲动行为、进食障碍、分离障碍、酒精或药物依赖，甚至有自伤、自杀等行为。

## （二）常见的心理危机反应

1.事故灾难中成人常见的危机反应

经历事故灾难等重大危机事件后，成人常见的危机反应表现在生理、情绪、认知和行为四个方面。

（1）生理反应

成人在事故灾难后的生理反应表现为失眠、噩梦、头晕、头痛、心慌、气喘或无法抑制的肌肉抽动等。在经历了突发性事故灾难后，躯体症状往往比心理症状更容易凸显出来，比如，躯体疼痛以及心血管系统、消化系统等疾病。此外，情绪上的不良反应会作用于消化系统和神经系统，容易出现食欲下降、胃肠不适等现象。很多受灾者由于过度悲伤、疲劳，灾难画面在清醒状态下的闯入和在噩梦中的反复出现，会严重影响其精神状态。因此，事故灾难引发的心理危机很容易导致个体免疫功能下降，内分泌失调，增加患其他疾病的可能性。

（2）情绪反应

成人在事故灾难后的情绪反应表现为悲伤、愤怒、恐惧、烦躁、担忧、焦虑、抑郁等。其中恐惧是事故灾难最容易诱发的情绪反应。尽管适度的恐惧可以提高个体的警惕性，启动必要的防御机制以及时实施自我保护，但灾后的过度恐惧反应可能会导致个体产生某些心理障碍或精神病理现象。与自然灾害相比，事故灾难中的受灾者及其家属倾向对事故的相关责任人，以及后续救援不力的相关责任方产生愤怒情绪。在这种情况下，受灾者及其家属往往需要对自身悲伤、焦虑、抑郁等负性情绪进行有效的自我调节，必要时应接受专业心理咨询，避免其发展成为抑郁症或焦虑障碍。

（3）认知反应

成人在事故灾难后的认知反应表现为记忆力下降、注意力无法集中、思维空白、判断事物异常敏感或迟钝等。一些受灾人员容易因突发的事故灾难产生负性思维，如"我是不堪一击的、没用的人""所有人都靠不住，都抛弃了我""这个世界太可怕，我随时都可能面临死亡"等。在灾后一段时间里，有些幸存者会排斥各种活动，对周围发生的事情持悲观消极态度，不愿意与人交往。当这种状态无法得到调整而逐渐发展成为习惯时，就可能变得更为孤僻，甚至发展成为人格障碍。

（4）行为反应

成人在事故灾难后的行为反应表现为坐立不安、回避、攻击、强迫、酗酒、暴饮暴食或拒食、高风险行为等，严重者可能出现攻击他人或自伤、自杀行为。经历事故灾难后，有些受灾者可能会出现各项社会功能退化的现象，如毫无主见，对自己日常生活管理信心不足，被动性和依赖性增加，倒退到不够成熟的心理水平等。对有退行性表现的受灾者应给予充分的、适宜的支持，帮助其度过危机。

2.事故灾难中儿童和青少年常见的危机反应

儿童和青少年在事故灾难后的危机反应与事故灾难的性质、发生强度，以及周围人群的反应有关。当然，儿童和青少年可能会因个性及心理发展水平的差异，特别是年龄阶段的不同，而表现出不同的危机反应。

（1）5岁以下

受语言表达能力和思维能力的局限，这一阶段的儿童对突发事件的认知理解能力较低。当他们无法确定事故灾难是否会再次降临时，经常会表现出分离焦虑，如害怕与父母分开，害怕陌生人，害怕新环境及怕黑等，还可能会出现尿床、吃手指、黏人、说"婴儿语"、大小便失禁、发音困难或口吃等退行性行为。这是因为突发事故打破了儿童一直以来的安全世界，使其感到无助和焦虑，希望能得到家人对自己像婴儿般的呵护和安慰。

（2）6~12岁

学龄期儿童的危机反应也会表现出退行性行为，他们可能更容易哭闹、黏人，也会出现在同伴关系中的退缩、拒绝上学或学业上无法集中注意力等情况。同时，也可能出现躯体反应，例如头疼、恶心、头晕、肢体麻木、腹痛等。尤其值得注意的是，有些儿童在

事故灾难中失去亲人、宠物或者心爱之物，可能会把原因归结为自己不乖而遭受惩罚，如果不能及时纠正，这种内疚感会持续数年，甚至导致心理障碍。

（3）13~17岁

青春前期和青春期阶段青少年的危机反应更接近成人，例如抑郁、焦虑、睡眠问题、饮食问题、注意力难以集中等。有些青少年在事故灾难后有较明显的逆反行为，例如不愿意在家庭中承担责任、出现攻击性行为。同时，也可能对社交活动失去兴趣，表现出行为退缩。此外，需要注意的是，有些青少年在经历突发性事故后，会产生"生命无常""生命短暂"等观念，从而倾向于参与冲动性或危险性行为，比如酗酒、吸毒、非自杀性自伤等。

## （三）事故灾难中的应激相关障碍

### 1.适应障碍

适应障碍是指当周围环境及生活方式发生明显变化时，个体所产生的短期、轻度的认知和情绪失调，并伴有一定程度的行为变化。适应障碍是事故灾难后较为常见的心理障碍。应激源可能是事故灾难本身，也可能是事故灾难后对灾后环境无法适应，比如亲人离世、健康受损、财产损失或工作变动等。适应障碍的临床表现多种多样，包括心境低落、无望感、焦虑、紧张、担忧、抑郁、分离焦虑。适应障碍的症状多在事故灾难发生后的3个月内出现，症状严重程度通常不会影响个体的社会功能，当应激源消除后，症状持续一般不会超过6个月。

### 2.急性应激障碍

急性应激障碍是指事故灾难后个体立即出现的急性应激反应，

通常持续数小时到数天便可恢复。应该多注意那些持续呈现急性应激障碍症状1个月、并导致社会功能受损的受灾者，有必要对他们进行专业的心理干预。

3.创伤后应激障碍

灾害的类型一定程度上影响了创伤后应激障碍的发生率。地震、洪水等自然灾害后，创伤后应激障碍的发生率为5%~8%，而事故灾难后，创伤后应激障碍的发生率为10%~12%。

## 第二节　事故灾难中的心理防护与援助

事故灾难中的心理防护是指在事故灾区开展的以预防精神障碍和心身疾病、维护和增进心理健康为目标的预防性活动与救助性措施。具体包括引导受灾者、受灾者家属以及救灾人员提高自我心理防护能力，向处于心理危机的人员提供社会支持和心理干预，帮助他们解除心理危机。

### 一、事故灾难中的自我心理防护

（一）自我心理防护的意义

事故灾难往往给人们带来巨大的心理冲击和创伤，而受灾者、受灾者家属以及救灾人员的自我心理防护能力，可以帮助他们更好地应对灾难带来的心理冲击，提高心理韧性和适应能力，预防精神障碍和心身疾病的发生。

1.有助于减轻心理创伤的程度

自我心理防护能力可以帮助个体在面对心理创伤时，通过一系列的积极心理策略和行为来减轻心理创伤的程度。例如，拥有自我心理防护能力的个体可以通过积极思维方式来调整情绪，主动寻求支持途径与资源；通过身体活动、放松技巧和情绪调节练习等方式来缓解负面情绪；通过积极建立社会支持系统，主动分享自己的感受和困惑，寻求支持和理解，从而获得情感上的支持和安慰，减轻心理创伤的程度。

2.有助于促进心理复原与重建

事故灾难对受灾者的心理影响往往是长期的，需要一个漫长的恢复过程，而增强自我心理防护能力可以帮助其更好地适应和应对这个过程。如事故灾难后，受灾者往往会感到生活秩序和稳定感被破坏，自我心理防护能力强的受灾者能够尽量保持正常的日常生活，包括保持规律的作息时间、饮食和运动，维持社交和家庭关系的稳定，以及寻找适当的休闲和放松活动等。通过保持正常生活，受灾者可以增强自己的稳定感和掌控感，促进心理复原与重建。

3.有助于提高抗压能力和应对能力

事故灾难往往给受灾者带来许多现实困难、挑战与压力，不仅包括身体伤害、财产损失、家庭和社交关系的变化，还包括痛苦、不安、困惑等心理变化。增强受灾者的自我心理防护能力，可以帮助他们更好地应对灾难带来的各种困难与挑战。例如，积极寻找适当信息和解决当下问题的相关资源，包括了解事故或灾难的原因和过程，了解相关的心理反应和应对策略，以及了解可获得的帮助和支持资源等。通过获得准确和实用性信息，能更好地理解和应对事故灾难带来的心理创伤，寻求解决问题的途径，增强自己的抗压能力和应对能力。

## （二）自我心理防护的内容与步骤

第一步：接纳当下应激状态

面对突发的、超出预期的事故灾难，受灾者易情绪失调，从而产生认知偏差，甚至无法正常启动认知系统，往往出现偏激行为。因此，受灾者首要的自我心理防护是接纳当下的应激状态。个体面对事故灾难带来的变化很容易引发焦虑、恐惧、愤怒等复杂情绪，进而出现心慌、头晕、颤抖等生理反应。这些情绪和生理上的反应是正常的应激反应，需要帮助受灾者了解应激反应的适应性意义，尝试接纳，而非否认和排斥。

第二步：稳定情绪

稳定情绪的目的是让受灾者从情绪崩溃或情绪紊乱中挣脱，进入相对平静和适应的情绪状态。需要特别注意的是，情绪稳定并不是指无情绪反应、无情绪表达或无诉求。如前所述，事故灾难的受灾者出现恐惧、焦虑、悲伤、烦躁等情绪都是正常的情绪反应。受灾者如果发现这些情绪反应已经让自己不能思考，无法交流，或出现无法控制的生理反应，或在情绪无法承受时出现酗酒或高危冒险行为，应认识到当下的情绪失调已经导致认知系统无法正常工作，需要尝试一下放松方法稳定情绪。如果觉得自己或者家人处于这种情绪崩溃状态下无法放松以稳定情绪，要考虑及时获取心理援助。有助于受灾者稳定情绪的放松练习包括深呼吸放松训练、渐进式肌肉松弛法、想象放松训练、情绪疗愈日记等。

（1）深呼吸放松训练

深呼吸放松训练是一种操作简单且见效快的放松方法。采用腹

式呼吸，即吸气时轻轻扩张腹肌，在感觉舒服的前提下尽量吸得越深越好，呼气时再将腹肌收缩。练习时双肩自然下垂，慢慢闭上双眼，然后深深地吸气，吸到足够多时，憋气2秒钟，再把吸进去的气缓缓地呼出，同时感受腹部的起伏。要配合呼吸的节奏给予一些暗示和指导语："吸……呼……吸……呼……"深呼吸的时候告诉自己尽量放松，注意体会"深深地吸进来，慢慢地呼出去"的感觉。

（2）渐进式肌肉松弛法

开始练习前，尽可能让自己舒展，坐在椅子上或平躺在床上，解开所有紧身衣物。按照如下顺序开始肌肉群的绷紧和放松练习：用10秒钟绷紧目标肌肉群，然后用10秒至15秒的时间放松该肌肉群，重复进行，直到该肌肉群达到完全的放松后，再进行下一组肌肉群的放松练习。放松时关注放松的积极感受，尽量不要有杂念，即便注意力被其他事物或念头影响，回到当下练习就好，避免负性自我评价，这是练习的关键。整个练习过程中配合深呼吸，只需关注当前肌肉群的紧张情况，不要让其他肌肉群再度紧张，特别是已练习过紧绷和放松的肌肉群。练习过程中可伴随舒缓的音乐。

（3）想象放松训练

日常生活中人们会有这样一些体验：当心情烦躁时，看看宁静的湖水、湛蓝的天空，情绪能得到有效调节。当受灾者感到焦虑不安时，也可以采用想象放松法缓解焦虑情绪。想象技术是心理咨询与治疗过程中最常用的技术之一，通常结合自我暗示、联想等方法。利用的情境通常是在大海边、草原上、树林中，可以下载相关音频，结合深呼吸和指导语进行放松训练。

练习时，采用卧姿或坐姿等舒服的姿势，闭上眼睛，调整呼吸，依次放松头部、躯干、四肢后，默想或听指导语音频开始想象放松训练。如："我静静地仰卧在海滩上，周围没有其他人，我感觉到阳光温暖的照射，触到了身下的沙子，我全身感到无比舒适，海风轻轻地吹来，海涛轻轻地拍打着海岸，我舒适地躺在海滩上，静静地倾听着波涛声……""我坐在宁静的湖边，周围山清水秀，偶尔见林间小鸟在枝头跳跃，那湖水真清，时而有成群的小鱼游过，它们自由自在，那湖水真静……"也可以根据个人过去的经验，想象自己在某个最放松的地方，如在奶奶家、儿时玩耍的树洞里等。

练习过程中，节奏要逐渐变慢，配合自己的呼吸，积极进行情境想象，尽量想象得具体生动。个体通过想象放松，可以逐渐降低焦虑的整体水平，提高处理负性情绪的能力，缓解不适症状，保持情绪的稳定。

（4）情绪疗愈日记

情绪疗愈日记是一种有效的自我心理防护策略，对于稳定受灾者的情绪具有积极作用。事故灾难发生后，受灾者往往担心灾难再次降临，或对灾难所带来的变化不能适应，对未来感到恐惧和焦虑，并因深陷情绪影响而将后果灾难化，伴随焦虑不安等情绪的不断积累，心理负担越来越重，甚至患上焦虑障碍等精神障碍。因此，将受灾者模糊的、不清晰的恐惧或焦虑事件具象化，也是事故灾难后自我疗愈的方法之一。情绪疗愈日记包括日间发现情绪变化时的即时性记录、晚间描述自己在事件中情绪感受的表达性记录、情绪事件复盘的分析性记录三个部分。

①即时性记录

即时记录负性情绪事件。受灾者可以随身携带日记本，随时在日记中记录令自己感到特别担心、恐惧和焦虑等事件的概要（即时间、地点、事件）。这些事件可以是具体的触发因素，也可以是一般

的情境或想法。通过记录这些事件，受灾者可以清晰地了解自己的焦虑、恐惧等负性情绪的来源和频率。

②表达性记录

具体描述自己的感受和想法。尽量在固定时间段，比如晚饭后或睡觉前，参考日间的即时性记录，回忆并详尽描述自己在情绪事件中的感受和想法。包括对焦虑、难过等情绪感受的描述，对自己的担心和恐惧对象的陈述，以及描述对自己未来的忧虑和不安。通过将这些感受和想法具体化来减轻情绪负荷，并通过情绪的表达和释放，帮助受灾者更好地理解自己的情绪和心理状态。

③分析性记录

记录应对措施。受灾者在日记中记录在情绪事件中采取了哪些行动来应对自己的负性情绪，既可以包括积极的应对策略，如寻求社会支持、使用放松技巧等，也可以包括消极的应对方式，如逃避、回避等。通过记录这些应对行动，受灾者可以审视自己的应对方式是否有效，是否需要调整或改变，从而增强自我认知和自我反思的能力。接下来，受灾者可以在日记中对记录的焦虑事件、感受和想法，以及应对行动进一步审视和分析。他们可以尝试回答一些问题，如焦虑事件是否真实存在，感受和想法是否合理，应对行动是否有效等。通过审视和分析，受灾者可以更客观地看待自己的情绪和行为，减少不必要的焦虑和恐惧。

情绪疗愈日记可以帮助受灾者更好地应对焦虑和恐惧等负性情绪。通过记录情绪事件、描述感受和想法、记录应对行动以及审视和分析，受灾者可以减少情绪负荷，增强自我认知和控制感，促进心理治疗和复原。

第三步：规律作息

事故灾难往往打破人们日常的生活节奏，受灾者可能在灾后的一段时间内感到不知所措，无所事事，任凭焦虑恐惧情绪淹没自己。因此，从行为上进行自我调节，可优先考虑规律作息和充实生活。

（1）制订日间计划。受灾者可以每天清晨或提前一天傍晚拟订当天或第二天的日间计划，安排一天要做的事情。这样可以有助其明确目标和任务，避免在无所事事的状态下陷入负性情绪旋涡。同时，要特别注意保证规律的饮食和睡眠。合理的饮食和充足的睡眠对于身心健康至关重要，可以帮助受灾者维持良好的体力和精神状态。

（2）设定具体目标。每天设定一个切实可行的具体目标，是规律作息的重要环节。受灾者可以为实现该目标制订明确的实施计划或持续改进的途径。这样做既有助其保持对生活的希望和动力，又能增强其自我效能感。目标可以是完成一项简单的家务，也可以是恢复工作或学习。

第四步：舒缓身心

（1）正念练习。受灾者可以在日常作息中加入正念练习，充分利用感官体验，积极关注当下，从中寻找乐趣、发现意义、体会生命力量与能量。例如，可以专注品尝一顿饭，欣赏一朵花等。这样可以帮助受灾者将注意力从焦虑和恐惧中转移出来，培养积极的情绪和心态。

（2）运动锻炼。受灾者可将运动锻炼加入日常作息中，可以因地制宜选择自己喜欢的运动方式，如散步、跑步、瑜伽、太极等。

（3）利用兴趣爱好舒缓心情。受灾者可以尝试用听音乐、写字、画画、写作等方式来转移对灾难信息的注意，放松身心，增加生活的乐趣和意义。

第五步：合理接收信息

近年来，随着网络媒体技术快速发展，信息传播渠道多元化，加之传播速度快，极易造成人们信息过载，以及信息判断、筛选、甄别和整合能力的降低。事故灾难发生后，长时间浏览信息，不仅容易使人疲劳，同时由于各类谣言夹杂在铺天盖地的信息中，一些不确定的信息不断被散播，更易使受灾者产生焦虑、抑郁、愤怒等负性情绪（朱越 等，2020）。因此，合理接收信息是受灾者心理防护工作中的重要环节。

（1）选择权威信息源

受灾者获取事故灾难相关信息时，应选择权威信息源，如政府部门发布的通报、权威专家的解读、医疗机构的官方信息等。这些信息源通常经过严格审核和核实，具有很高的可信度和准确性。通过关注这些信息源，受灾者可以获取最新、最真实的情况，从而形成对事故灾难原因和进展的理性认知。

（2）控制浏览时长和浏览信息的数量

受灾者在浏览事故灾难相关信息时，要注意控制浏览时长，每日不宜超过1小时，并避免在睡前浏览。长时间浏览信息不仅容易造成疲劳，更重要的是，还会增加焦虑和恐慌的情绪。另外，要避免过多获取信息，尽量选择核心、关键的信息。

（3）辨别信息的真实性和可靠性

受灾者在接收信息时，要学会甄别信息的真实性和可靠性，尽量不去浏览一些无出处的信息，特别是易引发恐慌的"标题党"文章。可以通过多方求证、对比不同渠道的信息、关注权威专家的观点等方式，判断信息的可信度。同时，要警惕谣言和不确定信息，特别是那些没有出处或来源不明的信息。如果遇到不确定的信息，不要盲目相信，更不要传播。

（4）保持理性和客观的态度

受灾者在接收信息时，要保持理性和客观的态度，不被情绪和个人偏见左右判断。可以尝试从多个角度思考问题，对信息进行分析和评估，形成自己的判断和观点。同时，要注意避免过度关注某一类问题或信息，避免陷入纠结和焦虑的情绪。通过保持理性和客观的态度，受灾者可以更理性应对事故灾难带来的挑战，减轻负面情绪的影响。

第六步：获取社会支持，必要时寻求援助

受灾者经历事故灾难后，可能会因高警觉状态、回避行为、愤怒和攻击行为，影响正常的人际交往活动，破坏良好的人际交往关系，导致减少了受灾者可获得的社会支持。然而，对面临巨大心理压力和负面情绪的受灾者来说，获取社会支持是重要的心理防护手段。社会支持能为受灾者提供安全的心理环境，获得积极的情绪体验，从而对自我、他人和外部环境进行重新审视，促使受灾者与他人沟通分享，获得心理上的成长。同时社会支持也能促使受灾者对创伤事件进行积极思考，降低消极影响。

（1）积极寻求与他人沟通

在事故灾难后，受灾者往往会出现高警觉状态、回避行为、愤怒和攻击行为等情绪反应，这可能导致与他人的交流减少甚至中断。然而，与他人沟通是获取社会支持的重要途径。受灾者应该积极寻求与家人、同事、朋友沟通，分享自己的感受和困惑，倾诉心声。通过与他人的交流，受灾者可以获得关心、安慰和帮助，减轻心理负担，增强心理能量。

（2）参与支持性社交活动

社交活动是获取社会支持的重要方式之一。受灾者可以参与一些支持性社交活动，如参加社区组织的康复活动、参与志愿服务、加入心理支持小组等。这些活动可以提供一个安全、支持性的环境，让受灾者感受到来自他人的关心和支持。通过参与这些活动，受灾者可以与其他受灾者分享经验，互相支持，共同度过困难时期。

（3）寻求专业心理工作者的援助

当受灾者出现较为严重的应激反应，感到无法独立应对，且寻求社会支持无效的情况下，应当及时向专业心理工作者寻求援助。专业心理工作者具备专业的心理知识和技能，能够有针对性地为受灾者提供心理支持和指导。

## 二、事故灾难中的心理援助

### （一）事故灾难中心理援助的危机干预模式应用

依据危机事件的影响力以及个体或群体自身的异质性，危机干预理论在实践过程中发展出不同的应用模式。事故灾难中的心理援助主要借鉴两种危机干预模式，即紧急事件应激晤谈（critical incident stress debriefing，CISD）和评估危机干预创伤治疗模式（assessment crisis intervention trauma treatment，ACT）。

1.关键事件应激报告模式

关键事件应激报告最早由米切尔（J. Mitchell）于20世纪70年代末提出。其最初目的是为维护应激事件中救护工作者的身心健康，后被多次修改完善并推广使用。目前将关键事件应激报告用于危机事件发生后72小时内遭受各种创伤的个体或团体。

2.评估危机干预创伤治疗模式

评估危机干预创伤治疗模式是美国学者罗伯特（A. Roberts）提

出的一种综合性危机干预模式，专门针对突发性和创伤性危机进行
干预。评估危机干预创伤治疗模式包括评估（assessment）、危机干
预（crisis intervention）和创伤治疗（trauma treatment）三个模块，
体现了心理危机干预工作的内容体系。在实际应用中，事故灾难中
的心理援助更侧重于评估和危机干预这两个模块。

### （二）事故灾难中心理援助的基本流程

第一步：事故灾难整体评估

事故灾难整体评估是指在实施个体心理援助前，对受灾严重程
度、受灾人员情绪反应程度，以及当地政府的应对状况进行的评估。
通常心理援助者到达灾难现场第一时间，就可通过现场观察、访谈
当地救援部门核心成员等方式，获取有关事故发生原因、受灾程度、
民众情绪状态、可利用的心理危机干预资源等可靠信息。搜集整理
相关信息后，由心理救援组讨论，进行整体评估，形成初步心理援
助计划。需要注意的是，事故灾难发生早期不建议作普查或抽样调
查研究。

第二步：明确心理援助目标

心理援助专家组在听取心理援助工作组对受灾者的心理状况、
当前心理需求和可能发展趋势的初步评估后，制定心理援助的总体
目标、整体干预计划及实施方案，援助人员应该依据心理援助专家
组制定的整体目标开展心理援助工作。通常心理援助介入在事故灾
难发生几小时后开始，并持续进行数周。不同阶段心理援助的干预
目标有所不同。

（1）事故灾难发生即刻至数小时内的心理援助目标

事故灾难发生即刻至数小时内的心理援助，主要应对受灾者混

乱、惊恐的情绪状态，以安抚受灾者情绪和满足其支持陪伴需求为主要援助目标。这一阶段，心理援助者应根据受灾者的危机应对能力和实际情况给予适宜的心理援助。心理援助者应接纳受灾者的情绪反应，并作出危机评估。也应告知受灾者在接下来的数天乃至数周内可能出现的症状表现以及未来几天内的心理援助时间。如果物质条件匮乏，还需要和其他危机干预部门沟通，解决当下生存需求。

（2）事故灾难发生数天至一周内的心理援助目标

事故灾难发生数天至一周内的心理援助目标，主要为解释受灾者当下症状表现，进行应激后初步心理治疗工作。受灾者在这一阶段通常会呈现出噩梦、闪回等创伤后应激障碍症状，心理援助者正常化这些症状的同时，还应和受灾者讨论周围人可能出现的反应及应对措施。受灾者心理修复的初始表现为在回忆事故灾难情境时能保持相对稳定的接受状态，并能叙述细节和感受，以及作出合理解释。对能谈论受灾情境的被援助者，心理援助目标可设定为叙述与解释症状，并给予其解决当下问题、寻求社会支持等策略。

（3）事故灾难发生一周至一个月内的心理援助目标

事故灾难发生一周至一个月内的心理援助目标，主要是寻找触发症状的扳机点，结合过去经历开展以减少症状困扰为目标的心理援助。需要注意的是，事故灾难后因社会支持系统和危机应对能力的不同，每个人的心理修复节奏会有所不同，心理援助者应针对受灾者的修复状况，提出不同的援助目标，对社会支持匮乏、修复慢且危机应对能力欠佳的受灾者的心理援助节奏也要放慢。

（4）事故灾难发生一个月后的心理援助目标

通常事故灾难发生一个月后，针对事故灾难的心理援助目标和普通心理咨询中创伤后应激障碍的咨询目标较为相似，即缓解症状，防止泛化，减少共病。此外，还应关注受灾者生活的重建。

第三步：建立关系

事故灾难心理援助中的咨访关系与普通心理咨询中的咨访关系不同。因时间紧、需要救援的人数多，心理援助者需要充分利用各种资源，迅速与受灾者建立一定程度的关系。这种关系的建立有明确目的，通常是给予支持、有针对性地帮助受灾者解决问题和适应环境。此外，这种咨访关系具有时效性，以达到救助目标为终点。如果受灾者有其他问题需要进一步咨询，需要重新确立咨询目标及咨访关系，或联系当地专业机构进行转介。

事故灾难心理援助中的咨访关系建立与普通心理咨询中的咨访关系建立具有共同点，即都需要共情、无条件积极关注和真诚一致的人本主义态度。另外，不同于普通心理咨询中主动求助的来访者有主动建立咨访关系的意愿，事故灾难后的心理援助过程中，很多受灾者因事发突然，仍处于否认回避阶段，没有主动求助的意愿，而是被家属或救援人员推荐过来，因此咨访关系的建立存在一定难度。

（1）共情

共情是指心理援助者需要搁置自己的经验、价值观念，站在受灾者的立场，设身处地体验其内心感受，并能让对方知晓"我"准确了解到"你"发生了什么，有怎样的解释和感受。因此，心理援助者共情受灾者的第一步是放空自己，认真投入倾听，不以自己的经验猜测受灾者经历灾难事故后的反应，而是耐心倾听受灾者诉说，并从其应激状态下的表情和身体姿势等非言语线索中获取更多的信息。接下来转换角度，用对方的眼睛和思维去体验当下的感受，并把接收到的信息和感受尽可能准确地表达出来。最后寻求对方的反馈，纠正错误信息，并从反馈中判断共情质量和效果。需要特别注意的是心理援助中共情的同步性，即共情对方当下的认知和情绪感受。例如有些受灾者仍处于否认亲人过世的阶段，心理援助者不能急于共情"悲伤"，要先同步其"震惊""不敢相信""噩梦一般"。尽可能使用对方的语言，附带用情绪的"切薄"技术贴近，再适时适当加一些现实性解释。这个过程需要不间断地重复推进"倾听—表达—反馈"。

（2）无条件积极关注

无条件积极关注是指对受灾者的整体性接纳，而不是对他某一部分接受，其他不喜欢或不符合自己价值观的部分就排斥。尊重是整体性接纳的前提条件，只有尊重受灾者的个性，理解经验造就的特殊性，才能真正做到无条件积极关注。例如，事故灾难中，亲人故去，有些受灾者因赔偿金或遗产分配而焦虑不安，对此，一些援助者无意识地流露出排斥情绪，从而影响了咨访关系的建立。每一种行为及价值观的背后，都有经验的积累，受灾者可能面临没有养老金的现实条件，也可能是过去经验所致的安全感问题。因此，心理援助者应接纳受灾者的个体特点，减少道德评判，对其表达出理解和尊重。

（3）真诚一致

真诚一致是指心理援助者对受灾者表里如一地表达自己的态度和意见。心理援助者坦白和开放的态度，可以营造安全自由的氛围，使受灾者可以表达自己的脆弱或过失，促进自我探索。同时也能产生榜样效果，吸引对方模仿和内化，以同样的方式表达自己。例如，一个原本幸福的三口之家，顷刻间妻儿都不幸遇难，幸存者以怀疑的眼光表示"你永远不能理解我的感受"，援助者与其争辩自己可以理解，不如表达："是的，我确实难以想象，如果自己一夜之间失去妻子和孩子会是怎样的感受，但我知道你正在承受着我想都不敢想的痛苦……"当一位包扎着伤口的艾滋病患者表达"我没有办法给我的家人捐血"的无力感时，援助者下意识靠向椅背的回避动作被对方捕捉到，此刻，援助者与其接着共情无力感，不如对当下自己的感受先作出解释和回应："很抱歉，刚才我突然往后靠，是不是让你觉得被冒犯了？因为看到你受伤了，确实感觉有点儿紧张，但我现在知道自己很安全，抱歉，让你不舒服了。"比起技术性共情，援助者真诚一致的表达，更能让求助者感到被尊重，从而迅速建立咨访关系。

第四步：表达创伤经历

表达创伤经历是指心理援助者鼓励受灾者描述遭受灾难时的经历，表达对事故灾难本身的看法，以及表达对事故灾难后的处境和持续存在的威胁的担忧。比如询问受灾者："事故发生时，你在什么地方？""你和你的家人还好吗？有没有人受伤？""这次事故给你家带来哪些损失？""你对这次事故有怎样的看法？""目前你有怎样的担心？""你对什么感到害怕？"鼓励受灾者表达创伤经历及感受，对心理援助工作的干预效果至关重要。

（1）建立情感连接

受灾者在谈论事故灾难经历及感受时，心理援助者会提供一个安全、支持性的环境，这满足了受灾者在事故灾难后被倾听和理解的迫切需求，有利于帮助受灾者建立情感连接，让受灾者感到被接纳和支持，有助于他们面对自己的心理创伤和现实困境。

（2）情绪宣泄

事故灾难往往给受灾者带来巨大的心理创伤，心理援助过程中如果能让受灾者表达出内心的痛苦和困扰，就可以使负性情绪得到一定程度的释放和宣泄。同时，谈论事故灾难的经历及感受也可以帮助受灾者认识和理解自己的情绪反应。对于年龄较小、语言表达受限的孩子，心理援助者可以让其通过绘画、物品摆放等方式描述事故灾难，从而表达其在灾难中或当下的恐惧、愤怒、悲伤等情绪。当受灾者能够正视自己的情绪反应，才会对事故灾难下自身情绪产生的原因和影响有更清晰的认知。这有助于受灾者从被动的情绪反应中脱离出来，主动面对和处理自己的情绪。

（3）表达需求

通过让受灾者表达对事故灾难后的处境和持续存在的威胁的担忧，心理救援者可以了解其当下的心理需求与现实性需求，并依据其表达制定个性化心理援助干预方案。同时，心理援助者也可通过受灾者的表达，初步评估是否需要紧急危机干预或转介，是否需要提供其他帮助，以及是否需要其他相关部门的协助。

第五步：个体危机评估

心理援助者在事故灾难后为受灾者提供帮助的过程中，应确保危机评估先行，切勿急于进行干预。一些心理援助志愿者满腔热情，罗列出干预方案供受灾者选择，出发点可以肯定，但危机评估这一重要步骤被忽略，不仅耗费时间、精力，而且难以制定出有效的救援方案，增加"药不对症"的可能性，更让真正有心理危机的受灾者得不到及时的心理援助。

个体危机评估是指对受灾者的心理危机状况进行评估。有别于普通心理咨询中对来访者的评估，灾后心理援助中的个体评估，主要对受灾者从灾难爆发到危机缓解期间的心理危机状况进行评估。具体评估内容包括：

（1）危机状况评估

危机状况评估包括受灾者的自杀可能性评估和对他人的攻击性评估。一次事故灾难后，幸存者会有自杀风险，特别是亲人离世、身体健康出现状况、家庭财物遭受毁灭性打击的受灾者，其自杀可能性更高。而在自杀前，都会有较为普遍的自杀信号，但这对同样经受事故打击，仍沉浸在自身疗愈过程中的亲属来讲，很难发现或容易忽略。同样，事故灾难大多是人为造成，失去亲人的幸存者容易对肇事者心怀愤恨，因此要对其进行攻击性评估。

（2）生理状况评估

生理状况评估是对受灾者在事故灾难后的生理及身体受创状况进行评估。主要询问事故发生前后的生理变化。

（3）认知状况评估

认知状况评估是指评估受灾者对此次事故灾难的解读是否合理，对自身影响的评价是否存在压抑或夸大，以及其适应或改变现状的可能性等。

（4）情绪状况评估

情绪状况评估是指对受灾者在事故灾难后的情绪反应进行评估。包括情绪表现和强度、事故灾难后的情绪变化。要特别关注仍处于否认、逃避阶段的受灾者。

（5）应对能力评估

应对能力评估是评估受灾者对事故灾难的应对能力和心理重建能力。事故灾难后，有些受灾者可以从灾难中平稳过渡，而有些受灾者则需要很长时间恢复，还有些受灾者始终难以修复心理创伤，甚至发展成为创伤后应激障碍。这与个体的社会支持资源、对突发事故灾难的应对能力和心理重建能力密切相关。通常社会支持系统

完善、资源丰富的个体更容易从事故灾难中平稳过渡。

第六步：制定心理援助目标

通常来讲，事故灾难后的心理援助目标是帮助受灾者度过当下危机。心理援助人员参照心理援助专家组制定的总体目标，再根据受灾者的危机评估结果及其个人实际需求，制定个性化心理援助目标，开展心理援助工作。心理援助目标要实际且具体，要制定明确的、可量化评估干预效果的具体目标。心理援助者还应明确，一旦心理援助目标实现，就预示本次心理援助结束。

第七步：提供实际帮助

通过实施上述援助工作，心理援助人员已大致了解受灾者的灾后基本状况，在对其进行心理干预前，先要回应其急需解决的现实性需求，特别要针对与生存相关的问题同其他部门取得联系，为受灾者提供实际帮助，比如提供食物、药物等物资；提供应对事故灾难的相关服务信息，如医疗部门、丧葬服务部门、物资领取部门等各机构的联系方式。需要注意的是，心理援助人员在没有得到救灾指挥部明确信息前，不能以安慰受灾者为由，告知虚构的事故灾难进展和处理信息，也不要作出关于获得物资和安全的保证。一旦受灾者没有得到心理救助人员所承诺的帮助，会影响其对心理援助的信任及咨访关系。

第八步：提供心理支持与应对策略

心理援助者为受灾者解释灾后普遍性的压力症状反应，即对恐慌、焦虑、愤怒等情绪状态，失眠、噩梦等生理变化，以及回避、退缩等行为变化进行合理化和正常化的解释。为有丧失亲朋经历的受灾者传递适当的心理知识，解释已经历的心理反应，预期未来可能经历的心理反应。提示受灾者若灾后情绪、生理和行为上的改变严重影响日常生活（社会功能）持续1个月以上，应考虑寻求专业的心理治疗。

　　同时，心理援助者也应引导受灾者在事故灾难的困境和挑战中，探讨以前未曾注意到的积极因素，如帮助他们探索内在的潜力和资源，鼓励他们寻找自己的优势和特长，并帮助他们认识到自己具备的积极特质和能力。他们可能会在引导下意识到自己具备应对困难的能力和创造力，从而更有信心面对生活中的挑战。这种自我成长和发展将有助于受灾者重建自己的生活，并为未来的发展打下坚实的基础。

　　经历过事故灾难，尽管受灾者呈现出的应激状态具有一致性和可预测性，但其需求与焦虑恐惧的对象则因人而异。因此，心理援助者应在收集足够信息的基础上，根据受灾者当下的需求与担心，提供个性化心理支持与应对策略。例如，为有睡眠障碍的受灾者提供睡眠指导；向高焦虑的受灾者传授放松技巧；为有育儿焦虑的受灾者提供育儿指导等。

　　第九步：建立社会支持系统

　　社会支持系统是指由家人、朋友、社区和专业机构等组成的一系列关系网络，能够为个体提供情感支持、信息支持和物资支持。事故灾难后，心理援助者帮助受灾者建立社会支持系统，让他们获得情感联结，感到自己被关心和理解。这种情感上的支持，可以来自家人、朋友、同事、邻居等人际关系，也可以来自专业心理援助者。通过倾听、理解和鼓励，帮助受灾者释放负性情绪，减轻心理压力。社会支持系统还可以提供关于灾难后的各种信息，包括应对策略、资源和相关服务等。以上信息既可以帮助受灾者应对不确定性和焦虑感，还可以帮助受灾者更好地了解自己所面临的困境，并提供解决问题的方法。此外，心理援助者应帮助受灾者获取社区的支持，以便让受灾者获得实质意义上的生活帮助，以减轻受灾者因

生活困境引发的心理压力，促进其心理复原和生活重建。

## 第三节　"8·12"天津滨海新区爆炸事故中的心理防护及援助案例

　　2015年，"8·12"天津滨海新区爆炸事故发生后的第二天，天津师范大学和中国科学院心理研究所联合派专家组前往事故发生地展开心理援助。本节将列举"8·12"天津滨海新区爆炸事故中的典型心理援助案例（为保护被援助者隐私，同时呈现事故灾难心理援助特点，本案例根据实际心理援助案例改编而成），来说明事故灾难心理援助的基本过程。

### 一、个案基本情况

　　被援助者：婷婷（化名），遇难消防员妻子，女，28岁，汉族，身高1.60米左右，体重约55千克。

　　学历：高中毕业。

　　婚姻状况：已婚。

　　家庭结构：三口之家，有一个6岁的儿子。

　　职业：超市员工。

　　心理援助时间：事故发生后第三天（共1次，共1小时）。

　　心理援助原因：婷婷的丈夫被确认牺牲后，婷婷到达遗体安置场所，因无法接受丈夫已离世的事实而情绪崩溃，不停地以头撞墙，经陪同工作人员上报心理危机干预专家团队领导组，安排心理援助。

# 二、心理援助准备阶段

## （一）初步安全评估

1.情绪与风险行为评估

当时状况：头发散乱，极度悲伤，并出现以头撞墙的自伤行为。

反映出被援助者情绪崩溃，存在较高安全风险。

2.健康状况评估

当时状况：被援助者已两日未进食，虚弱无力。

反映出被援助者健康状况较差，需要医疗干预。

3.求助方式

当时状况：经陪同工作人员上报心理危机干预专家团队领导组，进而安排心理援助。

被援助者的求助方式属于非主动性求助。

## （二）心理援助准备阶段的实施过程

1.确认环境

心理援助者发现被援助者婷婷暂无攻击他人的意图和行为，但仍有撞墙、拒绝进食等自伤行为，且情绪异常激动，立即请医疗组介入处置，并与陪同家属共同安抚被援助者。其间，简单向家属询问被援助者的既往病史和用药史，同时提醒家属妥善处理随身物品中的尖锐利器，并实施24小时照看和监护。

2.稳定情绪

被援助者婷婷因情绪崩溃出现了撞墙自伤行为，心理援助者判

断应先阻止其自伤行为，稳定其情绪。心理援助者与被援助者家人合力让其坐下来，同时通过抚背、握手等肢体接触安抚陪伴，至其哭声减弱。

心理援助者："婷婷，听到这么可怕的消息，我想无论是谁都没办法接受……你还好吗？能和我说说话吗？"

被援助者："我……头晕……"

心理援助者："听你的家人说，你已经两天没有吃东西了，头晕很有可能是这个缘故，我们已经请医生过来了，现在请你跟着我一起慢慢地作几组深呼吸，吸气……呼气……"

半小时后心理援助者再次接触被援助者，发现其目光呆滞、沉默不语。此时，心理援助者的工作是要唤起被援助者的现实感。可在家人的陪伴下唤其姓名，或尝试用冷敷毛巾等感官刺激帮助其建立与现实世界的联系，也可以让被援助者通过复述建立现实感，比如："请你跟着我重复几组数字……""请告诉我房间里现在有几个人。""你看桌子上有什么？""你听到了什么？""请你现在尽量忽略掉头脑中的想法，和我继续作深呼吸。"接下来询问被援助者当下的感受，是正在体验事故灾难，还是在想象事故灾难再次发生，有怎样的情绪、感受。对有强烈情绪反应的当事人，在确保其人身安全的前提下，陪伴当事人一段时间，即便再强烈的情绪也会呈波浪状减弱。稳定情绪的工作在被援助者情绪减弱时介入，先引导其理解自己的情绪反应，再建立和现实的感官连接，过程中可结合深呼吸等放松训练。心理援助者应判断被援助者的情绪是否稳定到可以开始心理援助，其标准是被援助者能够理解援助者的问题并能作出回应。

本案例中，心理援助者让家属用冷毛巾为被援助者擦脸："婷婷……

婷婷……你能听到我在说话吗?"

被援助者点头。

心理援助者:"婷婷,你的家人很担心你。能告诉我你在想什么吗?"

被援助者哭泣:"怎么会这样……怎么可能……"

心理援助者:"是啊!我们都不敢相信,事情发生得这么突然,很难让人接受。"

被援助者:"我们说好了这周末要一起回我妈家,给我妈祝寿。"

3.自我介绍

心理援助者在被援助者情绪稳定后进行自我介绍,和蔼、平静地告诉对方自己的姓名、所属团队。在确保心理援助过程安全,且不被打扰和侵犯隐私的前提下,心理援助者诚恳询问对方是否愿意和自己谈话。

心理援助者:"婷婷,你好,我叫……我是心理援助队的成员。我正在确认大家的情况怎样,看看有什么可以帮助到大家的。如果方便的话,我可以和你谈几分钟吗?"

被援助者点头:"好的……"

4.询问当下需求

与普通心理咨询不同的是,事故灾难心理援助中,心理援助者在得到被援助者的谈话许可后,需要根据被援助者当下的状态询问当下的需求,以进一步加强被援助者的心理安全感和舒适性。比如询问被援助者:"现在什么东西能让你感觉更舒服些?你需要毛毯吗,需要换一个位置吗?"本案例中,考虑到婷婷很长时间未进食饮水,所以心理援助者作以下询问。

心理援助者:"婷婷,你现在觉得口渴吗?需要我帮助你准备些

什么东西吗?"

被援助者说:"给我水吧。"

5.心理援助设置的介绍

大部分被援助者没有心理咨询经验,对心理咨询中的设置及保密原则并不了解,所以心理援助者应该对此进行简单介绍。本案例中,心理援助者作出如下介绍:

心理援助者:"婷婷,接下来,我会问你一些问题,如果问到了你不愿意回答的问题,你不用回答我。我们之间的谈话内容,如果没有涉及危害你自己或他人人身安全,以及法律相关问题,我都会予以保密。谈话后我也会把你的困难之处向团队汇报,以为你提供最大化的帮助。如果其中涉及你不愿意公开的内容也请你提示我,好吗?"

## 三、心理援助评估阶段

### (一)询问创伤经历相关信息

心理援助需要对被援助者进行危机评估,首先要了解被援助者在灾难发生时或获知亲人失踪/遇难消息时的创伤经历、所遭受的变故及损失,以及当下的感受和需求。特别注意亲身经历过生命威胁或者亲眼看见亲人遇难的人,通常要比一般人经历更严重、更长时间的痛苦,且更容易引发心理问题或心理障碍。在收集创伤经历信息的过程中,可以询问被援助者:"事故发生时你在哪里?正在做什么?""当你听到亲人失踪的消息时你在哪里?正在做什么?""你受伤了吗?你的家人受伤了吗?""你看见有人受伤了吗?""当时你看到了什么?""当时最明显的感受是什么?"但为了不让被援助者回忆细节，应避免询问引发更深伤痛的问题，并特别注意不要深度共情，以避免被援助者再次因过度伤心而情绪崩溃，可以通过询问现实性问题将其拉出情绪旋涡。接下来，需要了解被援助者在事故发生后，家庭、事业、学业、亲友等的状况。可以询问被援助者："现在你的家人还好吗？""你有很担心的人吗？""你工作上有什么变化吗？""你的学校有什么变化吗？""你有经济方面的损失吗？""你有走失的宠物吗？"了解被援助者是否遭受严重的财产损失，是否遭受事业或学业及人际关系上的重大变故。最后了解被援助者当下的感受及其需求。通常事故灾难后，被援助者会表达出对当前处境和持续存在的威胁的担忧，心理援助者可以了解其当下的心理需求与现实性需求。

本案例中被援助者婷婷已知晓其丈夫遇难的消息，心理援助者通过询问相关信息了解被援助者当下的需求。

心理援助者："婷婷，能说说发生爆炸时你的经历吗？"

被援助者："那天晚上我刚准备睡觉，刮起一阵大风，我就去阳台把门窗关好，孩子哭闹起来，我就去哄他。突然一声巨响，阳台的门就飞到卧室门口，所有的玻璃都碎了，孩子和我都蒙了，不知道发生了什么。隔了一段时间，反应过来应该是发生了爆炸，我拽起孩子就往外走，才发现走廊一片混乱，天花板落了一地，各种警报声，还有人在喊'爆炸了'。我们跟着人流往外走，到处都是碎片，就像世界末日一样，孩子也害怕极了，一直在哭，后来大家就都聚集在停车场那儿。"

心理援助者："你还有没有其他的亲人也住在附近？"

被援助者："没有了，我妈和我弟弟住在市区里。"

心理援助者："家里经济方面的损失大吗？"

被援助者："我也不太清楚，家里很乱。"

心理援助者："那时你和你丈夫联系了吗？"

被援助者："我知道我老公一定会出任务，想提醒他小心，但怎么也联系不上他。接下来的两天，我就一直打电话，但没有打通，打他们队长的电话也是。"

心理援助者："接到丈夫牺牲的消息时你正在做什么？"

被援助者："我正和我妈说孩子的事情，就接到了电话，整个人都蒙了。虽然这几天没和他联系上，有不好的预感，但还是觉得一定是搞错了。我老公几天前还和我在一起，怎么能说没就没了？"

心理援助者："是啊，即便想过他可能遭遇不测，但也不愿意相信朝夕相处的人被告知已经不在了。你什么时候觉得这个消息可能是真的？"

被援助者："我来这里后，他们和我说已经确认了我丈夫的遗骸，不过我还是不敢相信。孩子还这么小，他怎么忍心抛下我们娘儿俩？"

心理援助者："孩子多大了？他知道爸爸的事情了吗？"

被援助者："6岁，刚上小学，我不敢和他说，也不知道该怎么说。他还那么小，不想让他难过，但又怕孩子将来知道实情会埋怨我。一想到这个我就喘不上气来。为什么会这样呢？"

心理援助者："你很担心孩子知道爸爸不在了的消息会接受不了，也不想让他遭受这样的痛苦。要不要告诉孩子，或者怎样告诉孩子，这也是目前困扰你的事情，是吗？除此之外，还有什么是你很担心的？"

被援助者："是的，我生了孩子后就在超市工作，挣得不多，家里主要靠孩子他爸，我们以后可怎么活啊！"

心理援助者："你丈夫一直是家里的顶梁柱，这确实会让你担心将来的生活。婷婷，刚才你提到了要不要告知孩子爸爸已经牺牲的问题和经济上的问题，还有什么其他方面的问题？你觉得我可以在哪些方面帮助你？"

被援助者："他们领导不让我看我老公的遗体，说遗体不完整，怕我接受不了，但我想去送他最后一程，你能帮我去说说吗？"

心理援助者："好的，我理解你的心情。我先去了解下情况，然后再和你沟通这件事。"

## （二）压力反应和压力应对评估

★知识窗★

　　在场所适宜心理援助且时间充裕的情况下，可采用量表对被援助者进行评估。如《压力（应激）反应问卷》（姜乾金，2012），可用于评估被援助者在事故灾难后所呈现出来的心理（情绪）反应、躯体生理反应和行为反应，以及三项相加的应激反应总分。心理援助时可以让被援助者边念题目边说出感受程度，援助者记录，了解被援助者心理（情绪）反应、躯体生理反应、行为反应以及压力反应的总体状况。

在本次心理援助过程中，压力反应和压力应对评估的具体操作步骤如下：第一步是询问当下压力事件，让被援助者尽可能回答目前感知到的压力事件。第二步是为每项压力事件评分，让被援助者对每个压力事件进行0~10分评分，分数越高代表压力越大。通过该步骤简单了解被援助者的最大应激源。第三步是为当下总体压力感

受评分，让被援助者对当下总体压力的感受度进行0~10分评分，分数越高代表压力感受越大。第四步是为当下压力应对能力评分，让被援助者对当下压力的应对能力进行0~10分评分，分数越高代表压力应对能力越大。第五步是比较压力水平与压力应对能力大小，让被援助者思考目前应对压力的能力水平与压力感知水平两者之间的比较结果。尽管第三、第四步结束后，可以通过比较计算获得客观结果，但让被援助者主观比较压力水平和压力应对能力，可以进一步确认其当下的危机状况。

进行危机评估的依据有两个：第一，根据被援助者感知的压力水平高低评估。面对处于高水平压力中的被援助者，心理援助者应提高危机干预意识。第二，根据压力应对能力与压力水平评分差值评估。差值为正值，代表被援助者可以应对当下压力；差值为负值，代表被援助者依靠以往的压力调节策略无法应对当下压力。

由于本案例中被援助者婷婷的压力感知水平较高，且压力应对能力与压力感知水平评分差值为−3分，表明援助者应提高危机干预意识。可进一步对被援助者进行危机状况的评估。


## （三）危机状况评估

危机状况评估首先通过观察被援助者的非言语信息，以及通过询问获得的言语信息，对被援助者在认知、情绪和行为三方面的变化进行评估，判断其是否存在攻击他人和自我伤害的迹象。

本案例中，心理援助者对婷婷的危机状况评估也采用直接询问的方式。

心理援助者："婷婷，这两天你有没有伤害自己，有没有自杀的念头？"

被援助者："来的路上确实觉得自己活不下去了，想过去陪他。"

心理援助者："现在呢?"

被援助者："不知道，很痛苦，太难了!"

心理援助者："婷婷，如果让你为自杀可能性做0到10分的评分，0分是不会自杀，10分是一定会自杀，你会打几分?"

被援助者："3分吧。"

心理援助者："这3分中，让你觉得痛苦得要结束生命的理由是什么?"

被援助者："没有他，我觉得生活没有意义。"

心理援助者："看得出你们的感情很深，他在你的生命中是很重要的人。还有吗?"

被援助者："我在超市工作，收入低，我很担心这样没办法养活自己和孩子，太难了!"

心理援助者："经济上的压力对你来说很大。还有吗?"

被援助者："暂时想不到了。"

心理援助者："那你能想到让自己活下去的理由吗?"

被援助者："孩子吧。他还那么小，已经没有了爸爸，再失去妈妈，太可怜了。"

心理援助者："是啊! 6岁的孩子如果失去爸爸再失去妈妈，就真的成孤儿了，就算亲戚能帮忙抚养，谁能比父母更用心地照顾他呢? 除了孩子还有其他理由吗?"

被援助者："想到我妈我也得撑下去，我爸走得早，我妈带我和我弟弟不容易，我不想让她难过。"

心理援助者："看来亲人是你支撑下去的动力，能看得出你是个好妈妈，也是个好女儿。婷婷，如果让你对活下去的想法评分，0

到10分，0分是不想活下去，10分是想活下去，你会评几分？"

被援助者："8分吧。"

若评估发现被援助者面临较高的自杀风险或具有较高的伤人风险时，应在确保被援助者被监管保护的情况下，尽快上报心理援助领导组，寻求危机干预的专业督导。本案例中的婷婷自杀风险较低，在后续干预中可将其亲人作为重要的生存支持性资源加以强化。

## 四、提供个性化的心理援助

### （一）事故灾难中的哀伤辅导

在本案例中，被援助者婷婷仍处于丧亲后的第一阶段——震惊与否认阶段，所以心理援助者的主要任务是让其确认和理解丧亲的真实性。心理援助者倾听和陪伴被援助者，促进其表达痛苦与悲伤，从而接纳亲人已逝的现实。心理援助者还就被援助者提出的如何告知孩子父亲已牺牲这个现实问题进行讨论，在解决问题的过程中唤起被援助者的现实感。

被援助者："他们一定是搞错了，他是后进去的，他经验很丰富的，不应该有事。"

心理援助者："婷婷，我知道接受丈夫突然离世对你来说太难了，这场灾难让所有人都措手不及、痛苦不堪。我也不知道该怎样安慰你，你丈夫是为了保护我们才牺牲的，我很难过，真希望能为你做些什么。"

被援助者："你怎么知道他们没搞错？万一呢？"

心理援助者："我知道这样说很残忍，但你知道他们已经找到了你丈夫的遗骸，并经过了DNA检测。"

被援助者痛哭："那不是真的！"

心理援助者抚背安慰，陪同，并充分倾听被援助者的诉说，在被援助者情绪稍平稳后说："婷婷，刚才你提到，不知道要不要告知孩子爸爸牺牲的事，是吗？你想听听我的建议吗？"

被援助者："是的。"

心理援助者："孩子现在6岁了，绝大多数这个年纪的孩子可以理解死亡的普遍性和不可抗拒性。你之前有没有和孩子聊过关于死亡的话题，比如宠物的死亡、植物的死亡？"

被援助者："有的，他曾经养的一只小兔子死了，我告诉他小兔子死了，不能再陪他了，然后和他一起去埋了兔子，他难过了很长时间。"

心理援助者："你做得很好，孩子能大致理解死亡是每个生命的终结，是不能避免的，而且你陪着他一起埋葬了小兔子，就是一种哀悼仪式。通过哀悼仪式允许和帮助孩子为此难过，可以让他们更好地应对失去的痛苦。我们可以想象另一种场景，我们告诉孩子小兔子没有死，只是失去了知觉，或者不知道去哪里了，孩子今后会感到疑惑，它到底怎么了？是我做错了什么？"

被援助者："兔子毕竟是宠物，他都那么难过，如果知道爸爸牺牲了，他怎么能接受得了？"

心理援助者："是的，孩子在遭受亲人去世的打击时，很容易受到伤害。即使你不告诉他，他仍旧能感受到你的变化、周围人的变化，以及爸爸不再回家这种最大的变化。如果没有合理的解释，只是用'离开了''出差了'这些看似委婉无害的说法搪塞，只会加剧孩子的困惑。有些孩子会因困惑而恐惧，也有些孩子会归因于'一定是我做错事了，他不爱我了，所以才不回家'。"

被援助者："但是直接告诉孩子太难了，我不敢想象孩子得多崩溃。"

心理援助者："婷婷，我理解你的担心，孩子面对亲人的死亡确实会感到深深的痛苦和困惑。但作为孩子的母亲，你可以通过适当的方式和语言来帮助他理解和接受这个事实。首先，你可以选择一个合适的时间和地点，在孩子情绪稳定、相对安全和舒适的时候，告诉他爸爸已经去世了，然后以简单明了的方式解释去世就是死亡，用一些易于理解的词语来解释死亡的含义。死亡这个词确实有些冷漠，但在诚实表达所发生的事情时必须用到，避免孩子会错意。如果孩子不理解人的死亡，你可以说'爸爸的身体已经停止工作，他不再呼吸、吃饭或者和我们说话了'，尽量避免使用含糊的词语，以免引起孩子的困惑。在告知孩子时，你要避免自己的情绪崩溃，因为孩子会从你的情绪中获取不安全的信息。如果你能保持相对镇定，孩子也更容易接受这个消息。另外，我们要给孩子提供一个安全的空间，让他表达自己的感受和情绪。你可以说：'妈妈知道这很难接受，妈妈也很难过，因为我们都爱爸爸，不管你感到难过、生气还是有其他任何问题都很正常，你都可以告诉妈妈，妈妈会陪你一起度过这段时间，你也陪妈妈一起度过这段时间，好吗?'"

被援助者："就是说我要先控制好自己的情绪，是吗?"

心理援助者："是的，婷婷，我知道这对你来说很难，但让孩子理解和接受亲人的死亡，并相对减少痛苦的办法，就是让他们获得安全感。孩子在这个年纪可能会反复询问和爸爸死亡相关的各种问题，不代表他想了解实际发生了什么，而是在确认成人的说法是否前后一致，确保你和他是安全的，所以他需要从能给他关心和安全感的妈妈那里一遍遍听到真诚的保证。你可以和孩子谈论爸爸，一起伤心难过，但尽量控制自己，不要情绪崩溃，比如撞墙这类行为，会让孩子极度不安。你可以找朋友寻求帮助，或者接受心理咨询，宣泄那些你压抑下来的情绪。"

被援助者："我知道了。"

心理援助者："婷婷，我们还要给孩子时间来适应和处理这个消息。每个人的悲伤历程都是不同的，孩子也需要时间来慢慢接受和适应这个变化。特别是孩子和你都经历了爆炸，这段时间孩子可能容易出现夜惊、噩梦、哭闹、黏人、不和同学玩、拒绝上学或是上课时无法集中注意力等表现，也可能出现头疼、恶心、头晕、肢体麻木、腹痛等身体上的反应。这些都是孩子在经历事故灾难和失去亲人后的常见危机反应，必要时可以带孩子就医或寻求心理治疗。在这个过程中，你要陪伴他，提供安全感和支持，并帮助他找到适合自己的方式来表达悲伤和对爸爸的思念。这是我的一些建议，你可以根据自己和孩子的情况来选择最适合的方式。"

### （二）幸存者内疚

本案例中，被援助者婷婷认为是自己为了给妈妈祝寿让丈夫调休，才导致其牺牲，被援助者陷入"是我害了他，有错的是我，我才该死"这样深深的自责中。

心理援助者："婷婷，我知道丈夫突然离世对你来说是一个无比沉重的打击，我也不知道用怎样的词语能安慰你现在的心情，但如果你愿意说，我会用心倾听，你想做什么，我会尽我所能地帮助你。"

被援助者："都是我的错，是我害了他，死的人应该是我……"

心理援助者："婷婷，我们知道你丈夫的死是因为这场事故，事

故原因正在调查之中。为什么你会有'是我害了丈夫'的想法呢?"

被援助者:"那天他本该休息的,因为想周末给我妈过生日,我就让他调休,所以他才去上班,才会赶上这场事故,我才是那个该死的人。一想到这个,我就没办法合眼,没办法吃饭。"

心理援助者:"你认为如果自己没有劝他调休,他就不会遭遇这场事故,就不会离开你和孩子,这让你很内疚,所以这些天你一直在煎熬,会反复告诉自己'都是我的错',甚至认为'该死的是我',所以你刻意惩罚自己不吃饭、不睡觉,是吗?"

被援助者:"我不知道,就是觉得自己不配。"

心理援助者:"我听你的家人说,你已经很长时间没有睡觉了,偶尔看似睡着了,也会突然惊醒。"

被援助者:"是的,好像一合眼就能看到他,有时看见他还像平时那样进门跟我开玩笑,很想抱他,但我好像一动都动不了,都是我的错。"

心理援助者:"婷婷,我了解你是多么希望他能活下来,宁愿死的那个人是自己。这段时间你可能会反复有悲伤、愧疚、怀疑、无助等各种复杂的感受,包括噩梦,这些都是人们亲历事故灾难后的正常反应,特别是失去亲人、朋友的人,会被一种叫作'幸存者综合征'的症状困扰。你希望自己能替丈夫死,这可能是你追悼他的特有方式。实际上你也是从鬼门关走过来的,不是吗?那天如果你晚一些关阳台门窗,或许你真的可能遭遇不测,而你们的孩子也可能在混乱中受到伤害,不是吗?"

被援助者:"我明白你的意思,但是我控制不住自己,就觉得是我害了他,如果我不让他调休,他就会和我们在一起,即便我死了,他也能照顾好孩子。"

　　心理援助者："婷婷，你不能预知未来，怎么会知道调休会造成他的不幸？如果说有人要为你丈夫的死负责，那一定是这场事故的肇事者。我还想让你知道的是，你控制不住这样的想法，正是'幸存者综合征'的症状，多数在灾难中经历亲人离世而自己活下来的人，都会有这方面的困扰。从另一个角度看，活下来的人，身上的责任更大。"

　　被援助者："我们的儿子还那么小，我想和我老公一起看他长大。"说着，婷婷又痛哭起来。

　　心理援助者抚背安慰被援助者，陪同，并充分倾听被援助者的悲伤。

　　被援助者停止哭泣后："我们的儿子还那么小，我该怎么办！"

　　心理援助者："是啊！孩子才6岁，更需要你保重自己才能照顾好他。如果你继续惩罚自己，不吃饭、不睡觉，身体很容易垮掉。"

　　被援助者："我明白，但是我睡不着，也吃不下，我真的很担心自己走不出来了。"

　　心理援助者："婷婷，现在你的焦虑、难过、自责，包括担心自己会一直这样都是正常的，这是灾难后的正常反应。尽管每个人在失去亲人后'走出来'的时间不同，但绝大多数人最终会'走出来'，你也一定会'走出来'。"

　　被援助者叹气点头："如果我尽量不去想，不让自己难过，就能快点儿走出来，是吧？这好像很难。"

　　心理援助者："婷婷，所有人在得知亲人离世的噩耗后都会有被困住的感觉，我们允许自己有难过、痛苦的情绪反应，这是我们哀悼爱人的方式。尽管充分地表达痛苦和哀悼确实能让我们快点儿走出困境，但我们也知道，长时间处于痛苦焦虑的情绪状态会让我们

失眠、免疫力下降，影响到身体健康。如果身体出了问题，你就没办法去照顾孩子了。所以，我们可以选择其他方式悼念爱人。如果你是离开的那个人，而你丈夫是活下来的那个人，你希望他用什么样的方式缅怀你？"

被援助者："我希望他能保护好我们的孩子，我希望他们好好的，他们可以聊聊我们在一起的事，他们可以给我写信告诉我，我儿子可以画画给我。"

心理援助者："我想你丈夫也是同样的想法吧。婷婷，这段时间如果想哭就哭，想聊聊丈夫的事就告诉我，我会来陪你。你要尽可能补充一些营养，多睡一会儿觉，我们也好有力气渡过难关。如果一个月后你觉得自己仍没有好转，或者发现自己已经力竭到没办法应对生活，没办法照顾孩子，你就要及时求助。我会把一些医院和机构的联系方式留给你。"

## 五、建立社会支持系统

由被援助者的家人、朋友、社区、工作单位以及相关服务机构等构成的社会支持系统，可以帮助他们获得情感联结、信息支持和物资支持。但有时被援助者可能在事故灾难的打击下产生行为退缩，这就需要心理援助者帮助其建立社会支持系统，去倾听、理解和鼓励他们，帮助他们释放负性情绪，减轻心理压力；以及帮助他们获得事故灾难后的各种信息，减少不确定性和焦虑感。

心理援助者："婷婷，这段时间你非常需要身边有人帮助和支持你，平时生活中遇到困难，你会向谁求助？"

被援助者："我想到的是我妈和我弟弟，我们一直都是相互照应的，来这儿也是我弟弟陪我来的。"

心理援助者："看得出你的家人能够给你提供很好的支持。除了家人，当你有一些情绪上的困扰，你会和谁说说呢？"

被援助者："我有几个朋友，但不在一个城市，平时我们会在微信上联系，他们现在也很担心我，但我不知道该怎么和他们说，也不想麻烦他们。"

心理援助者："每个人都会有脆弱的时候，朋友们脆弱的时候，你想帮助他们，同样，他们也希望能在你需要的时候成为你的后盾。另外，这段时间的物资信息、医疗信息和援助信息，你有接到过吗？"

被援助者："我还没怎么关注，可能小区群里有发，一会儿我看下。"

心理援助者："好的，如果你能积极地寻求支持和帮助，就说明你已经在努力渡过难关，这对你和你的家人来说非常重要。一会儿我也会帮你整理一份相关服务资源的联系方式。另外，这段时间如果你遇到了什么问题，需要医疗服务或者其他帮助，都可以向我或者这里的工作人员提出，我们会尽力帮助你。你不是一个人在面对困难，我们一起努力，一定会闯过这段艰难的时期。"

# 参考文献

姜乾金.（2012）.医学心理学：理论，方法与临床.北京：人民卫生出版社.

孙宏伟.（2020）.心理危机干预（第二版）.北京：人民卫生出版社.

徐卸古，甄蓓，杨晓明，陈肖华.（2012）.日本福岛核电站核事故应急处置的经验和教训.军事医学，36（12），889-892.

朱越，沈伊默，杨东.（2020）.重大疫情暴发期间个体自主心理防护的PASS模型.保健医学研究与实践，17（2），11-16.

Susan Nolen-Hoekema.（2011）.变态心理学与心理治疗（第三版）.刘川，周冠英，王学成，译.北京：世界图书出版公司.

# 第 七 章

## 突发公共卫生事件中的
## 心理防护及援助实践

突发公共卫生事件的特点如下：第一，具有突发性。突发公共卫生事件在什么时间、什么地点、以什么方式发生，都是人们难以预料的。第二，具有复杂性。突发公共卫生事件的发生往往是一果多因、一因多果、环环相扣的，"牵一发而动全身"，具有复杂多变的特点。第三，具有危害性。突发公共卫生事件的危害包括直接和间接两方面，带来直接的人员伤亡、财产损失，以及间接影响到民众心理健康和未来生活。第四，具有公共性。突发公共卫生事件针对的不是具体的某个人，而是某类人群，尤其是传染性强、难以控制的突发公共卫生事件，更容易蔓延到不同人群，在一定程度上引发民众的恐慌。第五，具有持续性。突发公共卫生事件一旦发生，会持续一段时间。

## 第一节　突发公共卫生事件中常见的心理反应

绝大多数人在经历突发公共卫生事件时都会有焦虑、恐慌等负性情绪，这些是正常反应，是人类在长期进化中形成的自我保护机制。适度的心理应激反应，可以提醒人们对外部环境保持警觉，及时调整自身以适应环境，人们也能够独立或通过求助他人去应对这些心理压力。然而，过度的心理应激反应，会影响到人们的正常生活。

# 一、突发公共卫生事件中心理应激的生理和心理表现

## （一）生理表现

经历突发公共卫生事件后，个体在生理方面主要表现为肠胃不适、腹泻、食欲下降、头痛、疲劳、失眠、做噩梦、易受惊吓、感觉呼吸困难或窒息、濒死感、肌肉紧张等症状。

## （二）心理表现

应激的心理反应既有积极的也有消极的。一方面，适度的情绪唤起、动机的调整、注意力的集中等心理反应，有助于提高个体的警觉性，促使个体作出符合理性的判断与决定，从而恰当地选择对付应激的策略，采取行动加以应对。另一方面，心理反应一旦过度消极，就会妨碍个体应付应激，扰乱正常的思维，产生过多不良情绪，无法冷静应对压力或威胁。具体的心理反应主要表现在认知、情绪和行为三个方面。

1.认知表现

第一，感知觉能力降低。个体在应激情况下感受外界危险刺激的能力下降，认知灵活性变低，准确性变差。注意的范围也变窄，注意的分配和注意的转移能力降低。

第二，思维迟钝。此时个体分析解决问题的能力严重下降，思维的流畅性和灵活性变差，常常出现思维定式、思维局限、思维极

端，甚至是思维停滞，大脑一片空白。表现为作决定困难或失误、工作效率降低等。

2.情绪表现

在突发公共卫生事件中，个体会出现严重的情绪反应，一般有焦虑、恐惧、抑郁、愤怒、沮丧、紧张、绝望、烦躁、害怕等。张芳等人（2020）对新冠疫情防控期间心理援助热线的求助者的心理应激反应进行了评估，发现焦虑症状在新冠疫情防控期间变化最大，初期较为严重的紧张不安、恐慌忧虑情绪体验在后期慢慢降低；而抑郁、强迫和人际关系敏感是民众在疫情防控期间最为突出的三种情绪表现症状。心理援助热线的求助者常见的情绪反应包括焦虑、抑郁、恐惧等，具体而言：

（1）焦虑。焦虑是突发公共卫生事件中最常见的情绪反应，是一种以消极的负性情绪、紧张的躯体症状以及对未来的担忧为特点的情绪状态，常伴有心悸、出汗、胸闷、四肢发冷等，严重时伴随惊恐发作。危机状态下，适度的焦虑是有益的，它可以帮助个体集中注意力，调动全部心理潜能来应对危机。但持久和过度的焦虑是有害的，它会影响个体注意力的集中，将思维局限起来，降低认知功能、判断能力和分析能力，使个体难以理性决策。

（2）恐惧。与焦虑相比，恐惧是一种更深层次的情绪反应（马翠，严兴科，2020）。恐惧是一种对当前危险情境作出的即时警觉反应。

（3）抑郁。主要表现为生活兴趣减退、情绪低落、悲观失望、缺乏活力和愉快感，容易疲劳，感觉没有能力、没有希望，也没有人能够理解和帮助自己。常常伴随入睡困难、早醒、睡眠浅、食欲下降、性欲减退。严重的抑郁常常是自杀的重要原因之一。

应激理论认为，情绪系统能够激活一系列生理和心理的变化，促进个体在特定情境和应激事件下的适应行为。例如，在面对危险时，个体会感到害怕，害怕会促使个体逃跑或战斗，而这两种反应都能够帮助人类应对潜在的威胁。从情绪对人类进化的意义来看，突发公共卫生事件所引发的民众的情绪反应类型，可能具有跨文化的一致性。例如，各国研究表明，恐惧、焦虑、抑郁均是新冠疫情暴发后常见的情绪反应。

3.意志行为改变

应激除了给个体带来认知、情绪上的反应之外，还会改变人们的外在行为。行为改变是机体为了缓冲应激带来的影响、摆脱身心紧张状态而采取的应对行为，以适应环境的需要。

## 二、突发公共卫生事件中心理应激的影响因素

突然发生的公共卫生事件，给广大民众带来巨大的不确定性和危机感。孔祥静（2021）经研究发现，在新冠疫情暴发后，当人们感觉疾病的严重性越高，他们的焦虑程度就会越高；而当他们了解疾病的相关资讯，并相信疾病是可以控制的时候，他们的焦虑程度就会降低。其研究还证实，在不确定因素的影响下，人们更倾向于寻找与风险有关的信息，且总体上表现为：消极信息会增强阅读者焦虑，积极信息会降低阅读者焦虑。除此之外，回避、忍耐等情绪解决策略的使用，与抑郁、焦虑呈正相关；而寻求社会支持、积极合理化等问题解决策略的使用，与抑郁、焦虑呈负相关。

研究发现，在突发公共卫生事件中，家庭规模、风险感知及累计病患数量，是导致个人精神紧张的危险因子；从人口学变量上来

看，年轻群体、生活在农村的群体以及在企事业单位工作的群体，其心理压力都比较大，而性别、受教育程度、收入等因素对个体的心理状态则没有显著影响（苏芳 等，2020）。

研究者（Xiong et al.，2020）通过调研发现，女性、40岁以下的年轻个体、失业个体、患有慢性疾病或精神疾病的个体是突发公共卫生事件中易出现心理问题的群体。

总体而言，关于突发公共卫生事件中影响个体心理健康或心理状态的因素，主要可分为与突发公共卫生事件相关的因素，如相关信息的阅读情况、危机下的风险感知，以及与个体自身相关的因素，如性别、年龄等人口学变量及个体自身的应对方式等。

## ★ 知识窗 ★

### 心理防御机制

创伤心理防御机制属于一种自我防卫功能，当遇到突发事件带来的压力时，个体就会出现焦虑、恐惧等负面情绪。在这种情况下，个体利用一定的机制，逐步将焦虑、恐惧等负面情绪清除，并对冲突的关系进行调节，以此来缓解焦虑，恢复身心平衡的状态。

心理防御机制主要有五种类型：逃避性心理防御机制、自我欺骗性心理防御机制、攻击性心理防御机制、代替性心理防御机制和建设性心理防御机制。

类型一：逃避性心理防御机制

1.压抑。压抑是人们把自己不能被意识所接受的想法、情感和行为在不知不觉中抑制到自己的潜意识当中。简单来说，就是表面看起来一件事情可能忘记了，但是它仍然存在于潜意识当中，在一定的情况下会影响行为。做梦、口误、行为失误都是压抑作用的表现。

2. 否定。否定是最原始、最简单的心理防御机制，意志力薄弱的人最容易使用这种心理防御机制。具体来讲，就是人们会有意无意地拒绝承认自己经历过的不愉快的现实，用来保护自己的心理防御机制。

3. 退化。退化是指人们在遇到严重的困难挫折后，放弃了比较成熟的适应技巧，退化到儿童时期，恢复使用儿童时期的适应技巧来应付面临的困难，或满足自己的欲望。

类型二：自我欺骗性心理防御机制

1. 反向形成。反向形成是人们在潜意识中把不能接受的欲望或者冲动、行为转化成意识层面相反的行为，通过相反的态度或者行为表现出来。

2. 合理化。合理化是个体在遇到困难、挫折或者达不到自己的任务目标时，找一些有利于自己的理由进行辩解。这些理由可能客观来讲都是不符合逻辑的，但是人们通过强调这些理由来说服自己，以减轻自己的精神烦恼。

3. 抵消。对于不能接受的事情、行为、态度等，象征性地反复用相反的行为表述，以解除精神上的困扰。

4. 隔离。隔离很明显就是把东西分开，它指人们下意识地将不愉快的事情或者感情分割于意识之外，避免给自己的精神带来不愉快。

5. 理想化。理想化是指在评价一个人或者一件事的时候，加以主观的理想化的观点，使得对一个人或者一件事的评价过高，过于理想。

类型三：攻击性心理防御机制

1.转移。转移是人们在情绪、行为、意图无法向当事人直接表达的时候，无意识地将其转移到另一个人或者物上，用来减轻自己所承受的心理压力及负担，从而取得内心的安宁。

2.投射。投射是个体把自身不能接受的感受转移给别人，比如对他人的严重偏见；将不喜欢的性格、行为、态度强行"投射"到他人身上，断言他人表现出自己不喜欢的性格、行为、态度。

类型四：代替性心理防御机制

1.幻想。幻想实际是人们在遇到困难的时候，由于自己在现实中无能为力，就会利用自己的幻想来解决，以此让自己的内心得到满足。

2.补偿。人们因为自身生理或者心理的缺陷而不能完成目标时，便通过其他方式来弥补这些缺陷所带来的影响，以减轻缺陷给自己带来的焦虑等症状，帮助自己恢复自尊心。其中包括：

积极性补偿。通过适合的方式方法弥补自身的缺陷。

消极性补偿。使用的方式方法不能正确弥补自身缺陷。

过度补偿。补偿结果超出了正常的程度。

类型五：建设性心理防御机制

1.认同。当事人在无意识的情形下，取他人所长归己所有，在之后的行为表达中将他人的长处当作自己的长处来表达，是一种抵触精神焦虑的防御手段。

2.升华。升华是最积极、最富有建设性的心理防御机制。它是在意识中将不符合社会规范的原始冲动或者个人欲望，通过升华作用机制转换成符合社会要求的建设性方式表达出来的一种心理防御机制。例如，通过运动、唱歌等方式发泄自己的焦虑。

3.幽默。幽默是比较高级的心理防御机制，是指在遇到困境时，利用幽默来面对，以维持自己的心理平稳。

# 第二节　突发公共卫生事件中的心理防护与援助

## 一、轻度应激的心理防护与援助

据报道，在新冠疫情暴发初期，大多数民众出现了轻度的心理应激反应。例如，33岁的田先生每天控制不住地查看各种相关信息，担心购买的食材不干净，担心口罩不起作用，担心接触快递物品会被感染等，终日惶恐不安；24岁的何女士所在小区出现一例确诊病例后，即使她本人已经做了核酸检测，结果为阴性，小区内也进行了全方位的消毒，她还是紧张得夜不能寐。

面对突发公共卫生事件，很多人都会产生心理应激反应。那么，人们如何应对轻度应激反应？

### （一）小情绪，重在日常调节

1.了解事件的性质和流行情况，做到心中有数

应从正规渠道，了解突发公共卫生事件的动态和相关的知识，

做到不轻信谣言，不盲目传播谣言。如在新冠疫情暴发后，了解病毒的传播渠道，采取科学、正确的方式积极防控，化惶恐为行动。

2.保持自我觉察

始终保持对自身情绪状态的感知，明确自己出现的是哪种情绪，比如紧张、担心。告诉自己这种情绪是面对突发公共卫生事件的正常情绪反应，其他人也会出现类似情绪。适当的紧张、焦虑有利于激发人们积极采取措施保护自己和家人的安全，具有积极意义。不必因为有负面的消极情绪而自责，避免过度关注情绪而带来双重情绪压力。

3.采用合理的情绪宣泄方式

可以通过与亲人、朋友交流沟通的方式来排解消极情绪。面对突发公共卫生事件，人与人之间的相互依赖和支撑尤为重要。此外，还可以采用适当的运动来获得积极情绪。

4.保持正常的生活作息

正常规律的作息时间、充足的睡眠，有助于人们保持清醒的头脑。面对突发状况，人们很容易失眠，从而导致"黑白颠倒"，但熬夜会带来精神不振、懊悔、自责等负面情绪。因此，有意识地保持健康规律的作息时间，有助于缓解心理应激。

同时值得注意的是，在突发公共卫生事件的影响下，个体可能会出现"想睡又睡不着"的情况，出现这种情况时可以按照以下方法尝试入睡：（1）睡前2小时拒绝所有电子产品；（2）睡前看枯燥乏味的书籍或调整呼吸；（3）一定要有睡意才上床，否则重复前一步；（4）如果中途醒来，让自己平静地躺在床上休息，不要刻意去想事情，更不要强迫自己再次入睡；（5）早上定时起床；（6）尽量不午睡。

5.制定目标

面对突发公共卫生事件，很多人一时间手足无措。比如，在高传染性的公共卫生事件中，需要居家隔离以避免大规模传染，这就导致人们的工作与学习无法正常进行，一时间失去重心，整日关注相关信息，焦虑、担忧等情绪显著提高。此时，可以采用"制定目标"的方式来调节心理应激。这个目标可以是线上进行的工作，也可以是一直想做又没有时间做的事情等。目标不需要很宏大，可以是一个切实可行的小目标。制定目标不仅可以转移注意力，缓解消极情绪，还可以使个体产生完成目标的成就感与满足感。

6.听轻音乐、制作手工等

在轻度应激状态下，人们可以听一些自己喜欢的轻音乐，有意识地让自己放松心情，也可以同家人朋友一起沉浸于手工制作、画画等艺术创作。

7.进行放松训练，给身体减压

可以进行深呼吸放松训练，还可以通过改变身体的姿势来给自己进行减压放松，例如做手指操、颈部操或者泡个热水澡。

## （二）专业机构

### 1.心理学相关单位

面对突发公共卫生事件，心理学相关单位应以保护民众心理健康为己任，向民众科普应对心理应激的文章、知识和方法；通过线上直播和问答互动的方式，为无法出门的各类民众普及心理防护、心理疏导和情绪调适等知识；及时为民众提供普及相关心理健康知识的公益读本；同时，也可以开展针对不同人群的心理健康状况调查，及时获取突发公共卫生事件中不同人群的心理应激状态。

2.医疗机构、高校及心理协会等专业团队

全国各地的医疗机构、高校及心理协会等专业团队应积极开通心理援助热线，或者启用线上心理援助、心理自助平台，为受到突发公共卫生事件影响的普通民众以及一线医务工作者开展专业的心理支持和服务，向有需求的人群提供不间断的心理咨询服务。

### （三）不担心，国家保障托底

1.理解民众，提供保障

个体在面对不确定事件时，出现焦虑、愤怒、恐慌等情绪是正常反应。国家相关部门应该充分理解民众的这一系列情绪，并以积极关注和真切共情为基础，进行科学的解释、合理的沟通和疏解。国家相关部门应对突发公共卫生事件的心理援助工作提供科学指导，提供必要的组织和经费保障。

2.组建心理援助专业队伍

将有心理危机干预经验的专家集中起来，形成针对性强的心理救援领导小组，为统筹安排全国心理救援工作提供专业性指导。心理援助是专业性较强的工作，要做好突发公共卫生事件中民众的心理建设、援助以及危机干预等工作。国家相关部门应听取专业性意见。

3.传播积极信息，安抚民众情绪

通过媒体向民众传播积极信息，让民众感知到更多的温暖与希望。

4.保障物资充沛

尽量保障日常生活物资、医疗物资的正常供给，防止由于物资紧缺而导致物资哄抢、社会动荡。面对重大的突发公共卫生事件，我国

政府始终坚持"人民至上、生命至上",全力以赴开展应对突发公共
卫生事件的各项工作,全力保障人民群众生命财产安全和社会稳定。

## 二、中度应激的心理防护与援助

面对突发公共卫生事件,如果个体的焦虑、恐惧、抑郁等负性
情绪已经持续一段时间,出现睡不好、吃不下、无法集中注意力等
情况,这说明已经出现了中等程度的应激反应,对日常生活造成影
响。针对此类情况,以下方法有助于获得和增加安全感、掌控感,
缓解不良情绪、认知及行为反应,并应对突发公共卫生事件带来的
冲击。

### (一)抵抗恐慌,保持确定感

突发公共卫生事件具有高度不确定性,这种不确定性表现在发
生的时间和地点、受影响人群数量和范围、具体经济损害等各个方
面,因此突发公共卫生事件发生后,民众会产生一种特定的心理需
求,即对秩序的需求。很多一时难以化解的焦虑与恐惧等情绪,都
来源于正常生活秩序的丧失,人们一方面对突如其来的公共卫生事
件的打击感到措手不及,对身体健康产生无力感,同时担心突发公
共卫生事件的影响不可控制,并对未来生活的不可预知感到恐惧。

此时,人们会趋向于寻求那些能够满足其秩序需求的信息。例
如2020年初,面对突如其来的新冠疫情,人们十分关心并且不断讨
论的问题:这种病毒起源在哪?最初是如何传播的?这种病毒如何
侵入人体?目前有没有应对这种疾病的药物和治疗手段?有没有研
发出相关疫苗?

这种情况下，媒体报道的准确性，关于突发公共卫生事件资讯的公开透明，对于满足民众的秩序需求至关重要。除此之外，媒体对于医疗资源、治疗手段、个人科学防护等信息的准确报道同样十分必要，能够帮助人们在一定程度上获得对自身处境的掌控感。

### （二）采用放松法疏解情绪

在突发公共卫生事件面前，人们承受着不同程度的压力，人们焦虑、恐惧的情绪需要被看到、被承认、被疏解转化，才能逐渐平复下来。有研究者认为，无论是由直接原因还是由间接原因造成心理创伤的受灾者，对其最合理的心理援助是为其提供安全感，助其恢复安心感，其中最主要的手段就是使用放松法。

### （三）获取积极能量，增加自我效能

面对突发公共卫生事件给人们日常生活带来的重大冲击，人们要尽快走出应激反应的不良影响，需要动起来，积极寻找让自己走出困境的能量，收获效能感，建立起新的生活秩序。

1.运动

运动可以改善心境，让个体变得开心起来，同时有助于自我效能感和自信心的提升。

2.回顾过往的积极体验

记录下过往令自己感到骄傲的事件，不管有多微小。通过过往取得的小成就，找到自己拥有的资源、能力、经验和优势，列出成就清单，提醒自己是有能量的，坚信自己能应对生活中的挑战。

3.增加自我效能感和生活掌控感

面对突发公共卫生事件，无助感其实是一种普遍的情绪。个体

可以通过完成一件件生活中的小事，例如整理房间、整理电脑文件、买菜做饭等，逐渐找回控制感。

4.帮助他人，收获意义感

在面对突发公共卫生事件时，爱心的传递能够让人们温暖彼此，共同战胜困难。个体通过分享、捐赠、志愿活动等多种助人手段，能够体验到更强的意义感，创建更和谐的人际关系，提升心理健康水平。

## 三、重度应激的心理防护与援助

重度应激的症状如果已经严重影响到个体自身的日常生活，则需要向专业的心理学从业人员求助，以下是一些应对重度应激的策略。

### （一）接纳并倾诉自己的负性情绪

遭遇突发公共卫生事件的个体若产生负性情绪，应及时觉察并接纳。同样重要的是倾诉负性情绪。如果把人比作情绪的容器，不论容器的容量多大，负性情绪若不断累积，都会有满溢的一天。所以，倾诉负性情绪十分重要。

### （二）技术辅助——正念疗法

正念疗法主要包括正念减压疗法、正念认知疗法、辩证行为疗法以及接受与承诺疗法，尽管形式上存在差别，但所有疗法都遵循正念的两个原则，即将注意力集中于当下、对当下的观点不加评判。

将注意力集中于当下是指"活在当下"，即将注意力集中于现在，集中于现在正在从事的行为、活动，集中于现在的身体状态、动作，集中于现在的感受、情绪、想法和观念。总体而言，将自己从过去的泥潭中拉出，不再沉浸于已发生的事情，不再反刍负性情绪，并且不再进行没有意义的幻想，只集中于有意义的现在。正如陶渊明所言："悟已往之不谏，知来者之可追。"过去的错误已不可挽回，但未发生的事尚可补救。

不加评判指对自己的想法、观念不评价且不批判，让每一刻都如实存在，无论它是好是坏。过去的经验会使人们产生一些想法，但是紧接着又会产生"我似乎不应该有这种想法""我这么做是错的""我这么想，显得我很幼稚"的评价。所谓不作评判，就是指在将注意力集中于当下之时，对头脑中所浮现的任何想法与观念，均不作评价与批判，使其维持原有面目。去感知、觉察当下，不评判，接纳一切，不论是抑郁、焦虑的情绪，还是对自我经历过和正在经历的一切，都持有接纳包容的态度。观察而不去刻意改变，让已经出现的不良情绪以它自己的方式出现，在心中停留，慢慢消失，不加干涉。

正念的练习方法有很多，其中最常用也是最便利的是正念呼吸法。在练习正念呼吸时，首先要保证自己所处的环境足够安静。可以坐在舒服的垫子上，让头部、颈部、背部成为一条垂直于地面的直线，保证背部挺直，同时使身体其他部位放松，双手叠放或以舒服的姿势放在腿上或膝盖上。如果没有舒服的垫子，也可以坐在没有扶手的椅子上，但注意后背要挺直，不要靠在椅背上。坐好后安静下来，把注意力收回到自身，回到当下，回到此刻，体验此刻自己的每一次呼吸。试着把注意力集中到自己的呼吸上，深吸气，然后慢慢呼出，注意气息经过鼻部的细微感受，就这样循环往复。

练习中频繁走神是很正常的，不要因为不够专注而自责，觉察到走神其实就是在进步。觉察到走神的瞬间，其实意味着个体正处于当下，这本身就是正念的状态，这时不要批评自己，把注意力慢慢拉回到呼吸上来就好。除了标准的静坐练习之外，正念呼吸其实在走路、坐车等情况下，都可以随时随地练习。人们每一刻都在呼吸，每一刻都可以练习。建议初学者可以一次练5分钟，一天2~3次，逐渐延长到20~30分钟，一天2~3次。

## （三）勇敢自救，及时求助

"求助是强者的行为。"重度应激反应会严重影响个体的日常生活和工作，对于此类个体而言，他们不仅需要倾诉、接纳负性情绪，更重要的是要接受专业的心理援助，以免遭受内心的折磨。

★ 知识视窗 ★

### 蝴蝶拍

蝴蝶拍是眼动脱敏与再加工技术（EMDR）中的一种稳定化技术。遭遇灾害后，个体可以使用这一方法来缓解应激反应带来的不良情绪。

操作步骤：

1.双臂在胸前交叉，右手轻抱左肩，左手轻抱右肩；

2.双手轮流轻拍自己的臂膀，左一下、右一下为一轮，速度要慢，轻拍四至六轮为一组；

3.停下来，深吸一口气，继续下一组蝴蝶拍。

# 第三节　新冠疫情暴发后的
# 心理防护及援助案例

　　2020年初，一场突如其来的新冠疫情暴发，成为新中国成立以来遭遇的传播速度最快、感染范围最广、防控难度最大的一次重大突发公共卫生事件，严重威胁着我国人民的生命安全和身心健康。

　　钟南山院士指出，疾病的一半是心理疾病，健康的一半是心理健康。有数据显示，易怒、恐惧、轻信、抑郁、强迫和疑病是疫情防控期间人们最常见的负面情绪。面对突发公共卫生事件，焦虑、疑病等情绪性应激反应，偏执、灾害化等应激性认知改变，逃避与回避、敌对与攻击性行为等应激性行为改变，均为民众在此期间表现出的不同应激反应。因此，应针对不同人群（医护及相关工作人员、普通民众、隔离者及感染者）、不同心理应激程度（轻度应激、中度应激、重度应激），进行及时有效的心理防护与援助，保障民众的身心健康。

## 一、 对有轻度焦虑情绪的女孩的心理援助①

### （一）个案基本情况

1.人口学资料和初始印象

　　求助者，女，15岁，九年级学生，身体健康，与父母、弟弟同

---

①本案例引自《天津市学生阳光心理热线咨询案例选编》，天津：天津教育出版社，2021年。

住。家人身体健康，家族中无精神疾病史。

咨询师在与求助者交谈的过程中，感觉她的性格比较直率，具有较高的自尊水平，对自己的要求也比较高，比较懂事，能够处处为他人着想。此外，求助者语言表达清晰，学习能力较强。

2.主诉问题

咨询之初，求助者一直处于哭哭啼啼的状态，经过咨询师的安抚，求助者的情绪渐渐好转，向咨询师倾诉了自己的问题。即将中考，却赶上新冠疫情，不得不居家学习。求助者感觉自己的学习状态非常不好，怕自己考不上好高中，因此压力很大，渐渐地变得情绪不稳定，学习一会儿哭一会儿。有时候，求助者控制不住自己，长时间使用手机，荒废了很多学习时间，越发自责和愧疚。求助者感到身心俱疲，因此打来求助电话。

（二）分析与援助

求助者的消极情绪是由客观事件引起的，心理活动在内容和形式上与客观环境是统一的；其知、情、意等心理过程是协调的；求助者的个性相对稳定，且有自知力，为自己所陷入的心理状态担忧，能主动求助。求助者表现出焦虑、情绪低落等症状，程度不是很强烈，持续时间半个月左右，没有对社会功能造成严重影响，属于一般情绪问题。

求助者因学习问题求助，但只要把影响学习的诸因素调整好，学习自然不是问题。应该相信求助者自己的修正能力。咨询过程中，咨询师接纳求助者的负面情绪和认知，引导求助者发现自身积极的一面，例如有既定的学习目标，学习能力比较强等；建议求助者将注意力放在积极的一面，充分挖掘自身的优势条件；帮求助者认识到自己目前的负面情绪来自自己对压力源的不合理认知。

求助者与咨询师的交流非常开心，表示自己会调整好心态，将注意力放在学习上。咨询快结束时，求助者说其实自己什么道理都懂，就是想找个人倾诉一下，现在已经好多了。

### （三）咨询过程的反思

咨询师充分尊重求助者，理解求助者，沟通非常顺畅。另外，如果时间允许，可以再充分挖掘求助者的潜在动力，给予正面引导。

## 二、 一咳嗽就怀疑自己感染新冠病毒的男孩[①]

### （一）个案基本情况

1.人口学资料和初始印象

求助者是一位女士，40 岁。求助者的大儿子 11 岁，某小学五年级学生；小儿子 6 岁，上幼儿园大班。家庭中无重大躯体疾病患者，家族无精神疾病史。求助者愿意表达，条理也比较清楚，交流中流露出几分焦虑。

2.主诉问题

求助者的大儿子是五年级的小学生，心思重。2020 年 5 月，复课一周后，孩子只要一咳嗽就问是不是感染了新冠病毒，进行体温检测，知道没事才放心，这种情况反复出现。昨天他看了一本书，看到书中图片后又开始紧张，再次怀疑自己感染了新冠病毒，经父母劝导后好转。家长为此很苦恼，不知该如何开导孩子。

————————

①本案例引自《天津市学生阳光心理热线咨询案例选编》，天津：天津教育出版社，2021 年。

3.重要经历

大约一个月前，求助者的小儿子需要住院进行一个小手术，家长将手术日期选择在大儿子复课两天后。由于小儿子手术需要陪伴，所以父母留在医院照顾。在这段时间内，大儿子第一次离开父母独自住到同学家。虽然父母提前告知孩子，孩子也是自愿前往，但住到同学家的第二天就开始担心自己感染了新冠病毒，同学妈妈没让他测体温。

复课一周以来，大儿子的症状表现：看书、看电视激动时，踢完球喝水时，喝过甜饮料或吃较咸食物时，嗓子会发紧、咳嗽，咳嗽后便怀疑自己感染了新冠病毒，必须当即测体温。孩子之前有过敏性鼻炎，打喷嚏时不会怀疑自己感染了新冠病毒。孩子在学校内表现正常，体育课后也会咳嗽，但不会要求测体温。和家长在一起时，孩子容易多发此症状。

（二）分析与援助

通过沟通，我们可以得到的信息：①受疫情影响，求助者的大儿子复课一周后，只要咳嗽就紧张，总担心自己感染了新冠病毒，体温检测后症状缓解。②求助者对此感到非常担忧。③孩子在怀疑自己得病前总会伴随咳嗽、嗓子发紧等生理表现，而且这种情况多发生在家庭中，在学校时并没有出现类似情况。且孩子有过敏性鼻炎，打喷嚏时也不会怀疑自己感染了新冠病毒。④在复课第一周，由于小儿子手术，父母忽视了对大儿子的陪伴。⑤大儿子的性格比较敏感，第一次离开父母独自住到同学家，他的反应比普通人强烈。大儿子与父母在一起时，出现症状的频率明显高于学校，父母有可能忽视了大儿子的感受。⑥懂事的大儿子虽然没有任何抱怨，但是潜意识里用过分的表达寻求父母的关注，渴望和弟弟一样得到父母的关爱！

热线咨询不同于面询，在一定的时间内，如何让求助者发生改变，关键在于找对切入点，精准聚焦问题，该案例中，咨询师通过摄入性谈话，帮助求助者梳理孩子的表现，澄清大儿子行为的发生情境，让求助者有所觉察，并对大儿子的行为产生更多的理解和接纳。建议求助者给孩子进行身体方面的检查，孩子有一点儿强迫行为，要排查是否有抽动。父母因为小儿子手术而忽视了对大儿子的陪伴，大儿子用过分的表达寻求父母的关注，建议父母调整亲子关系。由于大儿子存在此症状，建议让孩子自己来咨询，让孩子表达与父母的关系，以及与弟弟的关系。

## （三）推广意义

在新冠疫情防控期间，长时间的居家隔离，打乱了人们的生活内容和生活节奏。此案例中，孩子的疑病更多是一种应激状态下的焦虑反应，有一定的现实因素。另外，有了二胎以后，由于家庭内部环境变化，造成长子女心态变化，甚至出现心理问题，这困扰着很多家庭。家长要及时关注孩子一些奇怪行为的产生原因，很多孩子只是为了引起父母的注意和重视。当孩子不可爱的时候，正是孩子需要爱的时候，父母要有意识地觉察长子女的心理变化。身为两个孩子的父母，最好的爱不是信马由缰，而是经由大宝，再流向二宝！

# 三、新冠疫情防控期间感觉无聊的男生[①]

## （一）个案基本情况

### 1.人口学资料和初始印象

求助者是一位男生，19岁，家住外地，大学本科一年级学生。无重大躯体疾病，家族无精神疾病史。求助者语言流畅，语音优美，应是一位积极阳光的男生。

### 2.主诉问题

求助者在新冠疫情防控期间，初期自己在家做饭，有规律地锻炼身体，一直感觉良好。居家时间长了，渐渐出现睡眠质量不好的现象，感觉无聊，希望找人聊天。因为其所在学校没有明确开学时间，便担心可能会没有暑假了。自述如果所有学校、所有学生都一样没有暑假，他也无所谓。

## （二）分析与援助

本案例属于新冠疫情防控期间，求助者因长时间居家而出现情绪问题的典型咨询案例。突如其来的新冠疫情，不但打乱了人们的日常生活，也给人们带来了不少心理困扰。咨询师不是简单地帮求助者调适情绪，而是明确不同层次的咨询目标，建议求助者学会管理自己，提高自己的适应力，也为求助者提供了促进心理健康发展的方法，助其充分实现自身潜能。本案例中，因求助者的认知水平和自身领悟力、洞察力水平较高，在巩固其良好认知、行为的基础

①本案例引自《天津市学生阳光心理热线咨询案例选编》，天津：天津教育出版社，2021年。

上，商定四个"一"积极体验：在规律作息的基础上，制订"一"项可行的、循序渐进的计划，比如为家人做饭，进行积极的生活体验；找"一"个朋友，每天进行不少于15分钟的沟通倾诉；学习"一"项新技能，可利用会乐器的优势，和大学同学共同创作一个关于抗击新冠疫情的文艺作品；因其每天运动量不大，建议加大运动量，每天进行不低于"一"小时的运动，如太极拳、八段锦等，可改善睡眠质量。整个咨询过程非常顺畅。求助者对咨询服务表示认可，同时愿意尝试改变自己的认知和行为，调适感知觉和情绪，基本达到了咨询的预期目的。

### （三）咨询过程的反思

从整个咨询过程来看，值得肯定的部分：一是咨询关系建立得比较自然顺畅；二是咨询师做到了真诚、倾听和与求助者共情，善于寻找求助者的支持系统；三是求助者的问题得到很好的解决。

## 四、"洁癖"女孩的苦恼[①]

### （一）个案基本情况

1.人口学资料和初始印象

求助者，女，45岁，其大女儿上大学二年级，大儿子上高中三年级，小儿子上八年级，求助者主要在家照顾三个子女的生活。求助者表述清楚，情绪低落，有些焦虑。

---

①本案例引自《天津市学生阳光心理热线咨询案例选编》，天津：天津教育出版社，2021年。

2. 主诉问题

求助者的大女儿正在某大学上二年级，自新冠疫情暴发，出现洁癖，每天反复洗澡、洗手，每次洗澡都要持续一个小时以上。这学期开学后，由于在学校不能随时随地洗手，洗澡也受到限制，女儿感到很痛苦。受情绪影响，其大女儿目前已不能正常学习和生活，同求助者诉说自己有时会产生跳楼的想法。求助者很担心女儿的状况，来电咨询女儿是否需要去医院就诊，应该去哪种医院，挂哪个科。

（二）分析与援助

咨询过程中了解到，求助者的女儿自高三时就出现反复重写作业的现象，虽未经过医院诊断、治疗，症状就已消失，但自新冠疫情暴发，又开始出现反复洗手和长时间洗澡的现象，且住校后受学校条件所限，要求得不到满足，内心感到很痛苦，产生轻生的想法，社会功能受到影响，属于需要到三甲医院精神科诊治的精神、心理问题。因其住校，监护人不能起到完全的监护责任，存在自杀风险，需要考虑危机干预。

本案例中，咨询师采取倾听技术，接纳求助者的情绪和认知，肯定了求助者积极寻求外界帮助的做法，充分理解求助者对孩子的关爱及对现状的无助。进而鼓励求助者讲述自己的故事，使求助者认识到家庭关系、亲人沟通、女儿性格等方面存在的问题是造成女儿现状的基本原因，并引导求助者从自身寻找内在资源。最后，调整求助者的理解、认知，同时，为求助者提供转介电话，建议其及时带女儿去三甲医院精神科就诊；建议求助者鼓励女儿及时联系学校的心理老师，接受心理辅导；建议求助者给予女儿更多的关心、陪伴、理解和鼓励。

（三）咨询过程的反思

在咨询过程中，咨询师做到了共情与倾听，与求助者建立了良好的咨询关系，缓解了求助者的焦虑情绪，并能够帮助求助者厘清问题产生的原因。由于此次咨询面对的是家长而不是孩子，且咨询时间、方式受到一定限制，对于咨询师的判断和咨询效果会有一定影响。

# 五、 对有自伤行为的女孩的心理援助①

## （一）个案基本情况

### 1.人口学资料和初始印象

求助者，女，14岁，八年级学生，本地人，身体健康。

### 2.主诉问题

求助者自述疫情防控期间长时间居家，经常与母亲争吵，而且每次争吵都会情绪失控，而每次吵完架，自己又很懊悔。求助者曾尝试理解母亲，也表达了自己心里明白母亲其实很爱她，很多时候是为她好。但是，母亲的表达有时候过于尖刻，让求助者很难接受，因此求助者感到非常痛苦。求助者表示自己在与母亲发生激烈争吵后曾有轻生的念头，在情绪失控时服过药(少量)，也曾用刻刀划手背来减轻痛苦。其求助目的是想要了解自己的心理健康状况以及管理自己情绪的方法。

① 本案例引自《天津市学生阳光心理热线咨询案例选编》，天津：天津教育出版社，2021年。

（二）分析与援助

咨询师认真倾听并深刻共情了求助者内心深处想要获得母亲的理解和关注，希望与母亲平和沟通的愿望。在充分倾听理解的基础上，咨询师与求助者确定了本次咨询的目标：评估自杀风险；探索管理情绪的方法。咨询师首先聚焦求助者的自杀风险，在CAMS框架下开展分析评估，详细询问了求助者自杀想法开始的时间、频率和表现。经详细问询得知，求助者其实并不想死，也没有做过任何自杀的计划、准备和演练，更不敢尝试。虽然求助者没有自杀风险，但是存在自伤行为（少量服药和用刻刀划手背）。综合以上的分析评估，咨询师首先肯定了求助者的求助行为，鼓励她在有心理困扰时积极寻求并利用有效资源。其次，向求助者解释了她的自伤行为并非心理疾病，自伤在客观上帮助她宣泄了负面情绪，但绝非疏解情绪的最佳方式。最后，咨询师询问了求助者既往经历中成功排解不良情绪的经历，在此基础上建议求助者尝试转移注意力、放松身体、运动锻炼等健康的情绪管理方法。

本案例中，咨询师能够较好地理解求助者，并在咨询初期与求助者建立起良好的咨询关系。在咨询过程中，求助者慢慢敞开心扉，并在咨询后期表现出了很强的倾诉欲望，能够对咨询师提出的建议进行思考和回应，积极与咨询师探讨如何用健康的方法管理情绪。咨询结束时，求助者道谢并挂断电话。

（三）咨询过程的反思

咨询师在咨询初期通过认真倾听、准确共情，与求助者快速建立起良好的咨询关系，这是本次咨询顺利开展的基础。求助者在咨询中表达了"自杀"想法，咨询师能够敏感捕捉并快速聚焦，通过专业评估分析将其界定为自伤行为，并为求助者提供了宣泄情绪的健康方法，帮助其管理情绪，这是本次咨询取得良好效果的关键。

★ 知识窗 ★

### 着陆技术

着陆技术，又称定心技术、健康性分离，将注意力从内在的思考转回到外部世界，用来放松自己的情绪，是众多稳定化技术之一。个体经历了一次可怕的事件之后，有时候情绪过于激动或者不可遏止地回想或想象发生了什么，就像气球飘在空中，此时应用"着陆"来放松个体的心情，让个体的意识从虚无缥缈的内在思考转回到自己的呼吸、身体的感知觉上，将注意力带回当下，聚焦此时此刻。

当遇到某个触发点时，感到情绪难以平复，可随时使用着陆技术。在0~10分的范围内（分值越高，痛苦程度越高）对着陆前和着陆后的情绪状态进行打分，评估一下着陆是否有效。

操作方法：

（1）精神着陆：环顾四周，调用所有感官，详细描述你所在的环境，包括视觉、听觉、嗅觉、味觉、触觉等各方面感觉信息。

（2）身体着陆：体会双脚踩实地面与地面接触的感觉；手握暖水杯，抚摸毛绒玩具，感受温度与质地；挺胸伸展

四肢，体会躯体的存在和被舒展的感觉。

（3）抚慰性着陆：对自己说一些温柔善意的话，像对待小孩子一样耐心对待自己；想象自己关心的人的样子，看看他们的照片；想象自己期待的事情。

# 参考文献

陈玲，张桂青．（2020）.新冠肺炎疫情下医护人员心理问题干预及破冰之策.医学与哲学，41（12），44-48.

陈秋燕．（2020）.疫情心理热线：一次单元心理咨询.心理与健康，（4），26-28.

丁絮，徐慰，安媛媛．（2017）.经历2016盐城风灾青少年的抑郁与创伤后成长：特质正念的调节作用.第二十届全国心理学学术会议——心理学与国民心理健康摘要集.

冯丹阳．（2019）.急性心理应激影响人际合作和竞争的脑机制（硕士学位论文）.华东师范大学，上海.

付芳，伍新春，臧伟伟，林崇德．（2009）.自然灾难后不同阶段的心理干预.华南师范大学学报（社会科学版），（3），115-120+140+160.

付晓凡，赵文坤，赵青，王芳兰．（2020）.新型冠状病毒肺炎住院患者心理状况调查与护理对策探讨.中西医结合护理（中英文），（6），103-104.

韩静．（2020）.放松情绪 助力抗疫——三种简单实用的放松训练.考试与招生.

何丁玲，赵霞，万彬，郭利华．（2020）.新型冠状病毒肺炎隔离病房患者的心理反应及护理对策.现代临床医学，（4），288-289.

黄雪花，李菊花，喻红，黄丽娟，黄霞，王雪．（2021）.正念

减压与心理健康教育对新冠肺炎隔离病房医护人员心理干预效果的比较.成都医学院学报，16（2），197-202.

黄媛，张敏强．（2009）.地震灾难中的心理应激反应及相应的心理危机干预.中国健康心理学杂志，17（2），231-233.

江秀梅，陈熳妮，周春姣，陈信生，申倩，马钰桦，王彩仁．（2020）.新型冠状病毒肺炎期间普通患者心理弹性水平及其应对方式的影响.心理月刊，（18），38-39+42.

姜金波，任垒，毋琳，吴忠英，崔迪，王紫微等．（2019）.正念疗法研究.中华保健医学杂志，21（6），604-606.

解雨，雷雨，郑姝玉，黄舒，何海燕．（2020）.对参与救治新型冠状病毒肺炎患者一线医护人员的心理压力原因分析及思考.西部医学，（3），319-321.

孔祥静．（2021）.重大突发公共卫生事件下个体心理健康的变化（硕士学位论文）.华东师范大学，上海.

李凌，蒋柯．（2008）.健康心理学：人类健康与疾病的心理解读.上海：华东师范大学出版社.

梁宝勇．（1986）.对应激的生理反应.医学与哲学（人文社会医学版），（11），53-54.

梁宁建．（2006）.心理学导论.上海：上海教育出版社.

马翠，严兴科．（2020）.新型冠状病毒肺炎疫情的心理应激反应和防控策略研究进展.吉林大学学报（医学版），（3），649-654.

马辛，谢斌，王刚．（2020）.新型冠状病毒感染的肺炎公众心理自助与疏导指南.

南菲菲，赵毅，傅素芬，邢赛春，马胜男，曹新毅．（2021）.浙江省新型冠状病毒肺炎疫情下远程心理危机干预服务.中国健康心理学杂志，（3），367-370.

　　钱铭怡.（2006）.变态心理学.北京：北京大学出版社.

　　申倩，陈熳妮，邱文波，林美珍，周春姣，潘丽丽，江秀梅，张晓灿.（2020）.公共卫生应急状态下临床护士心理应激水平及其影响因素.职业卫生与应急救援，38（5），452-456+461.

　　施剑飞，骆宏.（2016）.心理危机干预实用指导手册.宁波：宁波出版社.

　　苏斌原，叶苑秀，张卫，林玛.（2020）.新冠肺炎疫情不同时间进程下民众的心理应激反应特征.华南师范大学学报（社会科学版），（3），79-94.

　　苏芳，宋妮妮，薛冰，李京忠，王燕侠，方兰，程叶青.（2020）.新冠疫情期间民众心理状态时空特征——基于全国24188份样本分析.中国软科学，（11），52-60.

　　孙虹宇.（2022）.突发公共卫生事件与公众情绪的发展规律研究（硕士学位论文）.天津中医药大学，天津.

　　孙宇婷，肖凡，周勇，田广增.（2020）.新型冠状病毒肺炎疫情公众关注度的时空差异与影响因素——基于百度搜索指数的分析.热带地理，（3），375-385.

　　汪晖，黄丽红，胡露红，王颖，徐蓉，蔡斯斯，王成爽.（2020）.新型冠状病毒肺炎住院患者心理应激状况及影响因素分析.护理学杂志，（15），75-79.

　　王素梅，张一红，赵锐瑾，杨梦，司艳平，伦淑敏.（2020）.以沙盘游戏为主导的综合心理干预在因接触COVID-19疑似病例被隔离医护人员中的应用.河南医学研究，29（30），5571-5574.

　　王雨鑫.突发公共事件的心理应激探析与干预.临床心理的浙江

研究学术研讨会.

韦有华，汤盛钦.（1998）.几种主要的应激理论模型及其评价.心理科学，21（5），441-444.

熊强，李瑾.（2020）.1例武汉市民疫情期间出现焦虑抑郁问题案例报告.心理月刊，15（16），17-18.

杨道良，陈龙云，顾俊杰，陈亮亮，季海峰，陈玄玄.（2021）.方舱医院新型冠状病毒肺炎患者心理健康状况及心理干预.中国健康心理学杂志，（4），560-564.

杨欢.（2022）.突发公共卫生事件背景下公众心理创伤管理研究进展.心理月刊，17（14），231-233.

叶冬青，查震球.（2009）.我国突发公共卫生事件的新特点与应对新策略.中华疾病控制杂志，13（1），1-3.

于璐，熊韦锐.（2011）.灾区人民心理问题的表现形态及正态疗法的调适.企业研究（理论版），（3），151.

袁文萍，黎雪琼，马磊.（2021）.高职生积极心理品质与主观幸福感的关系：领悟社会支持和学校归属感的链式中介作用.中国健康心理学杂志，29（4），615-619.

岳计辉，王宏，温盛霖.（2020）.新型冠状病毒肺炎患者的心理应激与心理干预.新医学，51（4），241-244.

臧刚顺，宋之杰，赵岩，崔树磊，温培元.（2020）.心理一致感对中国消防员创伤后应激反应的影响：应对方式的双重中介作用.中国健康心理学杂志，（4），544-548.

张芳，穆新华，张蕾，程文红，仇剑崟.（2020）.新冠肺炎心理援助热线咨询上海数据的初步分析.心理学通讯，3（2），95-99.

张琳，赵春晓，任志洪，江光荣.（2020）.重大公共卫生事件中医护人员的远程心理干预.华中师范大学学报（人文社会科学版），59（6），179–186.

张艺.（2020）.疫情之下教你如何放松.健康向导，（3），16–17.

郑爱明.（2020）.新型冠状病毒肺炎疫情下公众心理反应及干预对策.南京医科大学学报（社会科学版），（5），425–428.

钟杰，钱铭怡，张黎黎.（2003）."非典"心理援助热线来电初步分析报告.中国心理卫生杂志，17（9），591.

钟霞，姜乾金，钱丽菊，吴志霞.（2005）.医务人员压力反应与社会支持、生活事件、应对方式的相关研究.中国临床心理学杂志，13（1），3–12.

周舒.（2015）.美国的互助小组是如何运行的.中国社会工作，（10），2–9.

朱越，沈伊默，杨东.（2020）.重大疫情暴发期间个体自主心理防护的PASS模型.保健医学研究与实践，17（2），6–10.

Bailey，R.，& Clarke，M.（1989）.Stress and Coping in Nursing. Springer US.

Bernstein，E.E.，Curtiss，J.E.，Wu，G.W.Y.，Barreira，P.J.，& Mcnally，R.J.（2018）.Exercise and emotion dynamics：an experience sampling study. Emotion，19（4），9–11.

Bremner，J.D.（1995）.MRI–based measured of hippocampal volume inpatients with PTSD. The American Journal of Psychiatry，152（7），973–981.

Chen，S.H.，Lin，Y.H.，Tseng，H.M.，& Wu，Y.C.（2002）.Posttraumatic stress reactions in children and adolescents one

year after the 1999 Taiwan Chi-Chi earthquake. Journal of the Chinese Institute of Engineers, 25（5）, 597-608.

Genc, E., & Arslan, G.（2021）. Optimism and dispositional hope to promote college students' subjective well-being in the context of the COVID-19 pandemic. Journal of Positive School Psychology, 5（2）, 1-10.

Kleim, B., & Ehlers, A.（2008）. Reduced autobiographical memory specificity predicts depression and posttraumatic stress disorder after recent trauma. Journal of Consulting and Clinical Psychology, 76（2）, 231-242.

Koso, M., & Hansen, S.（2006）. Executive function and memory in posttraumatic stress disorder: a study of bosnian war veterans. European Psychiatry the Journal of the Association of European Psychiatrists, 21（3）, 167-173.

Luthans, F., & Youssef, C. M.（2004）. Human, social, and now positive psychological capital management. Organizational Dynamics, 33（2）, 143-160.

Moradi, A. R., Herlihy, J., Yasseri, G., Shahraray, M., & Dalgleish, T.（2008）. Specificity of episodic and semantic aspects of autobiographical memory in relation to symptoms of posttraumatic stress disorder（PTSD）. Acta Psychologica, 127（3）, 645-653.

Müller-Leonhardt, A., Mitchell, S. G., Vogt, J., & Schürmann, T.（2014）. Critical incident stress management（cism）in complex systems: Cultural adaptation and safety impacts in healthcare. Accident Analysis & Prevention, 68（9）, 172-180.

Waterschoot, J., Kaap-Deeder, J. V. D., Sofie Morbée, S. B., & Vansteenkiste, M. (2021). "How to unlock myself from boredom?" The role of mindfulness and a dual awareness- and action-oriented pathway during the COVID-19 lockdown. Personality and Individual Differences, 175 (17), Article 110729.

Wolf, O. T., Schommer, N. C., Hellhammer, D. H., Mcewen, B. S., & Kirschbaum, C. (2001). The relationship between stress induced cortisol levels and memory differs between men and women. Psychoneuroendocrinology, 26 (7), 711-720.

Xiong, J., Lipsitz, O., Nasri, F., Lui, L. M., Gill, H., Phan, L., & McIntyre, R. S. (2020). Impact of COVID-19 pandemic on mental health in the general population: A systematic review. Journal of affective disorders, 277, 55-64.

# 第 八 章

# 社会安全事件中的心理防护及援助实践

社会安全事件的发生通常会引起全社会的高度关注，并严重影响公众的心理状态。如果不及时采取心理干预措施，将会进一步对公众心理健康造成损害，对社会稳定造成威胁，因此灾后心理防护及援助非常重要。本章首先介绍社会安全事件中受灾者、救援人员和社会公众常见的心理反应，其次介绍针对不同人群的多种心理防护和援助措施及技巧，最后通过代表性案例展现系统化的实践过程，旨在为救援人员进行心理防护和援助提供科学指导。

## 第一节　社会安全事件中常见的心理反应

### 一、社会安全事件的特征

社会安全事件主要是指危及人民生命财产安全和破坏社会公共秩序的安全问题事件，包括社会治安事件、公共卫生事件、生活安全事件、生产安全事件、交通安全事件、群体性事件、恐怖袭击、涉外突发事件等。社会安全事件会给公民的生命和财产安全造成严重的危害，且其后果不只是影响到与事件相关的人和物，还会给整个社会的风气、环境、利益都带来不良后果。

通常来说，社会安全事件有以下几个特征：

1.社会性

社会安全事件的发生会严重破坏社会治安秩序，对公民的生命、生活、财产、心理构成威胁，且这些事件在其影响范围上常常超越个案和局部地区，结果通常引起全社会的高度关注，在全社会有较高的话题度。

2.不确定性

在社会安全事件刚发生时，起因一般难以确定，可能是单一因素，但更多可能是多方面、多角度原因。在事件发生后，受灾民众由于自身情况的不同会有各种各样的反应，再加上社会环境的不同和社会管理的差异，事件的发展方向通常无法确定，导致整个事件有不同的结果趋向。因此，通过掌握事件发生的前因后果，可以对将来的情况进行预测，降低危害程度和损失，更重要的是降低同类型事件的不确定性。

3.紧急性

由于社会安全事件的发生具有很大的不确定性，发生也较为突然，而且在发生前，人们通常认为这种事件发生的概率极小，甚至是不可能发生的。一旦发生，人们往往手足无措，无法掌握事件的起因、性质、发展走向等，从而陷入一种紧急状态。而且此类事件发展速度比较快，需要有关部门紧急采取相应的应急措施，否则会导致更加严重的后果。

4.扩散性

由于社会安全事件发生得很突然，事态发展迅速，且影响范围和危害具有一定的扩散性，人们无法掌握全面的信息，便会生出一些无端猜测和恐慌情绪，部分人会因此产生一些不良行为，引起一些次生危机和接连的社会动荡。

5.危害性

社会安全事件对民众的物质财富、生命安全、心理健康以及社会的稳定性造成巨大的伤害，使许多人的正常生活受到了威胁。如若得不到及时的控制，还会在发展过程中引起一连串的反应，对社会公共秩序造成更严重的影响。

## 二、社会安全事件中不同人群常见的心理反应

一般来说，社会安全事件涉及三大类人群：受灾者，即经历事件全过程后幸存下来的人；救援人员，主要包括医护人员、消防员、媒体记者、志愿者等；普通民众，即对事件高度关注的"旁观者"。

### （一）社会安全事件中受灾者常见的心理反应

作为经历事件全过程的受灾者，他们是这次事件主要的直接受害者，因此他们的心理反应需要受到最大限度的关注。总体来说，这类群体的心理反应主要包括：崩溃、急性应激障碍、创伤后应激障碍、躯体化症状等。

1.崩溃

崩溃是指某人由于经历突发的或过度的刺激性事件，超出了本人能承受的心理极限而带来的一种绝望、无助的情感体验，同时伴

有情绪的彻底失控。由于社会安全事件的突发性和危害性巨大，经历过生死劫难的受灾者的认知、情感体验、所处的外界环境都发生了巨大的变化，其身心都趋于耗竭的状态。具体表现为：（1）体力耗竭。如精疲力竭、容易疲劳、睡眠不良、频繁头疼等。（2）情感耗竭。重大社会安全事件中的受灾者往往在该事件中失去了亲友，在生死历劫和亲友离世的双重打击下，这类人群通常会有抑郁、绝望等情感体验。（3）精神耗竭。这类人群易产生自暴自弃的想法，对周围的人、事、物都抱有消极态度。

2.躯体化

一些常见的躯体化反应有：哭泣不止、呼吸不畅、心跳加快、换气过度、胸闷、颤抖、头痛、失眠、做噩梦、食欲缺乏、肠胃问题、异常疲惫、退缩等。一般认为，这种躯体不适与躯体症状的出现是心理应激的反应，是由对个人具有特定意义的刺激性生活事件或境遇造成的。

一些躯体化患者由于缺乏一定的心理学知识，再加上"含蓄"的特点，不愿意袒露自己的心理问题。同时，部分患者存在述情障碍，在情绪体验和描述上的缺陷会更严重，他们往往不善于发掘自己的内心问题。由于心理冲突无法表达和解决，他们往往会过多地关注躯体感觉并将其夸大，将心理问题躯体化，使心理问题通过躯体反应或躯体症状的形式表现出来。例如，强烈的压抑情绪表现为咽喉部有堵塞感、呼吸不畅等。

社会安全事件会给受灾者带来巨大的心理创伤，如果受灾群体无法很好地表达自己的心理冲突，则更容易将注意力集中在躯体上，通过夸大自己的躯体症状来获得更多的关注，以缓解内心的焦虑、恐惧等情绪。

★ 知识窗 ★

## 述情障碍

述情障碍又称为"情感难言症"，是一种人类特有的、在认知加工过程中出现的情绪情感加工缺陷。述情障碍人群通常无法辨别自己以及他人的真实情绪，同时他们还有思维、想象力、创造力匮乏，对目的和动机的表达不恰当，对梦境有回忆困难，对情绪状态和躯体感受辨别不当等特点。

与其他人相比，述情障碍者在情绪反应上存在三点异常：（1）区分情绪感受和躯体感受存在困难；（2）难以描述人的真实情绪与情感；（3）对"情绪""情感""感受"等相关词汇的储备量较为贫乏。

要注意的是，虽然述情障碍者会出现有关情感表达的困难，但这并不意味着他们没有感觉，他们只是不知道如何去表达。因此述情障碍往往是"躯体化"的一个重要诱因，述情障碍者总是怀疑自己有生理疾病等各种身体不适感，如呼吸不畅、心动过速等。实际上，他们是把情绪上存在的问题误认为是躯体上出现的问题。

### 3.急性应激障碍

急性应激障碍的症状表现为一系列生理、心理反应的临床综合征。这些症状主要包括分离、再历、回避、过度警觉（沈鱼邨，2001）。在经历巨大变故后，受灾者一时间无法相信自己所经历的事情。在"不真实感"和现实之间，他们逐渐消沉，渐渐"回过神来"，认识到所有的悲剧都是真实存在的、无法挽回的，这时便会产生如急性应激障碍这样的严重心理问题。

4.创伤后应激障碍

创伤后应激障碍的最大特征是长期性和延迟性，常发生于经历变故的数月或数年后。大量研究发现，创伤后应激障碍与事件类别、患者个人状态、家庭与社会支持程度有很大关系。

### （二）社会安全事件中救援人员常见的心理反应

救援人员在社会安全事件中是一个至关重要的群体，民众会对他们给予过多的关注和过高的期望，所以他们在救援活动中容易产生心理压力，进而出现各种心理问题。同时他们作为社会安全事件后第一批奔赴现场的人员，会目睹各种灾害场面，心理会受到较为强烈的冲击。因此，救援人员的心理反应同样需要受到足够的重视。一般来说，在社会安全事件中，救援人员常见的心理反应包括以下几个方面：

1.情绪情感方面

（1）焦虑与恐惧

除受灾群体以外，救援人员作为与社会安全事件最接近的群体，常会产生恐惧和焦虑两种情绪状态。

恐惧在社会安全事件中主要指面对事故现场以及一些尚未发生的事件的担心或害怕，主要源于自己或他人在事故中的痛苦体验。由于救援人员在事故后是第一批直面现场的人，环境与危险的不可预知性、后果的惨重性、事件发展的不确定性都会加剧救援人员的恐惧心理。

焦虑是一种对未知的、不确定的事件或场景的紧张体验，是对压力的情绪反应。救援人员工作性质特殊，其工作强度较大，会严

重消耗其体力与精力，再加上当今社会信息传播迅速，民众的目光聚焦在他们身上，希望也寄托在他们身上。因此，事件发展的不确定性、自身体力与精力的限制、民众的关注与期望这"三座大山"会给救援人员，尤其是一线救援人员带来巨大而又无形的压力。所以焦虑的情绪常常困扰着救援人员。

（2）内疚与挫败感

救援人员的内疚感一般来自两方面。其一，救援人员的工作性质决定了他们需要长期坚守在一线，面对家人的担心与关心，常常无法给予及时的回复，并且，自己也无法在巨大的社会安全事件后给予家人关心与帮助，这会令他们对家人和朋友产生内疚感。其二，在救援工作中，当救援措施不到位或是尚未找到最合适的救援方法时，救援人员常常会陷入内疚。同时，在事故过去一段时间后，由于救援人员经历过比较多的生死离别或是经历了对心理冲击较大的事件，他们可能会觉得自己比受灾者幸运，这样的想法也会使他们产生内疚感。

此外，挫败感这种情绪在医护人员身上更为常见。由于医护人员的工作内容几乎全部围绕救死扶伤，他们常常被誉为"白衣天使"，这使他们对自己的工作存在较高要求以及高度责任感。然而，社会安全事件的后果往往十分惨重，有些甚至伴随着公共卫生事件，许多病因尚不能在短时间内弄清楚，从而导致治疗效果不佳的问题。病人的痛苦往往让救援人员也备受折磨，尤其是当自己竭尽全力却依然无力回天的时候，救援人员会认为自己不是一个合格的医生、护士，进而产生巨大的挫败感。

（3）悲观与无助

救援人员的责任重大、工作量巨大，导致他们往往没有时间进行自我调节。他们会对自己的工作前景感到迷茫与不安，感觉日子遥遥无期，从而产生悲观情绪。同时，看到同事们在一线奋战，而自己却总是有消极想法，便会否定自己，不敢表达和承认自己脆弱的想法，担心会影响他人，会使他人改变对自己的看法。因此，救援人员常常自己一个人承担所有消极想法，压抑自己的情绪，感觉越来越无助。

2.认知方面

由于一线救援人员的工作十分紧迫、工作量大，没有充足和规律的休息时间，他们常常会出现判断失误增多、记忆力下降、大脑反应迟钝、理解与思考出现困难、对工作失去信心和兴趣、不愿相信他人等现象。

3.行为方面

救援人员如果没有及时得到专业的心理疏导，在行为上可能出现喜爱独处、遇事退缩和逃避、暴饮暴食或拒食、坐立不安、举止不自然等现象，严重者会出现自伤或自杀等行为。

4.替代性创伤（vicarious traumatization，VT）

替代性创伤最初是指专业的心理治疗者长期接触患者，受到了咨访关系互动的影响，也出现了类似病症的现象，即心理治疗者本人的心理也受到了创伤。这是助人者对患者的创伤同理投入所导致的一种内在经验的转变。近些年来，替代性创伤在救援人员身上也经常发生。救援人员目睹了大量的摧毁性、破坏性场景或是数量较大的人员伤亡的画面，对心理的损害程度超出了自身心理承受极限，因而产生了心理问题。

要注意的是，替代性创伤并不是患者主动加诸治疗者的，而是治疗者在工作中与患者接触时累积的转变。常常是出于治疗者的同理心，如对患者及其遭遇产生了同情和共情，而使自己出现严重的身心困扰，甚至出现精神崩溃。一般来说，有以下三种特征之一者易出现此种情况：（1）精神压力较大者。其身体易疲惫，易受攻击，免疫力下降。（2）心理上的易感人群。其容易受到暗示和被别人影响。（3）童年有创伤或生活中有烦心事者。其心理容易被攻击而变得脆弱。

替代性创伤给救援人员带来了巨大的危害，让助人者体验被救助者的创伤经历，会在一定程度上颠覆助人者的一些价值观和人生观，从而使助人者产生许多负面情绪，严重影响了助人者的日常生活。替代性创伤通常使救援人员在以下四个方面产生困扰：第一，在生理上，可能会出现睡眠质量下降、噩梦频繁、食欲缺乏、肠胃不适、呼吸困难、窒息感较强烈、肌肉紧张、腰酸背痛等现象。第二，在认知上，可能会出现注意力难以集中、记忆力下降、思考困难或推理失误等情况，甚至会产生一些基本信念的改变，如"危险无处不在""身边都是坏人""生活中的意外根本无法预测"等，这些消极信念会使人产生不确定感，失去对生活的信心。第三，在情绪情感上，可能容易出现烦躁易怒、恐慌紧张、悲观绝望、过分警惕、消沉无精神等表现。第四，在行为上，可能会出现逃避现实、不与人沟通、不相信他人、过度依赖他人、敏感多疑、冲动行为或攻击行为、服用各种镇静药品、自残自杀等情况。

### （三）社会安全事件中普通民众常见的心理反应

由于社会安全事件具有突发性、扩散性的特点，且破坏性巨大，因此，重大的社会安全事件不仅会给受灾者、救援人员带来直接的伤害，同样也会给普通民众带来间接的、难以估量的伤害。

1.恐慌

恐惧作为一种个人本能的适应性心理反应，具有较大的危害性，会使个人在一定程度上丧失理智、思考力、判断力，作出一些不合理行为。如在火灾中，会有人因为迅速蔓延的火势所带来的巨大威胁而丧失了逃生的基本常识，选择从高楼一跃而下，却没注意到附近就有一条安全的逃生通道。重要的是，恐惧具有一定的传染性，尤其是出现了突发性的社会安全事件。因为人类具有从众心理，当个人认为自己或者身边的人处于或者即将处于危险之中，要去面对想象中的或现实存在的威胁时，个人易作出不合理行为，如尖叫呐喊、四处奔逃等，这种行为会迅速扩散，影响到周围人，甚至是整个社会群体。

对于民众恐慌心理的引发原因有如下几种解释：

（1）社会安全事件的特性。由于社会安全事件有事发的突然性、事发原因和发展趋势的不确定性、后果的惨重性和危害性，以及覆盖群体较广泛等特性，人们普遍认为社会安全事件发生的概率极低，即便发生了，也认为自己不是那个"倒霉的人"，因此在社会安全事件发生时几乎毫无准备。在人们不了解事件发生的原因和接下来的走向，甚至是对于有些事件还没有较好的应对办法时，人们往往会陷入一种手足无措的境地。同时，面对事态的不确定性和结果的危害性，人们会产生一种绝望感、无力感。以恐怖袭击为例，由于恐怖袭击的确是非常小概率的事件，人们很少对这种事件加以防范，当事件真实发生时，恐怖分子的攻击目标往往具有不确定性、随机性。因此，人们会将恐怖袭击事件的受害者想象成自己或自己的亲人、朋友，这种想法具有普遍性，因此会形成集体恐慌。

（2）信息的不对称性。社会安全事件具有较大的扩散性，一旦

发生，便会引来整个社会的高度关注。此时，个别人的非理性行为可能会引发谣言的出现和传播，又因为信息传播速度快，一些容易听信他人的个体会被这些消息困扰，将不准确的威胁变成针对自己的直接威胁，并将这些消息继续传播给他人，进而形成集体恐慌。以一些重大的刑事案件为例，在事发地所在的区域或社区会出现多种版本针对案件情况的流言，这导致社区有许多人不敢出家门，严重影响他们的正常生活。

（3）失去控制感。当个体对某种情况有较高的控制感时，会有较高的安全感，这是因为个体有把握面对事件可能的结果，并相信自己能够很好地处理问题。例如在乘坐拥挤的电梯时，有的人愿意站在靠近控制板的地方，他认为自己有足够把握去控制现在所处的狭小空间，因此也不会因为电梯十分拥挤而焦虑。然而社会安全事件往往具有很大不确定性，人们在事件发生过程中并不能快速将其控制在自己可把握的范围内。因此，在失去控制感时，人们通常会陷入一种焦虑、无助、愤怒的情绪中，表现为急躁、坐立不安的状态。

（4）从众心理。从众心理是指个人在群体的压力或影响下，放弃自己的意见而使自己的意见、行为和群体保持一致的情况，也就是通常所说的"随大流"。一个人的行为不仅受自身价值判断的影响，也会受到社会环境的影响，从而易出现从众行为，即个人会受到他人行为示范的影响而产生类似行为。在社会安全事件中，小道消息的扩散，降低了人们的理性程度，尤其是这些小道消息所带来的负面影响使人们达成共识，极有可能引发人群的一致恐慌，使更多人被动接受并模仿相应的恐慌行为。从心理学的角度来看，人们的恐慌行为趋向一致是为了"避害"，也是为了避免被社会孤立。因为大家在面对一些事情的时候都是这么做的，若你不做就显得"另类"。

社会安全事件的发生会导致群体恐慌，但是从个体的恐惧到群体的恐慌也需要一个过程。第一，产生威胁。在事件发生后，个人意识到自己的生命和财产会受到直接或间接的威胁，这种威胁使个人受到刺激，产生恐惧。第二，信息的不对称。在产生担忧与恐惧之后，个人需要广泛搜集与威胁相关的信息，分析威胁对自己的影响程度。但由于信息的不对称，个人往往不能充分获取有用的信息。第三，产生个人联想。在个人对外在威胁无法准确预估时，只能凭借个人主观的想象去猜测自己可能面临的威胁。由于个体联想存在较大差异，例如有人是乐观的想法，有人则是悲观的想法，因此有悲观想法的人更容易陷入自己想象的困境中，并更加相信不对称的信息。第四，个人恐惧。由于对威胁没有控制感，个人认为自己会成为潜在受害者，从而形成个人恐惧。第五，小道消息与谣言传播。个人陷入恐惧之后，理性思考的能力会降低，往往会出现一些错误的判断，如情绪不再稳定，以及产生一些非理性行为，这种情况下个人会听信谣言，成为谣言传播的主要力量。第六，集体联想。恐惧情绪有较强的传染性，会推动一些不实的或夸大的消息的传播，当人数足够多时，就形成了集体的安全感缺失和恐慌心理。第七，集体的恐慌行为。在社会出现较大规模的恐慌时，部分人的非理性行为会迅速蔓延，进而导致一些极端事件的发生，严重影响个人的正常生活和社会的稳定和谐。

2.过度防范

过度防范心理是一种无意识的心理防御机制，也是一种人类本能的适应性反应。在社会安全事件中，一些人想要获得更多的确定性，

因此会强迫自己作出过多的防护准备，来使自己获得一些安全感。

3.否认

否认是人们在面临挫折、灾害、死亡等应激事件时最常用的心理防御机制之一（布莱克曼，2011）。否认是指将已经存在或发生的事实在心理上加以否定，以此来减轻心理上的痛苦和焦虑感。

否认包含四个种类：

（1）本质否认。对现实的否认，即使有大量的证据证实其存在。

（2）行动上的否认。通过行为象征性地表达出："那个令人厌恶的事实并不是真的。"

（3）幻想中的否认。通常是坚持一个错误的信念去回避令人感到恐怖的现实。

（4）言语上否认。利用一些较为特殊的字眼使自己相信现实是虚假的。

在社会安全事件发生后，一些人由于还没能接受现实的残酷，而否认事件的发生，这种防御机制可以帮助他们在一定程度上消除内心的不安与惶恐。但是要注意的是，这并不能完全否定问题的存在，仅仅是帮助人们减少了对这些事件和后果的注意，用躲避问题代替面对问题，这实际上也削弱了人们对于挫折问题的适应力，可能会导致消极主义的心理和不作为的行为。

4.心理台风眼效应

在气象学中，"台风眼"是指台风中心直径大约10千米的区域。台风眼外围的空气旋转剧烈，在离心力的作用下，外围的空气不容易进入台风的中心区域。因此，台风眼区域内的空气几乎是不会旋转的，风力很弱。借助气象学的概念，心理台风眼效应（psychological typhoon eye effect）是指在灾害发生的中心区域，个体的心理反应比中心以外地区的个体更平静的现象（谢晓非，林靖，2012）。

该效应揭示的是重大灾害发生后，身处重灾区的"当事人"与"旁观者"之间心理反应的不同。也就是说，在社会安全事件发生后，作为"旁观者"的普通民众比"当事人"更加焦虑、担忧、害怕等。

对于心理台风眼效应的发生有以下解释：

（1）认知失调理论。费斯汀格指出，个体对于事物的态度以及态度和行为之间应该是相互协调的，如果出现不一致的情况，个体就会处于认知不和谐的状态，即认知失调。在社会安全事件中，作为事件以外的群体，接触到了有关事件中心的消息后，他们现存的认识会受到一定程度的威胁，从而产生认知失调，就会出现"旁观者"比"当事人"更加担忧、情绪波动更大的现象。

（2）个体知识经验说。该解释认为，个体对现实一些经验的形成来自这些经验与其他经验的对比。也就是说，如果没有了个体直接的经验和体验，那么该个体只能从其他媒介来获得一些间接的经验，从而对于现实可能会有不准确的认识。在社会安全事件发生后，有直接经验的个体，即"当事人"已经对事件全局有了较为清晰、客观的认识和感受。而作为普通民众，大多是通过媒介消息来了解事件的全貌以及发展后续，因为信息传递的过程可能存在偏差，这就会导致普通民众对事件无法获得客观的认识，所以他们的情绪和反应会大于处于事件中的人群。

（3）简单暴露效应。该效应又叫多看效应、纯粹接触效应。指的是某刺激的简单暴露会提高个体对该刺激的态度，无强化的暴露一方面会提高个体对于刺激的熟悉程度或喜爱程度，另一方面也会

降低个体对于该刺激的敏感程度。在社会安全事件中，"当事人"暴露在风险之中，久而久之，就会降低对风险的敏感度，增强对风险的适应性，对于风险产生"见怪不怪"的感受。而作为从未置身其中、没有过亲身感受的普通民众，事件对于他们的刺激反而会引起更大的反应。

（4）涟漪效应。扔石头产生涟漪本是一种自然现象，但是也能够反映出一些重大事件对人类社会的影响。在平静的湖面投下一块石头，会看到层层的环形水波扩散开来，假设投入湖中的石头质量足够大，那么形成的水波就会很深，也会波及更大的范围。在社会安全事件中，事件中心就好比湖中落入巨石的区域，水波所经过的区域就是普通民众所在区域。但复杂的是，在涟漪波及的过程中，由于信息传播存在一定程度的偏差，普通民众对于信息的理解程度也存在差异性，他们依据个体的主观能动性对事件中心的情况进行认知加工，很大程度上会因为缺乏直接经验和亲身感受而"放大"所接收到的间接信息，从而对事件中心产生偏差较大的认知。

5.其他反应

在社会安全事件发生后，普通民众在认知、行为、身体上也会出现许多不良反应。

在认知上，普通民众会出现思维易混乱，思考问题缺乏理性，价值判断和推理易偏差，注意力难以集中，丧失对于生活的兴趣，产生一些有危害性的非理性信念等。

在行为上，普通民众易出现自控能力下降的情况，以及一些回避行为，如不出家门；或是强迫行为，如过度清洁；还有可能出现一些极端行为，如自残自杀等。

在身体上，普通民众可能会出现呼吸困难、窒息感强烈，食欲不振或暴饮暴食，失眠、睡眠质量降低，手脚发麻，头晕眼花，心跳加快，出汗增多等现象。

## 第二节　社会安全事件中的心理防护与援助

社会安全事件中的心理防护与援助问题备受关注。

心理防护是指有目的、有意识、有计划地采取一些有效的手段和方法，使心理达成预期的状态，并使其状态相对稳定地保持一段时间，同时要注意采取措施避免其他心理干扰状态的产生或加剧的过程。防的是心理问题、心理障碍以及不利于个体心理的各种干扰的出现；护的是个体的情绪、认知、行为、心理健康水平，使其保持平衡。心理防护的基本目标如下：以一种非侵入性的、共情的方式与受灾者建立人际关系；保证受灾者即时和持续的身心安全，使其在身体和情感上处于稳定状态；安抚情绪激动或不安的受灾者；帮助受灾者说出他们的需求和忧虑，加强信息沟通；提供实用的物资援助和信息援助，解决生存的燃眉之急；尽快使受灾者与家庭成员、亲友、社会支持系统建立联系；提供适应性应对策略，协助其身心康复；需要时，把受灾者转介到专业康复机构或心理健康服务机构。

### 一、社会安全事件中对受灾者的心理防护与援助

在社会安全事件中，受灾者受到的伤害是最大的，也是最直接的，他们是最需要心理防护的群体。而对受灾者的心理防护可通过

以下途径展开。

### （一）稳定情绪

在危机事件发生后表达强烈的情绪、麻木和焦虑等是人们对创伤性压力的正常反应，所以大多数受社会安全事件影响的个体情绪不稳定是正常的，应该关注的是那些反应过于强烈和持续时间过长的人，因为这样的情绪会严重干扰他们的正常生活能力。

**1.稳定情绪失控的受灾者**

如果个体出现了失去方向感、目光呆滞或过强的情绪反应、无法控制的颤抖，甚至有从事危险活动的迹象，可以先让他们的家人和朋友去安慰他们，解决他们最关心的问题或困难，而不是简单地告诉他们"冷静下来"。

对于儿童和青少年来说，如果他们和父母在一起，救援人员需要赋予父母安抚孩子的功能，并且告诉他们可以随时得到帮助。如果父母不在孩子身边或者父母的情绪不太稳定，可以给孩子一些冷静的时间，而不是让其直接与人交谈，并且要告诉孩子救援人员可以随时为他提供帮助，还可以告诉孩子一些有助其适应环境的信息，比如将会发生什么。

**2.引导情绪失控的受灾者**

危机事件发生后，受灾者可能会有不同于往常的情绪或者身体反应，救援人员需要引导他们理解自己的反应。

对于成年人来说，救援人员需要告诉他们发生危机事件之后不仅可能会产生起伏不定的强烈情绪，而且身体还会发出强烈的、令人不安的"警报反应"，比如惊恐发作。最好的恢复方法就是花点时间做些平静的日常活动，例如散步、深呼吸等。同时，家人和朋友的陪伴也能够让受灾者更好恢复。除此之外，这时候保持忙碌可以使受灾者从负面情绪中抽离出来，帮助自己恢复状态。

对于儿童和青少年来说，救援人员需要告诉他们在危机事件发生之后他们可能会感觉很糟糕，这种时候和父母谈谈能够帮助他们平静下来。儿童和青少年可能会感到极度缺乏安全感和秩序感，这时他们需要知道许多人正在竭尽全力地解决困难。

如果受灾者看起来非常激动，说话急促，似乎与周围的环境隔离，或者正在经历持续的剧烈哭泣，救援人员可以尝试以下措施：

（1）让他听你说并且看着你。

（2）询问对方是否知道自己是谁、在哪里、发生了什么。

（3）请他描述一下周围的环境，并说出你们两人的位置。

如果这些行为仍难以稳定情绪激动的个体，一种叫作"接地"的心理防护技术可能会有所帮助。救援人员可以这样引导受灾者：

（1）将注意力从思想中转移回外部世界。

（2）以舒适的姿势坐着，双腿和双臂不要交叉。

（3）慢慢地深呼吸。

（4）看看周围，说出5件能看到的无痛苦的物品。例如，可以说：看到了地板，看到了鞋子，看到了桌子，看到了椅子，看到了一个人。

（5）慢慢地深呼吸。

（6）接下来，说出此时能听到的5种无痛苦的声音。例如，听到一个女人在说话，听到自己的呼吸，听到门关上了，听到有人在打字，听到手机响了。

（7）慢慢地深呼吸。

（8）接下来，说出5件此时能感觉到的无痛苦的事情。例如，

可以用手感觉到这个木制扶手，可以感觉到脚趾在鞋里，可以感觉到背部靠在椅子上，可以感觉到手在毯子上，可以感觉到嘴唇紧紧闭着。

（9）最后再次慢慢地深呼吸。

救援人员需要留意危机事件发生之后，受灾者已经存在的疾病发生恶化的可能性，例如精神分裂症、情感障碍、焦虑障碍、已经存在的创伤后应激障碍，这时需要将受灾者转介给专业的医护人员接受治疗。

### （二）重新建立安全感

在社会危机事件发生后，帮助受灾者恢复安全感是一个重要的心理防护目标，让他们感到安全和舒适，有助于减少痛苦和担忧。救援人员在受灾者亲人失踪、亲人死亡、接到死亡通知和尸体鉴定的情况下，为受灾者提供情感安慰和支持非常重要。帮助受灾者感到安全和舒适的主要方式有：

1.帮助他们获取最新的、准确的信息，同时避免他们接触到不准确或过度令人沮丧的信息。如果受灾者对将要发生的事情有任何疑问，救援人员要给出简单准确的信息，告诉他们可能会发生什么。切记不要随意作出保证或给出猜测、编造的信息。如果受灾者有机会接触到媒体报道，应当告诉他们过度观看新闻报道可能会增加他们的不安，尤其是对儿童和青少年而言。应该让家长监督和限制孩子接触媒体，因为他们难以分辨媒体信息是否客观可信。

2.给他们提供实用的生存资源，并鼓励身体健康的受灾者主动获取所需的物品，例如让他和其他人一起走到补给区，而不是直接为其提供补给。

3.告知他们有关救援人员如何维护安全的信息。例如告诉受灾者救援人员正在做什么，正在采取什么措施来帮助他们；关于正在发生的事件，目前已知的情况是什么，以及现在可用的服务有什么。

4.让受灾者和有相似经历的人交流。和有相似经历的人交流可以减少孤独感和无助感。

（三）激励自我救助

激励自我救助是指在心理防护过程中鼓励和促进受创伤者主动采取行动来帮助自己恢复和应对困难，它强调个体的主动性和自我调节能力。激励自我救助的核心理念是，个体在面对创伤或紧急情况时具备一定的内在资源和能力，他们可以运用这些资源来帮助自己恢复以及应对压力。激励自我救助的目的是帮助受创伤者从被动的状态中走出来，重建对自己能力的信心，并培养积极的心态和行为，它可以促进个体的自主性和主动性，提高应对困难和压力的能力。每个人都有自己应对压力和危机的方式，对于应激反应不严重的受灾者来说，救援人员可以鼓励他们使用自己的积极应对策略，同时避免消极应对策略。积极应对策略有：

1.获得足够的休息。

2.尽可能有规律地吃饭。

3.与信任的人谈论经历。

4.做一些放松的活动，例如运动、唱歌。

告诉受灾者避免消极应对策略：

1.不要滥用药物、尼古丁或酒精。

2.不要整天睡觉。

3.不要沉浸在工作中而不让自己休息或放松。

4. 不要把自己与亲友隔离。

5. 不要忽视基本的个人卫生。

6. 避免暴力倾向。

### （四）分享报告

分享报告是一个包括心理教育、情绪表达、认知重构的预先设置的系统性较强的干预过程，其形式以讨论为主，通过共同经历的分享和重述、信息的交互融合、情绪的宣泄、小组成员的相互支持，从而获得本次事件新的信息并进行有意义的整合。该干预技术的主要目的是在进行过程中识别高危群体，帮助受灾者将与自己有关的受灾经历从感受层面上升至更高一层理解，从而帮助受灾者为自己的经历画上一个句号，促进心理恢复，减少心理困扰，有效地预防、缓解社会安全事件带来的负面影响。

分享报告通常包括正式的分享报告和自然性质的分享报告。在评估这两种分享报告时，自然性质的分享报告有更高的可行性和有效性。自然性质的分享报告是让受灾者和自己熟悉的朋友或亲近的重要他人交谈，进行人际交往，这可以有效地帮助受灾者缓解负面情绪。也就是说，在安全事件发生后，在专业心理援助人员人手不够的情况下，受灾者重要的亲朋好友也可以在某种程度上帮助他们减轻心理困扰和创伤。

### （五）紧急事件应激晤谈

紧急事件应激晤谈又称为危机事件应激报告，是分享报告的变体，在干预目标上与分享报告很相似，但是结构性更强。在"认知、情绪、认知"的大框架下，通过引导小组中的参与者谈论自己所经历的社会安全事件，公开讨论内心感受，互相寻求心理支持与安慰，从而帮助受灾者在认知上、情绪上缓解创伤体验，促使参加者从经历中逐渐恢复。社会安全事件发生后的1至2天内是紧急事件应激晤谈的最佳时间。

## 二、社会安全事件中对救援人员的心理防护与援助

### （一）加强知识普及与专业培训

社会安全事件的发生往往令人措手不及，因此对相关救援人员进行心理知识普及和专业培训必不可少。前期准备工作做得越充足，后期该群体出现的心理问题越少。

首先，在日常工作中，普及灾害救援的相关知识。为救援人员讲述可能出现的突发情况和可能面临的灾害现场，让救援人员对救援任务和各种事件类型有大致的了解。同时，为救援人员打好"预防针"，告诉他们可能会面对大规模的人员伤亡和复杂危险的灾害环境，产生恐惧、无助、焦虑、不安、绝望等情绪，睡眠质量下降、呼吸急促等生理反应，以及强迫性行为等行为反应，这些都是正常的应激反应。通过提前了解这些情况并学习一些自我调节的方法，可以帮助救援人员更快地调整好自己。在自我调节之前，救援人员需要敏锐地觉察自己的认知、情绪、行为、生理等方面出现的一些变化，从而及时采取一些应对方法，如唱歌、大喊等合理宣泄，或做一些自己喜欢的运动来减少压力，还可以通过和同事们友好沟通来正面引导自己的情绪，提高自己的心理弹性。

其次，要经常开展救援人员业务能力、心理素质、救助技巧等方面的培训。业务能力的培训能提高救援人员对工作的熟悉程度，

建立并提高与同事之间的默契,其目的在于实施救援时,使救援人员能够最大效率地展开工作,在最短时间内挽救更多的生命,挽回更多的损失。除此之外,心理素质的培训尤为重要。心理素质是一个人心理是否健康的内源性因素,它对个体心理健康水平和调节效应有重要的影响,也直接影响着救援时的工作进度,因此,应该多进行一些应急演练来提高救援人员的反应力。利用一些废墟场地或者是现代化的设备,营造逼真的事件现场,让救援人员如身临其境,感受救援氛围,给救援人员带来适度的救援压力,来培养他们临危不惧、镇定自若的品质,从而提高救援人员的心理承受能力、心理应变能力、心理恢复能力。救助技巧主要包括基本的心理自救技巧和他救技巧,通过培训,在救援过程中,救援人员能够做到既能安排好自己,也可以帮助他人,从而有效地应对重大救援任务,提高救援有效性。

最后,在社会安全事件发生时,可以通过一定的测试和选拔,挑选心理素质、心理应急能力强的救援人员,可以最大程度地提高救援效率和效果,降低重大事故对于应急救援人员的心理影响。

## (二)心理疏导

对救援人员的心理疏导应当贯彻在救援的全过程中,包括救援结束后。

在救援过程中,同事之间要善于"察言观色",及时发现队友的异常举止、反常言行等一切不良情绪的苗头,第一时间帮助队友缓解心理不适,必要时应向专业心理援助人员寻求帮助。在救援过程中,尤其要注意那些年龄较小、经验偏少、心理素质偏弱的救援人员,确保他们在救援过程中产生的不良情绪可以尽快排解,心理需求可以尽快满足。

在救援结束后，首先，要为救援人员创造安全温暖的环境，满足其相关需求，使其能够安心地放松自己，宣泄自己的情绪。其次，要安排心理援助专业人员，倾听救援人员的心理感受以及内心的痛苦与挣扎，运用适合的沟通技巧和亲和力，获得救援人员的信任，从而了解其心理伤害的程度和发展趋势，为其提供心理疏导和必要的心理干预，减少其心理阴影，帮助救援人员以积极的心态面对自己的心理不适和创伤。最后，在救援人员的心理不适和创伤恢复以后，应展开救援总结大会，对救援过程进行梳理，对经验教训和发生过的心理伤害进行总结分析，增加救援人员的心理知识储备和应对经验，从而提升救援人员的心理素质和应急能力。

### （三）社会支持

在救援过程中，需要启动社会支持系统，利用救援人员所处的社会环境来提供心理支持。

首先，合理利用媒体舆论。一方面，媒体要提供积极的信息和宣传，帮助救援人员恢复信心，形成乐观向上、勇战灾害的氛围；另一方面，媒体应避免传播夸大或不实的新闻，提供最真实有效的信息，帮助救援人员增强对事件的控制感和安全感。

其次，需要营造关爱救援人员的社会心理氛围，鼓励民众除了关注事件过程和结果，还要关注救援人员的努力和付出，及时给予肯定和关心、理解与支持，适当地慰问一线救援人员，让救援人员知道自己不是一个人在战斗。这在一定程度上可以帮助救援人员找到存在感、归属感，感受到自己的社会价值，通过肯定自我，有效减少消极情绪的产生。

最后，为救援人员的家属支持提供便利。对于救援人员来说，来自亲友的支持和理解是最大的心理支持。应在紧急的救援过程中，为救援人员提供倾诉的通道，提供与亲朋好友沟通联系的方法。来自亲友的关心和理解、鼓舞和安慰，将会成为救援人员最重要的"心理铠甲"。

### （四）激情宣泄技术

该技术适用于重大社会安全事件的救灾现场对肌肉组织暂时出现功能失调的救援人员的应急救助。也就是说，在一些场面较为惨烈的事件现场，由于可能面对大量残缺的遗体，一些年龄较小、心理素质较弱的救援者可能会出现四肢无力、身体暂时瘫痪、出现退行性行为（如大小便失禁等）等情况。为了保证救援工作的顺利进行，需要对出现不适的救援人员采取应急的激情宣泄技术来帮助其恢复正常。

激情宣泄技术的操作过程是：救援人员的领导或是其信赖的人发出命令，要求救援人员活动四肢，做几次深呼吸，让全身尽可能放松下来。引导其由轻到重，由不自然到发自肺腑，尽情忘我地大声喊叫，帮助其把消极情绪宣泄出来，解除消极情绪对肌肉造成的不良束缚作用，让其体验舒畅感、轻松感，进而促进应激症状的消退。

要注意的是，在此过程中，除了喊叫，还可以挥舞拳头、踢腿、奔跑等，感受自己的身体逐渐受自己控制，感受自己的自信和控制力在增强。在救助时，注意寻找封闭或隔音效果良好的场地进行，这样可以促进救援人员无所顾忌地宣泄。

## （五）松弛训练

松弛训练的种类繁多，其中较适合救援人员的有呼吸放松法、想象放松法、静默法、渐进性肌肉放松训练等。

## （六）压力管理

救援人员压力的主要来源是工作压力，尤其是在危机发生期间。长时间的工作，沉重的责任，缺少清楚的工作说明，不充足的沟通或管理，不安全的工作区域等与工作相关的压力都会影响救援人员。他们可能会目击甚至直接经历可怕的事情，比如毁坏、受伤、死亡或暴力；可能会听到其他人的痛苦经历、不幸遭遇。所有这些体验都会影响救援人员。因此，管理自身压力，花时间休息和复原，也是救援人员工作中必不可少的部分。以下是对救援人员心理防护与援助的一些建议：

1.回顾曾经有效帮助过自己的应对办法，思考什么能让自己保持坚强。

2.尽量按时吃饭、休息和放松，哪怕是很短的时间。

3.尽量保持合理的工作时间，和同事商量合理分工，在危机时期轮班工作。

4.危机事件发生后，人们可能面临很多困难。当不能帮助人们解决他们的所有问题时，可能感到自己做得不够并有挫败感。但是应该记住，自己没有责任也没有能力解决所有人的所有问题，做力所能及的事情就好。

5.减少咖啡因的摄入量，不喝酒，避免滥用药物。

6.看看同事在干什么，找到互相帮助的方式。

7. 和朋友、亲人或其他值得信赖的人交谈。

8. 和督导、同事或其他信任的人讲述自己在危机情况下的工作体验。

9. 学会内省，认可自己干得不错的地方，接受做得不足的方面，并承认在当时的情况下，能做的事情是有限的。

10. 如果发现自己心烦意乱或者关于该事件的痛苦记忆挥之不去，感到非常紧张或极度悲伤、睡眠困难或出现过量饮酒和服用药物的情况，那么要向自己信任的人求助。如果这些问题持续超过1个月，则需要寻求医护人员或心理健康专家的帮助。

## 三、社会安全事件中对普通民众的心理防护与援助

### （一）保证信息真实，减少民众恐慌情绪

社会安全事件总是引来社会的高度关注，如果信息不通畅、不真实、不全面，则极易引发民众的恐慌，使得民众认为事件无法控制，或过度解读灾区中心的情况，进而会作出一些不理智的行为。因此，在社会安全事件后，作为信息发布源头的官方机构，需要确保信息的真实准确；而作为信息传播的各类媒介，也要保证信息的传播流畅，避免谣传。

政府在进行社会安全事件的公示时应注意：第一，信息的准确性。政府在公布事件的相关信息时要采用准确的数据和情况调查报告，不得言语模糊。第二，信息的权威性。政府在发布消息前，须进行严格的信息检查与核对，防止信息失真。一旦官方信息出了差错，一方面会导致民众心理波动较大；另一方面，政府的权威和公信力会有所下降。第三，信息的及时性。在事件发生后，政府方面

应在第一时间召开新闻发布会对事件进行报道和说明，以防信息发布不及时导致各种小道消息流传。第四，信息的全面性。在事件的公示中，不要避重就轻，应将事件的全貌进行说明。第五，信息的易得性。政府应利用各种民众容易接触到的权威媒介发布消息，尽可能让更多的人了解事件的全貌。

当今是信息时代，传播信息的媒介种类繁多，一方面有利于民众随时随地获取信息资源，但另一方面会造成信息泛滥，导致有效信息难以辨识，以及一些夸大信息或不实信息的流传。因此在社会安全事件发生后，各方媒体和整个网络环境应发挥引导作用，转发政府的官方公示，同时做好宣传教育，稳定民心，维护社会秩序。

信息的失真多是由于一些别有用心的媒体或网络谣言的传播造成的，因此，防止谣言等不真实信息的传播，也是减少大众恐慌，增强大众控制感和安全感的重要途径。第一，主流媒体应把握好事件报道的真实性。由于主流媒体的可信度高、影响力强，因此在主流媒体传播信息的环节不该出现差错。第二，防止网络谣言。在社会安全事件发生后，各社交网站和一些自媒体都会对事件进行讨论，这需要有关部门积极防止网络谣言的传播，防止出现一些极端言论引发大规模的恐慌情绪。

## （二）普及心理知识，授予科学应对方法

在社会安全事件发生后，民众往往来不及反应，很多人会一直沉浸在令人震惊的新闻中，难以相信自己认为完全不可能发生的事件确实发生了。铺天盖地的新闻，加上身边的人都高度关注，恐慌情绪很容易在民众中蔓延，民众进而产生焦虑、不安、无助、绝望、崩溃等消极情绪。在事件情形不明朗的情况下，人们很容易"随大

流"，出现盲目从众的行为，也容易因对事件不了解而作出一些强迫性行为或极端行为。

因而，在重大的社会安全事件发生后，各方面都应该尽可能地向大众普及有关信息和知识，预防民众的不良心理问题，减少一些应激反应。比如，学校可以迅速地开设相关课程，向学生们普及知识；社区可以组织各家庭代表开展讲座，给予民众应对自己不良情绪和反应的办法；媒体则更应该承担起社会责任，将事件的来龙去脉客观真实地描述清楚，并向民众进行宣传。

### （三）开通心理热线

心理援助热线是一种通过电话服务对情绪危机者进行心理干预的重要方式，具有便捷、安全、高效、无经济负担等显著优势，可以有效地使一些心理状态出现问题的人群恢复心理平衡，是许多发达国家提供心理保健的重要方式。值得注意的是，重大社会安全事件中，心理援助热线和正常时期的心理热线有所不同。第一，短程更需聚焦。由于来访数量增多，为帮助更多的来访者，咨询师需要及时且迅速地为来访者提供帮助。一般而言，每次咨询只有30分钟左右的时间，并且多为一次性咨询。第二，聚焦于情绪和现实问题。因为时间紧迫，咨询师需要将目标聚焦在稳定来访者情绪上，防止来访者因为情绪激动而作出不理智的行为，同时也是为了在稳定来访者的情绪后更好地倾听与沟通。关注来访者诉说的现实问题，咨询师需要在较短的时间内把握来访者亟待解决的实际问题，迅速地理解来访者出现问题的原因、对问题的困惑、遇到的难点，并给予安抚和合理建议，高效地帮助来访者，这也是对咨询师各方面能力的一大挑战。

## 第三节　恐怖袭击事件中的心理防护及
## 援助案例

### 一、美国"9·11"恐怖袭击事件中的心理防护及援助

#### （一）事件回顾

2001 年 9 月 11 日，四架美国国内民用航班几乎同时被劫持，其中两架撞击了位于纽约曼哈顿的世贸中心，一架撞击了位于华盛顿的美国国防部所在地五角大楼，第四架被劫持的飞机在宾夕法尼亚州坠毁。纽约世贸中心的两幢摩天大楼（双子塔）在遭到撞击后相继倒塌。除此之外，世贸中心附近五幢建筑物也因受震而坍塌损毁（方研，2014）。

"9·11"恐怖袭击事件给美国带来了巨大的损失，对于整个国际社会来说，也是一次巨大的冲击。

#### （二）"9·11"恐怖袭击事件中的心理援助

1. 心理急救

心理急救是有实证支持的模块化方法，其主要内容是在灾难受害者还没有产生严重身心障碍的时候，通过心理救助者的支持和关爱，可以有效控制其早期心理反应，促进其短期和长期适应功能的恢复（罗增让，郭春涵，2015）。心理急救是一种在灾害或恐怖主义

事件发生后，在各种灾害救助组织和机构的指导下，立刻由救助者提供给受害者的支持性措施。

在灾害发生后，为了让受害者能够尽早得到心理援助，美国国立儿童创伤应激网与国立创伤后应激障碍中心共同组织编写了《心理急救现场操作指南》（the Psychological First Aid Field Operations Guide，PFA）。该指南为不同年龄的心理救助者提供了现场操作指导。该指南曾被用于"9·11"恐怖袭击事件后的心理救援工作，效果十分明显。

该指南主要包括8个核心活动。针对受害者的个人需要和环境给出具体建议：

（1）接触和投入。经历过恐怖袭击这样的重大创伤事件后，受害者会持有一种自我怀疑的态度。在与他们初次接触时，注意要富有同情心、积极主动地沟通了解情况，让他们感受到尊重，产生信赖。

（2）安全与舒适。为受害者提供能够重获安全感的策略，以及物质与精神安慰，为他们创造一个安全舒适的心理环境。

（3）稳定情绪。受害者经历重大创伤后，情绪往往处于崩溃的边缘，要提供各种各样的策略来帮助受害者保持平静，调节崩溃的情绪。其中"接地技术"较为常用，也就是把个体带到目前相对安全的环境，并帮助其恢复平静，平复心情，减少与创伤事件相关的焦虑、过度警觉等。

（4）信息收集。救助者需要收集受害者当前的需求和忧虑，确定关键的风险因子和复原力因子，其目的在于通过信息收集的过程，双向、灵活、适时地满足受害者的个人需要。但要注意，在收集有关事件经历方面的信息时，避免要求受害者深度描述自己的经历，以防他们一直沉浸在痛苦中。

（5）实际帮助。在收集信息完成后，根据行动计划提供策略。那些失去亲人以及社会、经济资源损失较大的人往往是受伤最为严重的群体，需要帮助他们确认自己目前最迫切的问题，讨论行动计划，提供切实有效的帮助。

（6）联系社会支持。应提供各种策略来帮助受害者保持与家人、朋友、社区资源的联系，为他们受伤的心灵提供强大的后盾，这将有助于情绪的恢复与改善。

（7）应对信息。整合与受害者有关的应激反应的信息，并与之交谈，介绍不良反应的应对方法和创伤后必要的放松方法，同时不断地促进其自我效能感的提升和希望感的获得，帮助他们减轻应激反应，提高适应功能。

（8）联系协助性服务机构。许多人在创伤事件发生后不太可能或不太愿意寻求心理健康或精神健康的服务，因此需要帮助受害者与他们目前或以后需要相关服务的机构取得联系，通过适当的转诊程序和资源，保证长期性、连续性服务，可以帮助受害者在初始阶段获得更多的希望感。

2. "自由计划"项目

为应对"9·11"恐怖袭击事件引发的心理危机问题，纽约州精神卫生办和纽约市健康与精神卫生局联合推出了"自由计划"项目（童永胜 等，2016）。该项目招募了大量精神卫生专业人员参与现场心理急救和精神疾病的诊断治疗。精神卫生知识的缺乏和心理疾病的"病耻感"会让人们不愿意寻求专业帮助；同时，受害者或间接暴露于恐怖袭击的群众，在震惊和茫然失措的状况中，也不知道如何获得专业帮助。该项目通过各种媒体、各种形式的广告向纽约市及周边各地区的居民宣传精神卫生知识，告知他们在哪里、通过哪

些方式可以获得精神卫生服务，如心理救援门诊、心理援助热线等。

在"9·11"恐怖袭击事件后的两年内，有统计显示，该"自由计划"项目为受灾地区居民提供了约120万人次的心理卫生服务，为2.5万人次的消防员提供了心理咨询和健康教育，还为40万学生、家长、教师提供了约16万次健康教育讲座。在媒体宣传等诸多因素的影响下，每月心理服务量最高达到4.1万人次，而且一直延续到"自由计划"结束。

3.灾害心理卫生系统

美国官方灾害心理卫生服务始于20世纪70年代，在经历过多次地震、台风等自然灾害以及"9·11"恐怖袭击事件后，美国国家灾害心理卫生服务体系已经越来越完善。

美国灾害心理卫生服务是国家灾害医疗系统的服务项目之一。参与此系统的组织机构主要有：

（1）政府组织。国家灾害医疗系统由四个政府部门联合参与：卫生与公共服务部、国防部、退伍军人事务部以及联邦应急管理局。其中，卫生与公共服务部下设了公共卫生署，为受害者提供及时且短程的危机咨询以及情绪恢复的支持服务。还组建了多个灾害医学救援小组，这些小组由约30名含心理学专业的多专业支援人员组成，为受灾人员提供紧急医疗服务。国防部下属的军队医疗机构和退伍军人事务部所属医疗机构主要为受灾人员提供住院医疗服务，协助伤病员的转移。

（2）非政府组织。主要包括许多非营利性的社会团体、学术组织、宗教组织、高等院校等，如美国心理学会、美国社会工作者协会、美国红十字会以及高等院校里的医学院、心理学系、护理学系等。

美国灾害心理卫生服务系统是一个比较完善的辅助支持系统，这离不开人员的选拔与培训：

（1）在人员的选拔方面。第一，要求持有心理卫生临床工作的执照。第二，有可能提供10至14天全天的服务。第三，能提供以下能力或素质证明：①能适应长时间、条件差且可能快速变化的艰苦工作环境。②能与不同年龄、种族及社会、经济和教育背景的人建立良好的人际关系。③有紧急心理卫生工作或培训经验。④具有组织才能。能针对受害者、工作人员及社区进行小组的心理知识教育。⑤曾作为灾害心理卫生志愿者接受美国红十字会的有关培训。通过以上选拔的人员能够很好地胜任灾害的突发任务。同时，组织管理人员也是重要的组成部分，他们主要承担计划、组织、协调、实施、沟通等工作，在灾害发生后的1~3天内，尽快熟悉有关灾害的各种信息，提出相关应急预案，调配用于灾害应激服务的各种资源，制订出援助计划，明确何时何地由谁来进行心理援助工作，在灾害后的1个月左右，根据评估结果，考虑将服务由危机干预逐渐转向伴随帮助。

（2）在人员的培训方面。由于灾害后医疗卫生工作不同于传统医疗，因此应对成员进行专业培训，这是美国众多专业机构达成的共识。培训内容包括：①灾害对于个体、工作人员、组织和社区所造成的心理影响。②创伤后适应能力有关的因素。③灾后易出现相关心理问题的高危人群。④灾后不同时期针对不同高危人群需要采用的特殊干预方式。⑤心理卫生干预具体方法的操作指南。⑥灾害心理卫生工作者压力管理的操作指南。⑦组建、运作灾害心理卫生服务小组的有关事宜。⑧整体的联邦反应计划、灾害心理卫生工作开展情况及各组织间的协作沟通。

政府组织与非政府组织，人员的选拔与培训为美国灾害心理卫生服务系统做足了充分准备。该服务系统主要工作包括：第一，应对突发灾害事件后的社会心理反应。研究不同人群在灾害周期中的心理应激特点，并确定其中的潜在危险；研究应对灾害环境的危险因素，并最大限度降低心理创伤；研究以家庭为互动单元，更有效地应对灾害。第二，研究灾害对各年龄段受害者及其家属造成的心理影响。研究灾害对受害者、受害者家属、救援人员及社会大众的长短期冲击，研究灾害事件造成的心理卫生后果，指导社区中非心理卫生机构处理受害者可能带来的心理卫生后果。第三，设计、执行及评估对受害者进行的心理卫生服务和治疗。对各年龄段受害者及其家属进行短期危机调适和长期心理卫生治疗，研究与评估可使处在极度压力下的心理卫生人员避免产生心理障碍的治疗与服务模式，评估社区内医疗卫生、心理卫生、法律等服务机构的合作效率。第四，预防灾害所致创伤后应激障碍及并发症，评估各公立、私立机构制定的心理卫生紧急应对计划。第五，研究如何完善联邦灾害心理卫生服务系统（李小霞，王卫红，2009）。

灾害心理卫生服务的主要内容包括心理评估、信息给予、问题解决、心理教育、心理干预和其他拓展服务。其中有三种常见的干预方法——减压、危机干预、分享报告，两种特殊的干预模式——危机事件压力管理和灾后心理卫生反应策略（张黎黎，钱怡铭，2004）。

（1）减压。通常是由1~2名专业的心理卫生人员辅助展开，以个体或小组的形式，鼓励受灾人员在相互支持的良好氛围中讨论自己的情感及相关事件。但要求不要过于强烈、深入地探索。

（2）危机干预。这是一种为了减轻受灾者或救援人员痛苦情绪而采用的一对一干预方法，它更关注的是"此时此地"，关注问题解决及建设性的应对方式，不涉及深层次的心理问题。

（3）分享报告。这是一种可以在灾害现场使用、预先设置的以讨论为主要形式的干预方法，帮助受灾者将自己有关灾害的经历从感受上升到更深一层的理解，给这些经历画上一个句号。

（4）危机事件压力管理。该模式最初是为了维护救援人员的心理健康，现经过多次修改已被推广使用，用于遭受心理创伤的各类群体。该模式主要包括七个步骤：介绍阶段、事实阶段、想法阶段、反应阶段、症状阶段、指导阶段、再生阶段。应在个体经历过创伤性体验后迅速展开，鼓励参与者说出他们在事件中的经历和感受，随后干预者讲解常见的应激反应以及压力管理知识。

（5）灾后心理卫生反应策略。其目的在于为受害者及其家属、救援人员及其他组织团体提供及时的、与灾后心理反应阶段相适应的心理卫生服务。主要分为三个阶段：执行任务前，制订好组织的应对计划，并通过演习明确任务，减轻预期焦虑，建立起团队自信心。在执行任务时，合理安排工作岗位（尽可能都有工作同伴）和工作时间（最长不超过12小时，保证休息时间），保证救援人员之间以及救援人员与家人之间的交流，利用各种缓解压力的技术帮助救援人员减轻压力。在任务结束后，安排救援人员放松休息，使其从紧张的工作状态中复原；如有必要的话，应安排适当的心理干预，预防创伤后应激障碍。

## 二、巴黎恐怖袭击事件中的心理防护及援助

### （一）事件回顾

2015年11月13日，法国巴黎及其北郊圣但尼发生了一系列恐

怖袭击事件，涉及枪击、爆炸、劫持人质等多种手段，袭击地点包括法兰西体育场、巴塔克兰剧院、餐馆和酒吧等，造成了上百人死亡。袭击事件的主要策划者和执行者是极端组织"伊斯兰国"，他们声称这是在对法国空袭和干涉叙利亚及伊拉克事务进行报复。

这次袭击事件是法国历史上最严重的恐怖袭击事件，也是欧洲自2004年马德里火车爆炸案以来最惨烈的恐怖袭击事件，引发了欧洲社会对恐怖主义、难民、多元文化、宗教自由等问题的广泛讨论和争议。

### （二）巴黎恐怖袭击事件中的心理急救

#### 1.心理急救服务机构

法国早在1995年就设立了针对自然灾害、恐怖袭击等紧急事件的医学心理急救中心（CUMP），负责在自然灾害、涉及大量受害者的事故或其他可能产生重大心理影响的事件中，为受灾者和救援人员提供心理急救和危机干预，帮助受灾者和目击者处理情感困扰和创伤后应激反应。该组织成员包括精神科医生、心理治疗师、护士、社会工作者和医疗行政人员，并会在发生紧急事件时招募心理急救志愿者，所有工作人员经过严格培训后才能进行心理急救工作。医学心理急救中心工作人员的培训内容包括：（1）精神和心理健康知识；（2）心理支持、心理危机干预理论和方法；（3）心理创伤识别和处理；（4）救援人员自我保护和情感管理。

#### 2.心理急救措施

##### （1）心理评估

在心理评估过程中，救援人员会了解受灾者或目击者的经历、情感状态、躯体反应、自杀或自伤等危险行为的风险、社会支持系统，根据对方实际情况提供有针对性的心理支持。

（2）缓解

缓解是一种通过鼓励受灾者叙述来促进情绪释放的技术，它通常在创伤事件发生后的早期阶段实施，以个人或小组形式开展。救援人员先与受灾者建立信任，营造一个舒适、安全的环境，以促进开放的对话。随后救援人员会引导和鼓励受灾者回顾和澄清经历，分享自身感受，并会围绕这段经历对受灾者的影响与之展开讨论。这时救援人员的主要工作是帮助受灾者澄清感受，而不作过多分析。这种方法的目的在于：①帮助受灾者宣泄情感，减少压力和焦虑；②救援人员根据受灾者的叙述要点进行需求评估，并通过有意义的讨论使双方对经历的理解能够达成一致。

（3）特殊人群护理

对于出现防御性否认、行为障碍等过激反应的受灾者，救援人员应先进行安抚、陪伴，而不鼓励他们叙述，避免加重创伤性刺激。必要时精神科医生会使用镇静类药物帮助受灾者平静。患有精神疾病的受灾者也会转介给精神科医生进行紧急精神病学护理。

（4）长期心理支持

恐怖袭击事件引起的急性期症状，对于大多数受灾者来说会随着时间推移而缓解，但是也有一部分人会发展为长期心理障碍，影响其日常生活和工作。医学心理急救中心下属的心理健康服务机构长期提供心理咨询服务，并在社区开展心理辅导活动和回访。

# 参考文献

丁辉．（2020）．安全风险术语辨析（连载之二）．中国应急管理科学，（2），74-80.

方研．（2014）．全球重大恐怖袭击盘点．生命与灾害，（3），4-7.

罗增让，郭春涵．（2015）．灾难心理健康教育的创新方法——美国《心理急救现场操作指南》的解读与启示．医学与哲学，36（9），58-60+70.

李小霞，王卫红．（2009）．美国灾难心理服务对我国灾后心理重建的启示．四川教育学院学报，25（5），1-3.

童永胜，庞宇，杨甫德．（2016）.9·11恐怖袭击后的心理危机干预．中国心理卫生杂志，30（10），775-778.

沈鱼邨．（2001）．精神病学（第四版）．北京：人民卫生出版社．

吴晓梅．（2002）．系统脱敏疗法．心理与健康，（6），61-68.

谢晓非，林靖．（2012）．心理台风眼效应研究综述．中国应急管理，（1），21-25.

殷欣，王鹏举，初紫晶．（2020）．灾难后受灾者创伤后应激障碍的护理干预．吉林医学，41（9），2234-2236.

张黎黎，钱铭怡．（2004）．美国重大灾难及危机的国家心理卫生服务系统．中国心理卫生杂志，（6），395-397+394.

布莱克曼．（2011）．心灵的面具：101种心理防御．郭道寰，等译．上海：华东师范大学出版社．

Rerbal, D., Prieto, N., Vaux, J., Gloaguen, A., Desclefs, J. P., Dahan, B., ... & Duchenne, J.（2017）. Organisation et modalités d'intervention des cellules d'urgence médicopsychologique. Recommandations de la Société française de médecine d'urgence（SFMU）en collaboration avec l'Association de formation et de recherche des cellules d'urgence médicopsychologique - Société française de psychotraumatologie（AFORCUMP-SFP）. Annales françaises de médecine d'urgence, 7（6）, 410-424.

# 第三部分

## 灾后心理援助

# 第 九 章

## 灾后心理应激及危机干预

灾害具有突然发生、难以预测、危害严重、影响广泛等特点，对于每个经历灾害的人来说都是一种应激源。面对突发灾害，个体通常会竭力调动自身能量来应对该事件造成的冲击。但是，如果灾害造成的冲击过大或难以解决，个体由生物、心理、社会等多因素相互作用而形成的动态平衡系统就会被打破，导致系统失衡，从而产生心理应激反应。这些反应有的是一过性的、正常的，有的是长期持续的、过度的，并会对个体的身心健康造成损害。为了最大限度地减少灾害带来的负面影响，灾害事故发生之后需要向受灾者提供急救和持续护理，并及时进行心理危机干预。如果危机干预不及时，人们的负性情绪得不到缓解，可能会出现严重心理问题乃至群体事件。

本章旨在探讨灾后心理应激反应的发展过程以及各个发展阶段的特征及其影响因素，梳理灾后心理应激反应的种类及其评估判断标准，介绍常见的灾后危机干预流程和技术，以期为灾后心理应激障碍的预防、筛查与干预提供参考依据。

# 第一节　灾后心理应激的特征

灾害往往具有突然发生、难以预测、危害严重、影响广泛等特点，对于每个经历灾害的人来说都是一种应激源。面对突发灾害，个体通常会竭力调动自身能量来应对该事件造成的冲击。但是，如果灾害造成的冲击过大或难以解决，个体由生物、心理、社会等多因素相互作用而形成的动态平衡系统就会被打破，导致系统失衡，从而产生心理应激反应。

## 一、灾后心理应激反应的发展过程

### （一）应激反应的过程

应激是个体面临或察觉到环境变化对机体有威胁或有挑战时所作出的适应性和应对性反应的过程，由一系列生理和心理反应组成，随着时间进展会表现出不同的特点。一般可将其划分为三个阶段：

警觉阶段。应激反应初期，个体面对应激源会提高警惕，集中注意力，唤起体内防御能力，为"战斗或逃跑反应"（fight-or-flight response）作准备。此时，下丘脑—垂体—肾上腺轴（the hypothalamic-pituitary-adrenal axis，HPA）这一重要的神经内分泌系统发挥重要作用，导致机体产生一系列生理变化，如心率加速、呼吸急促、血压升高、体温下降、血糖升高等，同时也会引起一定的心理反应，如紧张、恐惧、愤怒、悲伤、意识狭窄等。如果应激源非常严重，可直接引起个体死亡。如果应激源能够在短时间内消失，或者个体可以进行良好的自我调控，那么机体很快就会恢复到正常状态，否则，机体的这些生理和心理变化会逐渐升级，进入应激反应的第二阶段。

抵抗阶段。本阶段中，机体激素水平较为恒定，对应激源表现出一定的适应和抵抗能力，个体可通过实际行动应对当前的应激状态并尝试解决问题，如高效、有目的地执行任务或远离、回避应激源等。如果应对成功，机体将重新恢复到正常状态；如果应对失败，继续处在应激源相关刺激下或刺激过于严重，由于机体已经消耗了大量能量，个体会再度表现出生理和心理上的不适，从而进入应激反应的第三阶段。

衰竭阶段。在这一阶段，个体抵抗应激的能力枯竭，应对因失败而产生的负性情绪与消极动机会带来生理和心理上的双重疲惫，使得个体出现抑郁、习得性无助等心理反应，还可能会因机体的免疫功能紊乱而出现多种生理疾病，甚至可能导致严重而持久的躯体损害或精神障碍。


## （二）灾后心理应激反应的过程

灾后心理应激是一种较为特殊的应激反应。通常认为，灾后心理应激反应不仅具有应激反应三个阶段的特点，还有其特殊的发展模式：

### 1.冲击期或急性反应期

灾害事故发生时或发生后不久，个体因为突如其来的重大打击会普遍感到震惊、恐慌、不知所措，容易出现头疼、发烧、腹泻、肌肉酸痛和四肢无力等症状，以及意识模糊、判断力下降甚至木僵

等现象。个体心理可能处于一种高度紧张的失控失衡状态，与平时判若两人，无法进行正常的工作和生活。这一阶段通常持续几天至一周。

2.防御期或退缩回避期

即使灾害造成的损失和影响在逐渐减小，个体仍会有一些躯体反应，如头痛、疲倦、食欲缺乏、失眠等，也时常出现焦虑、害怕、愤怒、质疑、哀伤等负性情绪，并想要竭尽全力调整心理失衡的状态。如果灾害事故的严重程度超出了个体的承受水平或应对能力，人们往往会启动自我防御机制，采用一些不太成熟的应对方式来试图恢复心理上的平衡感。例如，否认事件的发生、压抑悲伤的表达、漠视危险的存在、合理化自己的消极行为与动机等，或者以酗酒、人际退缩、沉溺娱乐活动或过度工作等形式表现出来。这些不恰当的应对方式可能导致当事人更加难以面对现实。这一阶段往往持续一周至数周不等。

3.解决期或现实适应期

在灾害过去几周至数月之后，多数受灾者逐渐能够采取较为积极客观的态度来面对现实，更专注于解决自身问题，尝试寻求各种资源去解决灾害事故造成的困扰，努力作出一些调整使得负性情绪改善或消失，社会功能逐渐恢复。此阶段持续时间较长，但在政府、社会组织及各类机构的支持和帮助下会有所缩短。然而，有少部分个体却会出现一些较为明显的精神症状和行为问题，如创伤与应激相关障碍、抑郁、焦虑、物质滥用等相关症状。

4.重建期或恢复成长期

灾后数月至几年内，在社会多方支持和帮助下，大多数幸存者逐渐解决了各项灾后生存问题，对未来生活形成了可行的计划方案，还可能体验到自己心理上发生了一些积极变化，例如变得更加成熟与理性，获得了有效的问题应对技巧，增强了适应环境的能力，对生命的意义有了更深刻的感悟，更加珍惜时光，渴望人际交往与情感沟通等。与之相反，少数幸存者仍然没有感受到心理上的积极变化，表现出较为严重的焦虑障碍、重度抑郁、创伤后应激障碍，或者发展成为延迟性创伤后应激障碍等，需要医疗介入。

还有研究者指出，面对突发的自然灾难，幸存者们通常会经历冲击（恐惧）、英雄主义（利他）、悲伤（内化）、愤怒（外化）、重建常态五个阶段；但在突发的人为灾难之后，人们较少表现出利他行为和英雄主义，而是有更强烈持久的悲伤和愤怒情绪，更多的疑惑、指责、不公平感、不信任感以及对事故长期影响的不确定感，更容易出现散播谣言、网络泄愤和群体暴力等行为（刘正奎 等，2017）。

## 二、灾后心理应激的常见反应

随着大众传播与人际传播的信息扩散，灾害会在短期内给受害群体带来心理冲击和焦虑恐慌情绪，这些心理感受引发的一系列连锁反应又会进一步加深灾害破坏性，甚至带来社会震荡。灾后，无论是幸存者、遇难者家属还是救援人员，普遍会出现一系列生理上、情绪上、认知上和行为上的应激反应，这是自然的、正常的、符合人类心理特性的现象。对于大多数人而言，这些灾后应激反应会随着时间的推移或社会支持的帮助而逐渐减轻至消失，不必过于担心。在一段时间之后，即使心中仍然怀有哀伤和思念，多数人也能够重新回归正常的生活节奏和状态。然而，有一部分受灾者却会陷入负

性情绪和痛苦状态中难以自拔，产生一系列临床症状，若未经有效治疗，症状会持续数月甚至数年之久而没有明显缓解迹象，这意味着他们可能患上了与应激相关的心理障碍。

## （一）灾后心理应激的一般表现

### 1. 情绪反应

灾后常见的情绪反应包括悲伤、恐惧、愤怒、紧张、无助、失望、麻木、内疚、沮丧、抑郁、焦虑等。这些负性情绪体验往往与一些负性自动思维紧密结合在一起。例如，受灾者会因失去亲友而满怀悲伤；因担心灾害再次发生、自己和亲人再次受到伤害或者最后只剩下自己一个人而感到恐惧；担忧自己基本的生存问题，如环境是否安全、健康是否有保障等；会愤怒地质问上天不公平，为什么这种痛苦要发生在自己身上，为什么救援速度这么慢或是没有照顾到自己的需要；会因感到生命是如此脆弱且不堪一击，不知道自己将来应该怎么办而充满无助感；会不断地期待奇迹出现，但又可能一次次经历失望；会痛恨自己没有能力救出身边的亲友，或因自己当时没有去做某些事情来避免亲友的死亡而感到内疚；还会由于感到自己比别人幸运而充满羞耻感与负罪感。如果这些负性情绪和想法得不到有效疏解，便可能导致一些心理障碍的产生。与此同时，随着救助工作的进行，人们可能也会产生一些指向未来的积极情绪体验，如对援助人员的感激、对自己耐挫力的认可、对重建家园的期待、对回归正常生活的憧憬等。值得注意的是，人们对同一情绪的表达方式有所区别，例如，对于悲伤，有的人会以大声号哭或不断啜泣来宣泄，有的人却会以麻木淡漠或面无表情来表达。

2.生理反应

经历灾害后，人们最常出现的生理反应包括头晕、头痛、胸闷、心慌、颤抖、呼吸困难、口干或喉咙异物感、肌肉酸痛、失眠、噩梦、易惊醒、易出汗、易疲倦等。有些强烈的情绪反应还可能导致其他心身疾病，如失语、失明、耳聋、消化不良或胃肠道不适、不同部位的炎症、心血管系统或神经系统疾病等。

3.认知与行为反应

在认知方面，人们可能表现为感知觉异常、注意力不集中、记忆力下降、思维迟缓、理解困难、意志减弱等。在行为方面，可能表现为警觉性升高，缺乏安全感，对外界刺激非常敏感，坐立不安，举止僵硬，拒食或暴饮暴食，反复回忆逝去的亲友和曾经生活的点点滴滴，不断指责和抱怨他人，喜欢独处或过度依赖他人，以及酗酒、打架斗殴、厌学旷课、网络成瘾等。

总的来说，突发灾害会使人们短暂丧失对自己所处环境的掌控感，几乎人人都会感到无力、无助和无望，继而产生一些负性情绪、不良生理反应和异常的认知行为表现。我们无须否定它们，而是要尽可能地认识、了解自己的情绪，承认并接纳自己当下的状态。一般情况下，这些生理与心理表现在2~3天之后就会逐渐减轻，1周左右会大部分消失，一般不超过1个月就会恢复到灾害发生前的状态。

（二）与应激相关的心理障碍

1.重度抑郁障碍

大多数幸存者在灾害发生1个月后，负性情绪有所缓解。但约1/3的幸存者仍会有不同程度的抑郁和焦虑症状，较严重者会产生重

度抑郁障碍（major depressive disorder，MDD）。重度抑郁障碍以连续且长期的情绪低落为主要临床特征，可表现为单次或反复多次的抑郁发作。患者具有较强烈的丧失与被剥夺感、绝望和无价值感，出现心境低落、兴趣缺失、意志活动减退、认知功能损害、睡眠和饮食问题、自责自罪、回避社交，甚至自伤自杀等一系列抑郁症状。还有些患者会出现伴精神病性症状的抑郁发作。

2. 焦虑障碍

部分幸存者在灾害发生半年后仍然具有与现实处境不相符的高度紧张、担忧、恐惧、烦躁、易激惹等情况，同时还伴有自主神经功能失调的症状，如心悸、手抖、出汗、尿频以及坐立不安等，这便是焦虑障碍的表现。应激导致的焦虑障碍主要有广泛性焦虑障碍（generalized anxiety disorder，GAD）和惊恐发作两种表现形式。前者是个体一直处于一种无明确对象和内容的、非理性的过度紧张不安和提心吊胆中；后者是个体会突然感受到一种极度恐惧，体验到濒死感或失控感，有明显的自主神经系统紊乱症状，而这可能发生在任何一个与个体所经历的灾害具有某些相似之处的情境中。

3. 创伤及应激相关障碍

创伤及应激相关障碍是一类由应激源（多为突发的、重大的、超出个体耐受的、持续性的负性事件）引发的精神障碍，其发生时序、症状表现、病程与预后等均与应激因素密切相关。在经历了危及生命的、异乎寻常的灾害后，幸存者往往感到极度的恐惧和无助，可能会以做噩梦、闪回等形式反复重现创伤体验、回避创伤相关刺激、过度唤醒，以及认知和情绪加工过程发生负性改变。如果上述表现是一过性的，可在1个月内缓解，则被称为急性应激障碍

（ASD）；如果上述症状持续时间超过1个月，并致使个体社会功能明显受损，则被称为创伤后应激障碍（post-traumatic stress disorder, PTSD）。多数创伤后应激障碍患者是在创伤事件发生后的6个月内出现相应症状，但有一小部分患者在经历创伤事件半年之后才出现上述症状，被称为迟发性的创伤后应激障碍。如果幸存者长期难以摆脱失去亲人的痛苦，关于逝者的想法挥之不去，情绪和行为偏离生活常态，且社会功能受到严重影响，那么其可能患有延长哀伤障碍（prolonged grief disorder, PGD）。此外，如果灾害导致的丧亲、失业、迁居、转学等使幸存者的生活或环境发生明显改变，从而使其产生轻度情绪失调和一定程度的行为变化，则可能引发适应障碍（adjustment disorder）。

4.其他应激性心理障碍

有些人在灾后会出现短暂的精神病性症状，例如妄想、幻觉、情绪或言语紊乱、木僵、意志障碍等，还有的人会出现解离性遗忘、人格解体等解离性障碍。此外，有相当一部分创伤及应激相关障碍的患者也存在睡眠障碍，如入睡困难、睡眠维持困难、早醒等；还会大量使用酒精、烟草、成瘾类药物来麻痹自己以减弱负性情绪和对危险再次来临的担忧，从而患有物质相关及成瘾障碍。另外，长期遭受创伤后应激障碍症状困扰的患者，往往伴有较高的自杀率或较多的非自杀性自伤行为。

大量研究表明，重度抑郁、焦虑障碍、物质使用障碍和品行障碍是与创伤后应激障碍共病最普遍的心理障碍。约70%~80%的创伤后应激障碍患者同时患有另一种精神障碍，约1/2的创伤后应激障碍患者甚至符合三种或更多种精神疾病诊断（Najavits，2007；Dunner，2001；Schoenfeld et al.，2004；Koenen，et al.，2007）。

（三）创伤后成长

在谈论"灾害"时，人们更多地会想到它带来的消极影响和伤害。然而，对灾害的抗争也可能会给人们带来积极改变和成长。有一类群体，在创伤事件发生后同样会产生痛苦的心理应激反应，但他们也会通过不断抗争去尝试克服灾害带来的负面影响。他们会发现自己比想象中更坚强，领悟到更深刻的生命意义，感受到更紧密的人际关系以及更强烈的个人力量，学会使用更好的应对方式，重新关注生活中更重要的事，制定出更清晰的人生目标，更加珍惜自己的一生（Hefferon et al.，2009；Lechner & Weaver，2009）。对于这种化悲痛为力量的表现，可称之为创伤后成长（post-traumatic growth，PTG），即个体在与创伤事件抗争后体验到积极的心理变化，甚至在某些领域的功能超越了其之前的水平，达到了痛苦与成长并存（Tedeschi & Calhoun，2004；Helgeson et al.，2006）。

## 三、灾后心理应激的影响因素

个体经历灾害后，是否出现心理障碍、出现哪种心理障碍及其严重程度，受到许多因素的共同影响。这些影响因素可以按照作用时期划分为创伤暴露前变量、创伤暴露期变量和创伤暴露后变量。创伤暴露前变量主要包括：个体的既往病史和家族史、创伤史、性别、智商、人格特质、童年品行问题、社会经济地位等。创伤暴露期变量主要包括：创伤事件的规模与严重程度、创伤暴露时长、个体初始的心理和生理反应、个体的认知过程和社会支持程度等。创伤暴露后变量除了同样存在于创伤暴露前和创伤暴露期的心理特质、社会支持等因素，还包括危机干预的及时性和有效性、个体随后遭受的其他负性生活事件等。总的来说，生物、心理与社会文化等多种因素相互作用，造成复杂个体差异，从而使得灾后心理应激反应呈现出多样化的特点。

### （一）灾害事件的特征

灾害事件的类型、数量、严重性和持续时间是个体灾后应激反应的重要影响因素。灾害事故性质越严重、持续时间越长、次数越多、个体卷入性越强，都会增加受灾者患有应激相关心理障碍的可能性。如发生恐怖袭击时，身处爆炸或伤害中心位置的幸存者更可能出现创伤后应激障碍症状；遭受长时间的、多人实施的暴力性侵犯的受灾者创伤后应激障碍症状更严重；因灾害失去亲人或家园、接触过遗体残骸的幸存者，比受伤害较小的幸存者更可能患上创伤后应激障碍（Hoge et al.，2004；Iverson et al.，2008；Galea et al.，2002；Galea et al.，2008；Acierno et al.，2007）。另外，人为因素引发的灾害比自然灾害更容易导致应激相关心理障碍（Charuvastra，2008）。还有许多研究发现，女性发生创伤后应激障碍的概率是男性的 2~4 倍。造成此现象的一个重要原因就是女性在生活中面临的人为伤害可能更多、更复杂，并且容易被污名化（Zinzow et al.，2012；Tolin & Foa，2006；Resick & Calhoun，2001；Stein et al.，2002）。

### （二）生物因素

#### 1.遗传易感性

双生子研究与家系研究表明，遭遇创伤后，遗传易感性是决定个体是否出现心理障碍的重要因素。例如，创伤后应激障碍患者亲属的各种精神障碍患病率是普通人的3倍，创伤后应激障碍患者的一级亲属患创伤后应激障碍或抑郁症和焦虑症的比例明显高于其二、三级亲属，创伤后应激障碍患者的子代罹患创伤后应激障碍的风险也显著高于健康个体的子代（Koenen et al.，2008；Stein et al.，2002；Yehuda et al.，2007；Kuznetsov et al.，2023）。不仅如此，遗传易感性的影响还体现在个体暴露于创伤的可能性。某些具有一定遗传度的心理加工过程和人格特质会令个体更容易将自己置于可能发生危险的情景中，从而增加创伤暴露的伤害性。

2.神经—内分泌—免疫系统

下丘脑—垂体—肾上腺轴（HPA）在调节应激反应方面发挥着至关重要的作用。面对应激源时，下丘脑会合成和分泌促肾上腺皮质激素释放激素（CRH），CRH刺激垂体前叶合成促肾上腺皮质激素（ACTH），ACTH再刺激肾上腺皮质合成和分泌糖皮质激素。皮质醇就是机体在"战斗或逃跑反应"中释放的一种主要的糖皮质激素。皮质醇水平升高可使机体对应激源处于"警戒"状态，调节多个器官和系统的功能，促使它们产生适应性改变以有效应对外界环境的变化，继续维持内环境稳态和心理健康，如维持血糖和血压稳定以满足大脑和肌肉等组织的能量供给需求，抑制炎症反应，调节免疫功能等。值得注意的是，HPA轴的作用机制较为复杂，其过度激活和过度抑制均会对个体健康产生负面影响。HPA轴的激活有利于机体产生适应性反应，但若其激活水平持续升高则可能导致皮质醇分泌过度，影响其他神经递质的合成、释放和作用，损害中枢神经系统的应激调节功能。HPA轴的功能抑制则会导致个体应激反应不足，无法适应环境变化，从而产生应激相关心理障碍。

　　研究发现，遭受严重人为灾害的创伤后应激障碍患者后代的皮质醇水平明显较低；创伤发生后，皮质醇水平较低的受灾者在几个月之后发展成为创伤后应激障碍的风险更高；已经诊断为创伤后应激障碍的患者在没有接触创伤相关刺激的状态下，其皮质醇基线水平通常也低于非创伤后应激障碍患者（Yehuda et al., 2012；Ehring et al., 2008；McFarlane et al., 2011）。这可能是因为较低的皮质醇水平会导致自主神经系统尤其是交感神经功能失调，更易强化与创伤刺激有关的条件化恐惧，比如对灾害事故的记忆过于深刻或牢固，从而产生创伤后应激障碍症状（Ballenger et al., 2004）。

　　除HPA轴之外，其他神经内分泌免疫系统的成分也与应激反应有着密切联系。例如，急性应激时，活化的炎性细胞会在产生大量促炎细胞因子的同时也产生抗炎细胞因子，这两种因子相互作用的动态平衡程度决定了炎症的发展与结局。持久的、反复的应激会打破这一平衡状态，使得一些促炎细胞因子信号转导通路被过度激活，引起炎性损伤，最终导致应激相关心理障碍的发生发展（Kuring et al., 2023）。

　　3.大脑结构和功能

　　大量神经影像学研究发现，相比于同样经历过创伤事件却未发病的个体和正常对照组，应激相关心理障碍患者的大脑在结构和功能上均存在差异。通常，当机体处在应激状态时，脑内蓝斑-去甲肾上腺素能系统的激活会增加去甲肾上腺素的释放，使得个体的警觉性和焦虑感增加；杏仁核-海马复合体、前额叶皮质以及中脑边缘多巴胺系统等主要的脑神经环路也被激活，广泛参与应激相关的情绪、认知和行为加工过程。面对具有威胁性的或负性的情绪刺激，创伤后应激障碍患者的杏仁核、海马体、前额叶皮质等脑区会出现功能上的异常，如杏仁核激活增强，腹内侧前额叶皮层激活减弱等（Lansing et al.，2005；Francati et al.，2007；Shin et al.，2006）。并且，静息状态时，创伤后应激障碍患者大脑的默认网络、突显网络、执行控制网络均存在异常（O'Doherty et al.，2015；Joshi et al.，2020；Siehl et al.，2023）。这些脑结构的功能普遍与个体的情绪调节、记忆、学习以及反应抑制有关，参与"战斗或逃跑反应"加工。因此，创伤后应激障碍患者的大脑可能对情绪刺激格外敏感，唤醒程度更高，更容易把中性刺激理解为威胁性的刺激，并且对这种过度反应的调节和抑制能力更弱。还有一些脑结构研究显示，在慢性应激状态下，个体的皮质—纹状体—边缘系统灰质体积减小，前额叶和眶额叶皮质神经元的大小、数量和神经胶质细胞均有减少；创伤后应激障碍患者的海马体结构也发生了改变，包括神经细胞变性、萎缩和缺失，轴突末梢结构改变，细胞再生减少等（Villarreal et al.，2002；Rauch et al.，2003；Bremner et al.，2003；Zoppi et al.，2022；Rajkumar，2023）。另有研究指出，海马体体积减小似乎是先于心理障碍而存在，即海马体体积越小的个体越容易在创伤暴露后患有创伤后应激障碍（Gilbertson et al.，2002）。相当多的证据表明，海马体的萎缩和损伤与创伤后应激障碍的记忆症状密切相关，如恐惧记忆的巩固和恐惧表达的增强等（Shin et al.，2011；Traina & Tuszynski，2023）。

（三）心理因素

个体的既往经历、精神疾病史、适应能力、应对方式、智商、心理防御机制与人格特质等心理因素也会影响灾后应激反应。研究表明，如果个体在灾害事故发生之前已经有焦虑、抑郁症状、人际关系紧张或其他心理问题，那么患上应激相关心理障碍的风险更高（Hoge et al.，2004；Seal et al.，2009；Cardozo et al.，2003；Koenen et al.，2002；Weems et al.，2007）。面对应激源，采用逃避、压抑、解离、酗酒、药物依赖、自我隔离等不良应对策略的个体更容易出现创伤后应激障碍症状（Merrill et al.，2001；Friedman et al.，2011；Cardena & Carlson，2011）。与之相反，个体面对压力和挫折时产生的"反弹能力"（即心理韧性）越强，其对自身应激反应的调节越有效，灾后适应越良好。

还有越来越多的证据显示，童年期经历创伤事件会不可逆地改变个体的应激反应水平，使他们在一生中患上抑郁、焦虑或创伤后应激障碍的可能性明显增高。例如，在儿童期遭受过虐待的人，长大后面对其他应激源，其皮质醇水平异常，惊跳反应和焦虑反应都有所增加；与没有在童年期遭受过虐待的对照组相比，他们的海马体体积也更小（Pole et al.，2007；Cicchetti & Toth，2005；Cicchetti & Rogosch，2001；Nemeroff，2004；Heim et al.，2003；Jedd et al.，2015）。

### （四）社会和环境因素

大量研究发现，教育程度低、经济状况差、家庭人口多、婚姻状况为单身、缺少稳定工作、暴露于创伤时的年龄较小等都是导致个体在灾害之后发展成为创伤后应激障碍患者的原因。相反，来自家庭、好友、社区或其他组织的社会支持有助于防止受灾者出现应激相关的心理障碍（Brewin et al.，2000；Brealau et al.，2006）。例如，灾后有机会向他人讲述自己经历、获得他人情感支持和实际支持的人，比没有得到支持的人能够更快地从创伤中恢复，不太容易

患上创伤后应激障碍（Galea et al.，2008；Schnurr，2002；Litz，2002；Charuvastra，2008；van der Velden et al.，2012）。

## 第二节　灾后心理应激的评估及其判断标准

### 一、创伤后应激障碍的评估及其判断标准

（一）创伤后应激障碍的临床特征

创伤后应激障碍是指由于遭受异乎寻常的威胁性、灾难性创伤事件，延迟出现并长期持续的一种严重心理疾患。凡是超出了人们日常生活经验和个人正常承受能力的创伤事件都可能导致创伤后应激障碍。典型的创伤事件包括地震、洪水、飓风、海啸、泥石流等自然灾害，也包括战争、恐怖袭击、火灾、交通事故、性侵犯、抢劫、殴打或虐待等严重的意外事故，以及目睹或反复暴露于与他人死亡或重大伤害有关的事件中。来自全球流行病学调查的结果显示，超过70%的人在一生中至少经历过一次创伤事件，且有30.5%的个体经历了四次及以上的创伤事件（Benjet et al.，2016）。

由美国精神医学学会编著的《精神障碍诊断与统计手册（第五版）》（DSM-5）将创伤后应激障碍的临床症状划分为四个症状簇：（1）对创伤事件的再体验。在觉醒或睡眠状态下，创伤记忆常常以非常清晰、极端痛苦的闪回或梦魇的形式反复地、闯入性地出现在患者脑海中，将灾害发生之时的情景不断重现。患者常常从梦境中惊醒，并在醒后继续主动延续被中断的场景，反复体

验到当时强烈的情绪和感受。此外，患者面对与创伤事件相关的事情和情景时，常出现强烈的心理痛苦和生理反应，如创伤事件发生的周年纪念日、与之相似的场景等。（2）回避与创伤有关的刺激。如果某种情景导致我们产生了悲痛、焦虑或恐惧的情绪，我们会在以后尽量回避它，这是人类正常的生存本能。但是，创伤后应激障碍患者的回避行为却已偏离了正常状态。他们尽力回避一切与创伤事件有关的刺激，例如，拒绝谈论创伤经历和回答相关问题，避免接触与创伤事件有关的人，远离发生创伤事件的地点等，这些回避行为具有过度泛化的特点，并通常会妨碍到患者正常的工作学习与社会生活。（3）认知与情绪的负性改变。例如，无法回忆创伤事件细节或出现解离性遗忘，面对现实世界具有强烈的非真实感，坚持某些不合理信念，兴趣减退，情感麻木或情感疏离，感到愧疚或自责，不再信任他人，亲密关系破裂等。（4）唤起与反应性的改变。包括警觉性增高，容易受到惊吓，容易发怒或有冲动攻击行为，注意力难以集中，时常感到危险即将来临而紧张不安，存在睡眠障碍等。

需要注意的是，儿童与成年人的创伤后应激障碍症状表现不完全相同。多数年龄较小的儿童，由于言语功能发育尚不成熟等原因，无法描述创伤经历和感受，但会反复玩与创伤有关的游戏；无法详细描述噩梦内容，但会在噩梦中惊醒或尖叫，也可能会说自己有头痛、胃痛等躯体化症状。对于患有创伤后应激障碍的儿童的其他行为问题，如不愿学习、不愿与小伙伴玩耍、重复僵化的游戏模式和偶然爆发的愤怒，也需要注意与孤独症症状进行区分。

大规模临床研究显示，创伤后应激障碍在各个年龄段均可发生，其终生患病率为7%~12%，女性的患病率约是男性的两倍（Breslau，

2001；Kessler et al.，2005）。创伤后应激障碍的症状表现存在较大个体差异，普遍预后不良。有的人在灾害发生后很快就会出现相应症状，有的人则在灾害发生后的几个月甚至几年内才开始显现症状。对于符合创伤后应激障碍诊断标准的患者来说，从病情的严重程度来看，一些人的症状可能表现为轻度到中度，不太影响其日常生活；而另一些人的症状则会让他们无法正常行动，导致其家庭生活、工作学习和其他社会功能受损。从疾病的预后发展来看，有一部分人在3个月内症状会自行缓解；而另一部分人的创伤后应激障碍症状可能会持续多年迁延不愈甚至逐渐加重，变得慢性化甚至终身不愈，并导致明显的远期认知功能损害。

此外，创伤后应激障碍还是一种与其他精神障碍共病率很高的疾病，常见的有抑郁障碍、焦虑障碍、物质成瘾以及品行障碍等。

## （二）创伤后应激障碍的评估与诊断

在对疑似患有创伤后应激障碍的人进行评估之前，首先需要确保被评估者正处于安全的生活环境和精神状态下。如果被评估者还处于灾害事件的安全威胁中，或者有较为明显的自杀意图、极度愤怒等表现，应当先解决这些问题。被评估者在谈论或回忆创伤体验时，可能会出现一些情绪爆发或自我伤害、攻击行为以及自主神经功能紊乱，因此，评估者需要随时关注被评估者的行为反应和躯体症状。

对于成年被评估者，一般使用创伤后应激障碍临床诊断量表（The Clinician-Administered PTSD Scale，CAPS）、基于DSM-5的创伤后应激障碍筛查量表（PTSD Checklist for DSM-5，PCL-5）或事件冲击量表（Impact of Events Scale，IES），再结合结构化和半结构化的临床访谈，来对其创伤后应激障碍的症状进行评估和诊断。另外，还可以使用创伤事件问卷（Traumatic Event Questionnaire，TEQ）、创伤史问卷（Trauma History Questionnaire，THQ）、创伤筛查问卷（Trauma Screening Questionnaire，TSQ）和生活事件量表（Life Event Scale，LEC）等工具评定创伤事件的类型、数量与严重程度。对年龄较小的未成年被评估者，常使用儿童版创伤后应激障碍临床诊断量表（The Clinician-Administered PTSD Scale for Children，CAPS-C）、加州大学洛杉矶分校创伤后应激障碍反应指数（儿童修订版）（UCLA PTSD Reaction Index）、儿童情感障碍和精神分裂症问卷（K-SADS）中关于创伤后应激障碍的部分，以及儿童应激障碍检查表（Child Stress Disorders Checklist，CSDC）来了解被评估者的创伤症状、抑郁和行为问题。多数情况下，还需要对儿童父母进行评估，了解应激源、家庭教养方式等因素，以及了解由于儿童创伤而导致父母出现创伤后应激障碍的情况。

除了对创伤后应激障碍的症状进行评估，可能还需要了解被评估者的创伤暴露史、共病障碍、现有功能水平、支持系统、应对方式、认知风格、适应性等其他会影响创伤后应激障碍干预效果的因素水平。

1.创伤后应激障碍的诊断标准

DSM-5中，适用于成年人、青少年和6岁以上儿童创伤后应激障碍的诊断标准包括：

A.应激源——个体以下述一种或多种方式暴露于死亡、创伤或性暴力中：

（1）直接经历创伤事件。

（2）目睹发生在他人身上的创伤事件。

（3）获悉在亲密的家庭成员或朋友身上发生了创伤事件（在实际发生的死亡或受到死亡威胁的案例中，该创伤事件必须是暴力导致的或意外发生的，不包括由于自然原因所致的死亡）。

（4）反复经历或极端暴露于创伤事件的细节中（通常是由于职业的需要而发生创伤暴露，例如命案现场第一发现者、处理人体遗骸的救援人员、反复接触儿童虐待案件细节的警察等）。但是，该标准不适用于通过电视、电影或图片等间接暴露，除非这种间接暴露与工作有关。

B.再体验——在创伤事件发生后，存在以下一项或多项与创伤事件有关的持续再体验症状：

（1）具有反复的、非自主的和闯入性的创伤记忆（6岁以上的儿童可能会以反复玩与创伤事件有关的游戏的形式表现该症状）。

（2）反复出现内容或情感与创伤事件有关的梦魇（儿童可能会做一些与创伤事件看起来无关的或不能识别内容的可怕噩梦）。

（3）解离性反应（如闪回、非真实感等），个体仿佛又完全身临创伤事件发生时的情景，这种反应可能会连续出现，最极端的表现是个体对当前的环境完全丧失意识（儿童可能以在游戏中反复再现创伤事件的方式呈现该症状）。

（4）暴露于象征或类似创伤事件某方面的内在或外在线索时，产生强烈的或持久的心理痛苦。

（5）暴露于象征或类似创伤事件某方面的内在或外在线索时，产生明显的生理反应。

C.回避——在创伤事件发生后，存在以下一项或多项持续回避与创伤事件有关刺激的症状：

（1）回避与创伤事件相关的痛苦记忆、想法或感受。

（2）回避与创伤事件相关的外在提示线索（包括人、地点、对话、活动、物体、情景等）。

D.认知与心境的负性改变——具有以下两项或多项在创伤事件发生后开始或加重的认知与心境方面的负性改变：

（1）无法回忆创伤事件的某个关键方面（通常是由于解离性遗忘导致，而不是由脑损伤、酒精、毒品等其他因素所致）。

（2）对自己或世界具有持续的、歪曲的负性信念和负性预期（如"我很坏""没有任何人值得信任""世界是绝对危险的"等）。

（3）对创伤事件的原因或结果存在持续性的认知歪曲，导致个体不合理地责备自己或他人。

（4）持续存在与创伤相关的负性情绪（如害怕、恐惧、愤怒、内疚、羞耻等）。

（5）对曾经感兴趣的、重要的活动的兴趣或参与度明显减少。

（6）与他人关系疏离（如疏远他人、亲密关系破裂等）。

（7）情感麻木，持续体验不到正性情绪（特别是幸福、快乐、满足或与亲密、温柔和性愉悦有关的情绪）。

E.唤起与反应性的改变——具有以下两项或多项在创伤事件发生后开始或加重的警觉性和反应性的改变：

（1）易激惹或攻击行为（通常是在很少或没有挑衅的情况下发生）。

（2）不计后果的鲁莽行为或自我毁灭的行为。

（3）警觉性增高。

（4）过度的惊跳反应（如对巨大的声响或未预期的举动表现出强烈的惊跳反应或神经过敏）。

（5）有注意力问题（包括难以记住日常事件或难以参与需要集

中注意力的任务）。

（6）睡眠障碍（如入睡困难和维持睡眠困难）。

F.病程——以上这些症状（诊断标准B、C、D、E）的持续时间超过1个月。

G.功能意义——该障碍导致临床上明显的痛苦或个体社交、工作以及其他重要社会功能的损害。

H.排除标准——该障碍不是由于某种成瘾物质（如药物、酒精）的生理效应或其他躯体疾病导致。

在DSM-5中，适用于6岁及以下儿童的创伤后应激障碍诊断标准包括：

A.个体以下述一种或多种方式暴露于死亡、创伤或性暴力中：

（1）直接经历创伤事件。

（2）目睹发生在他人身上的创伤事件，特别是主要的照料者（该标准不适用于通过电视、电影或图片等间接接触）。

（3）知道创伤事件发生在父母或照料者的身上。

B.在创伤事件发生后，存在以下一项或多项与创伤事件有关的侵入性症状：

（1）创伤事件反复的、非自愿的和侵入性的痛苦记忆（自发的和侵入性的记忆看起来未必很痛苦，儿童会通过游戏重演）。

（2）反复做内容或情感与创伤事件相关的噩梦（很可能无法确定梦中可怕的内容与创伤事件相关）。

（3）解离性反应（如闪回），儿童的感觉或举动好像创伤事件重复出现，这种反应可能连续出现，最极端的表现是对目前的环境完全丧失意识。此类特定的创伤事件可能在游戏中重演。

（4）面对象征或类似创伤事件某方面的内在或外在线索时，会产生强烈或持久的心理痛苦。

（5） 面对创伤事件的线索产生显著的生理反应。

C.存在下列一项或多项代表持续回避与创伤事件有关的刺激或与创伤事件有关的认知和心境方面的负性改变的症状，且症状在创伤事件发生后开始或加重：

（1）回避或尽量回避能够唤起创伤事件回忆的活动、地点或具体的提示物。

（2）回避或尽量回避能够唤起创伤事件回忆的人、对话或人际关系的情况。

（3）负性情绪状态的频率（例如恐惧、内疚、悲痛、羞愧、困惑）显著增加。

（4）显著地减少对重要活动的兴趣和参与热情，包括减少玩耍。

（5）社交退缩行为。

（6）持续地减少正性情绪的表达。

D.具有以下两项或多项与创伤事件有关的警觉和反应性的改变，且症状在创伤事件发生后开始或加重：

（1）行为激惹和愤怒的爆发（在很少或没有挑衅的情况下），典型表现为对人或物体的言语或身体攻击（包括大发雷霆）。

（2）过度警觉。

（3）夸张的惊跳反应。

（4）有注意力问题。

（5）睡眠障碍（如难以入睡或难以保持睡眠或休息不充分的睡眠）。

E.这种障碍的持续时间超过1个月。

F.这种障碍引起临床上明显的痛苦，或者导致儿童与父母、同

胞、同伴或其他照料者的关系或学校表现方面上的损害。

DSM-5中创伤后应激障碍的诊断要点强调，首先，个体要遭受异乎寻常的创伤事件或处境；其次，在创伤事件发生后，个体要表现出再体验、回避、认知与心境的负性改变和唤起与反应性改变四大核心症状簇中相应数量的症状；最后，多数患者在遭受创伤后数日至数月内发病，延迟半年以上发病较为罕见，并且症状持续时间需要超过1个月。创伤后应激障碍的临床表现存在较为明显的个体差异。有些患者是恐惧相关的体验、情感和行为症状占主导，有些是以快感缺失或烦闷的心境状态和负性认知症状为主，有些是以攻击等外化行为症状或解离性症状表现为主，还有些患者表现出复杂的症状组合模式。由于创伤后应激障碍与多种疾病存在高共病，也与其他精神障碍具有部分相似的症状，因此需要注意与相关疾病的鉴别诊断。

2.创伤后应激障碍的鉴别诊断

（1）抑郁症

创伤后应激障碍和抑郁症都可以出现认知和心境方面的负性改变，但创伤后应激障碍患者存在与创伤事件相关的闯入性症状，同时也存在对特定场合或情景的持续性回避，且病程一般较长。而抑郁症患者的负性改变随着病情的发展会超出生活事件本身，并且还存在诸如晨重暮轻、消极悲观、食欲减退等症状。

（2）延长哀伤障碍

延长哀伤障碍的创伤事件一般限定于关系亲密的人离世，闯入性症状通常为逝者的形象，一般是积极的印象，患者常会努力寻找与逝者之间的美好回忆。而创伤后应激障碍患者的闯入症状一般是非常痛苦的，会努力回避与创伤相关的记忆和线索。

（3）适应障碍

适应障碍的应激源主要是生活环境或社会地位的改变，这些改变是长期存在的，以抑郁、焦虑、害怕等为主要临床表现。而创伤后应激障碍的应激源对个体来说是严重的、异乎寻常的，临床表现也主要是与创伤事件相关的四大核心症状簇。

（4）焦虑障碍

广泛性焦虑障碍、惊恐障碍、恐惧症的患者也存在着焦虑、回避以及明显的自主神经功能紊乱症状，也可能在某些应激事件之后发生，但都不与特定的创伤事件有关，在应激事件的强度和症状表现等方面与创伤后应激障碍存在较大差异。

（5）强迫障碍

强迫障碍患者也存在着反复的、侵入性的想法，但这些想法符合强迫思维的定义，并且不与个体所经历的创伤事件有关，并常伴有强迫行为存在，也缺乏创伤后应激障碍的其他症状表现。

## 二、急性应激障碍的评估及其判断标准

### （一）急性应激障碍的临床特征

急性应激障碍是指个体遭受突发的、严重的创伤事件后，短时间内所产生的一过性的精神障碍。诱发急性应激障碍的创伤事件类型与诱发创伤后应激障碍的相似，急性应激障碍的症状也与创伤后应激障碍的症状大致相同，两者最大的区别在于发病时间和病程长短。急性应激障碍在创伤事件发生后的4周内（通常在数分钟或数小时内）起病，且至少持续2天，但病程不超过1个月。而创伤后应激障碍通常是在创伤事件发生后数天至半年内起病（延迟性创伤后

应激障碍较为罕见），症状持续时间是1个月以上。

一般情况下，急性应激障碍患者在遭遇重大应激后立即发病，表现为有强烈恐惧体验的精神运动性兴奋或精神运动性抑制，严重时会出现木僵。急性应激障碍症状差异较大，初期往往以茫然、意识范围狭窄、定向困难、难以理解周围事物为特点；也可能在意识清晰的状态下，反复出现创伤事件的闯入性回忆。随后会出现激越、愤怒、恐惧、焦虑、抑郁、绝望以及自主性神经系统紊乱症状，如心动过速、震颤、出汗、面色潮红等。与创伤后应激障碍不同的是，解离症状在急性应激障碍中更加常见，包括情感麻木、反应迟钝、意识清晰度下降、人格解体（感觉自己的精神与躯体脱离，自我是遥远的或虚假的，似乎自己是一个旁观者）、现实解体（感到世界是虚幻的、扭曲的、不真实的，或者是像舞台和梦一样的），以及解离性遗忘（无法回忆起创伤事件的一些重要细节）等。

急性应激障碍的常用评估工具包括斯坦福急性应激反应问卷（Stanford Acute Stress Reaction Questionnaire，SASRQ）、急性应激障碍访谈问卷（Acute Stress Disorder Interview，ASDI）和急性应激障碍量表（Acute Stress Disorder Scale，ASDS），评估者可结合量表得分与临床访谈作出综合诊断。

研究表明，急性应激障碍的预后普遍较好，在没有更多生活事件影响的情况下，病情一般可在数天内缓解，但这也取决于个体的人格特征、既往经历、对应激的易感性、应对能力以及身体状况等。如果未经有效干预，部分急性应激障碍随后会发展成为创伤后应激障碍，并且急性应激障碍的患病情况往往能够预测未来2年内创伤后应激障碍的患病率。

（二）急性应激障碍的评估与诊断

在DSM-5中，急性应激障碍的诊断标准包括：

A.以下述一种或多种方式暴露于死亡、创伤或性暴力：

（1）直接经历创伤事件。

（2）目睹发生在他人身上的创伤事件。

（3）获悉亲密的家庭成员或亲密的朋友身上发生了创伤事件（在实际的死亡或受到死亡威胁的案例中，创伤事件必须是暴力导致的或意外发生的）。

（4）反复经历或极端暴露于创伤事件的令人作呕的细节中（例如急救员收集人体遗骸；警察反复接触虐待儿童的细节）。此标准不适用于通过电视、电影或图片的接触，除非这种接触与工作相关。

B.在属于闯入、负性心境、解离、回避和唤起这五个类别的症状中，有九种或更多，且在创伤事件发生后开始或加重：

（1）闯入症状

①创伤事件反复的、非自愿的和侵入性的痛苦记忆（儿童可能通过反复玩与创伤事件有关的游戏来呈现该症状）。

②反复做内容和（或）情感与创伤事件相关的梦（儿童可能做可怕的梦，但不能识别梦的内容）。

③解离性反应（例如闪回），个体的感觉或举动好像创伤事件再次发生，这种反应可能连续地出现，最极端的表现是对目前的环境完全丧失意识（儿童可能以在游戏中反复再现创伤事件的方式呈现该症状）。

④对象征或类似创伤事件某方面的内在或外在线索，产生强烈

或长期的心理痛苦或显著的生理反应。

（2）负性心境

持续地不能体验到正性的情绪（例如不能体验到快乐、满足或爱的感觉）。

（3）解离症状

①个体对环境或自身真实感的改变（例如从旁观者的角度来观察自己，处于恍惚之中，时间过得非常慢）。

②无法想起创伤事件的某个重要方面（通常由于解离性遗忘症，而不是由于脑损伤、酒精、毒品等其他因素）。

（4）回避

①尽量回避关于创伤事件或与其高度有关的痛苦记忆、思想或感觉。

②尽量回避能够唤起关于创伤事件或与其高度有关的痛苦记忆、思想或感觉的外部提示（人、地点、对话、活动、物体、情景）。

（5）唤起

①睡眠障碍（例如难以入睡或难以保持睡眠或休息不充分的睡眠）。

②过度警觉。

③注意力有问题。

④过分的惊跳反应。

C.症状的持续时间（标准B的症状）为创伤后的3天至1个月（症状通常于创伤后立即出现）。

D.这种障碍导致临床上明显的痛苦或个体社交、工作以及其他重要社会功能的损害。

E.这种障碍不能归因于某种物质（例如药物或酒精）的生理效

应或其他躯体疾病（例如轻度的创伤性脑损伤），且不能用"急性短暂性精神病障碍"来更好地解释。

总的来说，急性应激障碍与创伤后应激障碍同样都是对创伤事件的反应，主要是在起病时间和病程上有所区别。然而，目前急性应激障碍的诊断并不像创伤后应激障碍的诊断那样得到广泛认可。关于急性应激障碍的诊断主要有两大争议。首先，急性应激障碍描述的症状普遍是人们经历严重创伤后所出现的正常、短期反应，把这些反应贴上心理疾病的标签似乎不够妥当。并且，对于创伤暴露后症状持续少于3天的急性应激反应，在DSM-5中也不作为疾病进行诊断。其次，大多数符合创伤后应激障碍诊断标准的人在创伤事件发生后的1个月内并没有成为急性应激障碍患者（Harvey & Bryant，2002；Bryant et al.，2008）。

## 三、延长哀伤障碍的评估及其判断标准

### （一）延长哀伤障碍的临床特征

延长哀伤障碍是一种由亲近的人去世引发的病理性哀伤反应。亲人和朋友去世后，哀伤是一种很常见的情绪体验，人们会在事件发生后的最初几周甚至几个月内体验到强烈的悲伤与痛苦情绪，并伴随出现多种哀伤反应，社会功能也会受到一定的损害，并可能出现一些躯体健康问题。对大部分人来说，这些令人痛苦的情绪、想法和行为往往能够于半年之内在很大程度上得到缓解，并不会对生活造成显著影响；但在另一小部分人身上，哀伤反应却迟迟无法缓解，他们难以摆脱失去亲人的痛苦，关于逝者的想法挥之不去，情绪和行为偏离生活常态，社会功能受到严重影响。出现异常哀伤反

应的个体所经历的死亡事件往往是不可预料的或影响重大的事件，这种丧失对个体来说是一种创伤。延长哀伤障碍患者往往沉浸在对逝者的缅怀之中，不愿意接受亲人离世的事实，对与逝者相关的事物过度敏感，有意识地避免接触与逝者相关的事物，对亲人的离世可能存在过分的自责。另外，延长哀伤障碍患者不愿意接受生活中的新角色，与外界隔离和疏远，有情感麻木和孤独感，难以再次相信他人或与他人建立亲密关系，自杀风险也明显增高。延长哀伤障碍症状持续的时间往往会超过半年，并不会随着时间的推移而减轻。

迄今为止，国内外对延长哀伤障碍的调查研究不算多，尚未建立起国际公认的诊断标准。延长哀伤障碍的时点患病率约为4%~13%，且受到地域、种族、特定群体等因素的影响较大。

### （二）延长哀伤障碍的评估与诊断

1.延长哀伤障碍的诊断标准

目前，延长哀伤障碍的诊断主要依靠个体的临床表现，尚无特异性的辅助检查指标。常用的诊断要点包括：

（1）亲近关系的人的离世。

（2）每天都想念逝者，或是达到了病态的程度。

（3）每天都有5个及更多的下述症状，或是症状的程度达到了病态：

①自我定位混乱，或是自我感知下降。

②难以接受亲人离世的事实。

③避免接触能够让自己想起逝者的事物。

④在亲人离世后难以再信任他人。

⑤对亲人的离世感到痛苦或是愤怒。

⑥自己的生活难以步入正轨（比如无法结交新的朋友、培养兴趣爱好等）。

⑦在亲人离世后变得情感麻木。

⑧在亲人离世后觉得生活不如意、空虚或是没有意义。

⑨对亲人的离世感到惊慌失措、茫然或是震惊。

（4）症状持续6个月以上。

（5）上述症状导致了有临床意义的社交、工作或是其他重要社会功能受损。

（6）上述症状无法用重度抑郁障碍、广泛性焦虑障碍或是创伤后应激障碍等疾病来解释。

2. 延长哀伤障碍的鉴别诊断

延长哀伤障碍需要与正常的哀伤反应、抑郁障碍、创伤后应激障碍等进行鉴别。

（1）正常的哀伤反应

哀伤反应是亲人离世之后的正常反应，但通常会在半年之内逐渐减轻，而延长哀伤障碍的诊断，要求症状持续存在超过半年，且迟迟未能缓解。正常的哀伤反应也可能长时间伴随着个体，但对其生活的影响有限，人们能逐渐适应新的环境，开始新的生活，积极参与到社交活动中去，会有愉悦的情绪体验，并愿意重新建立亲密的情感关系。延长哀伤障碍患者则是始终无法接受亲人离世的事实。

（2）抑郁障碍

延长哀伤障碍常常与抑郁障碍共病，但延长哀伤障碍的核心症状不同于抑郁和焦虑情绪。延长哀伤障碍的症状紧紧围绕丧亲之痛，来源于与逝者的分离，患者的认知活动也被丧亲事件牢牢占据，而抑郁症患者的情绪低落和消极想法是相对泛化的。并且，愧疚感、无价值感等情绪多见于抑郁症患者，而延长哀伤障碍患者则表现为对亲人过世的深深自责。抑郁症患者往往存在广泛的兴趣减退，也很难有快乐的感受，但延长哀伤障碍患者对逝者的事情仍感兴趣，并且可能相信，只要能够相聚，就会重获快乐。延长哀伤障碍的诊断标准并不关注抑郁症状，如体重或胃口改变、睡眠障碍、精神运动迟滞或兴奋、易疲劳以及注意力不集中等，而是更强调抑郁情绪以外的症状，如自我定位的混淆、难以接受丧亲的事实、难以相信他人等。

（3）创伤后应激障碍

延长哀伤障碍共病创伤后应激障碍的情况并不少见，但两者的情绪特征、闯入性思维和回避等症状存在明显差异。延长哀伤障碍患者的情绪以哀伤为主，对逝者念念不忘，伴随着孤独、空虚的体验；创伤后应激障碍的情绪特点则以愤怒、恐惧、害怕或愧疚为主，伴有高警觉性，对某些刺激反应强烈。创伤后应激障碍的闯入内容是创伤事件本身或相关线索，常常令患者感到恐惧，继而有意识地回避创伤记忆及相关线索。延长哀伤障碍患者的闯入内容是与逝者相关的点点滴滴，包括那些美好的回忆，不愿面对的是关于亲人离世的事实。此外，梦魇、闪回、具有攻击性等症状更符合创伤后应激障碍的表现。

## 四、重度抑郁障碍的评估及其判断标准

### （一）重度抑郁障碍的临床特征

生活中的应激事件均可能导致抑郁障碍的发生。各类灾害以及

由此导致的亲人丧失、身体损伤致残等创伤事件，很容易导致受灾者罹患重度抑郁障碍。研究表明，早期负性经历或童年期创伤与重度抑郁障碍的患病率和终生患病率显著相关，个体的负性经历或遭受的创伤越多，重度抑郁障碍的发病风险越高，发病年龄也更有可能提前。女性患有重度抑郁障碍的概率约为男性的3倍。

重度抑郁障碍以心境低落、兴趣减退和快感缺失为三大核心症状，同时伴有一些其他的心理和躯体症状。心理症状主要包括思维迟缓、注意力下降、精神运动迟滞或激越、自罪自责、自杀观念与行为等；躯体症状主要包括失眠或嗜睡、进食紊乱、精力下降、头痛、心悸、皮肤发麻以及其他自主神经功能紊乱等。除创伤后应激障碍和焦虑障碍之外，重度抑郁障碍还常与物质使用障碍、饮食障碍和人格障碍共病。

### （二）重度抑郁障碍的评估与诊断

1.重度抑郁障碍的诊断标准

进行重度抑郁障碍评估时，需要整合多方面的心理、社会和生物学资料作出判断。一些评定量表和访谈问卷可以帮助被评估者完成评估，如抑郁自评量表（Self-rating Depression Scale，SDS）、贝克抑郁问卷（Beck Depression Inventory，BDI）、汉密顿抑郁量表（Hamilton Depression Scale，HAMD）、流调中心用抑郁量表（Center for Epidemiological Studies Depression Scale，CES-D）等。但是，没有哪个工具能代替综合的临床访谈评估。评估者需要充分考虑被评估者既往的抑郁和躁狂发作情况、自杀观念和自杀行为史、急性应激事件、物质滥用史、人际冲突、应对方式、躯体症状和其他精神障碍等，还要注意被评估者当前的自杀风险。

在DSM-5中，重度抑郁障碍的诊断标准包括：

A. 在2周内，出现5个或5个以上的下列症状，表现出与既往有显著的功能变化，且其中至少有一项是"（1）或"（2）"（不包括那些可以归因于其他躯体疾病的症状）。

（1）几乎每天大部分时间都心境抑郁，既可以是主观的报告（例如感到悲伤、空虚、无望），也可以是他人的观察（例如流泪）。儿童和青少年可能表现为心境易激惹。

（2）几乎每天或每天大部分时间，对于所有或几乎所有的活动兴趣或乐趣都明显减少（既可以是主观体验，也可以是观察所见）。

（3）在未节食的情况下体重明显减轻，或体重增加（例如一个月内体重变化超过原体重的5%），或几乎每天食欲都减退或增加。儿童可表现为未达到应增体重。

（4）几乎每天都失眠或睡眠过多。

（5）几乎每天都有精神运动性激越或迟滞（包括主观体验到的坐立不安或迟钝，以及由他人观察到的行为和言语活动显著减少或增加）。

（6）几乎每天都感到疲劳或精力不足。

（7）几乎每天都感到自己毫无价值，或过分的、不恰当的内疚感（甚至可达到妄想的程度）。

（8）几乎每天都存在思考或注意力水平下降，或犹豫不决（既可以是主观的体验，也可以是他人的观察）。

（9）反复出现死亡的想法（而不仅仅是恐惧死亡），反复出现没有特定计划的自杀观念，或有某种自杀企图，或有某种实施自杀的特定计划。

B. 这些症状引起有临床意义的痛苦，或导致社交、工作或其他重要社会功能的损害。

C. 这些症状不能归因于某种物质的生理效应或其他躯体疾病。

诊断标准 A~C 构成了重度抑郁发作。对于重大丧失（例如丧亲、经济破产、自然灾害的损失、严重的躯体疾病或伤残）的反应，可能包括诊断标准 A 所列出的症状，如强烈的悲伤、沉浸于丧失、失眠、食欲缺乏和体重减轻，这些症状可以类似抑郁发作。尽管此类症状对于丧失来说是可理解的或反应恰当的，但除了对于重大丧失的正常反应之外，也应该仔细考虑是否还有重度抑郁发作的可能。必须基于个人史和表达丧失痛苦的社会文化常模来作出临床判断。

D. 这种重度抑郁发作的出现不能用分裂情感性障碍、精神分裂症、精神分裂样障碍、妄想性障碍或其他特定和非特定精神分裂症谱系及其他精神病性障碍来解释。

E. 从无躁狂发作或轻躁狂发作（若所有躁狂样或轻躁狂样发作都是由物质滥用所致，或归因于其他躯体疾病的生理效应，则此排除条目不适用）。

2. 重度抑郁障碍的鉴别诊断

（1）双相情感障碍

双相情感障碍是在抑郁发作的基础上，存在一次及以上的躁狂发作史，具有情感的不稳定性和转换性。

（2）焦虑障碍

焦虑障碍以害怕、担心、忧虑症状为主，重度抑郁障碍则以心境低落为主要症状。焦虑障碍患者常有明显的自主神经功能紊乱和运动性不安，而重度抑郁障碍患者的痛苦、疲倦、精力不足、兴趣减退症状更为明显。

（3）创伤后应激障碍

伴有抑郁症状的创伤后应激障碍在起病前有明确的严重创伤事件，以闯入、回避、高唤起为主要表现，抑郁症状不是主要表现，睡眠问题也多为入睡困难和做噩梦；而重度抑郁障碍以抑郁症状为主，有晨重夜轻的规律，睡眠问题也多为失眠或早醒。

（4）精神分裂症

有些伴有精神病性的抑郁发作或抑郁性木僵需要与精神分裂症进行区分。前者的精神病性症状是继发的，心境低落是原发症状，后者的抑郁症状是继发的，精神病学症状是原发症状。重度抑郁障碍患者的思维、情感、意志活动尚存一定协调性，而精神分裂症患者的这些活动缺乏协调性，表现很紊乱。此外，重度抑郁障碍的病程常为间歇性的，精神分裂症的病程则多为发作进展或持续进展的。

总的来说，重度抑郁障碍和创伤后应激障碍存在极高的共病率，它们可能是两种具有重叠症状和共享风险因素的精神障碍。目前，一些神经影像学研究发现，虽然创伤后应激障碍和重度抑郁障碍在脑激活模式上具有一定的相似性，但也具有不同的神经特征。还有一些临床研究显示，当治疗创伤后应激障碍合并重度抑郁障碍的患者时，如果先进行重度抑郁障碍的治疗，往往预后不佳，而以创伤后应激障碍症状作为早期治疗目标时，重度抑郁障碍症状的减轻也会得到巩固，相对来说预后较好。

## 五、焦虑障碍的评估及其判断标准

### （一）焦虑障碍的临床特征

经历灾害后，人们心中会存在许多的紧张、担忧和害怕，若未经有效的心理疏导，则可能发展为焦虑障碍。焦虑障碍的分类较为广泛，包含广泛性焦虑障碍、惊恐发作（panic attacks）、场所恐惧症、社交焦虑症、特定恐惧症、分离焦虑障碍、选择性缄默症、物质/药物所致焦虑障碍、躯体问题所致焦虑障碍等情况。与灾后心理应激反应关系最密切的是惊恐发作和广泛性焦虑障碍。

惊恐发作又称为急性焦虑障碍，是指患者处于没有特殊恐惧刺激的情境下，突然发生的、不可预测的、反复出现的、强烈的恐惧体验，一般历时较短，伴有濒死感或失控感及以心血管症状为主的自主神经功能紊乱。患者肌肉紧张、坐立不安、胸闷、呼吸困难或过度换气、心动过速、头晕、出汗、四肢麻木、全身发抖或无力，有种大难临头感，一般在几分钟内达到高峰。患者在惊恐发作后的间歇期仍然会心有余悸，感到虚弱无力，并产生预期焦虑，会因为总是害怕下一次发作时产生不幸后果而产生回避行为，如回避学习或工作场所，进而导致社会功能严重受损。

广泛性焦虑障碍以焦虑症状为主，患者常有不明原因的提心吊胆、紧张不安、肌肉紧张、自主神经功能紊乱和运动性不安。这种紧张担心的程度、频率或持续时间是过度的，与当前或未来发生的可能性不匹配。那些令人担忧的想法和情绪会影响患者的注意力，使其无法专注于手上的工作或学习任务，并产生相应的躯体症状。患者知道自己的担忧超过了应有的程度，但很难控制自己的担忧或

紧张感，也会因为在工作、学习、人际交往或其他重要社会功能领域受损而感到痛苦。

常用的焦虑障碍评定工具包括：焦虑自评量表（Self-rating Anxiety Scale，SAS）、贝克焦虑问卷（Beck Anxiety Inventory，BAI）、汉密顿焦虑量表（Hamilton Anxiety Scale，HAMA）、广泛性焦虑障碍量表（7-tiem Generalized Anxiety Disorder Scale，GAD-7）以及医院焦虑抑郁量表（Hospital Anxiety and Depression Scale，HADS）等。焦虑障碍的诊断不能仅仅依据以上量表和问卷的结果，还需要评估者综合全面的临床访谈资料得出最终结论。

### （二）惊恐发作的评估与诊断

**1. 惊恐发作的诊断标准**

DSM-5对于惊恐发作的判断标准包括：

A.反复出现不可预期的惊恐发作。一次惊恐发作是突然发生的害怕或不适感，并在几分钟内达到高峰，发作期间出现下列4项及以上症状（这种突然发生的惊恐可以出现在平静状态或焦虑状态）：

（1）心悸、心慌或心率加速。

（2）出汗。

（3）震颤或发抖。

（4）气短或窒息感。

（5）哽咽感。

（6）胸痛或胸部不适。

（7）恶心或腹部不适。

（8）感到头昏、脚步不稳。

（9）发冷或发热感。

（10）感觉异常（麻木或针刺感）。

（11）现实解体（感觉不真实）或人格解体（感觉脱离了自己）。

（12）害怕失去控制或"发疯"。

（13）濒死感。

评估者可能观察到一些具有文化特异性的症状（例如耳鸣、颈部酸痛、无法控制的尖叫或哭喊），此类症状不可作为诊断所需的 4 项症状之一。

B. 至少在 1 次惊恐发作之后，出现以下症状中的 1~2 种，且持续 1 个月（或更长）时间：

（1）持续地担忧或担心再次的惊恐发作及其结果（例如失去控制、心脏病发作、发疯）。

（2）在行为方面出现明显的不良变化（例如设计某些行为以回避惊恐发作）。

C. 这种障碍不能归因于某种物质（例如药物）的生理效应或其他躯体疾病（例如甲状腺功能亢进、心肺疾病）。

D. 这些症状表现不能用其他精神障碍来更好地解释。例如，社交焦虑障碍中面对害怕的社交情境时的反应，特定恐惧症中面对恐惧的对象或情境时的反应，创伤后应激障碍中面对创伤事件提示物时的反应，或分离焦虑障碍中与依恋对象分离时的反应。

2. 惊恐发作的鉴别诊断

有一些躯体疾病或药物也会引起类似于惊恐发作的躯体症状，如心梗、癫痫、短暂性脑缺血、甲状腺功能亢进、低血糖等，需要通过相应的生理功能检查和详细询问药物史来进行鉴别。另外，如果其他精神障碍也伴有惊恐发作的表现，如社交恐惧症、特定恐惧症、抑郁障碍等，那么不应把惊恐发作作为主要诊断。

（三）广泛性焦虑障碍的评估与诊断

1. 广泛性焦虑障碍的诊断标准

DSM-5 对于广泛性焦虑障碍的判断标准如下：

A. 在至少 6 个月的多数日子里，对于诸多事件或活动（例如工作或学校表现），表现出过分的焦虑和担心（焦虑性期待）。

B. 个体难以控制这种担心。

C. 具有下列症状中至少 3 种（儿童具有 1 种），且这些症状在过去 6 个月中的多数日子里存在：

（1）坐立不安或感到激动、紧张。

（2）容易疲倦。

（3）注意力难以集中或头脑一片空白。

（4）易激惹。

（5）肌肉紧张。

（6）睡眠障碍（难以入睡或难以保持睡眠状态或休息不充分的、质量不满意的睡眠）。

D. 这种焦虑、担心或躯体症状引起有临床意义的痛苦，或导致社交、工作或其他重要社会功能的损害。

E. 这些症状表现不能归因于某种物质（例如药物）的生理效应，或其他躯体疾病（例如甲状腺功能亢进）。

F. 这些症状表现不能用其他精神障碍来更好地解释。例如，惊恐障碍中的焦虑或担心惊恐发作，社交恐惧症中的负性评价，强迫症中的担心被污染或其他强迫思维，分离焦虑障碍中的害怕与依恋对象的离别，创伤后应激障碍中的创伤事件的提示物，神经性厌食症中的体重增加，躯体形式障碍中的躯体不适，躯体变形障碍中的感到外貌存在瑕疵，疑病症中的感到有严重的疾病，或精神分裂症、妄想障碍中的妄想信念。

2. 广泛性焦虑障碍的鉴别诊断

许多躯体疾病以及几乎所有的精神障碍都伴有焦虑症状，因此，广泛性焦虑障碍需要与躯体疾病相关的焦虑、药物所致焦虑障碍、精神障碍相关的焦虑进行区分。一般来说，由躯体疾病或药物导致的焦虑，可以通过检查作出判断，并需要针对原发疾病进行治疗；如果与其他精神障碍有较多的症状重叠，那么在分别评估之后，优先考虑更高级别的诊断，如抑郁障碍、精神分裂症等。

## 六、适应障碍的评估及其判断标准

### （一）适应障碍的临床特征

灾后，幸存者可能需要被迫或主动改变原有的生活轨迹和生存环境，尝试适应新的居住地和新的生活，融入新的社会关系，如果在此过程中调整不好心理状态，则可能引发适应障碍。适应障碍是指当个体生活环境发生明显改变时所产生的短期的、轻度的烦恼状态和情绪失调，常伴有一定程度的行为变化，但并不出现精神病性症状。引发适应障碍的应激事件可轻可重，主要包括丧亲、失业或变换岗位、迁居、转学、离婚、患重病、经济危机、退休等。适应障碍常在应激发生后的1~3个月内出现，成年人常以抑郁心境为主要症状，表现为情绪不高、对日常生活丧失兴趣、容易自责、有无望无助感，伴有睡眠障碍、食欲变化和体重减轻，易激惹，有暴力行为等。以焦虑为主要症状的个体，则会表现为紧张不安、担忧害怕、过度敏感、对未来规划感到无从下手，并伴有胸闷、心慌、呼

吸急促、窒息感等躯体症状。儿童适应障碍主要表现为尿床、吸吮手指等退行性行为，青少年患者则以品行障碍为主，表现为逃学、斗殴、盗窃、说谎、物质滥用、离家出走等。

### （二）适应障碍的评估与诊断

人们在经历了应激事件后所产生的情绪和行为症状没有达到创伤后应激障碍、急性应激障碍或其他由应激事件诱发的焦虑障碍或心境障碍时，就应当考虑诊断为适应障碍。

DSM-5中，适应障碍的诊断标准包括：

A. 在可确定的应激源出现的3个月内，对应激源产生情绪反应或行为变化。

B. 这些反应或行为具有显著的临床意义，表现为以下一种或两种情况：

（1）即使考虑到可能影响症状表现的外在环境和文化因素，个体的强烈痛苦感与应激源的严重程度或强度也是不成比例的。

（2）社交、工作或其他重要社会功能方面有明显损伤。

C. 这些与应激相关的症状不符合其他精神障碍的诊断标准，且不仅仅是先前存在的某种精神障碍症状的加重。

D. 这些症状并不符合正常的丧亲反应。

E. 一旦应激源消除或其造成的后果终止，症状持续一般不超过6个月。

# 七、物质相关及成瘾障碍的评估及其判断标准

## （一）物质相关及成瘾障碍的临床特征

不少创伤与应激相关障碍的患者试图大量使用酒精、镇静剂等成瘾物质来缓解焦虑、抑郁的情绪，忘记痛苦，帮助睡眠。但是这种方式只是饮鸩止渴，最终可能会发展为物质相关及成瘾障碍，影响其生活和工作。不少研究显示，创伤后应激障碍和酒精使用障碍的共病率高达42%。相较于非创伤后应激障碍人群，创伤后应激障碍患者共病酒精滥用问题的风险是前者的4~6倍。

物质相关及成瘾障碍可分为物质使用障碍（Substance Use Disorder，SUD）与物质或药物所致障碍两类，前者指对一种具体物质的滥用与依赖，如酒精、烟草、阿片类物质、兴奋剂、镇静剂、致幻剂等；后者多指中毒、戒断及其他物质引起的精神障碍。每一种具体物质可分别诊断为对应的物质使用障碍，如酒精使用障碍、镇静剂使用障碍等，但几乎所有物质都依据同样的诊断标准进行诊断。

## （二）物质使用障碍的评估与诊断

DSM-5中，物质使用障碍的诊断标准为：

以不适当的方式使用物质，导致临床上明显的功能损害，在12个月内至少满足下列标准中的2条：

1. 物质使用的量或时间经常超出原有打算。

2. 无法持续减少或控制物质的使用量，或者曾经尝试但不成功。

3. 将大量的时间花在获得物质或从其作用中恢复的活动上。

4. 对物质有强烈的渴求和欲望。

5. 社会功能受损，因物质使用导致不能履行工作、学业或家庭中的主要义务。

6. 尽管因物质使用导致或加重社会、人际关系问题，仍然继续使用该物质。

7. 因物质使用导致重要的社交、工作或娱乐活动减少。

8. 在具有身体损害的情况下，继续反复使用该物质。

9. 尽管知道物质很可能导致持续或反复的躯体或心理问题，仍继续使用该物质。

10. 耐受性，表现为如下二者之一：

（1）为了达到预期的效果，需要显著增加该物质的使用剂量；

（2）继续使用通常的剂量，效果显著降低。

11. 戒断反应，表现为如下二者之一：

（1）出现物质戒断综合征的症状；

（2）为了减轻或避免戒断症状而继续使用该物质，或使用功能相似的其他物质。

在上述11条症状标准中，满足其中2~3条症状标准者为轻度，满足4~5条者为中度，满足6条及以上者为重度。另外，有证据支持一些行为成瘾障碍也属于物质使用障碍，如赌博障碍和网络成瘾障碍等。


## 第三节　灾后心理危机的干预机制

个体面对重大灾害，如果无法使用恰当的资源和有效的应对方式来解决问题，就会引发个体的心理失衡状态，导致个体在认知、情感及行为方面出现功能失调，从而产生心理危机。面对危机，有的人身心崩溃，难以正常生存；有的人看似能度过危机，但其实是在心中压抑或屏蔽了危机带来的某些负性影响，这些深埋的影响在个体后面的人生中可能还会以各种形式不断出现和转移；还有的人能够自主有效地处理危机，采取积极的态度去改变和成长。由此可见，灾害带来的危机是一种伤害的同时也是一种成长机遇。巨大的痛苦会促使人们寻求帮助，如果抓住这个机会，就有可能帮助个体播种下自我成长和自我实现的种子。同时，人们在心理失衡状态下会产生焦虑情绪和不适感，这些感受可能也会成为个体想要作出改变的动力。对于大部分灾害幸存者来说，灾后及时实施恰当的危机干预，可以帮助他们积极面对灾害带来的危机与挑战，平复痛苦，减少认知扭曲，增强自我控制感，克服当前困难，提升个人复原力，从而减轻不良心理应激反应，促进灾后生活适应和心理康复。

# 一、灾后危机干预的模式与一般流程

## （一）灾后危机干预的常见模式

### 1.平衡/失衡模式

该模式认为，处于危机中的人们的心理和情绪也处于失衡状态，原有的应对机制和问题处理方法不再适用，人们失去了自我控制和问题解决方向，无法作出恰当抉择。危机干预的主要精力应当放在稳定个体心理和情绪上。在个体重新达到某种稳定状态之前，不应当采取任何其他措施。例如，除非受灾者坚信活下去是值得的，并且此想法至少稳定持续了1周，否则不能去挖掘他产生自杀想法的动机。这一模式主要应用于危机干预的起始期。

## 2.认知模式

该模式强调危机不是由应激事件本身或情境造成的，而是由于人们对事件和情境的错误认知造成的。因此，改变个体的非理性思维和不合理信念，修正其消极的、自我否定的观点，就能够帮助个体控制自己的危机。该模式在危机干预中主要应用于受灾者情绪稳定且基本回归到了危机发生前的心理平衡状态时期。

## 3.心理社会转变模式

该模式认为危机不是一种单纯的内部心理状态，随着人们的成长和改变，其外部的社会环境和社会影响也在不断发生变化，如家庭、社区、职业、信仰等，这些因素都会影响危机的产生。因此，危机干预人员需要与个体合作，共同评定出与危机有关的内部和外部困难，寻找并选择可以替代现有行为、观念和环境资源的方法，以帮助个体获得对生活的自主控制。如果外部系统没有发生变化或者个体不适应新的外部系统，那么当前的危机解决就不具有持续性。对心理和情绪状态已经稳定下来的受灾者进行危机干预时，适合使用此模式。

## 4.发展生态学模式

该模式将个体发展阶段、发展问题和成长环境结合在一起。危机干预人员需要评估受灾者的个人发展与环境之间的关系，考虑个体所处发展阶段的任务完成情况对危机的影响。

## 5.环境生态学模式

此模式提出三个假设，假设一是情境因素具有层级结构，如何分层取决于个体在物理距离上与危机的接近程度，以及个体对危机的认知与理解；假设二是个体与情境之间的关系，受到主要关系和次要关系的相互作用，以及危机改变程度的影响；假设三是时间因素会影响危机的结果，包括距离危机过去的时间长短以及危机发生时是否是特殊纪念日。根据以上几个因素可以更加全面系统地评估危机对个体及其生活环境的影响。

6.心理急救干预模式

该模式认为，心理急救干预适用于危机干预前期，它本身不是用来治愈或解决问题的，而是为个体建立安全感，减少应激相关症状，帮助个体好好休息和恢复身体健康，以及帮助个体与他周围的重要资源和社会支持系统建立联系。心理急救干预的理论依据是马斯洛的需要层次理论，首先考虑求助者的生存需要。因此，危机干预人员在提供心理咨询和指导之前，需要先向求助者提供食物、饮水、住所、衣服和其他满足生存需要的帮助。然后再提供关心和共情式的回应、具体的信息和帮助，并在社会支持系统的帮助下将灾害幸存者组织起来。目前，危机干预专家们普遍认为，灾后心理急救干预应当是非侵入性的，主要是提供身体和心理支持，不主张尽快对创伤事件进行讨论，因为并非所有的受灾者都需要即时的心理援助，不能强行实施危机干预。

7.ACT模式

在ACT模式中，A（assessment）指评估现存创伤问题，C（connecting）指连接求助者与支持体系，T（traumatic reactions）指创伤反应。通常包含危机评估、建立良好关系、确定主要问题、处理情绪、提出并探索问题解决方法、制订计划、提供后续服务七个阶段。这一模式适合在处理初始创伤事件或紧急行为事件时使用。

在实际的危机干预工作中，具体应用哪种模式和理论、如何应用，都主要取决于危机的类型、危机发生的环境、个体特质、社会支持系统和社会文化背景等。当前，国内外灾后危机干预普遍采用

混合模式，通过系统地、有针对性地选择和整合多种有效概念和策略来帮助受灾者。

### （二）灾后危机干预的一般流程

**1.初次接触**

首先评估求助者、周围人员以及干预者所处环境的安全性。然后与求助者进行积极的初次接触。通过建立心理连接让求助者感到危机干预没有威胁并有所帮助，通过澄清目的让求助者了解危机干预的过程，告知求助者危机干预将要做什么，求助者本人可以期待获得什么，整个危机干预过程将如何进行。

**2.探索问题**

在生物、心理、社会等多因素交互作用的局面中，从求助者的角度明确危机问题。要充分考虑危机对求助者的情绪、认知、行为等方面的影响，确定导致危机的触发事件；探索危机对求助者本人及其人际关系和周围环境的影响，以及可能导致危机负性影响加重的因素。

**3.提供支持**

向求助者提供心理、物质、信息和社会方面的支持。干预者需要向求助者给予无条件积极接纳，对求助者所处的状况表达深切的共情和鼓励，可以根据求助者的需求为其提供一些物质帮助，以多种形式助其渡过难关。然后引导求助者发现曾经帮助过他的社会支持系统，探索求助者当前可以利用的支持资源以及他需要怎样的支持系统。

**4.寻找方案**

与求助者一起检查其目前可以获取的问题解决方案，从中寻找

"此时此刻"有用的、可以减轻危机、弱化矛盾的短期方案。方案通常涉及如何帮助求助者寻找社会支持和环境支持，如何用积极的、建设性的思维方式来考虑问题，如何采用恰当方式解决当前困难等。

5.制订计划

在问题解决方案基础上，与求助者协商制订积极的、可以实现的短期目标，并转化成实践性强的、求助者能理解和可执行的具体步骤。计划需要包括：找到能够立刻为求助者提供帮助的他人或社会资源，给求助者提供一些有效的、具体的应对策略等。计划中的时间应尽可能短，以分钟、小时、天为单位。

6.获得承诺

总结计划，让求助者自愿答应做一些有用的事情，获得求助者本人的口头或书面承诺。这些事情需要是明确的、简单的、求助者能理解的、可实施的。承诺的目的是促使求助者能够以积极的态度和有目的的行动来恢复自身的心理平衡状态。

7.随访

干预者需要在危机发生后进行及时的和短期的随访，以确认干预计划正在进行，以及求助者是否回归到危机前的平衡状态，并让求助者感受到来自干预者的支持。

## 二、灾后危机干预的基本过程与主要内容

### （一）灾后危机干预的总体原则

1.及时。危机情况需要立即紧急处理，及时干预可以有效防止危机的进一步发展，避免事态恶化。在危机干预中，需要做到快速反应、敏锐判断、果断行动，及时采取措施，尽量减少时间上的

浪费。

2.安全。在干预过程中应当确保干预者和被干预者的自身安全与场所安全，需要采取适当的安全措施，避免干预过程中出现意外或冲突。

3.尊重。干预者要尊重被干预者的权利和选择，采用尊重的态度和尽量温和的语言与行为方式，避免对被干预者的侵犯或者伤害。另外，需要尊重被干预者的隐私权，将干预过程和结果保密，避免信息泄露引起的风险。

4.合作。危机干预需要干预者与被干预者建立互信合作关系，双方共同制定问题解决计划和解决方案，并且要约定相互通报，干预者不能代替被干预者做决定，不能强制或威胁被干预者完成任务。

5.简单。危机干预必须在短时间内进行，所以需要尽量采用简单、快速、就地可行的干预方法和干预技术。干预者提供的问题解决策略也应当对被干预者来说是容易理解、接受和实施的，与其能力水平相符合的。

6.有效。干预者需要采取科学合理的干预方法和措施，针对不同的危机情况制定不同的干预方案，还要不断进行评估和反馈，及时调整干预措施，确保干预能够适应各种情况变化。

（二）灾后危机干预的目标人群

灾害发生后，"人民至上、生命至上"是最基本的原则，心理援助和危机干预要融入整个救援体系中。灾后危机干预人员首先要协助当地的医疗卫生机构正常运转，并在灾后尽早与受灾者进行接触。

一次重大的灾害会影响很多人，但并不是所有经历灾害的人都需要接受危机干预。根据灾害对心理影响程度的差异，可以将需要救助的人群分为四级。

第一级人群是直接卷入灾害的人员，主要包括幸存者、伤员和遇难者家属。这类人群通常受灾害的影响最大，由于亲身体验了灾害对内心的巨大冲击，会出现强烈的恐惧、无助、悲伤等负性情绪，是灾后危机干预的重点关注对象。第二级人群包括灾害现场目击者和救护人员，如救援人员、医护人员等。他们目睹了惨痛的画面，很容易出现失落、挫败、惊恐、易怒等情绪。如不进行心理干预，部分人员可能会产生长期、严重的心理障碍。第三级人群是与第一、第二级人群有关的群体，如幸存者或目击者的亲属等。第四级人群是指其他与灾害相关的人员，包括从事救援或搜寻的非现场工作人员、帮助进行灾后重建或康复工作的人员、间接目睹灾后画面的群众等。第三、第四级人群也可能出现各种负性情绪反应。此外，老年人、儿童和孕妇群体也是容易出现严重灾后应激反应的人群，在干预过程中需要格外注意。总而言之，出现明显心身障碍症状的人群（包括临床和亚临床人群）、高度创伤人群和心理疾患的高风险人群（包括严重受创人群、丧亲者、救援者等）、容易受到灾害影响的易感人群（如未成年人、女性、老年人等），以及其他可能受到影响的人群，都是灾后危机干预的目标人群。

### （三）灾后危机干预的评估

危机评估是一个非常重要的步骤，贯穿整个危机干预过程的始终。在有限的时间内，危机干预者必须迅速、准确掌握求助者所处的情境与反应，因此干预者对评估技巧掌握的熟练程度会极大地影响危机干预效果。危机评估可以从危机的性质、求助者的功能水平、应对机制和社会支持系统、自伤或伤人的危险性等几个方面来进行，

以便帮助干预者了解危机的严重程度、求助者目前的状况、其他求助者可利用的社会资源、求助者的生命危险等级以及下一步干预工作的方向等。

1. 对危机的性质进行评估。干预者可以通过一些分类评估系统或量表、问卷、清单等工具来快速评估危机严重程度。首先要了解危机是一次性的还是复发性的。对于一次性的危机，往往通过直接的干预就能帮助求助者较快恢复到危机前的平衡状态；而复发性的慢性危机，则往往需要较长时间的干预，才能帮助求助者建立起新的危机应对策略。

2. 对求助者的功能水平进行评估。干预者需要根据求助者的主观感受和干预者的客观观察，从认知、情感和行为三个方面综合判断求助者的功能水平。认知方面的评估可包括侵犯、威胁和丧失三项内容，情感方面的评估可包括愤怒/敌意、恐惧/焦虑、沮丧/忧愁三项内容，行为方面的评估则可包括接近、回避、失去能动性三项内容。对求助者现有功能水平的评估将决定干预者下一步选择何种干预策略以及干预的深度。评估时，尤其要注意以下几点：求助者的情绪是否反应过度，是否失去控制或有回避的表现；求助者对危机的看法与现实是否一致且合理；求助者是否对于危机存在一些不合理信念；求助者改变负性思维方式的可能性有多大；求助者情感能力的表达与储备情况等。另外，干预者还应当尽可能地把求助者当前的状态与危机前的功能水平进行比较，以便确定危机发生后求助者的情感、认知、行为功能水平的损害程度。对求助者功能水平的评估应该贯穿于危机干预的整个过程，尤其是在实施一定时间的干预后，可以通过功能水平的评估来判断求助者的危机是否得到了化解，有利于检验干预效果。

3. 对求助者的应对方式、支持系统和其他资源进行评估。干预者应该广泛收集各种相关资料，全面评估求助者的良性和不良应对策略、社会支持水平和其他可利用的社会资源。在评估一些可施行的替代应对策略时，必须首先充分考虑求助者本人的意愿、能动性，以及其使用这些方法的能力，干预者提供的建议只能作为附加部分考虑。

4. 生命危险性评估。干预者需要评估求助者自杀自伤和伤人风险，或者具有隐藏的破坏行为的可能性。

### （四）灾后危机干预的基本过程

危机干预的目的是预防疾病、缓解症状、减少共病、阻止迁延。通常情况下，灾后危机干预是帮助求助者暂时解决问题，干预时间本身较短，但干预效果可能会持续很久。在灾后初始阶段，危机干预工作的重心是探访灾民，了解情况，传播准确的灾害信息，对普通大众进行灾害知识教育，以帮助受灾者冷静下来，获得安全感，增强个人和集体效能感，点燃希望；随后，危机干预工作的重点是降低受灾者的痛苦、困惑和迷茫，对需要干预的人群进行个体或群体干预，并对灾后常见精神疾患进行筛查，鼓励受灾者接受心理咨询。常见的危机干预技术包括心理急救、支持性技术、稳定化技术、问题解决技术、愤怒处理技术、哀伤干预技术、紧急事件应激晤谈技术和快速眼动脱敏治疗等。对于影响广泛的重大突发灾害事故，开设危机干预热线或网络咨询平台，可以照顾到更多受灾群众。良好的危机干预，其近期效果是促使人们减轻痛苦，增强日常活动能力，尽快稳定身体、认知、行为和情绪反应；远期效果是防止心理障碍的发生。

根据灾后心理应激反应不同发展阶段的特点，危机干预也具有阶段性的工作重点：

1.冲击期或急性反应期

灾害发生后的数个小时至几天之内，人们处于高度紧张和心理失控失衡状态，受灾者和救援人员的主要任务是生存和抢救生命财产。危机可能也切断了受灾者获得生活物资的渠道，根据马斯洛需求层次理论，此刻最紧急的危机干预是帮助受灾者解决实际生存问题，比如将他们带到安全地带，提供饮食、休息和医药服务，帮助他们重建安全感，让他们意识到"自己已经脱离了险境"。此阶段是灾后危机干预最重要的时期，对于防治急性应激障碍、预防创伤后应激障碍和其他精神障碍意义重大。

有研究指出，此阶段的危机干预应具体包括以下几项内容：（1）保护。采取措施保护幸存者免受次生灾害或再次暴露于创伤相关刺激中。（2）直接给予指导。幸存者可能处于震惊、麻木状态，或有一定程度的人格解体。对于能自由行动的幸存者，干预者要和蔼而坚定地指导其远离灾害发生地，与严重受伤的幸存者保持距离，并远离可能存在的危险。（3）重建社会联系。幸存者可能失去了其所熟悉的社会联系，因此，支持性的、非评价性的言语或非言语沟通，有助于幸存者体验到友好和关心。同时，干预者要帮助幸存者与亲人、能够提供合适安抚资源的地方、能够得到额外帮助和支持的地方建立联系。（4）对幸存者分类。绝大多数幸存者会出现正常的应激反应，但少数幸存者可能需要紧急危机干预来处理其极度的恐慌和悲伤。极度恐慌的表现有肢体颤抖、易激惹、言语杂乱无章、行为古怪等；极度悲伤的表现有号啕大哭、暴怒、呆坐等。此时危机干预者要尽快与被干预者建立治疗性的关系，保证被干预者的安全。

（5）紧急医疗护理。对于极度恐慌和悲伤的幸存者，干预者需要一直陪伴在旁边或者保证有其他人陪伴，直到幸存者的情绪平稳下来。如果有必要，可以考虑使用药物。最重要的是要保证幸存者的安全，通过言语或非言语方式与幸存者产生共情。

2.防御期或退缩回避期

在灾害发生后的几天至几周，高度紧张的危险时刻已经结束，身体创伤和财产损失问题一般都得到了解决，此时，焦虑、抑郁、无助、绝望等负性情绪会更加凸显。干预者不能否定受灾者的情绪，不要试图过早劝说和改变他们的行为，而是应当表达无条件积极关注，倾听他们诉说自己的痛苦，对他们采取的自我调节方式给予理解和尊重，通过一些放松技术帮助他们减轻痛苦，或者针对灾害和次生灾害的性质向受灾者提供一些直接有效的预防方法。当受灾者对干预者产生信任并愿意发展出一种合作伙伴关系后，可以邀请他们重建对灾害的认知，共同制订一些可行的行动计划，帮助他们接纳现实，适应现实。部分受灾者的心理失衡状态能够逐渐恢复到灾前状态，但也有部分受灾者的症状无法通过自身努力和社会支持获得缓解，这需要干预者进行初步筛查，及时干预，尽早缓解和消除创伤引发的不良应激反应，降低其发展成为创伤后应激障碍的可能性。此阶段还要重点关注一些特殊人群的心理健康，如丧亲者、孤残儿童等。

3.解决期或现实适应期

灾后几周至数月内，大部分人开始接受现实，积极采取各种方法，寻求各方资源，努力作出一些调整。这时，干预者应当鼓励受灾者对自己建立更多的掌控，发挥主观能动性处理难题，以免形成依赖心态。随着灾害的负性影响逐步减弱，多数受灾者的自信心会

进一步增强，社会功能也会逐渐恢复至常态。少数受灾者会持续出现较为严重的心理问题，如创伤后应激障碍、重度抑郁障碍、广泛性焦虑障碍、酒精依赖，甚至产生自杀倾向等，这就需要专业人员进行深度心理干预和治疗，建立长期的心理咨询服务。此阶段的持续时间在很大程度上取决于个体自身的复原力以及危机干预的作用。

4.重建期或恢复成长期

灾后数月至几年中，有些受灾者在经历危机事件后变得更加成熟，自我力量变得更加强大；有些人或许需要一年以上的时间才能最终接受灾害现实，过上新的生活。此阶段的重建不仅是环境的重塑，更是个体情绪和社会自我的调整。那些仍旧无法走出来的受灾者可能会出现迟发性创伤后应激障碍。随着时间流逝，灾害周年纪念变得尤为关键。如果幸存者对遇难者进行哀悼并开始重建生活，那么意味着他基本完成了心理的转变，较好地解决了创伤问题。反之，受灾者可能会进入危机转移状态，出现持续的情绪宣泄和思维反刍，导致其社会支持减少，并造成二次伤害。

另外，随着灾后援助和媒体关注的减少，有些受灾者可能又会产生孤独、无助、害怕等情绪，会反复回忆灾害场景，对刚刚建立起来的新生活感到幻灭，患上心理障碍。因此，危机干预应当做好长期计划，协同各方力量构建长效机制，持续关注和跟进治疗这些受灾者的心理问题，形成全面的、系统化的灾后心理服务体系。

## 三、创伤与应激相关障碍危机干预的主要技术

创伤后应激障碍的迁延性和反复发作使其成为临床症状最严重、预后最差的创伤与应激相关障碍。罹患创伤后应激障碍后，至少1/3

的患者因为疾病的慢性化而终身不愈，丧失劳动能力。一半以上的患者常伴有物质使用障碍、抑郁、焦虑以及其他精神障碍。创伤后应激障碍患者的自杀率是普通人群的6倍。对于创伤后应激障碍和急性应激障碍的高风险患病群体来说，及时提供干预可以有效降低急性应激障碍发展为创伤后应激障碍的危险，减轻创伤后应激障碍症状的严重程度。早期干预和治疗，对急性应激障碍与创伤后应激障碍良好的预后具有重要意义，而且这种积极效应可以持续数年。

### （一）急性应激障碍与创伤后应激障碍的危机干预技术

急性应激障碍与创伤后应激障碍的干预一般有三个目标：让患者暴露于他们害怕的事物，以消除恐惧情绪；质疑、修正不合理的认知；帮助患者减少生活中的应激。

在创伤后应激障碍初期，主要采用短期危机干预技术，侧重于提供支持，帮助患者接受其所面临的不幸与自身的反应，鼓励患者面对创伤事件，表达、宣泄与创伤事件相伴的负性情绪。干预者要帮助患者认识到其所拥有的应对资源，并学习新的应对方式。对于慢性和迟发性创伤后应激障碍患者，干预者除了要选择恰当的心理治疗技术之外，还需要为患者争取尽可能多的社会支持，如家人和朋友的理解，帮助患者获得更多的心理资源。

目前，国内外对于创伤后应激障碍患者最常使用的干预技术包括暴露疗法、眼动脱敏与再加工技术（EMDR）、认知行为疗法（CBT）以及应激管理训练和团体心理治疗等。

1.暴露疗法

暴露疗法的目的是让受灾者意识到回避并不能真正解决问题，鼓励个体面对创伤以获得控制感并消除负性情绪。暴露疗法是一种

行为干预技术，通过彻底地反复想象重现与灾害相关的内容、情景，以及所联结的情绪感受，从而使受灾者削弱由于灾害性事件所引起的恐惧、焦虑等不良情绪反应。在预防创伤后应激障碍和处理创伤记忆方面，暴露疗法都展现出较好的效果（Foa et al., 2009; Bryant et al., 2008）。

在治疗者的支持下，患者面对自己最害怕的事件通常会制定一个暴露等级，将事件从轻度恐惧到极度恐惧进行排列，然后从等级表的适度等级开始进行一定时间的暴露与放松。治疗周期通常为两周一次，每次治疗都会要求患者报告他们目前对创伤场景的紧张程度，并确定其焦虑程度是否真的已经有所下降。根据恐惧等级表不断升级，直至患者不再感到恐惧为止。暴露疗法的目标是消退恐惧反应，特别是恐惧反应的泛化，同时增强患者处理负性情绪的自信心。当患者学会了如何应对他们的焦虑和恐惧，回避反应就会减少。例如，针对地震幸存者，可让受灾者对地震中的灾难情景进行反复回想，包括地震时的感觉与感受、房屋的坍塌、人员被砸等一系列亲身经历的灾害性事件。在灾害情景的回想中配以自我放松以及深呼吸的训练，以对抗想象暴露中所引起的负面情绪。这样，通过反复想象、反复体验高度焦虑恐惧的情绪、反复降低这些负性情绪，就会有效地减少记忆中的恐惧，从而减缓对于地震的应激反应，减少因灾害引起心理障碍的可能性。如果条件允许，治疗者还会让个体直接生动地暴露于应激源中，例如，回到灾难事发现场。有时候，也会使用想象暴露，让个体有意识地对事件进行回想。不过，对那些功能损伤特别严重的患者，在暴露治疗之前应该注意重新建立其安全感和掌控感。有证据表明，聚焦于创伤相关事件的暴露疗法，无论是想象的还是现实的，其治疗创伤后应激障碍的效果都好于药物治疗或支持性的非结构性心理治疗（Bradley et al.，2005）。治疗者还可以使用虚拟现实技术，这一技术能提供比想象暴露更加生动的暴露。比如，通过一次充满战斗声音的虚拟直升机之行来治疗患有创伤后应激障碍的退伍军人（Gerardi et al.，2008；Zoellner et al.，2008）。

　　需要注意的是，实施暴露疗法对患者和治疗者来说都存在着一定困难，因为当事人会再次暴露于创伤及其相关刺激中，产生强烈痛苦。例如，遭遇强暴后罹患创伤后应激障碍的女性和受虐待的儿童可能被要求在想象中重新体验那些令人恐惧的袭击，想象出具体清晰的细节。在治疗的初始阶段，患者的症状有可能会暂时增加，而当患者反复经历创伤刺激时，治疗可能会变得特别困难并且需要花费更多时间，这些情况都需要治疗者依靠丰富经验和专业技巧去解决。当前，大多数治疗者会将暴露疗法与其他疗法相结合，如认知行为治疗、焦虑管理训练或应对技能训练等。这些认知策略对暴露疗法进行了补充，以鼓励人们相信自己有应对初始创伤的能力，已在一系列研究中显示出良好的效果（Keane et al.，2006）。

　　2.眼动脱敏与再加工技术

　　眼动脱敏与再加工技术将经典的想象暴露技术与眼动技术结合了起来，其原理是帮助受灾者在想象灾害场面时进行注意力分散，从而使负面记忆与情绪得到不断淡化。在这一技术中，患者需要想象一个创伤场景，同时盯着视野内治疗者快速移动的手指，然后在治疗者的指导下调节自己的负性认知和高唤醒反应。反复多次，直至当患者移动眼球时，脑海中产生的正性思维能够与创伤情景联系起来，唤醒反应减轻。例如针对地震幸存者的眼动脱敏与再加工技术，首先让受灾者想象亲身经历的灾害并感受此刻的恐惧、痛苦等

负性情绪。受灾者不需要去具体回想灾害细节，主要是集中在因灾害导致的情绪体验上和自己所持有的关于地震的负面想法上，例如，想到自己可能会在未来的余震中死亡、家人无人照料、家园何时重建等。与此同时，治疗者在受灾者眼前左右缓慢晃动食指并要求受灾者随手指的移动而转动眼珠。每次可进行20~30秒，反复多次进行。手指移动是一种外部刺激，可以让受灾者在想象负面事件与体验负性情绪时分散注意力。当负性情绪反应明显弱化后，治疗者要求受灾者想象灾后的积极结果，例如，想象自己安然无恙、家人获得援助、家园不久被重建等。将这些想象按照正性情绪等级进行排序，再加以具体真切的想象，从而体验到积极情绪。这样反复训练，积极的信念和情绪就得到强化，不良应激反应降低。

有些研究报告使用眼动脱敏与再加工技术可迅速缓解创伤后应激障碍症状（Van der Kolk et al.，2007），这可能是因为眼动促进了条件化恐惧的快速消退，矫正了患者心中对于恐惧诱发刺激的错误信念。尽管该疗法显示了很好的疗效，但也有研究表明治疗中的眼动成分并不是必需的。有研究使用了包含其他技术的改良版眼动脱敏与再加工技术，将被试随机分配到有眼动组或无眼动组进行研究，结果显示两组的症状减轻程度相似（Seidler & Wagner，2006）。研究者由此指出，眼动脱敏与再加工技术之所以有效，可能与创伤再暴露或修复创伤记忆时治疗者给予的正性反馈和指导有关，而不是因为快速眼球运动本身、活动节律或治疗中的其他生理效应所致。因此，可以考虑将眼动脱敏与再加工技术与其他治疗方法结合使用，可能有助于更加快速缓解创伤后应激障碍症状。

3.认知行为疗法

认知行为疗法是结合暴露疗法、焦虑管理训练和认知重构技术发展出来的，帮助患者去调整一些不合理信念，获取一些适用的应对技巧，从而使患者能以良好心态和积极行为面对灾害事故。创伤后应激障碍的认知行为治疗通常包括正常的应激反应训练、负性情绪处理训练、对病理信念的认知治疗、对创伤事件的想象和情境暴露，以及对于复发的预防。

　　该疗法要求患者找到会引发自己负性情绪的想法和情境，如要求退伍老兵想象萦绕在脑海中的血腥战斗场面和死亡场景，按照会产生负性情绪的程度将想法和情境由高到低排列。然后治疗者运用放松技术帮助患者逐步消除负性情绪。同时，治疗者还要注意发现患者不合理的思维模式及其所导致的推论，如自责自罪，并帮助他们质疑、改变这些想法。在治疗者创造的安全氛围中，患者虽然需要反复、生动地想象并描述他们所恐惧的创伤事件，但会学着逐渐适应和降低负性情绪，并将记忆、想象与当前现实区分开来，对自己的认知进行调整，最后得以将创伤事件恰当整合进他们的自我概念和世界概念之中（Chard et al.，2012）。暴露治疗这一阶段必须小心谨慎实施，要确保患者在治疗中不会再次受创。因此，治疗者需要反复告知患者其是安全的这一事实，在患者不再感到焦虑恐惧时分散进行暴露。通过提高患者的应对技巧，改变他们的不合理信念，以及让他们意识到日常所处环境是安全的，可以逐步改善他们的创伤记忆。有时，治疗者也会要求患者记录创伤事件。阅读患者描述的关于创伤事件的回忆，有助于治疗者理解、探索患者的反应和情感表达。治疗者也会要求患者每天看看自己写的日记，这是为了让他们接纳自己的经历，并结合应对技巧训练来加深他们对创伤事件和自己行为反应的理解。对地震幸存者、退伍老兵、交通事故幸存者的研究发现，这种治疗能够明显缓解创伤后应激障碍的症状，也

能防止创伤后应激障碍的复发（Ehlers et al.，2010；Institute of Medicine，2008；Powers et al.，2010；Chard et al.，2012）。

4.应激管理训练

应激管理训练可包含多种技术和方法，主要用于修正创伤记忆和与记忆相关的恐惧，例如进行长时创伤记忆激活时，结合放松、认知重构和生物反馈的干预策略，可降低患者痛苦回忆的闯入频率、紧张程度和回避行为（Powers et al.，2010）。在治疗者的带领下，患者通过学习一些应对策略来降低应激反应，这些策略包括肌肉放松、思维停止、呼吸控制、引导自我对话、内部示范和角色扮演。另外，治疗者还会教给患者一些关于创伤与应激相关障碍的知识、情绪管理和压力管理方法，并通过肯定和表达性治疗或者运动、绘画等形式来帮助患者建立自我掌控感，减少不良应激反应。

5.团体心理治疗

许多人希望和有类似经历的人一起讨论他们的创伤。与别人分享创伤经历，使得他们更容易去谈论创伤和应对当前存在的问题，也有助于他们树立起生活信心。团体心理治疗就为患者提供了这样一种途径。患者可以在相互理解的基础上建立人际关系，患者可以在团体中学习如何处理羞耻感、罪恶感、愤怒、恐惧等情绪。如果创伤后应激障碍的症状已经存在了较长时间，那么可能对患者的工作、学习和人际关系产生了负面影响。这时，治疗就不能仅局限于分享、探索创伤经历，还需要促使患者改善沟通技巧、提高社会技能、培养对他人的信任感，学习如何发展社会支持系统。虽然团体中的成员能够为患者提供相当大的帮助，但同时也可能会加重患者的创伤反应。因此，治疗者应当仔细筛选治疗团体成员，并严格控制成员之间对创伤经历的分享程度。

6.紧急事件应激晤谈

紧急事件应激晤谈（CISD）是在创伤事件发生后尽可能短的时间内以结构化的小组讨论形式，引导创伤当事人谈论危机事件，鼓励他们回忆创伤的细节并尽可能地充分表达他们的感受，小组成员通过互相交流来进行心理疏泄。然而，紧急事件应激晤谈的效果一直饱受争议。将创伤暴露者随机分为紧急事件应激晤谈组或无紧急事件应激晤谈组的回溯研究显示，紧急事件应激晤谈组的进展更糟糕，疏泄过程也许不但无效，反而还会加重急性应激障碍的症状，起到反作用（Cannon et al.，2003；Litz et al.，2002；Bonanno et al.，2002）。但也有研究指出，紧急事件应激晤谈确实能在一定程度上缓解受灾者的负性情绪反应，它没有效果甚至具有负面效果，是由于紧急事件应激晤谈的使用超出了其推荐时间窗，以及紧急事件应激晤谈的操作人员缺乏足够的训练和经验造成的。

7.药物治疗

除了上述心理干预技术之外，药物治疗也可以改善创伤后应激障碍的症状，治疗共病，并减轻那些可能干扰心理治疗和影响日常社会功能的有关症状。药物治疗创伤后应激障碍起效是相对较慢的，一般用药4~6周才会出现症状的减轻，8周或更长疗程才能更好地发挥药物疗效。但是，迄今为止，尚无任何一种药物对创伤后应激障碍的四大核心症状群都能产生令人满意的疗效。而且，尽管这些药物对一些创伤后应激障碍患者确实有帮助，但在药物停止使用后，还是存在复发的风险。

总的来说，根据急性应激障碍和创伤后应激障碍患者的个体特点设计综合型的治疗方案，才是最有效的治疗方法。例如对于儿童创伤后应激障碍，采用创造性的艺术和游戏治疗可能效果更好。近几年还发现，基于互联网的治疗也能够起到降低焦虑水平、建立稳固治疗联盟的作用。创伤后应激障碍患者在经过治疗后通常能够得到很好的恢复。相对来说，创伤前功能水平很高的人、创伤后很快出现症状的患者、症状持续少于6个月的个体、有很强社会支持的人以及治疗早的患者，都能够取得更好的治疗效果。迟发性创伤后应激障碍的预后不佳，因为这种类型的创伤后应激障碍总是容易与其他障碍共病（Roth & Fonagy，2005）。虽然人们关于创伤经历的深刻记忆很难通过干预抹除，但是大多数人通过心理干预与药物治疗能够恢复正常的社会功能，甚至比患病前的功能水平更高。对于创伤后应激障碍患者来说，疾病复发并不少见，尤其是在面临其他生活压力的情境下，但是他们可以通过长期的后续治疗来避免复发。

此外，在干预创伤后应激障碍时，治疗者与患者之间的相互影响也起重要作用。在急性应激障碍和创伤后应激障碍患者中，普遍存在不愿参与治疗、不信任治疗者、不听从治疗建议等现象。面对创伤后应激障碍患者，治疗者通常需要提供温暖、无条件积极关注和共情，这样才能建立起与患者之间的信任。同时，治疗者还需要提供安全而稳定的治疗环境，这种环境能够令患者感到安全，愿意讨论敏感话题，恢复自我掌控感和支配感。在患者感到足够安全，对关系感到足够稳定之前，不能强制要求患者谈论创伤。如果创伤事件是发生在治疗之前很多年前的，那么治疗可能是一个非常缓慢的、逐步建立信任的、帮助患者慢慢进入创伤回忆的过程。此外，在干预过程中，治疗者可能会产生二次创伤或间接创伤，这会影响治疗者和患者对治疗的安全感和对世界的看法。因此，治疗者需要充分认识到这些可能的反应，做好治疗与生活的平衡，在督导的帮助下处理二次创伤。

### （二）其他创伤与应激相关障碍的危机干预技术

1. 延长哀伤障碍的干预技术

延长哀伤障碍患者的生活质量严重下降，社会功能明显受损，随着疾病的慢性化，患者罹患各类躯体疾病及出现自杀行为等风险增高。虽然目前对正常的哀伤反应是否需要干预尚未达成共识，但心理干预对于降低延长哀伤障碍的发病率和延长哀伤障碍的症状的改善确实具有一定疗效。

延长哀伤障碍的心理干预的主要目标是帮助丧亲者面对失落，认清亲友亡故的现实；帮助丧亲者界定及表达或宣泄情感，将哀伤反应正常化；帮助丧亲者适应一个不存在逝者的新环境，重建新关系。

与其他支持性的或非特异性的心理治疗相比，基于哀伤的认知行为疗法对减轻延长哀伤障碍的症状更为有效，并且疗效随着时间的推移会更加明显。针对延长哀伤障碍的认知行为疗法包括个体心理治疗、团体心理治疗和基于网络的心理治疗。个体心理治疗要体现出针对性，着力于缓解患者的哀伤反应。从内容上可以分为接受亲人离世的事实和开始新生活两部分；从形式上可以分为暴露刺激、认知重建和行为干预等多个过程。针对延长哀伤障碍患者的个体心理治疗有一定的脱落率，如果患者同时服用抗抑郁药，则可能有助于降低脱落率。针对延长哀伤障碍患者的团体心理治疗内容类似于个体心理治疗。除此之外，叙事治疗和基于依恋理论的治疗对延长哀伤障碍的改善也有良好效果。

2. 适应障碍的干预技术

适应障碍的病程一般不超过 6 个月，随着时间的推移，适应障

碍可自行缓解，或者转化为更为严重的其他精神障碍。因此，适应障碍的治疗要聚焦于帮助患者提高适应应激环境的能力，早日恢复到疾病前的功能水平，防止病程恶化或慢性化。干预以心理治疗为主。

适应障碍的干预首先要评定患者症状的性质与严重程度，了解应激源、患者人格特点、应对方式等因素在发病中的相对作用，主要采取个别指导、家庭治疗和社会支持等方式进行。支持性心理疗法、短程动力疗法、认知行为疗法等都可酌情选用。治疗中可分为三个阶段：帮助患者消除或减少应激源（包括改变患者对应激事件的态度和认识），提高患者的应对能力，消除或缓解不良适应症状。如果是情绪异常较为明显的患者，可以考虑使用药物治疗，加快症状缓解，以便为心理治疗提供可能性。

# 参考文献

陈美英，张仁川．（2006）．突发灾害事故的心理应激与危机干预.临床和实验医学杂志，12，1960-1961.

郝伟，陆林．（2018）.精神病学.北京：人民卫生出版社.

黄媛，张敏强．（2009）.地震灾难中的心理应激反应及相应的心理危机干预.中国健康心理学杂志，17（2），231-233.

刘正奎，刘悦，王日出．（2017）.突发人为灾难后的心理危机干预与援助.中国科学院院刊，32（2），166-174.

秦虹云，季建林．（2003）.PTSD及其危机干预.中国心理卫生杂志，09，614-616.

涂阳军，郭永玉．（2010）.创伤后成长：概念、影响因素、与心理健康的关系.心理科学进展，18（1），114-122.

王相兰，陶炯，温盛霖等．（2008）.汶川地震灾民的心理健康状况及影响因素.中山大学学报（医学科学版），4，367-371.

赵高锋，杨彦春，张强等．（2009）.汶川地震极重灾区社区居民创伤后应激障碍发生率及影响因素.中国心理卫生杂志，23（7），478-483.

赵国秋，汪永光，王义强等．（2009）.灾难中的心理危机干预——精神病学的视角.心理科学进展，17（3），489-494.

朱蕴丽，苗元江．（2005）.公共卫生事件的心理应激与干预策略.南昌大学学报（人文社会科学版），3，49-52.

James.R.K. & Gilliland.B.E.（2021）.危机干预策略.肖水源，周亮，译.北京：中国轻工业出版社.

Acierno R., Ruggiero K. J., Galea S., Resnick H. S., Koenen K., Roitzsch J., de Arellano M., Boyle J., Kilpatrick D.G.（2007）. Psychological sequelae resulting from the 2004 Florida hurricanes： implications for postdisaster intervention. Am J Public Health，97 Suppl 1（Suppl 1）：S103−108.

American Psychiatric Association（APA）.（2013）. Diagnostic and statistical manual of mental disorders，5th Edition. Washington，DC：American Psychiatric Publishing.

van der Kolk B. A.，Spinazzola J.，Blaustein M. E.，Hopper J. W.，Hopper E. K.，Korn D. L.，Simpson W. B.（2007）. A randomized clinical trial of eye movement desensitization and reprocessing（EMDR），fluoxetine，and pill placebo in the treatment of posttraumatic stress disorder： treatment effects and long−term maintenance. Journal of Clinical Psychiatry，68（1），37−46.

Ballenger J.C.，Davidson J.R.，Lecrubier Y.，Nutt D.J.，Marshall R. D.，Nemeroff C. B.，Shalev AY，Yehuda R.（2004）. Consensus statement update on posttraumatic stress disorder from the international consensus group on depression and anxiety. J Clin Psychiatry，65 Suppl 1，55−62.

Bradley R.，Greene J.，Russ E.，Dutra L.，Westen D.（2005）. A multidimensional meta−analysis of psychotherapy for PTSD. Am J Psychiatry，162（2），214−227.

Breslau N.，Lucia V. C.，Alvarado G. F.（2006）. Intelligence and other predisposing factors in exposure to trauma and posttraumatic stress disorder: a follow-up study at age 17 years. Arch Gen Psychiatry, 63 (11), 1238-1245.

Brewin C. R., Andrews B., Valentine J. D. (2000). Meta-analysis of risk factors for posttraumatic stress disorder in trauma-exposed adults. Journal of Consulting & Clinical Psychology, 68 (5), 748-766.

Bryant R.A., Mastrodomenico J., Felmingham K.L., Hopwood S., Kenny L., Kandris E., Cahill C., Creamer M. (2008). Treatment of acute stress disorder: a randomized controlled trial. Arch Gen Psychiatry, 65 (6), 659-667.

Cardeña E., Carlson E. (2011). Acute stress disorder revisited. Annu Rev Clin Psychol, 7, 245-267.

Cerdá M., Bordelois P. M., Galea S., Norris F., Tracy M., Koenen K. C. (2013). The course of posttraumatic stress symptoms and functional impairment following a disaster: what is the lasting influence of acute versus ongoing traumatic events and stressors? Soc Psychiatry Psychiatr Epidemiol, 48 (3), 385-395.

Charuvastra A., Cloitre M. (2008). Social bonds and posttraumatic stress disorder. Annu Rev Psychol, 59, 301-328.

Cicchetti D., Rogosch F. A. (2001). Diverse patterns of neuroendocrine activity in maltreated children. Development and Psychopathology, 13 (3), 677-693.

Del Casale A., Ferracuti S., Barbetti A. S., Bargagna P., Zega P., Iannuccelli A., Caggese F., Zoppi T., De Luca G. P., Parmigiani G., Berardelli I., Pompili M. (2022). Grey Matter Volume Reductions of the Left Hippocampus and Amygdala in PTSD: A Coordinate-Based Meta-Analysis of Magnetic Resonance Imaging Studies. Neuropsychobiology, 81 (4), 257-264.

Francati V., Vermetten E., Bremner J. D. (2007) . Functional neuroimaging studies in posttraumatic stress disorder: review of current methods and findings. Depress Anxiety, 24 (3), 202-218.

Friedman M. J., Resick P. A., Bryant R. A., Strain J., Horowitz M., Spiegel D. (2011) . Classification of trauma and stressor-related disorders in DSM-5. Depression & Anxiety, 28 (9), 737-749.

Gilbertson M. W., Shenton M. E., Ciszewski A., Kasai K., Lasko N. B., Orr S. P., Pitman R. K. (2002) . Smaller hippocampal volume predicts pathologic vulnerability to psychological trauma. Nat Neurosci, 5 (11), 1242-1247.

Goenjian A. K., Walling D., Steinberg A. M., Karayan I., Najarian L. M., Pynoos R. (2005) . A prospective study of posttraumatic stress and depressive reactions among treated and untreated adolescents 5 years after a catastrophic disaster. Am J Psychiatry, 162 (12), 2302-2308.

Hefferon K., Grealy M., Mutrie N. (2009) . Post-traumatic growth and life threatening physical illness: a systematic review of the qualitative literature. Br J Health Psychol, 14 (Pt 2), 343-378.

Heim C., Meinlschmidt G., Nemeroff C. B. (2003) . Neurobiology of Early-Life Stress. Psychiatric Annals, 33 (1), 18-26.

Hoge C. W., Castro C. A., Messer S. C., McGurk D., Cotting D. I., Koffman R.L. (2008) . Combat duty in Iraq and Afghanistan, mental health problems, and barriers to care. US Army Med Dep J, Jul-Sep, 7-17.

Jedd K., Hunt R.H., Cicchetti D., Hunt E., Cowell R.A., Rogosch F.A., Toth S.L., Thomas K.M. (2015). Long-term consequences of childhood maltreatment: Altered amygdala functional connectivity. Development & Psychopathology, 27 (4pt2), 1577-1589.

Joshi S. A., Duval E. R., Kubat B., Liberzon I. (2020). A review of hippocampal activation in post-traumatic stress disorder. Psychophysiology, 57 (1), e13357.

Koenen K. C., Nugent N. R., Amstadter A. B. (2008). Gene-environment interaction in posttraumatic stress disorder: review, strategy and new directions for future research. European archives of psychiatry and clinical neuroscience, 258 (2), 82-96.

Koenen K. C., Harley R., Lyons M. J., Wolfe J., Simpson J. C., Goldberg J., Eisen S. A., Tsuang M. (2002). A twin registry study of familial and individual risk factors for trauma exposure and posttraumatic stress disorder. J Nerv Ment Dis, 190 (4), 209-218.

Kuring J. K., Mathias J. L., Ward L., Tachas G. (2023). Inflammatory markers in persons with clinically-significant depression, anxiety or PTSD: A systematic review and meta-analysis. J Psychiatr Res, 168, 279-292.

Kuznetsov A., Kokorev D., Sustretov A., Kozlov A., Lyamin A., Sheyfer M., Kolsanov A., DeSousa A., Cumming P., Gayduk A. (2023). Genetic Contributors to PTSD: the Role of SNVs, Gene Interactions and Haplotypes for Developing PTSD Prevention Measures. A Comprehensive Review. Psychiatr Danub, 35 (Suppl 2), 141-149.

Lansing K., Amen D.G., Hanks C., Rudy L. (2005) . High-Resolution Brain SPECT Imaging and Eye Movement Desensitization and Reprocessing in Police Officers With PTSD. Journal of Neuropsychiatry, 17 (4), 526-532.

Lopes Cardozo B., Kaiser R., Gotway C. A., Agani F. (2003) . Mental health, social functioning, and feelings of hatred and revenge of Kosovar Albanians one year after the war in Kosovo. J Trauma Stress, 16 (4), 351-360.

McFarlane A. C., Barton C. A., Yehuda R., Wittert G. (2011) . Cortisol response to acute trauma and risk of posttraumatic stress disorder. Psychoneuroendocrinology, 36 (5): 720-727.

Merrill L. L., Thomsen C. J., Sinclair B. B., Gold S. R., Milner J. S. (2001) . Predicting the impact of child sexual abuse on women: the role of abuse severity, parental support, and coping strategies. J Consult Clin Psychol, 69 (6), 992-1006.

Nemeroff C. B. (2004) . Neurobiological consequences of childhood trauma. J Clin Psychiatry, 65 Suppl 1, 18-28.

O' Doherty D. C., Chitty K. M., Saddiqui S., Bennett M. R., Lagopoulos J. (2015) . A systematic review and meta-analysis of magnetic resonance imaging measurement of structural volumes in posttraumatic stress disorder. Psychiatry Res, 232 (1), 1-33.

Pole N., Neylan T. C., Otte C., Metzler T. J., Best S. R., Henn-Haase C., Marmar C. R. (2007) . Associations between childhood trauma and emotion-modulated psychophysiological responses to startling sounds: a study of police cadets. J Abnorm Psychol, 116 (2), 352-

361.

Yehuda R., Morris A., Labinsky E., Zemelman S., Schmeidler J.（2007）. Ten-year follow-up study of cortisol levels in aging holocaust survivors with and without PTSD. Journal of Traumatic Stress, 20（5）, 757-761.

Rajkumar R. P.（2023）. Biomarkers of Neurodegeneration in Post-Traumatic Stress Disorder: An Integrative Review. Biomedicines, 11（5）, 1465.

Rauch S. L., Shin L. M., Segal E., Pitman R. K., Carson M. A., McMullin K., Whalen P. J., Makris N.（2003）. Selectively reduced regional cortical volumes in post-traumatic stress disorder. Neuroreport, 14（7）, 913-916.

Schäfer I., Najavits L. M.（2007）. Clinical challenges in the treatment of patients with posttraumatic stress disorder and substance abuse. Curr Opin Psychiatry, 20（6）, 614-618.

Shin L. M., Bush G., Milad M. R., Lasko N. B., Brohawn K. H., Hughes K. C., Macklin M. L., Gold A. L., Karpf R. D., Orr S. P., Rauch S. L., Pitman R. K.（2011）. Exaggerated activation of dorsal anterior cingulate cortex during cognitive interference: a monozygotic twin study of posttraumatic stress disorder. American Journal of Psychiatry, 168（9）, 979-985.

Shin L. M., Rauch S. L., Pitman R. K.（2006）. Amygdala, medial prefrontal cortex, and hippocampal function in PTSD. Ann N Y Acad Sci, 1071, 67-79.

Siehl S., Zohair R., Guldner S., Nees F.（2023）. Gray matter

differences in adults and children with posttraumatic stress disorder: A systematic review and meta-analysis of 113 studies and 11 meta-analyses. J Affect Disord, 333, 489-516.

Stein M. B., Jang K. L., Taylor S., Vernon P. A., Livesley W. J. (2002) . Genetic and environmental influences on trauma exposure and posttraumatic stress disorder symptoms: a twin study. Am J Psychiatry, 159 (10), 1675-1681.

Tedeschi R. G., Calhoun L. G. (2004) . Posttraumatic Growth: Conceptual Foundations and Empirical Evidence. Psychological Inquiry, 15 (1), 1-18.

Ehring T., Ehlers A., Glucksman E. (2006) . Contribution of cognitive factors to the prediction of post-traumatic stress disorder, phobia and depression after motor vehicle accidents. Behaviour Research and Therapy, 44 (12), 1699-1716.

Tolin D. F., Foa E. B. (2006) . Sex differences in trauma and post-traumatic stress disorder: a quantitative review of 25 years of research. Psychol Bull, 132 (6), 959-992.

Traina G., Tuszynski J. A. (2023) . The Neurotransmission Basis of Post-Traumatic Stress Disorders by the Fear Conditioning Paradigm. Int J Mol Sci, 24 (22), 16327.

van der Velden P. G., van Loon P., Benight C. C., Eckhardt T. (2012) . Mental health problems among search and rescue workers deployed in the Haïti earthquake 2010: a pre-post comparison. Psychiatry Res, 198 (1), 100-105.

Weems C. F., Pina A. A., Costa N. M., Watts S. E., Taylor L. K.,

Cannon M. F.（2007）. Predisaster trait anxiety and negative affect predict posttraumatic stress in youths after hurricane Katrina. Journal of Consulting & Clinical Psychology, 75（1）, 154–159.

Zinzow H. M., Resnick H. S., McCauley J. L., Amstadter A. B., Ruggiero K. J., Kilpatrick D. G.（2012）. Prevalence and risk of psychiatric disorders as a function of variant rape histories: results from a national survey of women. Soc Psychiatry Psychiatr Epidemiol, 47（6）, 893–902.

# 第 十 章

## 不同群体的灾害心理防护及援助

　　在灾害面前，生命都是脆弱的，然而不同年龄阶段的个体，其心理健康所受影响程度也会不尽相同。经历灾害后，常见的心理问题有创伤后应激障碍、抑郁、焦虑等，严重者甚至会出现自伤、自杀行为。本章将介绍不同群体在灾后的心理特点以及救助措施。许多学者认为，儿童及青少年的灾后心理问题若没有得到妥善处理，其一生的成长发育都将受到影响。而成年人是整个社会的中坚力量，需要有针对受灾者和救援者的心理救助措施。此外，老年人作为灾后心理救助中容易被忽视的群体，同样需要了解他们的精神状况，以进行恰当的帮助。

## 第一节　不同群体的心理健康监测

　　众所周知，灾害事件往往发生得比较突然，复杂性、破坏性较大，且其影响往往持续较长时间。有研究者（Maclean et al., 2016）通过研究儿童早期接触自然灾害与成年后物质滥用障碍之间的关系发现，如果个体在 5 岁时经历过自然灾害，会显著增加其成年后物质滥用障碍的风险。经历过灾害的人们，往往承受着巨大的心理压力，如经常出现焦虑、失眠、抑郁等不良情绪或行为反应。这些消极的情绪和行为反应对人们的身心健康、生活质量，以及社会安定都会产生不良影响（Guessoum et al.，2020）。

目前的文献表明，灾后有大量幸存者出现心理健康问题，尤其是创伤后应激障碍和抑郁症（Turrini et al.，2017），二者都与精神和身体的功能障碍有关，如果不及时进行监测和干预，会对幸存者的身心健康产生巨大影响（Kessle et al.，2009）。灾害给幸存者造成的心理创伤普遍存在，因此在灾害事件发生后，非常有必要对各类人群的心理健康状况进行及时的监测，并在灾后及时有效地对受灾群体和高危人群进行心理危机干预，以减轻其灾后的不良心理应激反应，促进灾后适应和心理康复。同时，由于不同年龄阶段的群体具有不同的心理特点，在面对灾害时可能会出现不同的应激反应，因此也非常有必要针对不同年龄段的人群进行心理健康监测。

## 一、儿童和青少年的心理健康监测

心理健康作为健康的重要组成部分，是未成年人全面发展的基础，也是国家推动素质教育、实施人才强国战略的要求。当前，提高儿童和青少年的心理健康水平已成为国家关注的重点工作之一（熊昱可 等，2021）。相较于成人而言，儿童和青少年正处于生理、心理、认知与行为水平的发展阶段，在遭遇重大突发性灾害后，其心理和行为的应对能力都将受到影响。相关研究发现，儿童期出现的心理阴影或心理创伤，如果没有及时得到缓解，将会影响其未来

的身心健康发展。

儿童和青少年由于缺乏知识和经验，应对技能也不足，这些问题会阻碍他们的灾后恢复，使他们更容易感受到心理痛苦（Tang et al.，2018）。灾害造成的创伤也会影响儿童和青少年幸存者的注意力、情感反应和记忆力等（Boston，2006）。除此之外，儿童和青少年幸存者还会出现心理健康问题，比如抑郁、焦虑、创伤后应激障碍等（Vehid et al.，2006）。已有研究表明，在经历突发灾害事件后，儿童与青少年的大脑功能活动会发生变化，从而对儿童和青少年心理产生影响，甚至导致长期的症状反应（Hoffman & Kruczek，2011）。还有研究者发现，由于青少年身心发育不成熟，缺乏生活经验，处理危机的能力不足，当他们感受到压力增加且难以忍受时，很容易采取非自杀性自伤这类不恰当的应对策略，在极短的时间内释放强烈的负面情绪（Carosella et al.，2021）。

另外，根据年龄的不同，未成年人出现的应激反应也存在一定差异，例如学前期（1~5岁）儿童可能会出现尿床等情况，学龄期（6~10岁）儿童可能会出现攻击行为等情况，青少年（11~18岁）可能会出现注意力难以集中、食欲减退等情况。这些心理和行为反应都是儿童和青少年灾后的正常反应，通常会在灾后数周或数月内消失，特殊情况（如家庭成员受伤严重或死亡，本人受到身体或精神上的严重创伤）除外。同时，值得注意的是，灾后出现的心理问题如果得到及时有效的干预，幸存者会逐渐恢复正常，大部分儿童和青少年幸存者不会出现严重的、永久性的心理创伤（廖惠玲 等，2017）。

因此，可根据灾后儿童和青少年出现心理行为问题的相关因素，对其进行有针对性的心理健康监测，并且尽力做到社会、学校、家庭三位一体，对儿童和青少年进行心理健康监测及心理援助，强化"家校社联动"的心理防护。其中，家庭、学校是儿童和青少年心理健康监测的"主力军"。

家庭是儿童来到世界上的第一个生活场所，也是第一所学校，更是铸造孩子良好人格的重要场所。家庭对于儿童来说，是最温馨、最安全的港湾；父母对于儿童来说，是最可信任、最可依赖的亲人。家庭也是儿童和青少年生活、学习及获得心理支持的主要场所，因此家庭因素对儿童和青少年在经历灾害后的心理健康具有重要的影响（师典红 等，2014）。家庭成员要在灾后及时关注儿童和青少年的心理问题，防止儿童和青少年产生各种各样的负性情绪以及相应的认知及行为表现。

学校在儿童和青少年的成长发展中也起着非常重要的作用。在灾后，若有条件开展学校教育，可通过学校的教育教学活动等解决儿童和青少年的心理健康问题。学校的心理老师可对学生的心理健康状况实施监测，了解学生的心理健康状况（张九利，2010）。

## 二、成年人的心理健康监测

灾害的发生会显著降低人们的心理健康水平。相比常人，暴露于灾害中的个体在灾害发生多年后仍报告了更高的焦虑（Bromet，2012）。例如，在新冠疫情暴发后，心理痛苦一直是一个巨大的问题（Qiu et al.，2020）。最近的研究表明，新冠疫情的暴发与人们担忧、恐惧和焦虑等情绪的增加存在紧密关联（Cai et al.，2020）。

经历灾害后，成年人会出现心理应激反应，这种反应也是人体对各种紧张刺激产生的适应性反应（朱蕴丽，苗元江，2005）。一般应激反应会维持6~8周，主要会出现一系列生理、情绪、认知和行为上的变化。第一，生理反应，出现疲乏、头痛、头晕、失眠、噩梦、心慌、气喘、肌肉抽搐等症状；第二，情绪反应，表现为悲痛、愤怒、恐惧、忧郁、焦虑不安等；第三，认知反应，出现感知异常、记忆力下降、精神不易集中、思考与理解困难、判断失误、对工作和生活失去兴趣等症状；第四，行为上，出现坐立不安、强迫、回避、举止僵硬、拒食或暴饮暴食、酗酒等异常行为，严重者甚至会精神崩溃，出现自伤、自杀等情况（陈美英，张仁川，2006）。

重灾区成年受灾人员未来发生创伤后应激障碍的可能性较高，且在遇到重大灾害后，除了表现出闯入、回避和高警觉的反应外，还表现出了睡眠质量下降的症状（吴坎坎，张雨青，2009）。

灾害发生之后，人们有可能会出现创伤后应激障碍等症状，但通常，个体身上所体现出来的症状不是单一的，而是急性应激障碍、创伤后应激障碍、抑郁障碍、焦虑障碍、行为问题、躯体化症状等多方面症状的综合，学术界将这一表现称为灾后心理症候群（post-traumatic psychological syndrome）。具体而言，灾后心理症候群是指在灾害发生后，个体所表现出来的焦虑、抑郁、创伤后应激反应、精神紊乱、行为问题等的统称（任玉兰，2010）。对于灾后成年人心理健康的监测，杨红菊（2009）等研究者自制了灾后心理问卷进行测评，监测成年人灾后在生理、认知、情绪、行为方面的问题。生理方面包括失眠、做噩梦、易醒、容易疲倦、呼吸困难、窒息感、发抖、容易出汗、消化不良、口干等；认知方面包括否认、自责、罪恶感、自怜、不幸感、无能为力感、敌意、不信任他人等；情绪方面包括悲观、愤怒、紧张、失落、麻木、害怕、恐惧、焦虑、沮丧等；行为方面包括注意力不集中、逃避、打架、骂人、喜欢独处、常想起受灾情形、过度依赖他人等。

此外，目前对于个体的心理健康评估常用自评量表，例如自测健康评定量表（SRHMS）、症状自评量表（SCL-90）等。具体而言，自测健康评定量表是个体对自身健康状况的主观评价和期望，也是目前国际上比较流行的健康测量方法之一（Brodaty et al.，2004）。个体健康应该是生理健康、心理健康和社会健康的总和。自测健康评定量表从生理、心理和社会三个方面对个体的健康状况进行定量化测量，能够使个体及时、全面、准确地了解自身的健康信息，为灾后成年人的健康保护提供帮助。

症状自评量表是以精神病学、症状学为背景，从个体感觉、情感、思维、意识、行为，以及生活习惯、人际关系、饮食等方面出发，主要是根据测试者最近1周或者现在的感受来测评，能够较好地评估个体心理健康情况和变化趋势。适合16岁以上的人群，可以用于自评，也可以用于他评，被广泛应用于心理咨询和精神病诊断，具有较好的信效度，操作方便。

## 三、老年人的心理健康监测

老年人是指60岁以上的人群。随着年龄的增长，老年人身体机能下降，在灾害和紧急情况下，老年人更容易受到伤害（Fernandez et al.，2002）。

有研究发现，需要卧床休养、行动能力受限、被社会孤立的老年人受灾害影响程度较大。此外，需要定期进行药物治疗、需要服务机构提供日常看护的老年人，在经历灾害事件后受到的伤害也较大。而有相当数量的老年人兼有上述两种状况，是灾害中最易受到

伤害的人群。灾害发生时，老年人易受伤害与其躯体活动能力弱、感觉程度衰退、罹患慢性疾病、社会功能和经济条件受限等特点有关（杨戎 等，2009）。已有研究表明，突发灾害事件会造成老年人自主神经功能紊乱、紧张型头痛、心血管疾病等（具体见表10-1）（余琳 等，2011）。老年人在灾害发生前经历的生活变迁和丧失会与灾害造成的丧失复合在一起，使老年人处于抑郁的危险中。

有研究以中国科学院心理研究所心理健康院重点实验室老年研究中心编制的中国心理健康量表（老年版）为调查工具，配合纽芬兰纪念大学幸福度量表（MUNSH）和流调中心用抑郁量表（CES-D），来探究调查重灾区老年人群体的心理健康状况，发现重灾区老年人的心理健康状况较差，幸福感水平较低，抑郁程度较高。遇难的亲属越多，年龄越大，财产损失越严重，老年人的心理健康状况越差。由于老年人在灾害发生前更有可能处于较差的健康状态，并且在灾害发生后寻求援助的能力较弱，因此，了解灾区老年人的心理健康状况，无疑对心理援助工作具有极为重要的意义。

表10-1　老年人灾后心理表现

| 分类 | 表现 |
| --- | --- |
| 行为 | 退缩，孤立，不愿离家，不愿报告全部损失/受伤/健康问题，拖延就医，回避社会援助，保险利用率低，行动受限，难以适应安置。 |
| 身体 | 慢性病加重，躯体症状增加，因免疫力下降易感传染病，身体加快衰退，低烧或高热等。 |
| 情绪与认知 | 抑郁，哀伤，多疑，困惑或迷乱，记忆问题，激惹，易怒，淡漠，害怕住院，陌生环境焦虑，羞于接受帮助或救济。 |

灾害发生后，幸存者容易出现的一些心理问题，如情绪障碍和创伤后应激障碍等，可能持续存在，甚至可能会持续数周至数十年，因此我们应把灾后的心理健康监测、防护作为一项长期的工作进行下去。在灾害发生后，有关部门应尽快制订计划并立即实施，对灾后不同群体的心理健康进行监测和有针对性的干预，以提高受灾民众的心理健康水平。

# 第二节　儿童和青少年的灾害心理防护及援助

我国目前的灾后心理危机干预工作尚处于起步阶段，其中儿童和青少年的心理危机干预是最薄弱的一环（崔永华，闫俊娟，2016）。青春期是一个敏感的发展时期，是个体从幼稚走向成熟的重要转折期，因此青春期也是心理健康问题和危险行为发生和发展的关键时期。另外，儿童和青少年的心理尚未发育成熟，且缺乏应对能力，在遭遇重大突发性灾害后，身心健康都将遭受重大影响（施红梅 等，2008）。因此有必要探索有效的心理危机干预策略，帮助他们尽快摆脱灾害的影响，使其心理健康水平恢复至常态。

## 一、灾后儿童和青少年群体的状况

由于儿童和青少年自身的发育状况以及缺乏相应的知识经验，他们应对这些破坏性灾害的能力远不如成年人（Norris et al.，2002），是灾后最脆弱的群体（Cobham et al.，2016）。一项实证研究对青少年和成年受灾者进行了比较，发现相较于成年人，青少年可

能在灾后产生更严重的心理创伤（Sliverman & Creca，2002）。但是在灾后，儿童和青少年的心理健康往往被忽视。例如，家长、老师和其他成年人可能会认为孩子年龄还小，什么都不懂，或者孩子的心理复原力较强，灾害对他们的影响是短暂的，从而低估了他们的痛苦程度，不能及时发现他们的心理问题。

然而事实可能并非如此。经历灾害的儿童和青少年，更容易受到创伤后应激障碍、抑郁、躯体疾病和持续性压力的影响，并且儿童和青少年还可能产生该年龄段特有的心理问题，例如学习问题（学习困难、多动等）、行为问题、睡眠障碍、物质滥用等（Norris et al.，2002；Cobham et al.，2016）。荷兰一项针对火灾后青少年心理健康情况的研究表明，相较于没有经历过火灾的对照组，经历过火灾的青少年，酗酒和攻击行为明显增加。因此，在灾害发生后，关注儿童和青少年的心理健康状况并及时进行干预是极其重要的。

值得注意的是，有些儿童或青少年没有直接经历灾害，但是其亲朋在灾害中丧生，或者每天长时间与那些受到过严重伤害的幸存者直接接触，都可能会使儿童和青少年产生严重的心理问题。因此，关注这部分未直接暴露于灾害情境的儿童和青少年的心理健康，并进行心理干预，也是必要的。

## 二、灾后儿童和青少年的常见心理行为反应

灾害的发生具有一定的时间周期，可以分为五个阶段：冲击前，即灾害发生前的一段时间；冲击，即灾害发生时；反冲，即灾害发生后即刻；冲击后，即灾害发生后几天到几周；恢复和重建，即灾害发生后数月至数年。儿童和青少年在不同的阶段可能有不同的心

理行为反应（Silverman et al.，2002）。由于灾害往往突如其来，没有预警，并且在灾害发生后也难以立即规划和实施研究，因此目前大多数研究都集中于冲击后阶段和恢复重建阶段。

### （一）反冲阶段

儿童和青少年可能会像"脸上突然挨了一拳"一样感到震惊和怀疑，并感觉世界和自身变得不真实了。有研究人员试图确定儿童经历飓风后的即时反应，结果发现儿童在飓风过后报告自己产生了一种"陌生感"，并觉得"生活很奇怪"。在感到震惊的同时，儿童和青少年也会出现明显的"一般适应综合征"，包括一系列的生理变化（Silverman & Greca，2002）。

### （二）冲击后阶段

在灾害发生后的几周内，儿童和青少年最可能出现的反应是适应障碍和急性应激障碍（Silverman & Greca，2002）。

根据《精神障碍诊断与统计手册（第五版）》（DSM-5）的诊断标准，适应障碍多发生于应激源出现后的3个月内，具有"临床意义"（例如超出预期的痛苦或社会功能受损），应激源消失，症状持续时间不超过6个月。适应障碍的临床表现多种多样，根据主要症状的特征（如抑郁心境、焦虑、失眠和问题行为），可以进一步进行区分。儿童主要表现为行为退行，包括尿床、反复吮吸手指、不会说话或像婴儿一样咿呀自语等形式（崔永华，闫俊娟，2016；郑毅，2008）。青少年中常见的症状以问题行为为主，包括违纪和攻击等外显行为，如厌学、逃学、偷盗、说谎、打架斗殴、酗酒、破坏公物等。在一项研究中，研究者探究了地震对灾区青少年心理和行为的

影响，结果发现地震后当地的青少年出现了多种多样的问题行为，包括暴力行为、饮食障碍、反社会行为和睡眠问题等（罗濛雨，2002）。

急性应激障碍多出现于创伤事件发生后的 3 天至 1 个月内，持续至少 3 天至 1 个月，个体感到临床上的明显痛苦或社会功能受到损害。研究发现，地震发生 2 周后，经历地震的 10~14 岁儿童急性应激障碍检出率为 28.6%（付琳 等，2017）。急性应激障碍的临床表现具有个体差异，但通常会出现焦虑反应。在一些患者中，分离症状（麻木或脱离感，对周围环境的意识减弱，以及分离性失忆症）占据主导；在另一些患者中，可能会出现强烈的愤怒反应（以易激惹或可能的攻击反应为特征）（Silverman & Greca，2002）。儿童可能会表现出显著的分离焦虑，如过于害怕与父母分开，害怕独自一人待着，极度需要被关注（罗濛雨，2002）。

## （三）恢复和重建阶段

在这一阶段，研究者重点关注的是创伤后应激障碍。在《精神障碍诊断与统计手册（第三版）》（DSM-3）中，创伤后应激障碍被认为只存在于成年人群体中，直到《精神障碍诊断与统计手册（第四版）》（DSM-4）才将其范围扩大到儿童和青少年群体（Silverman & Greca，2002）。

创伤后应激障碍是一种精神障碍，诊断标准较为严格，在经历创伤性事件的人群中只有少数符合其诊断标准，而大多数创伤经历者可能只是会出现创伤后应激反应（post-traumatic stress disorder symptom，PTSS）（李莹，2019）。已有研究表明，儿童和青少年的创伤后应激障碍不同于成年人。成年人的高度中心性症状为侵入性思维，而儿童和青少年的高度中心性症状为负性认知和心境改变。更重要的是，创伤后应激障碍可能会与抑郁症和焦虑症等常见的共病症状相互作用，对儿童身心健康造成严重损害。

## 三、灾后儿童和青少年群体的心理防护及援助

灾害发生后，受灾个体的生活和社会心理资源大量损失，会对其心理健康产生严重的影响（李莹，2019）。这种影响可能是普遍和持久的。在许多研究中，相当一部分受灾者的症状会持续几个月，甚至几年，严重影响其个人和家庭的生活，也会给社会带来沉重的压力。危机干预是一种为减轻受灾者极度痛苦的情绪而采用的干预方法，能够及时引导受灾者及其家属的思想方向，及时消除其精神隐患。由于儿童和青少年所处年龄阶段的特殊性，危机干预应该根据其心理发展特点采取不同于成年人的干预方法。

### （一）注意与儿童和青少年的接触方式，特别是第一次接触时

应该以尊重、关怀、有助益的方式与儿童和青少年进行接触。比较好的做法是，先和他们的父母或其他监护人建立关系并征得允许。对于幼童，援助人员应当坐着或者蹲下，和其视线持平。交谈时要使用贴近这一年龄段发展水平的语言和概念。儿童年龄越小，其思维越具体，越不能够理解诸如"死亡"之类的抽象概念。因此在与这个年龄段的孩子进行沟通时，应尽量使用简单直白的语言，帮助他们表达自己的内心，仔细聆听并向孩子确认以确保自己已经完全理解了其想表达的意思。而青少年正处在"小大人"的阶段，他们渴望得到成人的平等对待，因此比较好的做法是把他们当作成

年人来交谈，表现出对他们的尊重（童慧琦，2008）。下面是一段援助人员与受助儿童初步接触时的语言示例：

援助人员（与受助儿童的视线高度保持一致，微笑着和受助儿童问好，称呼其名字，语气温柔）："你好啊！我是……我到这里是来帮助你和你家人的。你现在有没有任何想要的东西呢？那边有水和果汁，箱子里还有毯子和一些玩具。"

### （二）帮助儿童和青少年快速建立心理安全感

在灾后应当有意识地帮助儿童和青少年快速建立心理安全感（童慧琦，2008）。灾后确保个人的人身安全显然是最重要的，但是尽快恢复并保持和增强个体的心理安全感也不可忽视。想要帮助儿童和青少年获取心理上的安全感，首先，需要创设一个舒适安全的环境，例如有充足的水和食物、充足的照明以及休息的地方，使他们获得身体上的舒适。因为对于物质和生理的需要可能会掩盖其心理需要（Danese et al.，2019）。其次，用简单明了的语言告诉孩子接下来的活动和计划也是非常重要的，但要注意传递给他们的信息应该是准确的、非推测性的，信息内容集中于将要采取的、确保他们安全的行动，不宜透露会令他们感到不安的内容（如伤亡人数、损坏程度等）（Vernberg et al.，2019）。例如，可以说："接下来将要发生的是，你和你的妈妈会一起去一个叫作'救助站'的地方，那里非常安全，有食物、干净的衣服和休息的地方。从现在开始，你要一直待在你妈妈的身边。"另外，在灾害发生后，儿童和青少年通常会通过与父母或其他值得信任的成年人接近来保持或恢复自己的心理安全感，因此可以让孩子睡在或依偎在他们身边，避免不必要的、长时间的分离。最后，灾害发生后控制儿童和青少年使用社交媒体的时间，并为他们过滤掉一些会令其感到不安的内容同样非常重要。

### （三）帮助儿童和青少年感知到充足的社会支持

研究表明，领悟社会支持能够负向预测灾后儿童和青少年的创伤后应激障碍（安媛媛 等，2018），正向预测其创伤后成长（Danese et al.，2019；程科，陈秋燕，2011）。这些发现表明，在灾后加强儿童和青少年的社会支持，可能也是重要的干预目标之一。儿童和青少年的社会支持来源是复杂而多样的，其中最常被报告的是来自重要他人（例如父母、朋友和老师）的支持（Silverman & Greca，2002）。援助人员可以把一些沟通或安抚的技巧教给孩子的父母或主要照顾者，帮助他们给孩子提供充足的、适宜的情感支持，也可以通过让孩子与伙伴一起游戏或绘画等方式来获得社会支持（Vernberg et al.，2016）。对于那些不能与其重要他人取得联系的孩子，援助人员需要及时补位，通过陪伴在孩子的身边，带领他们进行一些安抚活动（例如阅读书籍、小组绘画、涂鸦游戏等）来使孩子获得所需的社会支持。

### （四）使用一些专业的心理治疗手段来进行干预

认知行为疗法（CBT）是近年来使用得比较多的一种方法，对缓解儿童和青少年的创伤后应激障碍，恢复其社会功能有较好的疗效（童慧琦，2008）。与认知行为疗法相似的正念干预疗法在改善青少年的创伤后应激障碍方面也有比较好的效果。研究表明，经过8周的正念干预训练后，青少年的侵入性症状、回避和高警觉症状都明显得到改善，并且焦虑、抑郁以及睡眠问题也得到了明显的缓解

（童伟隆，赵桂琴，2019）。

对于儿童和青少年来说，由于其逻辑思维和语言还处在较低的发展水平，可能没有办法清楚明了地表达出自己的内心世界，因此可以使用沙盘疗法、绘画疗法等方式来对其进行干预。一项通过沙盘疗法和绘画疗法对震后中学生进行干预的研究显示，沙盘和绘画治疗对学生的创伤后应激障碍症状的改善有明显的效果，特别是在侵入性症状、认知和心境方面的负性改变以及警觉和反应性的改变这三个维度上（李丹，2015）。根据儿童和青少年自身的发展特点，可以将多种手段结合，以获得更好的治疗效果。

此外，针对不同年龄阶段的儿童和青少年，可采用不同的"心理急救"技巧。

1.0~2岁

幼儿通常不理解灾害事件的原因，但对周围环境的变化非常敏感。由于还不会说话，当感受到压力时，该年龄阶段的儿童会以各种动作来表现自己的不安。

如果观察到幼儿有任何异动，如睡眠习惯突变、突然黏人、容易被惊吓等，这可能是他们"求救"的信号。可采用的技巧：避免幼儿饥饿，拥抱幼儿，帮助幼儿维持正常作息，耐心温柔地对待幼儿，带幼儿远离人多嘈杂的地方。

2.2~10岁

该年龄阶段的儿童可以部分明白灾害事件的原因和影响。他们会因此受到创伤，可能会觉得自己应为危机事件负责。

灾害发生后，如儿童出现作息习惯突变、变得很黏人或展现幼儿的行为（如吮吸手指）等异常行为，可采用的技巧：投入更多时间和精力陪伴他；告诉他已经到达安全的地方；回答他有关灾害事件的问题时，省去危险细节；说明责任不在于他。

3. 10~18 岁

该年龄阶段的儿童和青少年可以更加明白灾害事件的原因和影响，也开始明白生离死别，可他们还是会害怕面对重大改变。

危机发生后，如果儿童和青少年突然有失眠、食欲缺乏、脾气暴躁、注意力难以集中和不想上学等异常行为，可采用的技巧：投入更多时间和精力陪伴他；简单告诉他危机事件的信息和缘由；聆听他的想法，不加以评论；倾听他的疑虑，安慰并支持他；允许他感到伤心，不要求他"坚强"。

需要注意的是，父母的社会心理功能受损可能也会影响到儿童和青少年的心理健康。大量实证研究表明，受灾者的症状并不是孤立的，可能会受到周围共同经历者的影响（Juth et al.，2015）。父母的心理失衡可能会影响其子女的心理健康状况（Silverman & Greca，2002）。研究发现，父母在灾后的心理健康状况可以预测孩子的心理痛苦水平（Cobham et al.，2016）。例如，当父母受到创伤后应激障碍的困扰时，父母的情感麻木和回避拒绝可能使得子女无法获得充分的社会支持和良好的教养，这会使子女更难以在情感和认知上处理和适应创伤事件，从而导致更大的心理痛苦（Juth et al.，2015）。因此，关注并改善父母的心理健康状况，也是灾后儿童和青少年心理干预中的重要环节。

总之，破坏性灾害会对儿童和青少年的心理健康造成较大的影响，他们可能会出现一些不良的心理行为反应。但是出现这些反应是正常的，通过进行及时有效的心理干预并充分发挥社会支持系统的作用，这些心理行为反应通常会在数周或数月内消失，大部分儿童和青少年不会出现严重的、永久性的心理创伤（廖惠玲 等，2017），

能够以正面积极的态度回归家庭，重返校园，开始正常的生活（施红梅 等，2008）。

# 第三节　成年人的灾害心理防护及援助

成年人不管是在家庭中还是职场上都扮演着重要的角色，他们的心理健康状况也同样需要关注。成年人只有尽快从灾害的阴影中走出来，才有余力去关注其他需要帮助的个人或群体。

## 一、灾后成年人的心理行为问题和表现

灾后，不同类型的人群所面临的现实问题和心理问题不尽相同。因此理解并解决灾后成年人的心理问题时，最好有针对性。

成年个体通常会经历以下几个阶段。首先他们会产生一种"不真实感"，否认眼前发生的一切是真实的，认为这只是一场噩梦而已。在意识到残酷的现实之后，成年个体会经历一段消沉期，逐渐丧失对焦虑和痛苦的感知，对周围的事物反应迟钝或漠不关心，行为退缩，不愿意与他人交往，这时的精神状态远没有恢复到可以重建正常生活的水平，可能会出现各种各样的情绪反应和行为问题，如抑郁、焦虑、失眠、自闭甚至自杀等。在一项针对地震灾区学生和成年人心理健康的调查中，52.33%的成年个体在灾后报告了焦虑、抑郁、劳累、睡眠障碍以及惊恐等健康问题（黄文武 等，2008）。一旦成年个体认识到这些悲剧是真实的，便会产生严重的心理问题，如急性应激障碍。如果得不到及时、有效的疏导，有可能

会造成长期的甚至永久的心理创伤，并逐步发展成创伤后应激障碍，甚至部分个体可能会因无法接受现实而产生自杀倾向。

2013年，孟加拉国首都郊区的拉纳广场大楼发生倒塌。对幸存者进行跟踪访问的研究结果表明，20.5%的幸存者身体健康状况较差，51%的幸存者因身体受伤和心理健康状况不佳而失业，即使6年（2019年）过去，也仍然有10.5%的幸存者遭受心理创伤的影响（Mamun & Griffiths，2019）。马达卡西拉（Madakasira）等人在对经历龙卷风的居民进行调查时发现，59%的受害者报告出现了创伤后应激障碍的症状（姜丽萍，王玉玲，2007）。在对5·12汶川地震极重灾区居民进行的调查中发现，创伤后应激障碍的临床检出率为12.4%（杨彦春 等，2009）。在新冠疫情暴发后，成年人表现出了不同程度的感染恐惧、创伤后压力和一般心理症状（Chung et al.，2022）。有研究者调查了美国377个县的资料发现，在地震、飓风、洪水等自然灾害发生后，自杀率平均增长了12.5%；在洪水发生的4年后，被影响的308个县的自杀率增长了13.8%；在飓风发生的2年后，被影响的24个县的自杀率增长了18.9%；在地震发生的1年后，被影响的4个县的自杀率增长了19.7%（Etienne et al.，1998）。

关于成年人在灾后的心理健康问题，不得不关注性别之间的差异。由于生理结构和心理特征存在差异，女性似乎更容易在灾害中受到伤害，需要更多的实际救助和心理防护。1986年，乌克兰普里皮亚季附近的切尔诺贝利核电站的4号反应堆发生爆炸，将高放射性物质释放到周围环境中，研究者于2002年进行调查，发现生活在切尔诺贝利受灾地区的人们，整体心理健康水平较低，其中男性酒精成瘾率较高，女性间歇性爆炸性疾病发病率较高（Matthew et al.，2018）。此外，一项针对在1976年唐山地震时处于孕期的女性的研

究表明，母亲孕期经历地震会使后代精神分裂症发病风险增加，且对男性子代的影响更为明显（刘欣 等，2021）。

## 二、灾后成年人不同群体的心理问题和表现

灾后，不同人群所面临的现实问题和心理问题不尽相同。成年人不仅仅是灾害的受害者，也是灾害救援和重建工作的主力。尽管成年人的心理状态相较于其他年龄层的人群更加稳定，但是灾害场景同样会给他们带来伤害，因此需要有针对性地理解并解决灾后成年人的心理问题。成年人群体中以下几类群体值得进一步关注。

### （一）失亲者

在灾害中失去亲人的成年个体，他们或亲眼看到或反复想到孩子、父母等亲人的离去，且在短时间内可能会经历不止一次这类沉重的打击。由于灾害的突发性，许多人会突然经历情绪上的崩溃，陷入悲伤、痛苦以及绝望等各类负性情绪之中。在他们想到亲人的离去，经历悲伤情绪的同时，可能还会感到愧疚、自责或悔恨。自责为什么离开的不是自己，或自己为什么没有竭尽全力拯救亲人。同时灾害对失亲者的影响具有持久性，其长期的影响甚至会损害个体健康，造成组织损伤或引发疾病。例如，唐山地震20年之后，在对幸存者心理健康的调查中发现，亲历唐山地震且在地震中失去了直系亲属的研究组患高血压、脑血管疾病者的比例显著高于亲历唐山地震但没有失去直系亲属的对照组（张本 等，1998）。1994年新疆克拉玛依市的特大火灾夺走了许多人的生命，专家组在事件发生后1周内对49名受害者家属以及在3~5周内对94名受害者家属进行

了精神检查，其中81名受害者家属被诊断为急性应激反应，临床表现包括极度悲伤状态、激越性活动过多、亚木僵状态以及意识模糊状态。此外，在新冠疫情暴发后，为了防止病毒传播，一些国家通过了禁止哀悼仪式（葬礼仪式/参观墓地）的规定，因此人们无法为在医院去世的亲属举行遗体告别仪式。这些措施可能导致个体发展出复杂性悲伤（CG）综合征和持续性复杂丧亲障碍（PCBD）（Diolaiuti et al.，2021）。

### （二）因灾害导致伤残的人员

因灾害导致伤残的人员是一个非常特殊的群体，他们往往是灾害最直接的亲历者。这些幸存者在身体遭受伤害的同时，心理也遭受了无形且不可逆的伤害。在5·12汶川地震发生10年后，对305名因地震而被大腿截肢或小腿截肢的幸存者进行随访发现，他们的幻肢痛、残肢痛、健肢痛和腰背痛发生频率都比较高，而且截肢平面越高，幻肢痛和幻肢异常感觉的发生频率越高，由此产生的生活困扰也越多（王谦 等，2021）。

因灾害致残的幸存者出现心理问题的原因可能有以下四点：灾害情境带来的惊吓；失去亲人的痛苦；家毁物损的打击；灾害导致的身体伤残（时勘，2010）。对他们来说，最大的影响应该是自己突然被灾害夺去了健全的身体，虽然幸存下来，但是对未来感到茫然。原本就承担着家庭重担的成年人，他们内心的茫然与无助更加难以言表。对现状的苦闷以及对未来的担忧，排山倒海般向他们涌来，此类负面情绪的堆积导致他们出现焦虑、抑郁等一系列心理问题。

（三）救援人员

灾害救援人员包括灾害发生后赶赴灾害现场的军人、医护人员、新闻记者、志愿者和后勤支持系统人员（时勘，2010）。在灾害发生后，救援人员会第一时间投入灾害现场的救援工作，他们最先接触到残酷的灾害现场，此类情景会给救援人员留下严重的心理创伤，如果没有及时干预或治疗，会导致更严重的心理问题，对救援人员的生活和工作造成严重影响。目前救援人员的心理问题主要包括应激相关障碍、情绪问题以及倦怠感。

军人虽然有坚强的意志，但是在面对残酷的救援现场时，仍然会出现各类心理问题。相关研究表明，救援队大部分人员的睡眠、饮食受到影响，常做噩梦，并会出现急躁、恐惧、厌倦、抑郁等心理反应，其中，约2%的救援队员会出现较重的创伤后应激障碍（张金川，孙硕，2013）。

医护人员是灾后救援队的重要组成部分，其职业特性要求他们沉着冷静地面对伤患并且及时进行最适合的治疗。国外一项研究表明，在所有职业救援人员中，医护人员创伤后应激障碍的患病率最高（Berger et al.，2012）。因为医护人员在救援活动中与受灾者有更密切的联系，还需要面临救援失败时的内疚感（Liao et al.，2019）。例如，新冠疫情暴发后，医护人员面临高强度的工作和巨大的精神压力，可能会引起痛苦，并对其之后的表现产生负面影响。对90名在新冠疫情暴发后于武汉参与救援的医护人员进行调查，结果显示，他们普遍存在轻微的痛苦，大约95.6%的参与者报告说他们至少有一种痛苦症状（Xie et al.，2021）。

此外，灾害现场中的志愿者大多由有社会责任感和有爱心的社

会各界人士临时组成，他们普遍没有接受过专业的救援训练，心理
承受能力相对较差，在高强度的工作压力与残酷场面的相互作用之
下，更容易出现各类不适应的反应。1999 年我国台湾 9・21 南投地
震发生 1 个月后，研究者对救援人员进行心理健康分析发现，专业
救援人员的创伤后应激障碍患病率为 19.8%，非专业救援人员的创
伤后应激障碍患病率为 31.8%。

## 三、灾后成年人群体的心理防护及援助

### （一）鼓励悲伤情绪的表达

在遭遇巨大灾害变故时，事件发生的初期，人们会有麻木、幻
听、幻觉、幻想、混乱等悲伤行为出现。与容易被他人察觉的哭泣、
愤怒、焦虑等显而易见的情绪不同，这些情绪和行为发生在遭遇失
落的早期阶段，不容易被自己或者他人识别与察觉，但是其哀伤的
强烈程度不容小觑。

在 5・12 汶川地震发生 3 周后突然瘫痪的刘先生，就是一直压抑
自己的悲伤情绪表达，从而影响到身体健康的一个典型例子。刘先
生在地震 3 周后陪朋友去汉旺灾区考察，从汉旺回到成都家中不久
后，刘先生自腰部以下全部麻痹了，没有感觉也无法走动。但对于
自己的瘫痪，他似乎并不难过。医院检查结果表明，他没有任何生
理问题。在精神科进行咨询后，医生了解到，刘先生有一位同事何
先生，刘先生在地震前一天派何先生去汉旺进行考察，而何先生在
地震中受伤，腰部以下全部瘫痪。在对医生倾诉了以上内容一天之
后，刘先生就能够重新走路了。刘先生认为是自己的原因才让同事
瘫痪的，同时他没有主动表达自己的悲伤、愧疚、无助等消极情绪，

一直压抑着这些悲伤情绪，表现得麻木，漠视自己的情绪，从而使得情绪问题"躯体化"，即借躯体症状来表达自己心理的不适。因此，专业的心理援助人员必须意识到，悲伤情绪属于"正常的"心理现象，要鼓励悲伤者进行适度表达，以疏解不安，避免悲伤情绪过度堆积，造成难以挽回的后果。

### （二）团体心理辅导

团体心理辅导是在团体情境中提供心理帮助与指导的一种心理辅导形式。它通过团体内人际交互作用，促使个体在交往中通过观察、学习、体验，认识自我、探讨自我、接纳自我，调整和改善与他人的关系，发展良好的生活适应能力（时勘，2010）。在灾后，让面临类似困境的人聚到一起，在团体心理辅导的过程中相互理解、相互支持，在节约人力、提高效率的同时，也能让受灾民众体会到社会关怀，同时与有相同痛苦的人相互扶持，能更快地走出心理困境。

团体心理辅导有多种形式，如心理晤谈：主要采用结构化的小组讨论形式，引导灾害幸存者谈论应激性的危机事件，让当事人可以公开讨论其内心感受，寻求彼此间的心理支持和安慰，帮助当事人在心理上消化创伤体验。灾害发生后24~48小时是进行急性期心理晤谈的黄金时间，6周后效果甚微。也可以借用角色扮演的方式进行团体心理辅导，角色扮演又包括以下几种不同的形式：双重扮演、改变自我、"空椅子"表演、心理剧等。还有绕圈发言的方式，每位当事人必须针对干预者所给予的刺激作出自我反应。绕圈发言是转移团体焦点的有效工具，是引导受到危机事件影响的沉默当事人发言的简单办法。同时还有肢体活动、美术工艺活动和幻想活动等多种形式，需要干预者针对干预群体制定合适的主题，使用合适的方式进行辅导。值得注意的是，在灾后的团体心理辅导中，可能会出现个别成员，其情绪问题及哀伤经历未能得到充分处理，需要在事后进行适当的个人辅导，有针对性地满足不同受干预个体的需要。

### （三）个体心理辅导

在团体心理辅导不足以解决成年个体的问题时，需要向其提供专业性的个体心理辅导，以帮助其更快地走出心理困境，找回灾害前的生活节奏。

1.认知干预

个体对事件的认知评价是决定应激反应的主要中介和直接动因。创伤性事件发生后，幸存者是否出现创伤后应激障碍，与个体的认知模式有关，而且个体对灾害的认知会影响其应对方式。其对灾害的不合理认知是恐惧和焦虑的唤醒因素，是心理危机的主要来源。同时，在灾后，人们出于自我保护和了解事情的本能，也非常渴望得到充分的信息。在进行咨询的过程中，专业咨询师应帮助个体正确认识灾害，客观理智地面对现实，纠正不合理的认知，尤其要改变其非理性的认知和自我否定。

2.提供应对技巧

向个体解释其在灾后的情感反应是面对灾害时的正常反应，强化焦虑、恐惧等情绪的合理性。同时在进行心理辅导时，专业心理咨询工作者不应对危机个体作不切实际的保证，应强调危机个体自身对其行为和决定所负有的责任，帮助个体建立积极的应对策略。此时可向其介绍一些积极有效的应对技巧，如PBR技术，即暂停

（pause）、呼吸（breath）和放松（relax）的技巧。通过暂停，使用者能够停止对刺激的常有反应，然后慢慢吸气，接着慢慢呼气，放松。PBR技术常被用来减少惊慌，停止冲动和反向反应行为，因此被称为心理抑制法。鼓励个体积极参与各种体育活动，可有效地转移其注意力。给个体提供宣泄机会，有助于其疏导负性情绪。

### （四）社会支持

社会支持是具有普遍意义的心理健康保护因素，这里指的是独立于救援情境的团队内支持（李昌俊 等，2021），包括情感支持、物质支持等。其中，来自家人、朋友、领导等的鼓励和陪伴有助于救援人员尽快从不良的状态中恢复。针对5·12汶川地震救援人员进行的调查发现，来自各行各业的救援人员从事救助工作后会经历不同水平的"替代性创伤"，而较好的社会支持减轻了救援人员的替代性创伤的程度（李丽娜 等，2010）。此外，有研究表明，灾后重建过程中，救援人员的心理状况因职称、家庭人均月收入、经济损失、健康状况、居住满意度以及对领导和同事的满意度而异，严重的经济损失和健康状况不佳是产生心理困扰的重要因素（Liao et al.，2019）。

综上所述，虽然成年人的承受能力强于其他年龄段的群体，但是破坏性灾害给他们带来的巨大打击也是不容忽视的。一味忽视或忍耐内心的痛苦并不是解决问题的方法，甚至可能造成更加严重的后果。灾害发生后，成年人只有勇敢直面问题，主动解决问题，才能尽快回归家庭、重返社会，并且帮助其他在灾害中受到伤害的人，让整个社会更快地恢复到灾害前的状态。

# 第四节　老年人的灾害心理防护及援助

　　老年人群体是灾害发生时一个特殊的群体，也是最容易被忽视的群体。老年人群体属于需要灾后干预的高风险人群，加强对该群体灾后心理防护的重视是非常必要的，这有利于让经历过重大灾害的老年人群体获得更专业的心理帮助，更快地恢复心理健康，走出灾害带来的痛苦。

## 一、灾后老年人群体的状况

　　随着人口老龄化程度加深，老年人在经历灾害的人群中所占的比例越来越大（Rafiey et al., 2016）。年龄因素增加了老年人群体的易受伤害性。随着年龄的增长，老年人感觉器官的结构和功能都会随之老化，特别是听觉和视觉；且大多数老年人患有慢性疾病，行动能力受限，这导致老年人的灾后恢复存在更大的难度。

　　当今人们普遍认识到，无论在灾害发生时还是在恢复期间，老年人都是最脆弱的。资源理论（resource theory）和暴露理论（exposure theory）认为，相较于年轻人，老年人更容易受到自然灾害的影响。具体而言，资源理论认为，老年人群体由于社会经济地位较低，自我价值感较弱，所以在经历灾害后更不容易恢复。同样，暴露理论的核心观点是经历过灾害的老年人会产生更强烈的失去感。

# 二、灾后老年人群体的常见心理行为反应

调查发现，2011年，超过半数死于日本3·11大地震和海啸的人是老年人（Inoue & Yamaoka，2017）。有学者调查了2011年日本3·11大地震和海啸后，当地老年人群体的抑郁和创伤后应激障碍情况，发现有超过50%的老年人会产生抑郁和创伤后应激障碍（Li et al.，2019）。

因为老年人面对应激事件时耐受性更弱，身体状态和情感状态也相对脆弱，所以灾害的发生会对其造成更严重的身心伤害。如果个体长时间处于应激反应状态之下，会导致身体损耗增加，适应能力降低。经历过灾害的老年人，由于长期处于应激状态之下，会存在慢性病加重、躯体症状增加的情况；且老年人的免疫力普遍较低，所以更易感染传染类疾病，身体和感觉（特别是视觉和听觉）的恢复都会受到严重的影响；情绪上会变得抑郁、哀伤、多疑、易怒、淡漠；行为上会表现出拒绝交流、陌生环境焦虑等。灾害发生后，在没有预先存在慢性精神疾病影响的人群中，与其他年龄段群体相比，老年人群体失眠和抑郁症的发生率更高（Shih et al.，2021）。

2008年5·12汶川地震之后，有学者对受灾的都江堰市市民进行了回访调查，研究发现，地震这一灾害性事件对老年人的心理健康产生了显著的负向影响，大部分老年人因此患上了不同程度的创伤后应激障碍。且在灾后重建过程中，大部分老年人由于居住地进行了调整，导致先前建立起来的邻里关系发生了巨大变化（宋点白，杨成钢，2011）。有研究者发现，灾害发生后，邻里关系的变动，导致了老年人抑郁症状的增加（Sasak et al.，2019）。所以，孤独感也

是灾后老年人群体面临的重大心理问题之一。

　　在汶川地震发生两个月后，有学者对雅安地区的老年人群体进行了调查，结果发现，老年人群体相较于青年和中年群体更希望得到专业人士和其他人群的帮助；也更希望相关工作者更多地宣讲重建政策，以便他们了解更多灾后重建的消息（陈卫星 等，2014）。这一结果也从侧面反映出老年人群体在灾后的心理状态更脆弱，缺乏安全感。研究显示，相比中青年群体，老年人群体在灾后会表现出更多的抑郁、恐惧、焦虑等负面情绪，有的甚至会出现躯体症状，如吃不下饭、睡不着觉，甚至还会不断出现"闪回"现象（屈川，2010），导致创伤后应激障碍的患病率更高（Jia et al.，2010）。有研究显示，丧亲之痛是老年人群体产生创伤后应激障碍的最大危险因素（韩布新 等，2009）。王浩伟等人研究发现，丧亲之痛与老年人报告抑郁和报告抑郁恶化的概率呈显著相关。由此可见，无论是亲身经历灾害的老年人，还是间接经历灾害（如兄弟姐妹或子孙经历灾害）的老年人，由于其特殊的生理和心理状态，都更容易出现一系列的灾后反应和心理问题。

　　总的来说，老年人群体在经历灾害事件后的具体表现有以下三点：

　　1.易产生孤独感。经历过大型灾害的老年人群体可能会经历丧亲、丧友之痛。失去亲友会导致老年人在日常生活中失去与他人沟通交流的机会，从而产生深深的孤独感。

　　2.易产生不安全感。由于大多数老年人不与子女同住，且由于年龄的原因，往往身体欠佳，缺乏子女的陪伴和关怀会导致老年人群体的心理素质和承受能力普遍偏低。灾害的发生会让老年人感叹自己的渺小与脆弱，从而更容易产生不安全感。长此以往，会对老

年人群体的心理健康造成不好的影响。

3.易产生消极情绪。结合以往的研究结果不难发现，灾害事件的发生很容易引起老年人群体或轻或重的创伤后应激障碍；身体欠佳且丧偶独居的老年人会产生更强烈的绝望、抑郁心境。长期处于这样的状态下，很多老年人会产生"人老不中用"的悲观情绪，丧失自我价值感。

但根据以往救援帮助的大数据来看，几乎没有心理援助者对老年人群体进行干预和帮助（韩布新 等，2009）。且大部分老年人不会主动向外界寻求心理帮助，这说明对于灾后老年人群体的心理干预和防护需要引起重视。

## 三、灾后老年人群体的心理防护及援助

由于大多数老年人有"自己的问题自己解决"或"去看心理门诊说明有精神问题，说出来怕别人笑话"等观念，老年人一般不愿意主动寻求心理援助或者去精神卫生门诊，所以传统的挂号问诊以及临床咨询的方式对老年人群体发挥不了多大的作用。老年人群体倾向于依靠非正式的支持，诸如家庭、朋友等获得帮助。心理干预者也需要采用主动的方式去确认需要提供心理援助的老年人，比如积极寻找个案，服务延伸进社区等。

中华医学会针对老年人群体的心理健康标准提出过相应指标，如：能体验到充分的安全感；与外界环境保持良好接触，包括家庭环境、社会环境等；能够建立健康良好的人际关系；具有一定调节情绪的能力，以及能够正确认识自己。本部分将从家庭因素、人际关系因素、社会因素以及专业人员心理援助因素四个方面对灾后老

年人群体的心理危机干预进行说明。

## （一）家庭因素

家庭是老年人最直接、最重要的生活支持系统，所以利用家庭中的积极因素是对灾后老年人群体进行心理干预的方法之一。我国自古以来就有"孝老爱亲"的传统，居家养老在我国社会是比较常见的现象，因而家庭是老年人群体的重要支持力量（肖群鹰，刘慧君，2019）。有研究表明，相较于独居的老年人，与子女同住的老年人心理状态更好（Waite et al.，1999）；子女的孝顺程度与老年人的心理健康状况呈正相关。家庭气氛越亲密和谐，老年人的心理健康水平越高（陈卫星 等，2014）。由此可知，家庭作为社会支持网络的重要节点，在灾害创伤恢复中有着至关重要的作用。无论是与子女同住还是分开居住，对于经历过大型灾害的老年人群体来说，子女都是其坚强的依靠和后盾。大到国家，小至社区，都可以通过一些方式，呼吁和宣传孝老爱亲的美德，让子女为老年人提供更多的关怀和陪伴。一般来说，子孙的关心更有助于老年人群体在灾后重建自我价值感和生活意义感。

## （二）人际关系因素

研究表明，灾后，大多数老年人对自己以前所居住的小区和邻居有着深深的留恋，即使灾后重建的房屋硬件条件更好，大多数老年人仍然更怀念先前的房屋和人际关系。日本学者佐佐木（Sasaki，2019）通过调查研究发现，灾后那些社会关系得到增强的老年人出现抑郁症状的风险会更小。由此可知，社交关系的重新建立对老年人的灾后恢复也很重要。找到新朋友，建立新的人际关系，有助于

经历过灾害的老年人早日走出阴霾。灾后，老年人应该接受周围的善意，主动伸出"友谊之手"去认识新的邻居及朋友，相互沟通，相互支持，以便一起渡过心理难关。积极建立新的社会支持系统，有助于消除灾后老年人在新环境中生活的孤独感。

### （三）社会因素

研究表明，灾害发生后，老年人群体更期待能够获得来自社会的帮助（肖群鹰，刘慧君，2019）。老年人往往会感觉自己势单力薄，因此更期望得到社会的关怀。来自社会的精神及物质支持，对经历过灾害的老年人群体具有重大的作用和意义。因此社区、基层也需要参与灾后老年人群体的心理干预。除了加强重建政策的宣讲之外，社区工作者可以积极举办文体活动，号召老年人参加。社区可以利用已有的宣传网络和信息网络，通过广播、电话、入户等方式将活动信息及时有效地传播到各家各户，动员和鼓励老年人积极参与活动；可以利用原有的硬件设施和物质条件，为心理疏导和干预活动提供必要的场所和设施。对于一些行动不便的老年人，可以提供上门接送服务。这样不但有益于老年人的身体健康，也能够使老年人更快地融入社区环境，和新的邻居建立联系。灾害发生后，社区工作人员除了给予老年人生活上的照顾之外，还需要在情感上给他们支持，让经历过灾害的老年人感受到温暖，鼓励他们正确面对生活中的困难，适应未来生活，逐步帮助老年人恢复社会功能。

### （四）专业人员心理援助因素

除了以上提到的三种因素，专业的心理援助也十分必要。心理工作者需要将老年人群体纳入灾后针对性心理援助与干预的重点关注人群。

心理工作者要关注灾后老年人的心理健康，善于发现老年人的不良情绪反应，及时进行引导和开展心理援助工作，使他们产生积极、正面的感受。例如，心理工作者要有针对性地对经历过灾害的老年人进行心理疏导和调适服务，帮助他们度过正常的悲哀反应过程，使他们能正视灾害，找到新的生活目标。

面对经历过灾害的老年人，心理工作者需要先与其建立良好的关系，让其感受到充分的安全感。干预过程中要灵活运用倾听和提问的技巧。在面对与灾害有关的压倒性哀伤时，慰问和无条件积极关注是一种自然且有意义的方式。即使是一个拍拍肩膀的动作，也能为经历了灾害的老年人提供一定的心理慰藉。心理工作者可以适当地自我暴露，流露自己真实的情绪，这也是一种传达同情与关怀的信号。

干预过程中可以采用认知训练疗法、放松疗法等。因为老年人经历灾害后，往往会产生自责、内疚等负面情绪，这个时候需要帮助老年人消除其不合理的信念，帮助老年人正确、客观地评价自身能力，以便其正确面对现实，面对灾害以及灾害的后果；且部分经历过灾害的老年人更容易产生紧张、焦虑的情绪，所以采取放松训练也是有必要的。另外要鼓励老年人积极主动地与其支持系统或者心理工作者进行沟通和交流，使负面情绪在一定程度上得到排解。有研究表明，抗逆力能够促使经历过灾害事件的老年人更快地从灾后痛苦情绪中走出来，并提高生活幸福感（董默，2020）。抗逆力是指个体在遭受困境、磨难、创伤等重大压力后表现出的良好适应能力和抗压能力，并能将这种能力转化成一种积极的能量（Turner，2001）。挖掘老年人的抗逆力，可以使其更好地体验晚年生活。此外，在和经历过灾害的老年人进行交流时，一定要营造一种安全和温暖的氛围，这有助于老年人进一步打开心扉，接受心理干预和帮助（Turner，2001）。

心理工作者还可以联合社区为灾区老年人提供团体辅导。可以将具有同样需求、相似遭遇、相似条件的老年人进行分类，建立"倾听倾诉交流小组"等互助小组。组群式疏导可以提高心理干预的效率和效果，也能让老年人群体感受到集体的温暖和力量。与此同时，还能为灾后老年人群体提供一个相互交流、沟通、支撑及鼓励的机会，增进彼此的信任和依赖关系，促使老年人之间形成心理互补、生活互助的状态，最终达到共释心结的效果。也就是说，通过团体咨询，可以帮助老年人重新建立因灾害而变弱的控制感、能力感以及自我效能感，还可以重建已经被灾害弄得支离破碎的社会联结与支持网络。

除了团体辅导之外，还应考虑到个案辅导。心理工作者可以通过与社区、居委会等组织建立联系，获取当地急需干预和辅导的老年人的信息，进行摸底调查和情况核实。先重点关注在灾害中身体和心理健康都受到严重损害的老年人，然后是一些长期情感脆弱、心理承受能力较弱的老年人。心理工作者作为专业的干预者，可以有针对性地制定辅导方案和救助计划。针对不同个体，制定适合且有效的方案。在可行的情况下，最好建立一种长期和持久的跟踪机制。对受助的老年人定期进行回访和反馈调查，实时跟踪和了解他们的心理和身体状况，保证其最终恢复健康、快乐、稳定的日常生活。

灾害对个体的冲击是严重且持久的。相较于身心素质良好的中青年群体，老年人群体的生理和心理更为脆弱。因此，灾后老年人群体的心理防护更值得关注。对灾后老年人群体的心理状况进行及时的了解和评估，对出现心理危机的老年人进行及时的干预，不仅有助于老年人在灾后尽快恢复身心健康，也有助于整个国家和社会的和谐与发展。

# 参考文献

安媛媛，苑广哲，伍新春，王文超．（2018）.社会支持对震后青少年创伤后应激障碍和创伤后成长的影响：自我效能感的中介作用.心理发展与教育，34（1），98-104.

陈美英，张仁川．（2006）.突发灾害事件的心理应激与危机干预.临床和实验医学杂志，5（12），1960-1961.

陈茹，田文华．（2012）.重大自然灾害后对儿童和青少年心理干预措施及效果分析.中国预防医学杂志，13（9），712-715.

陈卫星，安甲丽，吕瑭，罗士喜，李洪燕，毛雯霞．（2014）.雅安地震震后两个月重灾区不同群体心理状况.中国健康心理学杂志，22（6），875-877.

陈尧．（2012）.灾难心理救援体系比较研究（硕士学位论文）.对外经济贸易大学，北京.

程科，陈秋燕．（2011）.灾区中学生的创伤后成长与领悟社会支持的关系研究.西南民族大学学报（人文社会科学版），（6），89-93.

崔永华，闫俊娟．（2016）.将儿童心理危机干预纳入灾难心理救援教学体系的意义和模式探讨.中国继续医学教育，30（11），67-69.

董默．（2020）.灾难亲历老人个体抗逆力持续性发展的社会工作介入研究（硕士学位论文）.吉林大学，长春.

付琳，程锦，刘正奎．（2017）．芦山地震后儿童急性应激障碍症状、创伤后应激障碍症状与抑郁症状的交叉滞后分析．中国心理卫生杂志，31（7），548-553.

韩布新，王婷，黄河清，王绪梅．（2009）．重大灾害后老年人心理状况研究进展．中国老年学杂志，（12），1543-1547.

侯彩兰，李凌江，张燕，李卫辉，李则宣，杨建立，李功迎．（2008）．矿难后2个月和10个月创伤后应激障碍的发生率及相关因素．中南大学学报，33（4），279-284.

黄文武，沈连相，朱未名，钱敏才，陈中鸣，唐伟，方向明，封敏，费锦锋，骆加文．（2008）．地震灾区学生和成年人的心理健康对照分析．中华预防医学杂志，12（11），806-809.

黄雪花，梁雪梅，张建承．（2009）．汶川大地震幸存者心理健康状况调查研究．华西医学，24（4），1003-1005.

姜丽萍，王玉玲．（2007）．不同人群在灾害事件中的心理行为反应及干预的探讨．中国卫生事业管理，（10），691-693.

李昌俊，贾东立，涂燊．（2021）．救援人员的主要心理问题、相关因素与干预策略．灾害学，（1），148-152.

李丹．（2015）．地震创伤后应激障碍学生沙盘游戏干预模式的建立及效果检验（硕士学位论文）．云南师范大学，昆明.

李静，杨彦春．（2012）．灾后本土化心理干预指南．北京：人民卫生出版社.

李丽娜，王怡，崔建强，程淑英，吴玲玲，陈晓美，崔向军．（2010）．灾难救助者替代性创伤与社会支持的相关研究．中国健康心理学杂志，（5），543-545.

李莹．（2019）．灾后青少年创伤后应激反应发展轨迹研究（硕

士学位论文）.南京师范大学，南京.

廖惠玲，于谮罡，刘梅.（2017）.灾后儿童心理问题及干预措施.当代护士（下旬刊），（8），12-14.

刘念琪.（2022）.创伤后应激症状的性别差异（硕士学位论文）.中国人民解放军海军军医大学，上海.

刘欣，贾宏学，张丹，张云淑，张丽丽，严保平，栗克清.（2021）.孕期经历地震对不同性别子代精神分裂症发病影响.中国神经精神疾病杂志，（2），88-92.

鲁修禄.（2020）.做好疫后心理救援.民主，（11），22-23.

罗濛雨.（2002）.宜宾地震对四川不同灾区青少年心理行为的影响研究（硕士学位论文）.西南民族大学，成都.

马弘，吕秋云，刘平，阿尔肯·依明，阿不列孜·吾马尔，刘华.（1995）.81例克拉玛依火灾受害者家属急性应激反应临床分析.中国心理卫生杂志，（3），107-109.

马珠江，刘正奎，韩茹，吴坎坎，李泊，程锦，陈嫒芳，侯倩茜.（2014）.洪灾后11~15岁儿童创伤后应激障碍发生率及其影响因素.中华行为医学与脑科学杂志，23（12），1108-1110.

牛雅娟，朱凤艳，邹义壮.（2009）.都江堰应届高考生和教师灾后心理健康状况和干预模式初探.中国心理卫生杂志，（3），179-182.

屈川.（2010）.继续教育重建灾后老年人心理健康及评价.新西部，（2），165-165.

任玉兰.（2010）.创伤程度、灾后心理症候群对5·12地震灾区群众社会功能的影响研究（硕士学位论文）.四川师范大学，成都.

师典红，程文红，刘文敬.（2014）.中国儿童青少年灾难后心理问题与相关因素研究现状.中国学校卫生，35（2），315-317.

施红梅，祝捷，邱卓英，黄惠忠.（2008）.自然灾害引发的儿童心理障碍及其心理康复.中国康复理论与实践，（7），683-686.

时勘.（2010）.灾难心理学（第1版）.北京：科学出版社.

宋点白，杨成钢.（2011）.灾后重建中社区服务对老年人口心理健康的影响研究——以都江堰某安居小区为例.人口学刊，（6），35-42.

童慧琦.（2008）.心理急救现场操作指南（第二版）.太原：希望出版社.

童伟隆，赵桂琴.（2019）.正念干预训练对青少年创伤后应激障碍疗效观察.浙江中西医结合杂志，29（10），826-828.

汪向东，赵丞智，新福尚隆，张富，范启亮，吕秋云.（1999）.地震后创伤性应激障碍的发生率及影响因素.中国心理卫生杂志，13（1），28-30.

王刚，徐广明，张本，牛俊红，许瑞芬，于振剑，王聪哲.（2013）.汶川地震幸存者灾后心理反应影响因素的典型相关分析.神经疾病与精神卫生，13（3），269-272.

王谦，陈彩云，张生，唐益明，王洪霞，邹雪，黄文生.（2021）.汶川地震10年后膝上与膝下截肢伤员疼痛及生活质量研究.华西医学，（12），1686-1691.

王绪梅.（2011）.震后重灾区老年心理健康及其影响因素研究.（博士学位论文）.中国科学院大学，北京.

王玉玲，姜丽萍.（2007）.灾害事件对人群的心理行为影响及其干预研究进展.护理研究，21（12），3113-3115.

吴坎坎，张雨青.（2009）.5·12汶川地震极重灾区幸存者PTSD结构的验证性因素分析.第十二届全国心理学学术大会.

席淑华，卢根娣，马静，陆蕾，邵小平，万昌丽.（2008）.心理干预对地震伤员焦虑抑郁状态的影响.中华护理杂志，43（12），1064-1066.

肖群鹰，刘慧君.（2019）.突发灾难事件对老人生存质量的影响.人口与社会，（4），18-27.

熊昱可，骆方，白丁元，郭筱琳，梁丽婵，任萍.（2021）.我国中小学生心理健康监测框架构建的视角与思考.北京师范大学学报（社会科学版），（1），16-24.

杨红菊，戴梅，曾勇，宋建华，朱惠平.（2009）.地震灾后45例成人心理问卷调查分析.内蒙古中医药，28（3），66-68.

杨戎，刘平，吴振云.（2009）.从汶川地震看灾难中老年人的弱点及救灾和重建策略.中国老年学杂志，（1），123-125.

杨彦春，张强，张树森，邓红，朱燕，任正伽，兰科，刘传新，陶庆兰，王梅，刘善明，张倬秋，陈颖，李海民，耿婷，刘宇，张伟，孙学礼.（2009）.汶川地震极重灾区社区居民创伤后应激障碍发生率及影响因素.中国心理卫生杂志，23（7），478-483.

余琳，刘志攀，左铮云.（2011）.心理危机及其对老年人生理的影响和危害.中国老年学杂志，31（3），539-542.

臧刚顺.（2020）.消防员创伤后应激反应的心理机制及管理对策研究（博士学位论文）.燕山大学，秦皇岛.

张本，王学义，孙贺祥，马文友，姜涛，张秀凤，于振剑，许瑞芬，彭精芬，孟雪梅，刘晓芸.（1998）.唐山大地震对人类心身健康远期影响.中国心理卫生杂志，12（04），200-202+254-255.

张金川，孙硕.（2013）.地震救援人员的心理伤害与预防.灾害学，28（1），150-152+159.

张九利.（2010）.非震区青少年灾后心理危机干预效果调查.医学动物防制，（6），572-573.

张丽萍.（2009）.灾难心理学.北京：人民卫生出版社.

张伶俐，林芸竹，陈力，刘砚韬，刘世林，许群芬，韩璐.（2008）.汶川地震医疗救援中妇幼专科医院的药事应急管理.中国循证医学杂志，（9），692-697.

郑毅.（2008）.汶川地震对儿童的心理影响及救助措施.中国神经精神疾病杂志，34（9），519-521.

朱蕴丽，苗元江.（2005）.公共卫生事件的心理应激与干预策略.南昌大学学报（人文社会科学版），（03），49-52.

Bartels, L., Berliner, L., Holt, T., Jensen, T., Jungbluth, N., Plener, P., et al.（2019）.The importance of the DSM-5 posttraumatic stress disorder symptoms of cognitions and mood in traumatized children and adolescents：two network approaches. Journal of Child Psychology and Psychiatry, 60（5），545-554.

Berger William, Coutinho Evandro Silva Freire, Figueira Ivan... & Mendlowicz Mauro Vitor.（2012）. Rescuers at risk：A systematic review and meta-regression analysis of the worldwide current prevalence and correlates of PTSD in rescue workers. Social Psychiatry and Psychiatric Epidemiology, 47（6），1001-1011

Bolt, M. A., Helming, L. M., & Tintle, N. L.（2018）. The Associations between Self-Reported Exposure to the Chernobyl Nuclear Disaster Zone and Mental Health Disorders in Ukraine. Frontiers in Psychiatry, 9, 32-36.

Boston, M. (2006). Psychobiology of posttraumatic stress disorder: a decade of progress. Blackwell Publishing on behalf of the New York Academy of Sciences.

Brodaty, H., Joffe, C., Luscombe, G., Thompson, C. (2004). Vulnerability to post-traumatic stress disorder and psychological morbidity in aged holocaust survivors. International Journal of Geriatric Psychiatry, 19 (10), 968-979.

Bromet, E. J. (2012). Mental health consequences of the Chernobyl disaster. Journal of the Society for Radiological. Protection, 32 (1), 71-75.

Cai, W., Lian, B., Song, X., Hou, T., Li, H. (2020). A cross-sectional study on mental health among health care workers during the outbreak of Corona Virus Disease 2019. Asian Journal of Psychiatry, 51, e102111.

Carosella, K. A., Wiglesworth, A., Silamongkol, T., Tavares, N., Falke, C. A., Fiecas, M. B., Cullen, K. R., & Klimes, D. B. (2021). Non-suicidal self-injury in the context of COVID-19: The importance of psychosocial factors for female adolescents. Journal of Affective Disorders Reports, 4, e100137.

Chung, M. C., Wang, Y., Wu, X., Wang, N., Liu, F., Ye, Z., & Peng, T. (2022). Comparison between emerging adults and adults in terms of contamination fear, post-COVID-19 PTSD and psychiatric comorbidity. Current Psychology (New Brunswick, N.J.), 1-12. Advance online publication.

Clukey, L. (2010). Transformative experiences for hurricanes katrina and rita disaster volunteers. Disasters, 34 (3), 644–656.

Cobham, V. E., Mcdermott, B., Haslam, D., Sanders, M. R. (2016). The Role of Parents, Parenting and the Family Environment in Children' s Post–Disaster Mental Health. Current Psychiatry Reports, 18 (6), 1–9.

Dahl, R. E., Allen, N. B., Wilbrecht, L., & Suleiman, A. B. (2018). Importance of investing in adolescence from a developmental science perspective. Nature, 554 (7693), 441–450.

Danese, A., Smith, P., Chitsabesan, P., Dubicka, B. (2019). Child and adolescent mental health amidst emergencies and disasters. The British Journal of Psychiatry, 216 (3), 1–4.

Diolaiuti, F., Marazziti, D., Beatino, M. F., Mucci, F., & Pozza, A. (2021). Impact and consequences of COVID–19 pandemic on complicated grief and persistent complex bereavement disorder. Psychiatry Research, 300, 113916.

Dong, L., Meredith, L. S., Farmer, C. M., Ahluwalia, S. C., Chen, P. G., Bouskill, K., & Gidengil, C. A. (2022). Protecting the mental and physical well–being of frontline health care workers during COVID–19: Study protocol of a cluster randomized controlled trial. Contemporary Clinical Trials, 117, e106768.

Etienne, G. Krug, Marcie–Jo K., Peddicord, J. P., Dahlberg, L. L., Powell, K. E., Crosby, A. E. & Joseph, L. A. (1998). Suicide after natural disasters. New England Journal of Medicine, 26 (6), 373–378.

Fernandez, S., Byard, D., Lin, C., Benson, S., Barbera, A. (2002) . Frail elderly as disaster victims: emergency management strategies. Prehospital & Disaster Medicine, 17 (2), 67–74.

Golberstein, E., Wen, H., & Miller, B. F. (2020) . Corona virus disease 2019 (COVID–19) and mental health for children and adolescents. JAMA Pediatrics, 174 (9), 819–820.

Goldberg, D. P., & Hillier, V. F. (1979) . A scaled version of the general health questionnaire. Psychological Medicine, 9 (1) , 139–145.

Guessoum, S. B., Lachal, J., Radjack, R., Carretier, E., Minassian, S., Benoit, L., & Moro, M. R. (2020) . Adolescent psychiatric disorders during the COVID–19 pandemic and lockdown. Psychiatry Research, 291, e113264.

Hambrick, E. P., Rubens, S. L., Vernberg, E. M., Jacobs, A. K., Kanine, R. M. (2014) . Towards successful dissemination of psychological first aid: A study of provider training preferences. The Journal of Behavioral Health Services & Research, 41 (2), 203–215.

Hoffman, M.A., Kruczek, T. A. (2011) . Bioecological model of mass trauma: individual, Community, and Societal Effects. The Counseling Psychologist, 39 (8), 1087–1127.

Inoue, M., Yamaoka, K. (2017) . Social factors associated with psychological distress and health problems among elderly members of a disaster–affected population: subgroup analysis of a 1–year post–disaster survey in ishinomaki area, Japan. Disaster Medicine & Public Health Preparedness, 11 (01), 64–71.

Jia, Z., Tian, W., Liu, W., Cao, Y., Yan, J., & Shun, Z. (2010) . Are the elderly more vulnerable to psychological impact of natural disaster? A population-based survey of adult survivors of the 2008 sichuan earthquake. BMC Public Health, 10 (1), 1-11.

Juth, V., Silver, R. C., Seyle, D. C., Widyatmoko, C. S., Tan, E. T. (2015) . Post-Disaster Mental Health Among Parent-Child Dyads After a Major Earthquake in Indonesia. Journal of Abnormal Child Psychology, 43 (7), 1309-1318.

Kessler, R., Aguilar-Gaxiola, S., Alonso, J., Chatterji, S., Wang, P. S. (2009) . The global burden of mental disorders: An update from the WHO World Mental Health (WMH) Surveys. Epidemiologia e Psichiatria Sociale, 18 (1), 23-33.

Kokai, M., Fujii, S., Shinfuku, N., & Edwards, G. (2004) . Natural disaster and mental health in Asia. Psychiatry and clinical neurosciences, 58 (2), 110-116.

Lai, B., La Greca, A. (2020) . Understanding the impacts of natural disasters on children. Society for Research in Child Development, Child Evidence Brief, (8), 1-12.

Li, X., Jun, A., Hiroyuki, H., Katsunori, K., Ichiro, K. (2019) . Association of postdisaster depression and posttraumatic stress disorder with mortality among older disaster survivors of the 2011 great east japan earthquake and tsunami. JAMA Network Open, 2 (12), 593-602.

Liao, J., Ma, X., Gao, B., Zhang, M., Zhang, Y., Liu, M., & Li, X. (2019) . Psychological status of nursing survivors in China and its associated factors: 6 years after the 2008 Sichuan earthquake. Neuropsychiatric disease and treatment, 15, 2301-2311.

Mamun, M. A., & Griffiths, M. D. (2020). PTSD-related suicide six years after the Rana Plaza collapse in Bangladesh. Psychiatry Research, 287, e112645.

Maclean, J. C., Ioana Popovici, I., French, M. T. (2016). Are natural disasters in early childhood associated with mental health and substance use disorders as an adult? Social Science & Medicine, 151, 78-91.

Madakasira, S., O' Brien, K. F. (1987). Acute Posttraumatic Stress Disorder in Victims of a Natural Disaster. The Journal of Nervous and Mental Disease, 66 (05), 286-290.

Norris, F. H., Friedman, M. J., Watson, P. J. (2002). 60,000 disaster victims speak: Part II. summary and implications of the disaster mental health research. Psychiatry: Interpersonal and Biological Processes, 65 (3), 240-260.

Qiu, J., Shen, B., Zhao, M., Wang, Z., Xu, Y. (2020). A nationwide survey of psychological distress among Chinese people in the COVID-19 epidemic: Implications and policy recommendations. General Psychiatry, 33 (2), e100213.

Rafiey, H., Momtaz, Y. A., Alipour, F., Khankeh, H., Haron, S. A. (2016). Are older people more vulnerable to long-term impacts of disasters? Clinical Interventions in Aging, 11, 1791-1795.

Reijneveld, S. A., Crone, M. R., Verhulst, F. C., & Verloove-Vanhorick, S. P. (2003). The effect of a severe disaster on the mental health of adolescents: A controlled study. The Lancet, 362 (9385), 691-696.

Roberto, K. A., Henderson, T. L., Kamo, Y., & McCann, B. R. (2010) . Challenges to older women's sense of self in the aftermath of Hurricane Katrina. Health Care for Women International, 31 (11), 981-996.

Sasaki, Y., Aida, J., Tsuji, T., Koyama, S., Kawachi, I. (2019) . Pre-disaster social support is protective for onset of post-disaster depression: prospective study from the great east Japan earthquake & tsunami. Scientific Reports, 9 (1), e19427.

Shih, H. I., Chao, T. Y., Huang, Y. T., Tu, Y. F., Wang, J. D., & Chang, C. M. (2021) . Increased incidence of stress-associated illnesses among elderly after Typhoon Morakot. Journal of the Formosan Medical Association, 120 (1), 337-345.

Takebayashi, Y., Hoshino, H., Kunii, Y., Niwa, S. I., & Maeda, M. (2020) . Characteristics of disaster-related suicide in fukushima prefecture after the nuclear accident. Crisi: The Journal of Crisis Intervention and Suicide Prevention, 1-8.

Tang, W., Zhao, J., Lu, Y., Zha, Y., Liu, H., Sun, Y., Zhang, J., Yang, Y., & Xu, J. (2018) . Suicidality, posttraumatic stress, and depressive reactions after earthquake and maltreatment: A cross-sectional survey of a random sample of 6132 chinese children and adolescents. Journal of Affective Disorders, 232, 363-369.

Turner, S. G. (2001) . Resilience and social work practice: three case studies. Families in Society the Journal of Contemporary Human Services, 82（5）, 441-448.

Turrini, G., Purgato, M., Ballette, F., Nosè, M., Ostuzzi, G., Barbui, C.（2017）. Common mental disorders in asylum seekers and refugees: umbrella review of prevalence and intervention studies. International Journal of Mental Health Systems, 11（1）, 51-57.

Vehid, H. E., Alyanak, B., Eksi, A.（2006）. Suicide ideation after the 1999 earthquake in Marmara, Turkey. Tohoku Journal of Experimental Medicine, 208（1）, 19-23.

Vernberg, E. M., Hambrick, E. P., Cho, B., & Hendrickson, M. L.（2016）. Positive psychology and disaster mental health: Strategies for working with children and adolescents. Journal of Clinical Psychology, 72（12）, 1333-1347.

Waite, L. J., & Hughes, M. E.（1999）. At risk on the cusp of old age: living arrangements and functional status among black, white and hispanic adults. The Journals of Gerontology Series B Psychological Sciences and Social Sciences, 54（3）, S136-44.

Wang, C. W., Chan, C. L., Ho, R. T.（2013）. Prevalence and trajectory of psychopathology among child and adolescent survivors of disasters: Asystematic review of epidemiological studies across 1987-2011. Social Psychiatry and Psychiatrc Epidemiology, 48（11）, 1697-1720.

Xie, F., Wang, X., Zhao, Y., Wang, S. D., Xue, C., Wang, X. T., Chen, Y. X., & Qian, L. J.（2021）. Inverse Correlation Between Distress and Performance in the Medical Rescuers Against COVID-19 in Wuhan. Frontiers in Psychiatry, 12, Article 563533.

Guo，Y. J.，Chen，C. H.，Lu，M. L.，Tan，H. K.，Lee，H. W.，& Wang，T. N.（2004）. Post-traumatic stress disorder among professional and non-professional rescuers involved in an earthquake in Taiwan. Psychiatry Research，127（1-2），35-41.

Znoj，H. J.（2015）. Bereavement and complicated grief across the lifespan. International Encyclopedia of the Social & Behavioral（Second Edition），537-541.

# 第十一章

## 参与灾害救援的专业人员的
## 心理防护及援助

  面对灾害，大多数心理工作者会将目光聚焦在受灾群体上，往往忽视了另一高危群体——参与灾害救援的专业人员的心理健康问题。救援人员可能没有经历灾害发生的全过程，但往往是除受灾人群外，与灾害距离最近、接触时间最长的群体。一般适应综合征理论认为，个体若长时间处于持续的应激下，会不断消耗自身的心理资源，渐渐进入疲惫期，直至枯竭，最终导致个体的心身疾病。为确保救援任务的稳步推进，心理工作者需要对这一群体的心理进行精准的干预与防护。

  本书的前几个章节中已经详细介绍了灾害心理防护的基础理论体系，以及各种灾害中心理防护与援助的具体实践操作方法。这些心理防护与援助具有一般性、普适性，然而不同于受灾群体，救援人员会在不同阶段介入到灾害中，并且承担着各种艰巨任务，因此在灾害发生后会表现出不同程度、不同类型的心理问题，这就需要心理工作者结合实际，开展个性化、差异化的心理防护与援助工作。

  本章将会介绍参与灾害救援的专业人员的心理防护及援助措施。本章的每一节会关注一个特殊的救援群体，其中会详细讨论该群体在灾害时所要面对的压力源，包括灾害事件本身、人际因素、个人内部因素等；心理现状，包括认知、情绪、行为和心理防御机制等多个角度；影响心理健康的内外部因素；进行心理防护的具体方法，包括个人及组织层面的策略。

# 第一节 军人、警察、消防员的
# 心理防护及援助

军人、警察、消防员是社会的特殊群体，承担着维护社会治安、保卫人民安全的重要工作。他们的身心健康状况不仅直接影响着其自身的发展，还关系着社会的稳定。因此，及时关注这一群体的心理动态是至关重要的。

作为维护社会治安的重要力量，在遇到自然灾害、事故灾难、社会安全事件及突发公共卫生事件时，军人、警察、消防员总是义不容辞地奔赴一线，保卫国家的安全和稳定。长期的一线工作，使他们冲锋在不安和恐惧的前沿。同时，高强度的工作、危险压抑的工作环境，以及社会赋予的期许与舆论压力，使得这一群体面临着很大的身心压力，容易产生焦虑、抑郁、反刍思维等负性情绪。若不及时排解疏导，则会对个人身心健康，甚至社会的安全与稳定产生十分不利的影响。

因此，关注参与灾害救援的军人、警察、消防员的心理健康，让其掌握专业的心理防护知识，并提供切实的心理援助是非常必要的。同时，需要充分考虑到面对灾害和危险时这一群体可能存在的心理问题，正确分析原因，寻找解决途径，适时进行危机干预，帮助军人、警察、消防员及其家人提高心理抗压能力，改善他们的心理健康水平。

# 一、灾害事件中军人、警察、消防员面临的心理压力

压力刺激理论把压力定义为能够引起个体紧张的外部环境刺激。研究显示，个体的压力与个体的心理健康水平呈现出显著相关（林晨辰 等，2023）。过于繁重的压力会导致个体产生焦虑、抑郁等负性情绪（陈建新 等，2020），这种情绪若长时间积压于心底，得不到及时的舒缓与排解，则很有可能促使个体产生身心疾病（汤芙蓉，马晴，2019）。

在灾害事件发生时，军人、警察、消防员总是恶劣环境中的最美逆行者，承担着救援维稳的重要任务。相比普通群众，他们更直接地面对灾害，也背负着更多的心理压力。因此，及时识别军人、警察、消防员在灾害事件及危险形势下所要面对的压力源是至关重要的，这有助于分析特殊时期下这一群体的心理动态，从而更有针对性地提出心理防护建议。

结合实际，在灾后救援中，军人、警察、消防员的压力源主要来自以下四个方面：灾害事件压力、工作压力、家庭压力与社会压力。

## （一）灾害事件压力

### 1.以抗击新冠疫情为例

新冠疫情防控期间，军人、警察、消防员承担着维护治安、处理突发状况等一系列艰巨而繁重的执勤任务。与病毒感染者近距离接触的工作使得他们面临更高的感染风险，心理上更容易产生焦虑、抑郁等负性情绪（Sherwood et al.，2019）。研究显示，对感染的恐惧

是影响一线工作者自我压力感知的重要因素，恐惧和不安越强烈，心理压力就越大（林红梅 等，2021）。

此外，长时间暴露在压力环境下会消耗个体大量的心理资源，进而对个体的心理健康产生影响。作为一线工作人员，军人、警察、消防员会频繁、大量地接触"感染人数""死亡情况"等与灾害相关的信息，且来自不同渠道的消息充满了各种不确定性。研究显示，信息的不确定性与个体焦虑呈现出显著正相关（程新颖，2020），不确定信息的反复强化会使个体的认知资源向该事件偏移，从而增强个体的焦虑以及对压力的感知。

2. 以参与"8·12"天津滨海新区爆炸事故救援为例

2015年8月12日晚，位于天津港的危险品仓库发生火灾爆炸事故。经过消防员40多个小时的奋战，现场的明火才被扑灭。处于一线的消防员们经历了持久的、高强度的压力事件。他们不仅要保证以最高的效率完成灭火任务，还忍受着对危险程度未知的恐惧、焦虑以及失去战友的痛苦。持续高度紧张的精神状态给消防员的心理健康带来极大的影响。

一项关于消防员心理健康的研究发现，参与过重大灾害救援任务的消防员，其心理健康水平要显著低于消防员总体的平均水平，且他们更容易表现出一些类似于强迫症的紧张状态（吴豪华，2022）。

此外，这种灾害事件对消防员心理健康的影响还体现在集体层面上。面对未知与恐惧，少数个体的行为会引起集体的连锁反应，特别是在救援失败时，更容易出现集体恐慌情绪（龚黎，木子，1996）。

3.以参与5·12汶川地震救援为例

2008年，一场突如其来的大地震让整个中国陷入了无尽的悲痛之中。秉承着"一方有难，八方支援"的精神信念，团结的中国人民立刻拧成了一股绳，来自全国各地的救援物资送往受灾地区。同时，广大的军人、警察、消防员奔赴一线，展开了不分昼夜的地毯式救援工作。

除了承担着繁重的救援任务，一线的官兵还要身处嘈杂悲伤的环境，面对满目疮痍的废墟，目睹伤员的惨痛以及遍地的遇难者遗体，这些都给他们带来了巨大的心理上的冲击，使他们出现恐惧、焦虑、无助、挫败等负性情绪。这些体验甚至在之后很长一段时间内持续存在，若不能得到及时的危机干预，则会产生严重的心理健康问题，影响个体的生活幸福感。一项样本量为1056人的调查研究显示，参与抗震救灾的军人在创伤暴露6个月后，创伤后应激障碍的患病率为6.53%，远高于普通人群的患病率（赵彬 等，2012）。

## （二）工作压力

新冠疫情防控期间，一项关于民警心态现状的调查显示，让他们感受到压力的前三件事情分别是：群众不理解，不配合工作，感到委屈；工作时间过长，缺乏休息，感觉疲劳压抑；再危险都会投入到工作中去，但内心仍慌乱，怕被感染。

无论是面对暴雨、泥石流等自然灾害，还是突发公共卫生事件、重大事故等压力事件，军人、警察、消防员的工作压力主要来自以下三点：

1.工作的高负荷性

工作时间过长，休息时间不足。灾害发生后，军人、警察、消防员要第一时间赶往现场进行救援工作。为尽可能地保障人民的生命安全、减少财产损失，他们与时间赛跑，往往会牺牲必要的休息时间，夜以继日地进行高强度的工作。持续紧张地工作，缺乏休息放松，不仅会给他们的身体带来影响，也会严重损害其心理健康。

灾害救援期间，突发事件多，紧急任务重，工作节奏快，角色超载严重。军人、警察、消防员往往承担了很多原本不属于自己的工作，他们必须随时待命，时刻保持警觉，同时还要高质量、高标准、高效率地完成各种复杂任务（王小平 等，2023）。这种连轴转的工作状态给他们带来了巨大压力，使得他们的心理长时间处于紧张状态。

2.工作环境的高风险性

由于工作性质特殊，军人、警察、消防员会频繁地接触高风险的环境，工作时不能有丝毫的懈怠和差错。持续的精神紧张、近距离地接触负性高压情境，会导致心情压抑，容易产生负面情绪。

3.工作对个体的高要求

一线工作者要面临复杂多变的挑战，尤其是在突发灾害时，很少有相关经验可以直接利用，因此在开展救援任务时需要面对各种未知风险。在这种情况下，对军人、警察、消防员的个人素质有着极高的要求。当救援人员发现自己的能力不能满足相关任务的需求时，会产生沮丧、无助等消极情绪，也会给自己的心理带来负担和压力。

军人、警察、消防员在面对灾害时总是冲锋在第一线，用自己的切身行动去维护人民的利益。他们具有崇高的自我牺牲精神和极强的责任心。这种极高的责任感虽然可以让他们出色地完成使命，但也会带来很大的心理压力，他们时刻在为如何做好工作而担忧。

尤其是在面对失利的可能性、面对自己无法掌控的工作时，他们会感到自我效能的丧失，陷入深深的自责中。

## （三）家庭压力

家庭是人们避风的港湾。可对于军人、警察、消防员来说，工作与家庭的矛盾往往会成为他们主要的压力源之一。

首先，由于工作性质的原因，他们总是与家人聚少离多，即使是节假日，也要坚守岗位。有研究者发现，已婚民警要承受更多的压力（张海燕，2022）。他们与伴侣的相处时间有限，与子女之间缺乏沟通，难以为老人尽孝，这成为困扰许多民警的压力源之一（李瑛，2014）。

其次，因为职业的敏感性、保密性，他们与家人的沟通较少，有时工作也得不到家人的理解和支持，久而久之与家人之间的隔阂逐渐增大。同时，他们容易将工作中产生的负性情绪带到家庭生活中，进而导致家庭矛盾增多，夫妻关系僵化。

此外，在灾害事件发生后，来自家人的担心与忧虑，以及对家庭的责任感，也成为军人、警察、消防员主要的压力源之一。

## （四）社会压力

在人民群众的心目中，军人、警察、消防员是正义、坚强、完美的代名词。这也在无形之中给他们施与了巨大的压力，使得军人、警察、消防员时刻对自己高标准、严要求，保持紧张状态，不敢有丝毫马虎，时时刻刻都要展现自己最完美、最光辉的一面。然而有时对完美的过度追求会带来极大的心理压力。研究显示，完美主义与焦虑表现出显著的相关性，消极完美主义者会由于过分担心自身出现错误，导致产生大量的焦虑情绪，不利于个体保持心理健康（王敬群等，2005）。

## 二、灾害事件中军人、警察、消防员常见的心理问题

（一）灾害事件中军人、警察、消防员的心理健康状况不容乐观

综合过往研究后发现，军人、警察、消防员的心理健康状况不佳，心理问题的发生率远高于普通人群。

一项涵盖了陆军、空军、海军、火箭军及战略支援部队5个军种，样本量为53847人的调查显示，29.7%的军人心理问题为阳性，其中，7.1%的军人存在明显的心理问题，这一比例远高于我国心理问题发生率常模。同时，在性别方面的差异性明显，女性心理问题发生的概率要显著高于男性（冯正直 等，2016）。

关于我国警察心理健康的横断历史元分析显示，2000年以来，我国警察的心理健康水平整体呈恶化趋势。2011年至2018年恶化趋势最为明显（周洁，2022）。

综合以往研究发现，消防员群体的心理健康状况同样不容乐观。这一群体的心理健康水平显著低于全国正常成人的水平，且他们更多地被检测出存在抑郁、焦虑等心理问题（胡书威 等，2022）。

面对各类灾害事件，在灾害防控和救援期间，工作的危险性、任务的艰巨性、工作和生活环境的复杂性、工作需要与家庭需要的冲突以及过量的灾情信息冲击着一线官兵的心理，使他们面对着更大的压力（侯田雅 等，2020）。因此，这一群体的心理健康状况急需得到社会各界的重视。

（二）灾害事件中军人、警察、消防员常见的心理问题

1.反刍思维

灾害事件发生后，身处一线的军人、警察、消防员每天要接触大量与灾害相关的信息，很容易产生反刍思维（即反复思考负性信息并不断想象其严重后果），并长期沉浸在这种状态中。反刍思维是一种重复的思维状态，具有闯入性、自发性、反复性等特点（No-len-Hoeksema，1987）。

研究显示，高水平的压力源与低水平的社会支持容易引发反刍思维（Nolen-Hoeksema & Davis，1999）。在灾害发生的巨大压力下，军人、警察、消防员不仅要面对高强度的救援任务、高风险的工作环境，还要忍受长期与亲人分离所带来的心理压力，因此他们更容易产生负性情绪，是反刍思维的高发群体。

反刍思维往往被看作是心理问题的预警信号，它可以作为一种自我聚焦，在应激事件的作用下，引发个体陷入抑郁、焦虑等负性情绪中，严重时还可能促使个体产生心理疾病，如创伤后应激障碍（余彦昕，2022）。一项关于警察反刍思维的研究发现，个体在工作时间之外反复不断地思考与工作有关的问题，会直接导致情绪的耗竭，处于过度透支的疲劳状态（裴颖洁，吴祥山，2022）。

2.焦虑

军人、警察、消防员是目前世界上公认的较为紧张的职业，其工作环境经常存在暴力、冲突与威胁。在灾害事件中，这一群体所要面对的情境更是无法预测的。人们在面对未知的风险时会产生焦虑、紧张等情绪。焦虑主要表现为对灾害的恐慌及对家人和自身安

全的担忧。

研究表明，职业紧张与工作满意度呈显著的负相关，同时，高水平的职业紧张和低水平的工作满意度会严重损耗个体的心理资本，导致个体心理健康水平下降，出现焦虑、抑郁症状。接触灾害负性信息时间越长，焦虑情绪也就越严重。

3. 抑郁

灾害发生期间，军人、警察、消防员的工作环境较为单一，工作环境紧张而压抑。刘畅等人（2021）对天津市滨海新区消防员的心理健康状况进行调查发现，47.71%的消防员存在不同程度的抑郁倾向。

4. 睡眠问题

睡眠问题同样困扰着军人、警察、消防员这一群体。有研究发现，军队特勤人员有一定的睡眠质量问题（徐乐乐 等，2023）。在2020年新冠疫情暴发后，赴武汉的军人常见的心理问题排名中，睡眠问题排在第二位（徐彬 等，2022）。还有研究显示，焦虑与睡眠质量呈现出显著的负相关，焦虑情绪越严重，个体的睡眠质量也就越差，容易出现失眠、早醒、多梦等情况，从而引发一系列身心问题（李精健 等，2021）。

综上所述，灾害救援作为一种压力源，可能对军人、警察、消防员群体的心理健康产生极大的影响。这一群体的身心健康急需引起社会各界的关注。

（三）缺乏有效的应对机制与社会支持系统

军人、警察、消防员在一线工作时，由于环境相对封闭，需要长时间远离家人和朋友，因此这一群体能获得的社会支持水平普遍偏低。而社会支持在负性应激事件与个体心理健康之间起到显著的

调节作用。面对同样的应激因素，从周围亲人、朋友处获得更少支持的个体更容易产生心理问题。同时，研究结果显示，在灾害发生时，缺乏社会支持的个体在面对压力源时多采用不成熟的应对方式，如逃避、自责、幻想等（马敏，2020），从而导致心理问题的产生。

## 三、灾害事件中军人、警察、消防员如何做好心理防护

### （一）个人层面

#### 1.及时把握自己的身心状态

明确自己是自身健康的第一责任人，保持良好的身心健康要靠自己。军人、警察及消防员应在工作之余主动了解和学习基础的心理健康知识，以便及时认知和把握自身的身心状态。通过训练增强自我觉察的能力，可以意识到自身在面对压力源时存在的认知偏差，体验到自己当前所处的情绪状态，并抑制无意识的自动化行为。当感到过度劳累、被负性情绪吞没时，或者心理压力水平过大时，要及时作出自我调整。当发现不能靠自己的力量作出改变时，要寻求其他人的支持，如向组织汇报并请求休息、寻求心理咨询师的帮助等。

#### 2.进行自我调节与放松

##### （1）减少对负面信息的关注

有研究发现，对负面信息的消极表述会降低阅读者的愉悦感，且这种消极的表述更容易引发人们对负性刺激的注意偏向（赖即心，彭家欣，2023）。人们过度沉浸于负面事件时，会唤起自身的消极情绪，引起反刍思维（赖丽足 等，2018）。因此，军人、警察、消防

员可以尝试减少对负面信息的关注。具体来说，在除工作以外的休息时间内，缩短观看、搜索灾害报道的时间；在和家人、朋友聊天时，减少对灾害情况的讨论；在面对负面信息时，要明确信息的来源，避免虚假信息带来的消极影响；也可以对负面信息进行重新加工，用积极乐观的方式看待问题。同时，也要尽可能地专注于日常生活，感受自己的重要价值。这有益于缓解焦虑。

（2）删除脑海中压力大的事件

在睡前，写下今天感到压力最大的事情，然后扔进垃圾桶，这个行动可以使心灵得到释放，舒缓身心压力。之后，写下三件最有幸福感的事，好好保存，并给自己2分钟的时间，重新体验一下当时的喜悦。这有益于提高发现美好、感悟快乐的能力。

（3）进行积极的体育锻炼

可以尝试在休息时，约上家人好友进行适当的运动，如散步、慢跑、打羽毛球、打太极拳等都是不错的选择。研究显示，适当的体育锻炼可以使运动者获得愉悦感、舒适感和轻松感，激发个体产生良好的心理状态（马申，王白山，2013）。而相比独自运动，和亲友一起活动则增加了相互之间交流、沟通的机会。一方面，可以有助抒发出积压在心中的负性情绪，并从亲友处获得社会支持。研究表明，良好的社会支持系统有益于个体心理资本的发展（张文晋等，2011）。另一方面，在运动中的互动有助舒缓压力，同时激发快乐的体验，而积极情绪具有感染力，这有益于提高感知快乐、传递快乐的能力。

（4）放松训练

一项研究发现，正念训练和腹式呼吸训练可有效干预警察的应激状态。正念训练对慢性应激的干预效果更好，而腹式呼吸训练对

急性应激的干预效果好（房衍波，2022）。

（5）学会宽恕

研究显示，表达愤怒会使个体的血压在短时间内快速上升，严重影响个体的身心健康。将愤怒和不满努力压抑在心底，则很有可能加重反刍思维，使个体长时间沉浸于负性体验中。而宽恕别人，很大程度上也是宽恕自己，以仁慈、同情的态度对待他人，有助于让自己从消极情绪中摆脱出来。军人、警察、消防员在工作中难免会遇到家人的不理解、同事间的摩擦以及群众的质疑，在这些情况下，不妨试试"宽恕五步法"：客观回忆伤痛→试着从对方的角度思考问题→回想自己伤害别人却被别人宽恕的事情→公开表达宽恕→为事件贴上"已宽恕"的标签。这会增强从负性事件中走出来的能力，提升生活幸福感。

（6）寻求社会支持

如果尝试了各种方法，仍然不能通过自我帮助来缓解内心的消极体验，这时就需要向外部寻求社会支持。积极有效的社会支持可以促进心理健康。研究发现，警察获得的社会支持水平越高，其出现心理问题的可能性就越低（刘洋 等，2023）。

军人、警察和消防员可以多与家人沟通，获得来自家庭的支持，也可以向朋友倾诉苦恼，获得安慰和鼓励。若存在较重的心理问题，要及时拨打当地的心理求助热线，或向专业的医院或心理咨询机构寻求帮助。

（二）组织层面

除个人努力外，组织机构也需要对军人、警察和消防员的心理健康承担一定责任。

1.及时获取心理状态信息

可采用心理健康量表等评估方法，间隔一定时间对军人、警察及消防员施测，以及时准确地把握其心理健康的动态变化。并根据以往数据，建立常模和大数据模型，可用来预测这一群体在灾后可能出现的心理问题，据此有针对性地进行心理干预。

2.提高心理服务质量

可以结合这一群体的心理现状，适时地组织心理健康讲座。结合行业特点及压力源，向军人、警察、消防员普及心理健康基础知识，以及应对压力、舒缓情绪的小方法，帮助军人、警察、消防员及其家人提高心理抗压能力。

可组织以"灾害""压力""家庭关系""人际关系"为主题的团体辅导活动，帮助军人、警察及消防员缓解压力、放松心情。

最重要的是完善组织中的心理咨询服务部门，方便这一群体在面对灾害等各种压力源时，及时地获取心理援助。

3.建立员工帮助计划

员工帮助计划（EAP）不仅可以用于企业管理，也可以运用到军队等组织中。通过帮助组织成员解决生活中的各种问题，可以营造良好的工作环境，促进这一群体的心身健康。

4.建立危机事件压力管理方案

危机事件压力管理方案（CISM）是一个综合性的危机干预系统，包括危机前至危机后的整个反应阶段（Everly et al.，2002）。危机事件压力管理方案主要涉及7个方面：危机前的准备、危机中的干预、消解危机、重大事件应急回溯、个体辅导、团体辅导以及后续措施（高雯 等，2013）。危机事件压力管理方案在欧美已被广泛

地运用于学校、医院等机构。相关工作者可以借鉴成熟的案例，将危机事件压力管理方案本土化。

## 第二节　医护人员的心理防护及援助

在灾害发生后，救援人员总是第一时间奔赴灾区展开救援，他们目睹了灾后的惨况，还要面临高强度的工作和灾害再次发生的风险，也会和受灾民众一样出现一系列心身反应，即使是曾接受过专业训练的医护人员也不例外（陈文军 等，2009）。并且，医护人员相比其他救援人员（消防员、警察等）更容易出现紧张、烦躁等心理问题，并造成二次创伤，发展成创伤后应激障碍（Berger et al.，2012）。

### 一、常见应激反应

医护人员面对灾害事件容易出现应激反应。应激反应（stress reaction）是指在应激源（地震、疫情等突发灾害事件）的作用下，个体在生理、心理、社会方面产生的变化，常称为应激的心身反应（psychosomatic response）。一般性应激反应通常可以分为躯体、心理和行为三类。而实际上常遇到的应激反应是综合反应（童辉杰，2006），可以分为以下几种：

#### （一）紧张、焦虑、抑郁情绪

在目睹破坏性强的灾害后，医护人员可能产生一种潜在反应，对自身安全表现出担心，产生心慌、不安等情绪。在灾害现场，有大量等待救援的伤员，为了能救出更多的人，医护人员往往需要持续不停地工作。对那些伤势过重的人来说，医护人员还要付出更多的精力来应对高强度、高难度的手术任务。而在施救的过程当中，还可能遇到伤员的不配合及家属的不理解与抱怨，甚至伤员的死亡。这种种压力都可能使得医护人员产生紧张、焦虑、抑郁的情绪，主要表现为害怕、孤独、自责、过分敏感或警觉、注意力不集中、无法放松、易怒等。

据统计，参与疫情救援的医护人员中，大约有40%的人经历过难过和失眠，大约有45%的人有焦虑、抑郁症状（Vyas et al.，2016）。2021年一项对巴西中西部地区医疗保健专业人员精神健康障碍患病情况的研究显示，医生出现抑郁症状的可能性是其他专业类别的3.75倍（de Moraes et al.，2023）。

### （二）创伤后应激障碍

由于救援工作时间紧、任务重，多数救援人员没有充分准备好就进入了工作状态，这种情境再加上目睹灾后的惨状、面对等待急救的病人和高强度的救援工作，使得救援人员产生不良情绪。如果情绪无法宣泄，就会处于高度应激状态，并发展成为创伤后应激障碍，表现出睡眠节律改变、惊恐发作、难以控制的创伤回忆或梦魇、情感麻木等心身问题（范姜珊，商临萍，2020）。

二次创伤与创伤后应激障碍的临床症状类似。二次创伤（secondary traumatization，ST）也称继发性创伤应激，是指救援人员没有直接经历创伤事件，却受到创伤事件影响，表现出创伤性压力症状。二次创伤的症状严重程度一般低于创伤后应激障碍，但仍然对

救援人员的人际交往、身心健康、工作效率等产生负面影响，如果不能得到及时治疗，可能会发展成创伤后应激障碍等精神障碍（林青青，仇剑崟，2020）。因此，救援人员的二次创伤也会被直接描述为创伤后应激障碍。

5·12汶川地震两年后，在重灾区参与过救援工作的护理人员中，8.2%的人还存在二次创伤症状，创伤后应激障碍筛查为阳性的比例为1.7%（尹敏 等，2013）。"8·12"天津滨海新区爆炸事故发生7个月后，参与救援的医护人员中，创伤后应激障碍的阳性检出率仍然很高（周淑玲 等，2018）。可见，医护人员经历灾害救援后，一定程度上会罹患创伤后应激障碍。

### （三）其他症状

除因灾害救援导致的情绪异常波动及创伤后应激障碍典型反应外，还有其他病症会伴随出现。一项关于新冠疫情暴发后医护人员心理健康问题患病率的元分析表明，强迫症患病率为16.2%，躯体化症状患病率为10.7%，恐惧症患病率为35.0%（Hao et al.，2021）。

情绪障碍是一种影响情绪状态的心理健康问题，它会导致持续且强烈的悲伤、高兴或愤怒，如躁郁症等（Thienkrua et al.，2006）。物质使用障碍是一种可治疗的精神障碍，会影响患者的大脑和行为，导致他们无法控制自己对合法或非法药物、酒精等物质的使用。情绪障碍及物质使用障碍通常会与创伤后应激障碍或其他精神性疾病同时被诊断出来。

躯体化是指用躯体症状来表现情绪问题及心理障碍。躯体化障碍是一个连续疾病谱，从症状发生于潜意识层面、不由意志控制到症状发生于意识层面、可受意志控制。这些症状可能与其他医疗问题有关或无关；传统医学不能对这些症状作出解释与诊断，其特征是患者有不成比例的过多的想法、感受和担忧。主要的干预还是心理治疗，尤其是认知行为治疗。

## 二、产生心理问题的影响因素

### （一）自身因素

#### 1.人口学特征

人口学特征包括性别、年龄、工作经验、婚姻状况等。研究表明，女性、低龄、缺乏工作经验、未婚或单身的人更容易在参与救援后产生心理问题（吴天天，胡春燕，2018）。同时，如果之前经历过创伤事件，个体在进行灾害救援时，灾害现场的惨况会激活个体之前未解决的创伤，诱发心理问题（Salston & Figley，2003）。缺乏足够的培训、缺乏同龄人的支持以及缺乏社会支持，也被证明是灾后产生心理问题的危险因素（Lancee et al.，2008）。

#### 2.人格特质

面对灾害事件，有的医护人员可以冷静、理智地处理现场的突发状况，合理安排病人的救援顺序，有条不紊地展开救援工作；而有的医护人员承受能力弱，心理弹性差，在目睹灾后惨况、承受高负荷的工作后，心理防线便开始坍塌，变得紧张不安。尤其是具有神经质人格的医护人员，往往具有很强的共情能力，在听到受灾民众诉说自己的痛苦时，更能感同身受，因此更容易出现心理问题（Greinacher et al.，2019）。

#### 3.个人能力

当灾害致使当地电力中断、交通瘫痪时，医护人员可采用的医

疗手段也受到限制，发挥不出既有水平，使救援效果降低，这对他们来说是一种打击。同时，医护人员的身体素质也面临很大的挑战。高负荷的工作使医护人员得不到充足的休息（陈莹，魏淑兰，2011），甚至最基本的生理需求（水、食物等）也无法得到满足，这可能导致医护人员的身体素质降低，从而影响自身心理。

4.职业角色

多项研究表明，灾害发生后，身处一线工作，更容易出现心理问题。虽然护士与患者的接触时间更多，但也有研究表明医生受灾害的影响更大。除此之外，工作经验对于心理困扰的产生同样有影响。工作经验较少的医护工作者更容易出现心理健康方面的问题（Liu et al.，2020）。

（二）外界因素

1.环境因素

环境因素包括灾害环境的复杂性、危险性与严重性，医护人员接触灾害现场的时长与工作强度。高强度的工作任务，灾害造成的交通不便、电力中断、水源供应中断等问题，以及灾害的复发性对医护人员的安全形成威胁，这些不确定的危险因素可能造成医护人员的身心损害（徐明川，张悦，2020），如产生压抑心理。医护人员接触灾害现场的时间越长，报告的创伤症状水平越高（Turgoose et al.，2017）。另外，灾害现场的一些特殊因素也会造成医护人员的心理危机，如死亡的儿童和孕妇，需要处理死者遗体和烧伤患者等（Hsiao et al.，2019）。

2.社会因素

随着网络越来越发达，灾害事件发生第一时间就被大众知

晓。各类媒体出现在灾害现场，他们高度关注救援进展，期望医护
人员能拯救更多人的生命，但忽略了医护人员的心理承受能力（苏
芬菊 等，2013）。并且，医护人员救援时需要大量的物资，物资供
应不及时会给医护人员的救援带来阻碍，从而造成大量人员不能及
时获救，导致医护人员需要面对大量伤亡，从而产生心理问题。

## 三、心理问题的预防、急救与干预

### （一）心理问题的预防

心理问题的预防工作需要在灾害救援前开展，以提前做好充分
的心理准备来应对灾害现场复杂的情况。

在医护人员前往灾害现场救援前，要从团队角度出发，选拔出
合适的医护人员参与救援，并进行相关的灾害救援培训，主要包括
对灾害事件的认识、危机应对技能以及与救援有关的风险管理策略
等（Everly et al.，2000）。通过培训，告知医护救援人员将要看到的
景象以及由此可能产生的一系列情绪反应，提供灾害相关信息，可
以提高医护救援人员的心理防护能力，增强心理素质。从医护救援
人员自身角度出发，要消除对于心理培训的刻板印象，了解接受心
理培训不代表软弱或者异常。除此之外，应主动寻求提高心理弹性
的方法，学会照顾自己。

从长远角度考虑，医学院校可开设灾害救援相关课程，并结合
实践操作，增加体能拓展训练，以提高后期参与灾害救援的医护人
员的综合能力。同时，医学院校应建立一套可行的医护人员救治素
质的评价指标，完善医护人员参与灾害救援的考核体系，建立一支
有组织、有技能的专业救援队伍（苏芬菊 等，2013）。

### （二）心理急救

心理急救应用于灾害救援任务中，应由现场工作人员提供。这项工作强调稳定情绪与社会支持，以减轻灾害给参与救援的医护人员带来的心理创伤。

在救援过程中，医护人员应该对自己的心理危机有敏锐的反应，及时察觉自己的心理变化，并找到合适的方法调节心理，如与同事倾诉、适当运动、唱歌、大声呼喊（陈文军 等，2009）。

此外，社会支持也很重要。医院方面应合理安排医护人员的休息时间和饮食；时刻关注医护人员的心理变化；不时慰问一线医护人员，向他们介绍一些积极的应对技巧，如呼吸放松训练；给参与救援的医护人员提供倾诉的渠道，如心理热线电话（陈秋香 等，2020）。

### （三）心理干预

心理干预一般在灾害救援中及救援结束后进行，以减轻灾害给医护人员的生活和工作带来的长期性影响。

前文已通过诸多案例阐明灾害对救援人员心理方面造成的伤害，如抑郁情绪、创伤后应激障碍等。对于这些心理问题要采取相对应的手段进行干预。除此之外，医护人员在参与灾害救援时可能遭遇职业暴露，从医护人员到患者的角色转变可能会导致医护人员的沮丧、无助、难适应，甚至感到耻辱等（Rana et al.，2020）。

灾害救援结束后，有些医护人员的应激反应仍然存在，并且会持续很长一段时间，如果不能及时发现并进行干预，就会影响其生活和工作。干预的方法主要包括紧急事件应激晤谈（Everly et al.，

2000）、认知行为治疗、眼动脱敏与再加工技术以及药物治疗（邓明昱，2016）。

　　紧急事件应激晤谈通常在创伤事件发生后的24~48小时进行，可以有效缓解医护人员的应激反应。

　　认知行为治疗主要针对创伤人群，一般由心理教育、放松训练、想象暴露、创伤暴露、认知重构组成（王一鸣，2013）。在认知层面对于患者的自我污名行为进行校正，引导患者寻求适应性的想法，进行积极自我图式的认知重建；同时在行为层面引导患者尝试与他人沟通、交流，鼓励其积极参与社会活动，以提升自信心。

　　眼动脱敏与再加工技术将与灾害创伤有关的认知和情感语言化后，患者的大脑开始接纳并加工创伤记忆，使问题得到解决（林青青，仇剑崟，2020）。

　　除上述心理干预技术之外，还可用药物进行辅助治疗。

# 第三节　社区工作人员和志愿者的心理防护及援助

　　灾害发生时，每个人都神经紧绷，灾情动态牵动着每个人的内心。在此期间，大量的信息充斥感官，各类相关人群往往都会出现应激反应。据研究，灾害造成的应激反应表现为：情绪变化、生理反应、认知障碍及行为异常等（姜丽萍，王玉玲，2007）。在抢险救灾的过程中，社区相关工作人员以及来自各地的志愿者都会充分参与其中，为救援、宣传等工作贡献力量。这类人员可能来自各行各业，虽然事先会接受相应的培训，但其专业性相对较弱，每天处在灾害现场，面对严峻的灾情和受灾群众的负面情绪，他们的应激反应可能会更加明显，甚至可能会出现急性应激障碍。除此之外，由于相对缺乏经验，还会出现一些负面情绪以及无助感，对自身心理和社会功能造成损害。并且，灾害事件对这类人员的心理影响并不是短时间就能消除的，甚至在救灾结束后很长时间，逐渐出现创伤后应激障碍的症状，严重影响他们的身心健康。因而参与灾后救援工作的社区工作人员和志愿者在做好自己本职工作、为救灾贡献力量的同时，也需要重视并努力做好心理防护，以确保自己的生理和心理不受太大的影响，从而能够以更有效和更专业的方法去鼓励和帮助受灾群众。本节内容主要阐述社区工作人员和志愿者在灾害救援过程中可能会出现的身心反应和可以采取的心理防护措施，以期为社区工作人员和志愿者在灾害救援过程中如何进行心理防护提供参考。

## 一、社区工作人员的心理防护及援助

### （一）社区工作人员参与灾害救援时可能出现的身心反应

社区工作人员的工作职责是管理和服务社区，促进社区的发展。灾害发生时，他们需要领导社区群众从容面对灾害，不慌乱，避免出现群体性事件；同时也要在确保自身安全的情况下做好灾后救援工作。因此，在面对灾害时，社区工作人员既要克服自身对于灾害的身心反应，也要负责社区管理以及群众安抚等相关事宜，他们的压力要比社区群众大得多，更容易出现一些不良的身心反应，比如创伤后应激障碍等，具体表现在认知方面、情绪方面、躯体方面和行为方面。

1.认知方面

首先，在面对灾害的过程中，社区工作人员不仅要克服自身的压力，还要努力帮助群众克服压力，及时解决群众的各种需求，同时负责社区救援物资的清点、发放等。在如此紧张的状况下，很多事情同时进行，会出现手忙脚乱、注意力不集中、记忆力下降等情况，致使工作上出现差错，从而进一步增加工作量，造成恶性循环，对工作人员的身体健康也会造成更大的损伤。其次，社区工作者在工作的过程中会接触到大量受灾的社区群众（其中可能包括自己的亲人），这些受灾的社区群众面临着不同的困境，对于一些共情能力较强的社区工作者来说，这会带来一定程度的压力。灾后救援通常会持续一段时间，在这种情况下，社区工作者可能会感受到生命的脆弱和命运的不公，更多地看到人的渺小和不堪一击，同时也可能对自身和他人的安危及未来境况产生担忧，感觉前途渺茫。最后，社区工作者相比专业的救援团队，在能力和专业性上肯定有所欠缺，在参与救援的过程中，面对一些突发事件，如果处理得不好或者是无能为力，可能会遭到一些社区群众的质疑和攻击。此时社区工作者往往会觉得自己无法解决问题，自身的工作毫无价值，从而觉得自己没有能力帮助受灾的社区群众，甚至会因为自己没有遭受重创而产生负罪感，这种错误的认知也是创伤后应激障碍的主要症状表现之一。

2.情绪方面

面对灾害，人们在情绪上会发生一些波动。灾害发生后，社区工作者需要面对纷繁复杂的事务，因此情绪上的波动可能会更加明显，也更容易被一些不良的情绪侵扰，比如恐惧、焦虑、悲愤、抑郁、自责、内疚等。

社区工作者会产生恐惧情绪，害怕灾害再次发生，害怕灾害在社区群众及自己亲人身上发生，害怕灾害蔓延，害怕只剩下自己一个人，害怕自己崩溃或无法控制自己，害怕未来可能还会发生其他灾害；会产生焦虑情绪，对自己可能处理不好相关工作感到焦虑，对自己可能得不到群众和上级领导的认可感到焦虑；会产生悲愤情绪，在自己尽心尽力为社区群众服务却得不到理解时，在自己好心协调相关事件却被攻击时，在自己努力工作却得不到认可时，会感到悲愤；会产生歉疚情绪，在面对受灾的社区群众，对社区群众的一些要求无能为力时，感到歉疚；会产生失望情绪，不断期待情况好转或奇迹出现，现实可能会一次又一次地让人失望；会产生压抑情绪。在上述恐惧、焦虑、悲愤、失望等情绪无法得到及时排解时，便会引发压抑情绪，进而感到抑郁苦闷。

3.躯体方面

在灾害救援的过程中，社区工作者的工作会比平时多很多，比如清点物资、人员核查，给一些群众做思想工作等，也需要解决一些突发事件，比如突然出现的灾情、突然出现的群众冲突等，高强度的工作会导致社区工作人员身体过度劳累。此外，由于社区工作者负责管理和服务整个社区，就要对整个社区和社区的群众负责，因此精神上高度紧张：一方面，社区工作者本身对灾害有紧张情绪；另一方面，生怕自己的工作出一点差错，因而感到紧张。这种紧张情绪通常是持续的，同时工作过程中产生的其他负面情绪也会持续或间歇存在，而情绪与躯体问题的联系十分紧密，情绪波动以及负面情绪的存在会导致躯体肌肉紧张，血压、体温升高，也会使睡眠质量变差或者失眠、难以入眠等。

4.行为方面

灾后救援任务十分繁重，社区工作人员在工作过程中承受着精神和身体上的双重压力，因此在行为上也可能会出现一些变化。比如会比平时更容易激动；在高强度工作和高压力下，面对群众的不满或批评时忍耐力下降，容易发脾气。时间久了会使得工作人员不再认真对待自己的任务，产生厌倦、懈怠，并影响到日后的正常工作；严重者会出现物质滥用，甚至可能会出现自伤、自杀、反社会等冲动行为。

## （二）社区工作人员可采取的心理防护措施

### 1.接受心理危机知识的相关培训

社区可以适时组织相关培训，让社区工作人员了解一些专业的心理危机干预知识，了解自己在灾害救援过程中可能出现的身心反应，以及面对这些反应时可以采取的调节自身情绪的方法，建立正确的心理危机防御机制。对灾害救援过程中可能出现的一系列不良身心反应有清晰的认知，有助于社区工作人员对自我、同事以及社区群众的心理状态进行科学的判断，及时发现并及早干预，调整不良的身心反应。

### 2.合理安排工作时间，避免过劳

面对各种纷繁复杂的事务，社区工作人员如果不合理安排工作时间，就无法及时、顺利地完成工作，这会导致很多事情堆积在一起，使其手忙脚乱、过度劳累，最终不仅会影响自身的身心状态，也会影响工作的效率，甚至会导致职业倦怠。因此，社区工作人员要根据自身情况，合理安排工作时间，做好工作规划，不以过度劳累的状态进行工作，避免自身的过度损耗，保证在身心健康的状态下投入工作。

★ 知识窗 ★

### 职业倦怠

职业倦怠由美国心理学家赫伯特·费登伯格（Herbert Freudenberger）首次提出。他认为职业倦怠是由于工作的时间与强度超过了个人的能力、资源及精力，导致出现疲惫不堪与情绪枯竭的状态（Freudenberger，1974）。美国心理学家克里斯蒂娜·马斯拉奇（Christina Maslach）等将职业倦怠分为三个维度：情绪枯竭、去人格化和成就感低落。即当一个人对他的职业缺乏热情，对他所从事的工作采取冷漠、忽视的消极态度，工作效率低下，无法从中获得成就感时，他就产生了职业倦怠。产生职业倦怠的人，往往表现出一种慢性衰竭的状态，出现生理上的不适，严重者出现各种疾病，同时有可能导致睡眠紊乱，有些人会失眠，有些人又可能会睡眠过多。

### 3.调整心态，悦纳自己

面对工作中的压力，偶尔产生不良的情绪是正常的。某些适度的不良情绪，比如轻微的焦虑情绪，会帮助人们增强防范意识，有利于工作的开展；但是过度的不良情绪会妨碍工作的进行，比如过度焦虑会使得人们无法集中精力、食欲下降等。因此，面对过度的不良情绪反应，社区工作人员要学会及时地进行自我调整，不能任其发展。面对工作中的一些失误和无能为力，不能过度沉浸在自责和内疚情绪中，要及时从不良情绪中走出来。要认识到人都是不完美的，都是会犯错误的，不可能每件事都按照自己预想的方向发展，不能因为自己无意间的错误或者是对某些事情的无能为力就全盘否定自己。要学会悦纳自己，允许自己犯错误，给自己改正错误、不断进步的机会。同时，也要认识到群众的行为是因为遭遇灾情而导致的心理失调，不是真的针对自己，可以尝试当一面情绪的镜子，只是反映出对方的情绪，而不卷入其中。

4.进行自我心理干预，转移注意力

灾害发生后，社区工作人员不仅需要克服自身的焦虑和恐惧等情绪，也需要应对外界所给的压力，比如工作不被社区群众认可、遭到质疑等。在面对这些压力所引起的不良情绪时，可以通过自我心理干预、转移注意力的方式来减轻压力，排解不良情绪。可以多关注正能量、美好的事情，多想想社区群众对自己的感谢和上级领导对自己工作的肯定，主动过滤负面信息，用正性情绪去调适和改善不好的情绪。在休息时，可以暂时抛开脑子里一切有关工作的事情，做一些可以让自己心情变好的事情，比如听音乐、做运动、正念训练、冥想等，让自己疲惫的身体和心灵得到暂时的休息。

5.对各种信息进行甄别

灾害发生后，不可避免地会受到来自各方的关注，以至于各种信息充斥感官。社区工作人员需要及时更新信息，确保向民众提供准确的信息，且对这些信息作出反应并及时调整自己的工作。但海量信息中不可避免地会有大量负面、虚假的信息，一方面增加了社区工作人员的工作量，一方面对工作人员的情绪造成较大影响。因而社区工作人员需要适当限制信息摄取量，屏蔽不良信息，避免过度关注负面信息，保持理性，对各种信息进行甄别。

6.寻求支持

在焦虑、恐惧、委屈等情绪无法自我排解时，寻求外界支持能够有效地减轻不良情绪。社区工作者可以选择向同事、家人、朋友以及自己所信任的人倾诉，不要隐藏自己的感受，试着把情绪说出来，学会表达负面情绪，寻求理解，让自己及时从不良情绪中走出来。如果仅凭倾诉还是无法排解不良情绪，也可以向心理医生或者是心理咨询师寻求帮助，宣泄自己的不良情绪，及时调整和改变不正确的认知，恢复正常的情绪状态，以更好的状态迎接工作中的挑战。

## 二、志愿者的心理防护及援助

### （一）志愿者参与灾害救援时可能出现的身心反应

志愿者的工作具有志愿性、公益性、无偿性和组织性。虽然志愿者自愿参与灾害救援工作，在参与工作前已经有一定的心理准备，但是当真正面对受灾人群时，由于缺乏专业能力和经验，还是不可避免地会产生应激反应。具体表现为认知方面、情绪方面、躯体方面和行为方面的一些不良的身心反应，比如参与工作前会过度焦虑，面对突发事件时会高度紧张，以及由于长期接触受灾人员更容易产生替代性创伤等。

1.认知方面

在进行志愿服务的过程中，有时候会出现拥有专业技能的志愿者不足，而从事"体力服务"的志愿者过多的情况。比如5·12汶川地震发生后，许多赶往灾区的志愿者缺乏专业技能，只能做一般的体力服务，他们在数量上供大于求，而灾区急需的、具有相关专业技术技能的志愿者又很缺乏（杨桂英，2008）。在此种情况下，拥有专业技能的志愿者会负责比较多的任务，容易出现手忙脚乱、手足无措的情况，致使其注意力不集中、记忆力下降。而没有专业技能的志愿者负责的任务比较少，比较"清闲"，这会使其认为自己能力不足，用处不大。此外，处在救灾前线的志愿者可能会接触到大量的受灾人员（其中可能包含重伤和死亡人员），并能够深入了解受灾者艰苦的生活环境，在志愿服务期间整日面对这些令人悲痛的情景，志愿者容易触景生情，感叹生命的脆弱，为自己以前不珍惜生命以及抱怨生活环境的行为感到羞愧。志愿者们在参与灾害救援的过程中，也可能会遭到被救助人员的质疑和攻击，比如质疑一些程序的必要性，在志愿者进行冲突调解过程中对志愿者进行人身攻击等，这会使志愿者们觉得自己的工作不被认可，甚至觉得志愿服务工作毫无价值，出现一些认知上的偏差。除此之外，一些志愿者可能得不到家人的理解，甚至被误解，这使其感觉自己失去了支持，在工作中遇到困难时更容易对自己产生怀疑。

2.情绪方面

在进行志愿服务工作之前，大多数志愿者会产生紧张、焦虑情绪。志愿者在志愿服务的过程中，可能会遇到一些行为过激的人员，他们将自己的不满发泄到志愿者身上，对志愿者的工作表示质疑，甚至会辱骂、攻击志愿者，这会使得志愿者产生悲愤情绪。此外，志愿者在面对一些突发事件时，可能手足无措，不能很好地解决，或者是感到无能为力，这都会使他们产生挫折感和歉疚情绪，从而丧失对志愿服务工作的热情和积极性。如果心中的焦虑、悲愤和歉疚等情绪无人诉说，无法及时得到排解，长久积累很容易演变成抑郁情绪。

3.躯体方面

志愿服务工作具有多样性，需要志愿者掌握一些技能。在志愿服务前期，志愿者对具体工作流程和工作技能还不是很熟练，很难得心应手，显得手忙脚乱，因而很容易感到疲惫，一天工作下来往往处于过度劳累的状态。同时，灾后救援现场极不稳定，寒冷、高温、强光、黑暗等特殊条件，对志愿者来说都是极大的挑战。由于工作不够熟练，志愿者的精神会时刻紧绷，生怕出一点差错。这种精神上的过度紧张会使得部分志愿者睡眠质量变差或者难以入眠，出现失眠、多梦、梦魇、夜惊等睡眠问题。此外，参与灾后救援工作，往往会打破志愿者的日常生活作息规律，这使得他们的身体更容易陷入疲惫或不健康状态。

4.行为方面

在志愿服务的过程中可能会收获满足感，但同时也会遇到不被理解、被质疑的情况。如果志愿者的心理承受能力较差，可能会对自己产生怀疑，进而变得暴躁易怒，消极退缩，回避现实，封闭自己，严重者会出现酗酒、吸毒或反社会行为。同时在救援过程中，由于环境不稳定，志愿者的生命安全随时可能受到威胁，这会引发志愿者的一些行为变化，比如可能出现一些过激和冲动行为，甚至会出现自伤、自杀或冲动伤害行为（高存友 等，2022）。


（二）志愿者可采取的心理防护措施

1.了解心理危机的相关知识，建立正确的心理危机防御机制

唐荣和苏维（2010）对志愿者的调查结果显示：85%的志愿者认为有必要针对志愿者开展心理干预工作。因为志愿者密切接触受灾民众，对受灾民众的遭遇感同身受，可能会影响自己的心理状态。

为了减少可能出现的心理问题，志愿者们需要主动了解志愿服务过程中可能遭受的心理危机，并学习相关的调节自身情绪的方法，建立正确的心理危机防御机制。面对志愿服务过程中可能出现的一系列不良身心反应，了解相关的心理危机知识，有利于志愿者们及时发现自身不良的心理状态，并及时进行自我调节，避免产生严重的心理问题。

2.适度休息，避免过度劳累

志愿者们总是满腔热情投入志愿服务，尽自己最大的努力完成志愿服务工作，有时候即使超负荷工作也不愿意休息。虽然这种精神很值得称赞，但是做法却是不可取的。过度劳累会严重损耗个体的生理资源和心理资源，不仅会导致个体的注意力、记忆力等认知功能下降，而且使个体更容易出现负面情绪，不利于个体的身体健康，也会使个体的工作效率降低。所以志愿者们不应该一味追求工作时间的长短，应该根据自己的身心状况进行适当的休息，避免过度劳累。在工作的时候，志愿者们应注意劳逸结合，保持正常饮食和必要的休息。空闲的时候可以通过听听音乐、看看视频等放松一下心情，也可以向家人或朋友倾诉心声，或者和同伴说说玩笑，共享快乐，分担困扰，进而使自己调整到最佳的状态，重新投入志愿服务中去。

3.调整状态，理性思考

志愿者在志愿服务过程中容易出现期望和现实落差过大的问题。比如在志愿服务之前，有些志愿者可能觉得自己将要从事的是一项伟大的事业，要去拯救苦难中的人们，但是真正参加志愿服务时却发现，自己做的可能就是一些机械的小事，甚至还会受到被救助者的指责。再比如，有些志愿者因为缺乏专业技能，在面对一些状况

时感到束手无策。这些都会使志愿者心理上产生巨大的落差，觉得与期望中的志愿服务工作差距太大。此时志愿者们要学会调整自己的心理状态，让自己及时从不良情绪中走出来。要学会理性思考问题，辩证地看待问题。志愿服务本身就是一项伟大的事业，虽然在志愿服务的过程中难免会遭到一些人的不理解甚至指责，但更多的人是感谢志愿者的。志愿者要不断告诉自己："我不可能让每个人都满意，只要尽自己最大的努力就好。"对于自己工作中的失误或者是处理得不太好的地方，也要理性面对，不能一味地沉浸在内疚和自责情绪中，要允许自己犯错，接受自己的不完美，并更加认真努力地工作。

4.进行自我心理干预，转移注意力

在志愿服务过程中，面对不良情绪，志愿者要学会进行自我心理干预，使自己尽快摆脱坏情绪，回到正常的情绪状态中。对于产生于志愿服务之前的焦虑和恐惧情绪，可以尝试向同伴倾诉，与一同进行服务的志愿者相互加油打气，也可以多听听音乐舒缓心情，减少焦虑。若在志愿服务中遭到指责和质疑，除了自我调整心态之外，还可以通过自我心理干预、转移注意力的方式来减轻压力，排解不良情绪，比如深呼吸，放下工作看一些自己喜欢的视频等。在不需要进行志愿服务的时候，可以暂时抛开与工作相关的事情，只做自己喜欢的事，比如听音乐、做运动、正念训练、冥想等。

5.接受自己能力的局限

因为志愿者在志愿服务过程中会比普通民众接收更多的负面信息，接触更多的困难人群，也会遇到更多的困难和挑战，且在工作中无法做到面面俱到，所以一旦在工作中受挫，便容易产生"自己做得不够好、不够多"或"帮不到他人"的心理，可能产生持续的自责和愧疚情绪，从而否定自己。这个时候，需要提醒自己运用正向思维，自我肯定，并且正确看待自身能力的局限性，回忆总结自己面对危机时是如何应对的，看到自己的力量与能力。正确看待自己的工作，调整对自己的要求和期待，罗列出自己已经做得很好并值得肯定的事情、取得的成绩，会让自己感觉好一些。

6.寻求支持

在焦虑、恐惧、委屈等情绪无法自我排解时，向他人倾诉和寻求支持，能够有效地减轻不良情绪。志愿者可以选择多与同伴、朋友以及自己所信任的人交流感受。每天适当交流，除可增进感情外，也能达到相互鼓励，获得情感支持的目的（王雅萍 等，2020）。如果情况比较严重，也可以向心理医生或者是心理咨询师寻求帮助，宣泄自己的不良情绪，及时调整和改变不正确的认知，恢复正常的情绪状态。

# 第四节　新闻和媒体工作者的心理防护及援助

## 一、新闻和媒体工作者面临的应激、压力及应激反应

传播媒介和通信工具的迅速发展为新闻和媒体工作者提供了更多在灾害发生后第一时间前往现场进行采访、报道的机会。然而，目睹灾害全貌所带来的心理不适和创伤，在新闻和媒体工作者中非常普遍，这个问题应该被社会重视。以往的观点认为，新闻和媒体工作者在目睹灾害后，只会暂时地受到心理不适的影响，而通过及

时从灾害现场分离，他们能够摆脱这种心理不适感。然而，现实情况却截然不同。新闻和媒体工作者在灾害现场亲眼看到灾害的影响和后果，这对他们的心理健康造成了持久的影响。

李洪华（2016）的研究指出，采访和报道灾害新闻会导致新闻和媒体工作者产生慢性心理创伤，进而产生习得性无助。当压力超出他们的心理承受能力时，就会导致应激障碍，甚至产生恐惧症和抑郁症等更为严重的精神疾病。董依明（2013）的研究发现，相当一部分新闻和媒体工作者因创伤后应激障碍出现严重的抑郁和自闭情绪，如果不及时进行治疗，这些问题可能演变为更加严重的精神疾病。新闻和媒体工作者在采访报道过程中，可能会承受多种心理负担。他们目睹破坏和生命的失去，承受着情感上的压力，并且经常置身于危险的环境中。这种情况下，他们需要保持专业和冷静，但长此以往会逐渐消耗他们的情感和心理资源。此外，作为新闻和媒体工作者，他们面临的工作压力、时间限制和社会期望进一步增加了他们的心理负担。

导致新闻和媒体工作者心理创伤的因素是多样的。首先是个人因素，包括个体的心理承受能力和自我调节能力；其次是媒体因素，在采访报道前期缺乏团体内的支持和培训，没有做好思想准备，之后也没有及时得到心理疏导；最后是社会因素，新闻和媒体工作者在社会中缺乏足够的支持和人文关怀。

★ 知识窗 ★

### 习得性无助

习得性无助指的是在面对无法控制的负面情境时，个体经历了多次失败和挫折后，逐渐产生一种无助感，认为自己无法改变或掌控环境，从而导致放弃尝试，即使在后续有机会获得成功的情况下也不会尝试。习得性无助常常与相应的心理和情绪问题相关，如抑郁、焦虑和自卑等。个体可能会感到无力改变状况，对自己的能力失去信心，并认为不管付出多少努力都无法改变现实。

## 二、自我心理防护及援助

### （一）采访、报道前准备

在采访、报道灾害前，新闻和媒体工作者需要做好充足的准备，以提高心理适应性，应对潜在的生理和心理创伤风险。以下是一些具体的准备工作。

首先，意识到风险，并了解所在新闻或媒体机构的应对措施。新闻和媒体工作者应该认识到可能面临的生理和心理创伤风险，并了解所在的新闻或媒体机构的应对措施。这样可以增加新闻和媒体工作者的信心，使他们更愿意承担困难的工作，并最终产出更好的新闻。

其次，新闻和媒体工作者应该做好各类准备工作。包括收集大量的信息，以更好地了解灾害类型并掌握传播灾害信息的最有效方式，以满足不同受众的需求。此外，还需要为自身健康做好准备。了解并准备灾害现场所需的衣物、食品和医药用品，以适应困难和不安全的环境。

最后，还要做好心理准备。新闻和媒体工作者应该了解灾害采访、报道所涉及的伦理和心理方面的挑战。通过增加对灾害可能引

发的心理创伤的认识，可以帮助他们在某种程度上预防心理创伤的发生。一些具体的心理准备包括：

1.自我反思

新闻和媒体工作者应该认识到自己的情绪和心理状态，理解自身的应对能力和弱点。这样可以更好地应对在灾害报道中可能出现的挑战和压力。

2.寻求支持和建立社会网络

新闻和媒体工作者可以依赖家人、朋友和同事的支持，在遇到困难时寻求帮助和理解。此外，与其他从事同类工作的人建立联系，分享经验和支持也是很重要的。

3.接受心理辅导和培训

参加心理辅导和培训课程，可以帮助新闻和媒体工作者了解应对压力和创伤的技巧。

总而言之，前期准备是新闻和媒体工作者在灾害采访、报道中不可或缺的一部分。通过设备准备、健康准备和心理准备，新闻和媒体工作者能够更好地适应艰难的环境，提供准确而有深度的报道，同时降低遭受心理创伤的风险。

（二）保持轻松的心态

在采访、报道灾害时，保持轻松的心态对于新闻和媒体工作者至关重要。

1.掌握放松技巧

新闻和媒体工作者可以学习各种放松技巧，例如深呼吸、渐进式肌肉放松和冥想。这些技巧有助于降低心率，减轻焦虑和紧张感，增强自我调节能力。定期练习这些技巧，可以帮助新闻和媒体工作者更有效地管理情绪和压力。

2.建立积极的心理暗示

通过积极的自我暗示，新闻和媒体工作者可以主动调整自己的心理状态。在面对悲惨场景和艰难报道时，可以告诉自己一些正面、鼓舞人心的话语，如"我能处理好这个挑战"或"我正在为社会作出贡献"。这种积极的心理暗示可以增强自信心和动力，减少不必要的负面情绪。

3.建立支持网络

与家人、朋友和同事进行更多的交流，分享自己的感受、担忧和困惑，可以获得情感上的支持和理解。参加专门针对新闻和媒体工作者的支持小组或职业协会，也可以与其他人分享经验、倾诉心声，找到共鸣和支持。

4.发泄负面情绪

新闻和媒体工作者在工作中接触到令人感到悲伤和心碎的情景是不可避免的。当出现心理波动时，重要的是寻找适当的发泄方式。包括与家人和朋友倾诉，参加支持小组，参与体育运动或进行艺术创作等。这种发泄可以帮助新闻和媒体工作者释放压力和消化负面情绪，降低心理抑郁的风险。

5.培养兴趣爱好

新闻和媒体工作者不仅需要关注工作，还需要培养和发展自己的兴趣爱好。通过参加体育活动、阅读、旅行或参与其他有意义的活动，为工作带来一种调剂和平衡。这些活动有助于放松身心，提供新的思维角度和能量。

6.寻求专业支持

如果新闻和媒体工作者感到长期或严重的心理困扰，寻求专业

心理咨询或治疗是很重要的。专业的辅导和治疗可以提供个性化的支持和技巧，帮助新闻和媒体工作者建立更强大的心理危机防御机制。

综上所述，通过学习放松技巧、积极的心理暗示、建立支持网络、寻找适当的发泄方式、培养兴趣爱好，并在必要时寻求专业支持，新闻和媒体工作者可以保持轻松的心态，提高心理防御性，更好地应对心理压力和挑战。

### （三）采访、报道结束后的自我调整

采访、报道结束后，新闻和媒体工作者需要进行自我调整，面对现实并增强心理抵抗能力。灾害的采访、报道往往涉及暴力、苦难和悲伤等令人沮丧的内容，这对新闻和媒体工作者的心理健康可能带来负面影响。可以通过以下方式来进行调整：

1.客观评估心理状态

工作结束后，新闻和媒体工作者需要反思自身的心理状态。包括观察自己的情绪、思维和行为，以便了解是否存在心理压力、情绪不稳定或其他负面反应。客观评估可以帮助新闻和媒体工作者意识到自身可能存在的心理创伤问题。

2.处理心理状态

一旦新闻和媒体工作者意识到自己存在心理问题，就需要主动采取措施来处理它们。包括与亲朋好友进行交流，寻求支持和安慰。倾诉和分享自己的感受，能够减轻心理负担，让受伤的情绪得到释放。此外，新闻和媒体工作者还可以通过身体锻炼、艺术创作等方式来缓解压力和焦虑。

3.积极寻求专业人士的帮助

在某些情况下，新闻和媒体工作者可能无法独自处理心理创伤问题。此时，寻求心理学家或心理咨询师的帮助是至关重要的。专业的心理健康专家可以提供有效的指导和支持，帮助新闻和媒体工作者解决心理上的困扰。

4.增强心理韧性

增强心理韧性是新闻和媒体工作者自我调整的重要方面。心理韧性是指在面对逆境和压力时的心理弹性和抗压能力。新闻和媒体工作者可以通过一系列方法来增强自己的心理韧性，包括培养积极应对策略，保持乐观和有韧性的态度，建立健康的生活方式，完善社会支持网络，以及寻找适合自己的应对方法等。

5.解决心理创伤问题

新闻和媒体工作者只有解决了自身的心理创伤问题，才能真正增强心理韧性，应对未来可能遇到的心理挑战。这可能需要新闻和媒体工作者接受专业治疗，参加心理辅导课程或参与支持小组。通过这些方法，他们可以更深入地了解和处理自己面对的心理创伤，并学会应对和恢复。

总之，在采访、报道结束后，新闻和媒体工作者需要认识到自身可能面临的心理挑战，并采取积极的步骤来处理和解决这些问题。通过客观评估心理状态、积极寻求帮助、增强心理韧性，可以更好地适应采访、报道灾害带来的心理压力，保持心理健康，为未来的工作做好准备。

# 三、新闻和媒体机构对从业者的保护

## （一）岗前教育培训

岗前教育培训可以帮助新闻和媒体工作者在采访、报道灾害之前具备必要的知识和技能。

第一，加强灾害相关知识培训。这可以帮助新闻和媒体工作者了解各种类型的灾害及其潜在风险。例如对于地震，培训内容可以包括地震的起因、预警系统、震中评估等方面的知识。此外，还需要教授新闻和媒体工作者如何在地震发生时保护自己，如避开危险建筑物和场所，选择安全的避难区域，使用湿衣服保护呼吸道等。

第二，加强心理教育培训。新闻和媒体工作者在采访、报道灾害事件时面临着巨大的心理压力。针对这一点，心理教育培训尤为重要。培训内容可以包括心理创伤的概念、应对压力和创伤的心理策略、自我调节技巧等。新闻和媒体工作者需要了解心理创伤常见的表现，如恐惧增加、对职业的怀疑、角色混淆、痛苦等，并学会早期识别和管理自己的心理问题。

第三，提供实践经验和案例分析。在岗前教育培训过程中，新闻和媒体工作者可以从实践经验和案例分析中学习。通过分享过去灾害报道中的成功经验和教训，通过案例分析，新闻和媒体工作者可以了解到如何应对不同类型灾害的采访和报道，掌握应对策略和技巧。这将使他们在面对真实的灾害现场前有更加充分的准备，并更加自信地投入工作。

第四，掌握应急处理技能。灾害采访和报道往往需要在复杂、危险和紧急的情况下进行。因此，岗前教育培训还应包括应急处理技能的培养。这可能涉及急救技能、灾害现场安全意识、危险品识别等内容。通过这样的培训，新闻和媒体工作者可以更好地处理突发情况，保护自己和他人的安全。

第五，加强社交支持和团队合作。在岗前教育培训中，还应强调社交支持和团队合作的重要性。新闻和媒体工作者需要学习与其他团队成员合作，共同应对压力和挑战。

通过岗前教育培训，新闻和媒体工作者可以获得与灾害相关的科学知识、心理防护技能、应急处理能力和团队合作意识，使他们能够更加安全和有效地报道灾害。这不仅有助于保护新闻和媒体工作者自身的安全和心理健康，还可以提高他们在关键时刻的应对能力，为公众提供准确、全面和有价值的灾害报道。

### （二）采访、报道后评估与干预

采访、报道后的评估与干预，是为了关注和处理采访、报道灾害后新闻和媒体工作者可能遭受的心理创伤。

#### 1.引进创伤暴露测量工具

创伤暴露测量工具是一种用于了解个人在灾害报道中所经历的创伤事件和心理反应的评估工具。新闻和媒体机构可以引进这样的工具，让工作人员填写问卷或接受面谈，以了解他们在采访、报道过程中经历的创伤事件和可能受到的心理影响。这有助于客观评估工作者的心理状况和创伤程度。

#### 2.结合自我评估

急性应激障碍和创伤后应激障碍是常见的心理反应，工作人员可以通过自我评估来检查自己是否出现这些症状。将急性应激障碍和创伤后应激障碍的自我评估结果与创伤暴露测量工具的评估结果

相结合，可以更全面地了解工作者的心理状况，这有助于识别工作者是否需要进一步的心理支持和干预。

3.实施相应的心理创伤干预措施

依据心理评估报告，可以针对工作者的具体心理创伤情况采取相应的干预措施。其中一种干预方法是应激免疫训练，另一种方法是系统脱敏法。

通过对工作者进行心理评估和实施相应的心理创伤干预措施，新闻和媒体机构能更有效地关注和处理工作者的心理健康问题。这有助于预防和减轻新闻和媒体工作者可能面临的心理创伤，提升他们的心理韧性和适应能力，以更好地履行职责并保护自身的心理健康。

## 四、社会支持

社会不仅要关注灾害中的受害者和救援人员，也要对参与灾害采访、报道的新闻和媒体工作者给予关心和保护。董依明（2013）的研究提出，社会的支持和关注对改善新闻和媒体工作者创伤后应激障碍的症状具有显著的帮助。

通过社会支持和政策保障，新闻和媒体工作者可以更有信心地面对工作中的心理压力和创伤。同时，也会促进新闻和媒体行业的健康发展，为公众提供及时、准确的信息。

# 第五节 相关部门及机构工作人员的 心理防护及援助

在应对自然灾害、人为灾难以及突发公共卫生事件等紧急情况时，无论是永远义无反顾地冲在第一线的救援部门，还是负责救援物资生产、运输以及发放的后勤部门，都扮演着重要的角色。然而，他们在执行任务的过程中可能面临巨大的心理压力和挑战。

面对灾害，救援机构要争分夺秒制定出救援方案，紧急协调各方资源投入救援工作中。然而，长时间、高强度的救援工作，往往使得工作人员精神衰竭，还会产生各种情绪问题，如紧张、焦虑、易激惹等。在救援工作中，他们还必须面对满目疮痍的灾后场景和无助的受灾群众，难免会触哀景、生哀情，严重者会出现认知失调，以及对灾害不切实际的恐惧。作为救援工作最坚实的后盾，后勤保障部门的作用也至关重要，虽然相关工作人员远离灾害的第一现场，但是可能由于一些虚假信息夸大了灾情的严重程度，同时又因为"心理台风眼效应"，他们的焦虑、恐惧等情绪问题有时比前线人员更为严重。为了确保他们的心理健康和工作效率，有必要制定科学的心理防护策略。

因此，本节将就相关部门及机构工作人员的心理防护策略展开讨论，旨在为灾害救援工作提供有益的指导和建议。通过科学的心理防护训练和切实可行的应对措施，我们可以更好地保障救援人员和后勤保障部门工作人员的心理健康，以更加坚定的态度投身于救灾的工作中。

# 一、救援部门及机构工作人员的心理防护及援助策略

## （一）科学设置心理防护训练内容和训练环境

由于救灾现场环境极其恶劣和残酷，会给救援人员的心理带来巨大的冲击。因此要紧贴现场环境，科学设置救灾心理防护训练的内容和环境。

一是要科学选择心理防护训练内容，突出目的性、针对性。首先要加强相关防护知识教育，削弱救灾时的恐惧心理，提高救援人员的心理调控以及适应能力。其次，由于任务重、持续时间长，要求救援人员能在艰苦复杂的环境中临危不惧、沉着冷静，能承受巨大的心理压力，所以训练内容要选择紧贴任务特点的心理干预训练。

二是要科学设置心理防护训练设施和场地。心理防护训练运用行为心理学、认知心理学、咨询心理学等学科的基本原理，借助必要的心理防护训练设施和场地，以重复的行为训练为手段，来提高救援人员的心理素质和心理健康水平。所以科学地设置训练设施和场地是保障心理训练效果的重要硬件措施，可充分利用各类废墟和现代化的投影设施，营造逼真的事件现场。

三是要科学营造训练环境。逼真的训练环境，能使救援人员感觉身临其境，感受现场的真实气氛。要积极利用现代科技手段，营造声、光、形、味等模拟场景，渲染救灾的氛围，使救援人员的心理经受残酷环境的洗礼，力求将每一种可能给救援人员带来心理负荷的元素都应用于模拟的心理训练环境中，挑战救援人员心理承受能力、心理应变能力和心理恢复能力的极限。

## （二）切实做好救灾任务中以及救灾后的心理防护

对救援人员进行科学的心理救助，以缓解其心理创伤，是一个值得重视的社会问题。重视灾害发生后的心理救助工作，对于预防和化解灾害发生后的社会心理安全风险有着十分重要的作用。灾情发生后，需要组织心理专业的相关工作人员前往一线，针对救灾过程中可能出现的心理问题和发展趋势，有针对性地提前进行教育、疏导。坚持从坏处着想，从复杂情况入手，多提出一些设想和假设，多拟制几套应急预案，详细地了解和准确地把握救援人员遂行任务中的心理状况，并科学预测遂行任务过程中救援人员可能出现的心理障碍，做到有备无患。面对自然灾害重创后的悲惨场面，许多救援人员难免会心生悲情，难以控制；抑或面对突发公共卫生事件，医护工作者难免对患者心生同情，可能将这种情感过度地投射到身边的万事万物，因此陷入其中，产生认知失调。所以要在救灾过程中适时做好救援人员的心理干预工作，专业人员要善于"察言观色"，及时发现救援人员的异常举止、反常言行和其他不良苗头，第一时间靠上去，搞好心理疏导和治疗。

特别是对那些年龄较小、工作时间较短、心理素质较差的救援人员要格外关注照顾。注重发挥心理防护骨干的作用，积极配合心理服务专家组，加强心理教育和疏导，力争在最短时间内把心理障碍排除掉，将心理问题解决掉，确保以健康理性和乐观向上的心理和无畏无惧的心态投身到任务中去。救援工作完成之后，也要密切关注救援人员的心理状态，对出现心理问题或者心理问题较为严重的工作人员建立一对一心理辅导机制，定期对他们进行心理疏导，帮助他们尽快从痛苦中走出来。人本主义心理学认为，安全感足够

的个体会自尊自信、勇对挫折、敢爱敢恨、相信他人；安全感缺失的个体往往悲观消极、过分敏感、容易自我否定、人际关系不稳，进而导致成长意志薄弱，容易产生心理问题。在进行疏导工作时，要清楚安全需要是人的心理发展的起点，安全感的缺失是产生心理疾病的根源，咨询过程中要通过不断增强他们的心理安全感，促进其心理能量的成长。

## 二、后勤保障部门工作人员的心理防护及援助策略

### （一）加强救灾心理防护训练的力量建设

灾害发生后，除了救援人员在前线冲锋陷阵外，负责生产分发救援物资的后勤部门的作用也不容小觑。无论是第一时间捐款捐物的公益组织、逆行前往灾区的每一位志愿者，抑或是突发公共卫生事件中给每一户隔离在家的居民送外卖的快递小哥，都为救灾作出了贡献。所以也应该关注他们的心理健康状态。灾害发生后，社会工作与应急救援之间存在着密切的关系，社会工作者可以更好地与政府和各个社会组织进行沟通，整合各类社会资源，在帮助救援队解决资金、场地等物质基础的同时，还要重视应急救援人员灾后心理创伤的恢复，协调和对接相关专业心理专家和心理机构，帮助应急救援人员缓解和恢复灾后心理创伤问题。

因此要从三个方面开展工作。一是在生产单位中建立相应的心理防护训练管理机构，统一管理心理防护训练工作，并在救灾时提供心理防护指导和心理疏导。可以运用危机事件压力管理原则，在事前，积极地鼓励应急救援人员参加必要的心理情绪引导培训，以及灾后心理问题应对措施的培训。通过对应急救援人员进行培训，

让他们可以正确地识别危机事件。如果条件具备，可以聘请有关的心理专家进行心理救援服务。二是积极为心理防护训练人员创造机会，使他们在实践中积累经验，增长和深化心理防护知识，改进和提高防护技能。救灾中的心理防护训练对组织者的能力素质要求很高，既要具有深厚的心理训练理论知识和实践经验，又要了解救灾行动的特点。可多选派从事心理防护训练和宣传教育的专业人员参与平时的训练和演练，帮助他们在实践中检验工作，积累经验，构建心理案例库，获得深入研究危机处理的第一手资料，以提高综合处置心理危机的能力。三是在心理防护专业人员中选拔专业知识储备丰富、领悟力高、指挥能力强、经验丰富的人员到院校和心理训练基地，依托专业人员，培养心理防护训练骨干力量，以提高开展心理训练的能力，使之成为指挥、咨询及督导的辅助人员，全面提高后勤部门及相关机构工作人员的心理品质。

（二）提高灾情救援信息透明度，缓解工作人员焦虑情绪

灾后的救援工作中，往往会出现心理台风眼效应，即在时间的维度上，越接近高风险时段，心理越平静；在空间的维度上，越接近高风险地点，心理越平静。后勤部门的工作人员以及社会公众因为远离受灾中心地带，对于救灾进度的了解只能通过电视、网络等，其中会有一部分员工因为没有过相关经历，又缺乏应对经验，潜意识里觉得灾情很严重，会不自觉地每天反复关注灾情，从而产生焦虑的情绪，进而对灾情产生非必要的恐惧感，对生活失去兴趣与信心。可见新闻媒体对大众起到了引导作用，所以要提高救援信息的透明度，即时报道，真实报道，拒绝不实新闻，严厉打击造谣传谣者，让后勤部门的工作人员以及民众了解真实的灾情信息。此外，

在新闻报道中，加入相关知识窗、情感故事，引导民众适度合理地关注灾情信息，呼吁他们增强救灾信心，减少恐惧感。创新报道方式，对一些涉及伤亡的数字进行处理，或者更换方式。例如，每10个人里死亡4人，可以换成每10个人里存活6人；又或者死亡率达到了20%，换成存活率为80%。换一种报道方式，带来的影响或许会截然不同。

# 参考文献

柏涌海，潘霄，徐正梅，王一浩，李冠雄，陆莉，纪合森．（2022）．奥密克戎变异株流行期间上海方舱医院军队医务人员心理健康状况及其影响因素分析．海军军医大学学报，43（11），1274-1279.

陈建新，伍莉，陈悦，金奕菡，杨伟平．（2020）．专业硕士生生活事件与心理健康：消极应对的中介效应．宁波大学学报（教育科学版），42（5），112-118.

陈秋香，杨海红，戴莉．（2020）．基层医院应对2019新型冠状病毒感染的护理人力资源管理．护理研究，34（3），374-375.

陈文军，浦金辉，邓胜平，徐志鹏，武强，吴乐．（2009）．地震救援人员早期心理状况分析．中国康复，24（2），109-110.

陈莹，魏淑兰．（2011）．护理人员灾难护理教育培训．中国当代医药，18（23），140-141.

程新颖．（2020）．信息不确定性对社交焦虑大学生注意偏向的影响研究（硕士学位论文）．江西师范大学，南昌．

邓明昱．（2016）．急性应激障碍的临床研究新进展（DSM-5新标准）．中国健康心理学杂志，24（12），1761-1769.

董依明．（2013）．灾难报道记者的心理创伤及其压力研究（硕士学位论文）．复旦大学，上海．

范姜珊，商临萍．（2020）．灾难救援护理人员心理危机研究进

展.护理研究，34（8），1420-1422.

房衍波.（2022）.正念训练和腹式呼吸训练对警察应激干预效果的研究（硕士学位论文）.中国人民公安大学，北京.

冯正直，胡丰，刘云波，陈骁，张睿，赵梦雪，王开发.（2016）.我国军人症状自评量表2016版常模的建立.第三军医大学学报，38（20），2210-2214.

高存友，白晶，占归来，闫同军，汪晓晖，梁学军，王振.（2022）.基于马斯洛需求层次理论的灾后心理危机干预模式的构建与应用.中国卫生资源，25（5），622-627+634.

高雯，杨丽珠，李晓溪.（2013）.危机事件应激管理的结构、应用与有效性.中国健康心理学杂志，21（6），953-957.

龚黎，木子.（1996）.浅谈消防队员的心理训练.河南消防，（2），33-40.

侯田雅，张瑞珂，陈艾彬，邓文曦，邓光辉.（2020）.针对新型冠状病毒肺炎的军人心理问题成因分析及应对策略.第二军医大学学报，41（08），838-842.

胡书威，原小惠，李琳，杨勇，龙治有，彭娟.（2022）.西南某地区消防员心理健康现状调查.职业与健康，38（23），3225-3229.

姜丽萍，王玉玲.（2007）.不同人群在灾害事件中的心理行为反应及干预的探讨.中国卫生事业管理，（10），691-693.

赖即心，彭家欣.（2023）.后疫情背景下信息表述对个体注意偏向和情绪的影响研究.心理月刊，18（1），7-9+21.

赖丽足，任志洪，陶嵘.（2018）.过度"分享"负性事件与性别、心理健康和关系质量：对共同反刍的元分析.心理科学进展，

26（1），42-55.

李洪华.（2016）.灾难报道中媒体工作者的心理创伤问题.新闻战线，（10），129-130.

李精健，杨秀芳，游薇，唐荔，周倩，罗珊霞，周方竹.（2021）.渐进性肌肉放松训练对新型冠状病毒肺炎患者焦虑、抑郁及睡眠质量的影响.中国临床研究，34（1），86-90+94.

李瑛.（2014）.当前公安民警面临的主要压力及解决对策分析.法制博览（中旬刊），（11），52-53.

廖莎，江琛，唐秋萍.（2010）.汶川地震救援官兵的心理健康状况及述情障碍.中国临床心理学杂志，18（4），495-497.

林晨辰，胡鸣宇，杨华，庞曼珑，许敬仁，张宁.（2023）.消防救援人员生活事件对心理健康的影响：应对方式的中介作用.中国健康心理学杂志，31（3），392-399.

林红梅，艾海霞，郭先一，吴晓娟，陈博.（2021）.新型冠状病毒肺炎疫情下一线医护工作者职业压力的影响因素.武汉大学学报（医学版），42（5），729-732.

林青青，仇剑崟.（2020）.灾难救援人员的二次创伤及干预策略.心理学通讯，3（1），41-47.

刘畅，张希臣，罗娇娇.（2021）.天津市滨海新区消防队员心理健康现状调查.职业与健康，37（11），1482-1484.

刘洋，牟亚秦，赵荣佳，刘华清，范瑞君，徐仁.（2023）.北京市基层警察社会支持与心理健康状况调查.职业与健康，39（11），1455-1459+1463.

雒晓燕.（2023）.音乐疗法对灾后居民心理的激励作用.防灾减灾工程学报，43（2），419-420.

马敏.（2020）.警察社会支持与创伤后应激障碍的关系：应对方式中介作用分析（硕士学位论文）.中国人民公安大学，北京.

马申，王白山.（2013）.身体锻炼与心理健康关系研究进展.中国公共卫生，29（3），463-465.

裴颖洁，吴祥山.（2022）.警察工作反刍现象与情绪耗竭的关系：一个多重中介模型.中国健康心理学杂志，30（12），1803-1808.

苏芬菊，赵东梅，蒋立昀.（2013）.灾难救援中护理人员的自身防护.护理研究，27（34），3848-3849.

汤芙蓉，马晴.（2019）.警察专业心理求助态度与心理压力相关性.中国职业医学，46（6），727-731.

唐荣，苏维.（2010）.医院应急志愿者面临风险分析与管理.现代预防医学，37（6），1058-1059+1061.

童辉杰.（2006）.严重突发性事件应激反应的理论模型（英文）.中国临床康复，（2），164-166.

王敬群，梁宝勇，邵秀巧.（2005）.完美主义研究综述.心理学探新，（1），69-73.

王小平，汪烈，吴伟飞.（2023）.造成基层官兵不良压力的因素及对策分析.产业与科技论坛，22（4），70-72.

王雅萍，张敏，李敏，张震，潘婷婷，赵超.（2020）.新型冠状病毒肺炎疫情下医务工作者的自我心理防护.微生物与感染，15（1），65-70.

王一鸣.（2013）.灾后相关人员心理干预援助研究（硕士学位论文）.渤海大学，锦州.

吴豪华.（2022）.参与重大灾害事故救援消防员的心理健康水

平评估. 消防界（电子版），8（1），16-18+22.

吴天天，胡春燕．(2018). 浅谈护理人员在灾害应对中的作用. 养生保健指南，(52)，386.

谢辉，邱雯莉，王锋，冯磊，杨丽娟，曾祥龙，周红光. (2020). 新冠肺炎疫情下湖北县级地区医护人员心理状态调查. 心理月刊，15（18），33-35.

徐彬，孔祥吉，莫东平，王新全，何龙江，朱春阳．(2022). 赴武汉抗击新型冠状病毒肺炎军队人员心理健康需求特点调查. 中国疗养医学，31（2），196-200.

徐乐乐，杨莹，乔淑芳，高明月，李净．(2023). 军队特勤人员睡眠质量与心理弹性的关系. 海军医学杂志，44（1），12-15.

徐明川，张悦．(2020). 首批抗击新型冠状病毒感染肺炎的临床一线支援护士的心理状况调查. 护理研究，34（3），368-370.

杨桂英．(2008). 中国应急志愿者队伍建设初探. 河南理工大学学报（社会科学版），9（4），465-468.

尹敏，李小麟，吴学华，朱仕超．(2013). 汶川地震两年后重灾区护士创伤后应激障碍症状分析及干预对策. 中国实用护理杂志，29（4），58-61.

余彦昕．(2022). 灾难暴露、反刍思维对消防指战员创伤后应激障碍的影响研究（硕士学位论文）. 西南财经大学，成都.

张海燕．(2022). 中国警察职业压力状况调查与分析——基于积极心理学的视角. 武汉理工大学学报（社会科学版），35（6），67-73.

张佳，宁留强，李秧，陈颖，孙彪，冯海召，程龙．(2020). 新型冠状病毒肺炎疫情期间驻陕某部官兵的心理状况. 中国健康心

理学杂志, 28（11）, 1665-1670.

张文晋, 郭菲, 陈祉妍.（2011）.压力、乐观和社会支持与心理健康的关系.中国临床心理学杂志, 19（2）, 225-227+220.

张艳菊, 赵润平, 任俊华, 罗玉红, 苏海涛, 张亚楠.（2018）.急性应激障碍与创伤后应激障碍研究进展.中华现代护理杂志, 24（12）, 1486-1488.

赵彬, 王焕林, 高志勤, 过伟, G. Baker, D., 余海鹰, 欧阳晖.（2012）.地震救援军人创伤后应激障碍患者生命质量及风险因素研究.精神医学杂志, 25（4）, 249-252.

赵琳, 陈建玲, 李福珍, 南雪峰, 陈月, 袁娜.（2022）.医务人员个人防护认知实践现状调查及影响因素分析.临床医学研究与实践, 7（13）, 164-167.

周洁.（2022）.2000年以来我国警察心理健康状况变迁的横断历史元分析.中国刑警学院学报,（2）, 117-128.

周淑玲, 靳英辉, 夏欣华, 陆翠.（2018）.天津港爆炸事故受灾医务救援人员创伤后应激障碍症状调查.天津护理, 26（2）, 184-187.

Berger, W., Coutinho, E. S. F., Figueira, I., Marques-Portella, C., Luz, M. P., Neylan, T. C., & Mendlowicz, M. V.（2012）. Rescuers at risk: A systematic review and meta-regression analysis of the worldwide current prevalence and correlates of PTSD in rescue workers. Social psychiatry and psychiatric epidemiology, 47（6）, 1001-1011.

Chen, N.H., Wang, P.C., Hsieh, M.J., Huang, C.C., Kao, K.C., Chen, Y.H., & Tsai, Y.H.（2007）. Impact of severe acute respiratory syndrome care on the general health status of healthcare workers in Taiwan. Infection Control & Hospital Epidemiology, 28（1）, 75-79.

De Moraes, S. H. M., Cunha, I. P. d., Lemos, E. F., Abasto-flor, L. L. L., Oshiro, M. d. L., Bohrer, R. T. D. O. d. A., & do Valle Leone de Oliveira, S. M.（2023）. Prevalence and associated factors of mental health disorders among Brazilian healthcare workers in times of the COVID-19 pandemic: A web-based cross-sectional study. PloS one, 18（6）, e0274927.

Everly, G. S., Flannery, R. B., & Mitchell, J. T.（2000）. Critical incident stress management（CISM）: A review of the literature. Aggression and Violent Behavior, 5（1）, 23-40.

Everly, G. S., Jr., Flannery, R. B., Jr., & Eyler, V. A.（2002）. Critical incident stress management（CISM）: A statistical review of the literature. Psychiatr Q, 73（3）, 171-182.

Freudenberger, H. J.（1974）. Staff burn-out. Journal of Social Issues, 30（1）, 159-165.

Greinacher, A., Derezza-Greeven, C., Herzog, W., & Nikendei, C.（2019）. Secondary traumatization in first responders: A systematic review. Eur J Psychotraumatol, 10（1）, e1562840.

Hao, Q., Wang, D., Xie, M., Tang, Y., Dou, Y., Zhu, L., & Wang, Q.（2021）. Prevalence and risk factors of mental health problems among healthcare workers during the COVID-19 pandemic: A systematic review and meta-analysis. Frontiers in psychiatry, 12.

Hsiao, Y. Y., Chang, W. H., Ma, I. C., Wu, C. L., Chen, P. S., Yang, Y. K., & Lin, C. H.（2019）. Long-term PTSD risks in emergency medical technicians who responded to the 2016 Taiwan earth-quake: A six-month observational follow-up study. Int J Environ Res Public Health, 16 (24), Article 4983.

Lancee, W. J., Maunder, R. G., & Goldbloom, D. S. (2008). Prevalence of psychiatric disorders among Toronto hospital workers one to two years after the SARS outbreak. Psychiatr Serv, 59 (1), 91-95.

Lerias, D., & Byrne, M. (2003). Vicarious traumatization: Symptoms and predictors. Stress and Health, 19, 129-138.

Liu, Z., Han, B., Jiang, R.M., Huang, Y., Ma, C., Wen, J., & Ma, Y.C. (2020). Mental Health Status of Doctors and Nurses During COVID-19 Epidemic in China, 25, 79-84.

Math, S. B., Girimaji, S. C., Benegal, V., Uday Kumar, G. S., Hamza, A., & Nagaraja, D. (2006). Tsunami: psychosocial aspects of Andaman and Nicobar islands. Assessments and intervention in the early phase. Int Rev Psychiatry, 18 (3), 233-239.

Nolen-Hoeksema, S. (1987). Sex differences in unipolar depression: Evidence and theory. Psychological bulletin, 101, 259-282.

Nolen-Hoeksema, S., & Davis, C. G. (1999). "Thanks for sharing that": Ruminators and their social support networks. Journal of Personality and Social Psychology, 77, 801-814.

Rana, W., Mukhtar, S., & Mukhtar, S. (2020). Mental health of medical workers in Pakistan during the pandemic COVID-19 outbreak. Asian J Psychiatr, 51, e102080.

Salston, M., & Figley, C. R. (2003). Secondary traumatic stress effects of working with survivors of criminal victimization. J Trauma

Stress，16（2），167-174.

Sherwood，L.，Hegarty，S.，Vallières，F.，Hyland，P.，Murphy，J.，Fitzgerald，G.，& Reid，T.（2019）. Identifying the key risk factors for adverse psychological outcomes among police officers：A systematic literature review. Journal of Traumatic Stress，32，688-700.

Skogstad，L.，Heir，T.，Hauff，E.（2016）. Post-traumatic stress among rescue workers after terror attacks in Norway. Occupational medicine（Oxford，England），66-69.

Sundram，S.，Karim，M. E.，Ladrido-Ignacio，L.，Maramis，A.，Mufti，K. A.，Nagaraja，D.，... Wahab，M. A.（2008）. Psychosocial responses to disaster：An Asian perspective. Asian J Psychiatr，1（1），7-14.

Thienkrua，W.，Cardozo，B. L.，Chakkraband，M. L. S.，Guadamuz，T. E.，Pengjuntr，W.，Tantipiwatanaskul，P.，& van Griensven，F.（2006）. Symptoms of posttraumatic stress disorder and depression among children in tsunami-affected areas in Southern Thailand. JAMA：Journal of the American Medical Association，296，549-559.

Turgoose，D.，Glover，N.，Barker，C.，& Maddox，L.（2017）. Empathy，compassion fatigue，and burnout in police officers working with rape victims. Traumatology，23，205-213.

Verma，S.，Mythily，S.，Chan，Y. H.，Deslypere，J. P.，Teo，E. K.，& Chong，S. A.（2004）. Post-SARS psychological morbidity and stigma among general practitioners and traditional Chinese medicine practitioners in Singapore. Ann Acad Med Singap，33（6），743-748.

Vyas，K. J.，Delaney，E. M.，Webb-Murphy，J. A.，& John-

ston, S. L. (2016) . Psychological impact of deploying in support of the U.S. response to ebola: A systematic review and meta-analysis of past outbreaks. Military Medicine, 181 (11-12), e1515-1531.

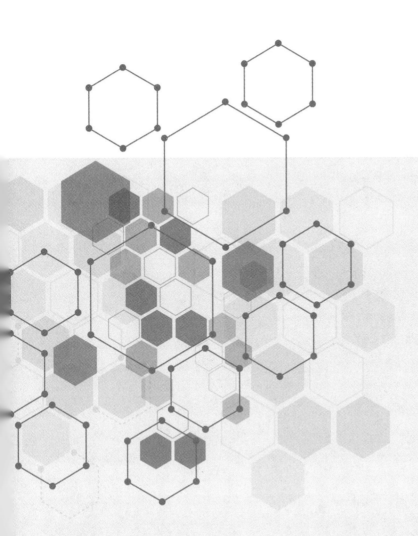

# 第四部分

## 灾害心理防护及援助展望

# 第十二章

# 我国灾害心理防护及援助的
# 挑战和发展方向

灾害不仅会造成人员伤亡和财产损失，也会给灾区民众的身心带来不同程度的负面影响。灾害发生后，在实施高效的生命营救和物质救援的同时，及时开展科学的心理援助，可以帮助灾区群众调整心态，恢复人际支持系统，积极应对灾害，顺利度过心理危机，逐步恢复心理健康，回归正常社会生活。但是，我国的灾害心理防护相关工作的研究历史较短，经验不足，且实践检验出我国灾害心理防护服务存在着诸多突出的问题。因此，应在总结成功经验的同时，对这些问题进行深刻的反思，为构建我国灾害心理防护体系提供实践依据。

本章主要总结了我国灾害心理防护及援助面对的挑战，同时借鉴国外灾后心理援助的相关经验，提出我国灾害心理防护及援助的发展方向。

# 第一节　我国灾害心理防护及援助面对的挑战

## 一、灾害心理防护相关法律和管理体制不健全，缺乏统一完善的心理援助体系

目前，我国灾害心理防护的相关法律和管理体制尚不明确，尤其是心理服务行业管理不到位，在灾害应急管理中无法提供及时有序的服务。

在5·12汶川地震后，初期有大量心理援助团队到灾区进行心理援助。但心理援助团队各自工作，相互之间缺乏协调，虽然心理干预技术花样繁多，然而效果不佳，导致受灾民众对心理援助热情不高。截至2020年，我国的应急心理援助依然没有法律保障，没有明确的主管部门，没有政府的专项经费支持，没有与常态下的社会心理服务专业队伍相结合。

灾后心理服务需要多部门配合推进，但由于缺少法律和制度的刚性要求，工作推动力度有限，部门配合程度有强有弱，普遍存在难以有效协同的情况。我国的灾后心理援助由于缺乏统一体系，心理援助统筹来自多个部门，容易导致心理援助实践工作的混乱和低效。在彰显部门间协同配合的同时，也暴露出资源浪费的弊端，如一些心理援助手册、指南、心理科普读物等，存在内容、技术、受众相似的现象，重复建设。这说明我国心理援助很需要基于国家层面的常态化、制度化、系统化、稳定化、机制化、规范化的体系，

通过有效的统筹规划避免和减少心理援助资源的浪费。

总而言之，目前我国的灾后心理救援缺乏统一完善的心理援助体系全面统筹运用心理防护机制。因而，建构我国灾后心理援助体系，从顶层设计角度来解决心理援助实践中的不足，具有迫切性、现实性和必要性。

## 二、缺乏专业的灾后心理干预人员

当前灾害心理学的行业发展中面临诸多问题，如有心理学专业背景的人员紧缺，从事灾害与应急干预心理服务的人员配置不足，缺乏系统的心理健康知识培训，人员素质和专业能力参差不齐，尤其缺乏实操能力较强的灾害心理学人才。专业人才缺乏是灾后心理援助难以有序、有效开展的一大症结。5·12汶川地震后的心理援助出现过一些乱象，特别是大量心理救援队伍涌入灾区开展服务，由于心理援助者的专业知识和技能水平参差不齐，不少民众"被迫"接受志愿者的非专业服务，甚至导致二次创伤；还有不少民众填写了各种问卷，却没有接受实质性的心理服务，由此产生反感。

目前，我国尚无国家层面的专业心理援助队伍。中国科学院心理研究所在5·12汶川地震后牵头组建了全国心理援助联盟，探索了应急管理心理援助队伍建设的模式，在组建队伍和专业化、规范化培训方面积累了宝贵经验，在近年多次灾害事件后发挥了重要作用。2019年3月，中国科学院心理研究所联合应急管理部中国地震应急搜救中心，举办了第一期国家救援队心理急救培训，旨在进一步提升我国灾害管理和人道主义救援的国际化、专业化、标准化水平。但是，与德国等发达国家的成熟体系相比仍有较大差距。我国应急管理心理援助队伍建设不仅缺少法律保障，无明确政府主管部门，无政府专项经费支持，而且没有将其与常态下的社会心理服务专业队伍建设紧密结合。

## 三、缺乏统一的突发事件心理援助信息网络系统平台

突发事件信息系统中应当包括心理服务信息系统，能够为应急管理决策提供有关心理服务需求与心理服务资源的准确信息。此外，心理服务网络平台建设也不可或缺，其可以在服务宏观决策、引导舆论传播、直接服务有需求的人群等不同层面发挥积极作用。

政府部门之间的灾害情报和应急资源能否联动共享，极大影响政府应急治理的协同效率。目前各地应急管理指挥机构、心理服务管理部门缺乏对当地心理服务需求和资源的信息收集和调配，不能及时获得心理服务队伍、技术、资源的区域分布等关键信息，使得应急心理服务的供给和需求很难有效对接，无法实现分级分类精准服务，也很难实现短期心理危机干预与长期心理援助相结合的系统部署。

新冠疫情暴发后，提供心理援助服务主要通过心理援助热线和网络平台开展，这也是心理服务网络平台发挥积极作用的体现。以中国科学院心理研究所开发的心理健康服务平台为例，其包括心理自测、科普知识、心理自助方法、心理咨询等模块，既可以了解和收集民众的心理需求，也可以为有需求的民众提供直接服务。

## 四、缺乏本土化灾后心理援助的系统性研究

近年来，我国的灾害心理与行为研究得到快速发展。但是，与

发达国家和地区相比，我国灾害心理学的研究无论是研究的整体力量、研究的积累，还是对相关科学问题的把握，都还相当不成熟。我国在灾害心理防护研究领域尚处于起步阶段。

第一，缺乏本土化的灾害心理研究。目前，我国使用的灾后心理创伤的评估工具与干预方法大多引自西方国家（或在其基础上修订），然而东西方之间在社会文化等方面存在着较大的差异，尽管心理援助技术具有跨国通用性，但是心理援助技术与我国文化的适配性仍需要重点考量。例如中国是集体主义文化，目前国内运用最广泛的西方心理援助技术则强调个体主义，这类心理援助技术忽略了我国民众对家庭、社会或国家的整体重视与依赖，容易削弱心理援助效果。因此，国外灾害心理学的理论和研究结论可能不适用于我国灾害心理防护工作（刘正奎 等，2011）。但是，目前我国灾害心理防护的做法明显地忽视了心理援助的中国文化背景，忽略了中国民众的社会心理特点，具有一定的盲目性。或许大多数心理咨询与治疗的援助工作者在使用某种特殊技能和手段进行心理干预时都没有意识到这些方法背后存在的文化及理论差异，也很可能没有意识到这些不同文化预设与接受心理干预者自身的知识背景之差异。因此，我国灾害心理学的研究和应用方面仍有待完善，急需在国家重要的科技计划中部署相关项目，推动开展基于我国灾害现状和文化背景下心理防护的系统性研究，号召我国的学者们大力开展本土化灾害心理学的系统性研究，总结出一套切实可行、符合中国国情的灾害心理防护模式，提高心理防护的效果。

第二，缺乏系统性的灾害心理防护研究。对灾害心理防护的研究都是零零散散开展的，缺乏对我国受灾民众的长期追踪的系统研究。尚未有研究者系统开展我国受灾人群心理创伤发生、发展状况

的追踪研究，来描绘我国民众在灾害中心理创伤发生、发展、变化的轨迹，探索何时是心理创伤的高发期，何时又比较适合开展心理援助工作，并且针对不同年龄段、不同民族的受灾群众等应该如何有效开展心理援助和心理创伤的预防工作。虽然已经在灾区开展了大量的个体和团体的心理干预工作，但是这些干预方法往往缺乏统一性，每个干预者都可能使用不同的干预方法，即使使用的方法一样，也会因为干预者水平的不同而导致不同的干预效果，因此在此前的灾后心理援助工作中并没有涉及灾后心理辅导效果的评估。

总之，欲提高灾害心理防护与援助的专业性，势必要保证相关人员有过硬的知识积累和临床经验。当前仍缺乏对专业人员的资质认证、培训和干预效果评估，加之灾后非常态的社会状况，亟须进行统一管理和资源支持，并出台配套的法律法规，以确保心理防护工作及时、稳定、有效地开展。

## 第二节　我国灾害心理防护及援助的发展方向

从非典型肺炎、5·12汶川地震到新冠疫情暴发，我国的心理防护及援助已经从萌芽阶段发展到规模化阶段。我国灾后心理援助在十几年的发展中已经取得了长足的进步，心理援助的专业性得到了大幅提升。为了更好地预防和应对突发灾害中的心理健康和社会稳定问题，我国应学习和借鉴国外灾后心理援助的相关经验，未来可从以下四个方面做好工作。

# 一、尽快明确有关灾害心理危机干预的相关法律，建立统一完善的心理援助体系

针对突发事件后的心理防护，特别是重大灾害事件后的心理援助，发达国家或地区灾害心理援助体系已日趋完善和成熟，有一些很好的国际经验值得借鉴。

很多发达国家或地区为了保障心理援助工作的顺利进行，专门为心理援助制定了相应的法律和法规，明确了心理援助的组织机构和服务内容，纳入应急预案，并建立起国家级灾害心理援助系统。例如，日本在1961年出台了《灾害对策基本法》，构建了较完整的防灾减灾法律体系，明确规定了心理援助在灾后应急管理中的重要地位及实施策略；日本还通过普及心理健康教育知识、常规化灾害演习，让全民自救与互救成为可能。1986年新加坡新世界酒店倒塌事故后，新加坡专业人员对幸存者进行了危机干预；1994年，新加坡建立了国家应急行为管理系统，为受灾人群提供医疗及心理服务。自1990年起，德国出台《德国联邦技术救援志愿者法》等法律，明确心理服务志愿者在应急救援中的权利与义务；出台《传染病管理法》，保障心理援助工作的顺利开展。20世纪80年代，美国正式将心理救助工作纳入灾害援助体系。英国在1987年的翻船事件发生后，也出现了心理援助组织，对经历灾害者进行面对面的心理咨询和电话咨询，以及长期的心理辅导。这些国家的心理援助体系日渐完善，国家预防灾害的法律法规明确规定了灾害心理援助的内容，把心理援助列入应急预案，不仅开展应急状况下的心理援助，也开展灾后持续的心理援助。

我国也应该尽快明确灾害心理危机干预的相关法律，将灾后心理防护纳入应急管理法律法规体系，建立灾害心理干预网络，使政府组织的灾害心理援助机构和非政府组织的灾害心理援助机构形成良好的联动机制。灾害心理服务体系作为具有国家战略特征的公共服务体系，应该从国家层面上进行良好的统筹规划，明确是由政府主导的纵向体系，全面统筹运用心理防护机制。

## 二、加强灾害心理干预专业人员的培养

灾后心理援助是一项非常专业的工作，需要从业人员掌握心理咨询与治疗的理论、心理援助技术、危机干预技术等专业知识和技能。没有足够的专业素养，不仅不能帮助灾害幸存者摆脱痛苦，还可能给他们带来二次创伤。因此，建立一定规模的专业队伍，是灾后心理援助亟待解决的问题。

我国灾后心理援助需求巨大，而我国目前这方面的专业人员仅几万人，且专业水平参差不齐。因此，需要加强灾害心理学学科建设，建立人才培养体系。同时，可以组建现有的专业人才数据库，形成一整套管理制度，制定组织管理人员职责、临床工作人员遴选标准与职责、专业人员培训计划等。

此外，需要进一步明确灾害心理干预专业人员的选拔和培训措施。各地各部门应加强协同，规范管理各类社会心理服务从业者及服务机构，根据专业资质进行分级分类管理。在此基础上，参考德国专业化应急救援志愿者队伍建设的经验，以国家、省（自治区、直辖市）、地级行政区三级行政等级为基础，分别组建应急管理社会心理服务保障专业志愿者队伍，成员包括精神科医生、心理健康及

社会工作等领域的专业人员，形成一支可以分级分类实施干预的专业化志愿者队伍。对专业队伍实施平战结合的管理和培训。充分发挥社会力量，引导心理服务的社会资源规范有序地发挥积极作用。

综上所述，我国需要推进灾害心理学学科建设，培养心理援助专业人才，并建立专业人才储备网络，以应对我国灾害发生后巨大的心理援助需求。

## 三、建立统一的突发事件心理援助信息网络系统平台

目前，远程心理干预成为应急心理健康服务的主导模式。应充分利用互联网技术，开展线上和线下相结合的全方位心理援助，创造"互联网+"心理援助的新形式。"互联网+"心理援助使心理援助跨越时空、地域、人员组织间的局限，使心理援助更快速、方便、高效，最大限度地增加心理援助的覆盖度，为世界各国的心理援助提供了新形式和新典范。今后应构建多学科（精神医学、心理学、社会工作等）、多系统（医疗、政府、媒体）、多区域的，采用多种干预手段（药物治疗、谈话治疗、音乐治疗等），针对不同群体的干预体系，建设全民动员的"线上+线下"危机干预模式，才能有效预防及治疗灾后的心理问题。

相关部门应加强信息系统建设，为应急管理的高效率运行提供保障。各级政府在应急管理信息系统中，应当增加对心理服务需求和资源的信息收集及调控，包括社会心理服务队伍资源、技术资源、资源的区域分布等信息；并且，要与其他物质保障信息结合，常态下定期更新，应急响应中直接调用支持综合研判。在应急处置和重建中，充分利用信息平台实现社会心理服务需求与资源的精准对接

和精细化管理。根据突发事件特点，运用好心理援助热线和网络心理服务平台。

国家尽快建立全覆盖、分层次、分类别的灾害心理干预网络，使政府组织的灾害心理援助机构和非政府组织的灾害心理援助机构形成良好的联动机制。同时，应建立全国统一的心理援助热线，最好能够像"119""120"等一样简短，便于识记和传播，使得公众能够更便捷地获取心理援助热线的支持。

## 四、加强本土化灾害心理防护及援助的理论与应用系统性研究

自20世纪90年代以来，国际上对灾后心理援助越来越重视。许多国家为应对本国重大灾害后的心理疾患问题建立起了国家级的灾害心理干预中心，或灾害心理研究中心，部署了大量的科学研究计划。

我国应该借鉴这些经验：第一，成立国家级的灾害心理研究与干预中心，主要研究灾害发生、发展变化过程中相关个体与群体心理行为变化规律，以及应急处置过程中心理疏导、心理急救、危机管理等相关技术及产品研发；研究和建立灾后心理援助服务模式及应用标准，使之成为国家和地方灾害救援体系和行动的重要组成部分，为推动应急管理的体系和机制创新提供智力支持。第二，加强灾害心理防护及援助的理论与应用研究，为我国制定灾害心理援助和心理重建政策提供科学支撑。急需在国家重要的科技计划中部署相关项目，推动开展基于我国灾害现状和文化背景下的心理防护的理论与应用研究。灾害心理防护及援助的发展不仅需要通过实践落

实成效，还需要总结心理援助的实践经验，寻找心理援助的内在规律，探寻心理援助现象背后的本质，对心理援助进行质性思考，解释心理援助的机制等，因此需要开展心理援助的理论和实践的双重研究。理论层面，灾害心理学研究者应该建构符合我国国情与实际的理论框架，一方面要系统地探讨灾害发生时、发生后受灾人群的心理特点、变化规律，预测相关风险因素和保护性因素。另一方面，要开发基于东方文化背景及民族特色的灾害心理状况评估工具和诊断体系，以便于开展系统性的灾害心理干预和效果评估的研究，确保心理干预人员使用最有效的灾害心理干预方法，保证受灾人群的心理健康。实践层面，一方面要勇于尝试将各种心理干预手段进行整合，创造出适合中国人身心特点的理论体系和操作技术，尝试走出一条应用心理学干预手段由化而合的创新之路。另一方面应主动适应社会心理服务体系建设的要求，研究和建立适合各类灾害的心理防护服务模式及应用标准，促进各级心理健康工作平台协调联动，建立起更契合我国文化和国情的灾害心理防护及援助体系，这将有助于相关部门制定有针对性的干预策略，从而为选择信息发布和心理安抚的时机、地点、对象以及力度等提供科学参考，为推动应急管理的体系和机制创新提供智力支持，使之成为国家和地方灾害救援体系和行动的重要组成部分。

总而言之，未来我国需要完善灾害心理防护及援助的法律法规，加强灾害心理防护及援助在国家救灾行动中的地位；进一步明确灾害心理干预人员的选拔和培训措施；建立灾害心理防护及援助的信息网络系统平台，使政府组织的灾害心理援助机构和非政府组织的灾害心理援助机构形成良好的联动机制；大力开展系统性的灾害心理干预和效果评估的研究，以确保心理干预人员使用最有效的灾害

心理干预方法，保证受灾人群的心理健康。同时，需要结合我国心理援助的理论研究进展，从微观的心理援助技术层面、宏观的心理援助顶层设计层面、心理援助体系建构层面，开展全方位、全系列的研究，大力创新基于我国文化特色和传统的心理援助技术、理论和模式，构建具有中国特色的灾害心理防护理论和实践体系，展示中国灾后心理援助的特色、优势和贡献，让我国的灾后心理援助成为世界灾后心理援助的重要组成部分，从灾后心理援助方面为构建人类命运共同体作出中国贡献。

# 参考文献

陈雪峰，张琴，张乐祺.（2020）.美国应急管理社会心理服务体系及启示.科技导报.38（4）77-85.

陈雪峰，王日出，刘正奎.（2009）.灾后心理援助的组织与实施.心理科学进展，17（3），499-504.

陈雪峰.（2022）.应急心理服务体系构建与应急管理心理学研究.心理与行为研究，（6），724-731.

刘秀丽.（2010）.构建重大灾害后心理救助体系的设想.教育研究，（11），47-51+71.

刘正奎，吴坎坎，王力.（2011）.我国灾害心理与行为研究.心理科学进展，（08），1091-1098.

刘正奎，吴坎坎，张侃.（2011）.我国重大自然灾害后心理援助的探索与挑战.中国软科学，（5），56-64.

宁维卫，侯牧天，薛亦菲，申宇，李钟义.（2023）.我国灾害心理学学科建设发展路径研究.西南交通大学学报（社会科学版），4（24），1-19.

# 焦虑自评量表（SAS）

**指导语:**

请您仔细阅读下面20条描述，把意思弄明白，然后根据最近1周以来您的感受，在恰当的方格内画"√"。方格内的数字表示：

"1"从无或偶尔：指过去1周内，出现这类情况的日子不超过1天；

"2"有时：指过去1周内，有1~2天有过这类情况；

"3"经常：指过去1周内，有3~4天有过这类情况；

"4"总是如此：指过去1周内，有5~7天有过类似情况。

| 题 目 | 从无或偶尔 | 有时 | 经常 | 总是如此 |
|---|---|---|---|---|
| 1. 我觉得比平常容易紧张和着急。 | 1 | 2 | 3 | 4 |
| 2. 我无缘无故地感到害怕。 | 1 | 2 | 3 | 4 |
| 3. 我容易心里烦乱或觉得惊恐。 | 1 | 2 | 3 | 4 |
| 4. 我觉得我可能将要发疯。 | 1 | 2 | 3 | 4 |
| 5. 我觉得一切都好，也不会发生什么不幸。 | 1 | 2 | 3 | 4 |
| 6. 我手脚发抖。 | 1 | 2 | 3 | 4 |
| 7. 我因为头痛、颈痛和背痛而苦恼。 | 1 | 2 | 3 | 4 |
| 8. 我感觉容易衰弱和疲乏。 | 1 | 2 | 3 | 4 |
| 9. 我觉得心平气和，并且容易安静坐着。 | 1 | 2 | 3 | 4 |
| 10. 我觉得心跳得很快。 | 1 | 2 | 3 | 4 |
| 11. 我因为一阵阵头晕而苦恼。 | 1 | 2 | 3 | 4 |
| 12. 我有晕倒发作，或觉得要晕倒似的。 | 1 | 2 | 3 | 4 |
| 13. 我吸气呼气都感到很容易。 | 1 | 2 | 3 | 4 |
| 14. 我的手脚麻木和刺痛。 | 1 | 2 | 3 | 4 |
| 15. 我因为胃痛和消化不良而苦恼。 | 1 | 2 | 3 | 4 |
| 16. 我常常要小便。 | 1 | 2 | 3 | 4 |
| 17. 我的手脚常常是干燥温暖的。 | 1 | 2 | 3 | 4 |
| 18. 我脸红发热。 | 1 | 2 | 3 | 4 |
| 19. 我容易入睡，并且一夜睡得很好。 | 1 | 2 | 3 | 4 |
| 20. 我做噩梦。 | 1 | 2 | 3 | 4 |

**评分与解释：**

SAS由20个陈述句和相应问题条目组成，每一条目相当于一个有关症状，均按四级计分。反向计分项目为：5、9、13、17、19（共5题），其余项目正向计分。

若为正向计分题，依次评为1、2、3、4分；反向计分题则评为4、3、2、1分。评定结束后，把20个项目中的各项分数相加，即得总粗分，然后将粗分乘以1.25以后取整数部分，得到标准分。

SAS标准分的常用分界值为50分，分值越高，焦虑倾向越明显。其中标准分小于50分为无焦虑，大于等于50分为轻度焦虑，大于等于60分为中度焦虑，大于等于70分为重度焦虑。

关于焦虑症状的分级，除参考量表分值外，主要还要根据临床症状，特别是焦虑核心症状的程度来划分。量表分值仅能作为一项参考指标而非绝对标准。

附 录 2

# 抑郁自评量表（SDS）

**指导语：**

请您仔细阅读下面20条描述，把意思弄明白，然后根据最近1周以来您的感受，在恰当的方格内画"√"。方格内的数字表示：

"1"从无或偶尔：指过去1周内，出现这类情况的日子不超过1天；

"2"有时：指过去1周内，有1~2天有过这类情况；

"3"经常：指过去1周内，有3~4天有过这类情况；

"4"总是如此：指过去1周内，有5~7天有过类似情况。

| 题　目 | 从无或偶尔 | 有时 | 经常 | 总是如此 |
|---|---|---|---|---|
| 1.我觉得闷闷不乐，情绪低沉。 | 1 | 2 | 3 | 4 |
| 2.我觉得一天中早晨最好。 | 1 | 2 | 3 | 4 |
| 3.我一阵阵哭出来或觉得想哭。 | 1 | 2 | 3 | 4 |
| 4.我晚上睡眠不好。 | 1 | 2 | 3 | 4 |
| 5.我吃得跟平常一样多。 | 1 | 2 | 3 | 4 |
| 6.我与异性密切接触时和以往一样感到愉快。 | 1 | 2 | 3 | 4 |
| 7.我发觉我的体重在下降。 | 1 | 2 | 3 | 4 |
| 8.我有便秘的苦恼。 | 1 | 2 | 3 | 4 |
| 9.我的心跳比平常快。 | 1 | 2 | 3 | 4 |
| 10.我无缘无故地感到疲乏。 | 1 | 2 | 3 | 4 |
| 11.我的头脑和平常一样清楚。 | 1 | 2 | 3 | 4 |
| 12.我觉得经常做的事情并没有困难。 | 1 | 2 | 3 | 4 |
| 13.我觉得不安而平静不下来。 | 1 | 2 | 3 | 4 |
| 14.我对未来抱有希望。 | 1 | 2 | 3 | 4 |
| 15.我比平常容易生气激动。 | 1 | 2 | 3 | 4 |
| 16.我觉得作出决定是容易的。 | 1 | 2 | 3 | 4 |
| 17.我觉得自己是个有用的人，有人需要我。 | 1 | 2 | 3 | 4 |
| 18.我的生活过得很有意思。 | 1 | 2 | 3 | 4 |
| 19.我认为如果我死了，别人会生活得更好。 | 1 | 2 | 3 | 4 |
| 20.平常感兴趣的事我仍然感兴趣。 | 1 | 2 | 3 | 4 |

**评分与解释：**

SDS由20个陈述句和相应问题条目组成，每一条目相当于一个有关症状，均按四级计分。反向计分项目为：2、5、6、11、12、14、16、17、18、20（共10题），其余项目正向计分。

若为正向计分题，依次评为1、2、3、4分；反向计分题则评为4、3、2、1分。评定结束后，把20个项目中的各项分数相加，即得总粗分，然后将粗分乘以1.25以后取整数部分，得到标准分。

总粗分的正常上限参考值为41分。按照我国常模结果，SDS标准分的分界值为53分，其中53~62分为轻度抑郁，63~72分为中度抑郁，73分以上为重度抑郁。或者计算抑郁严重程度指数=题目累计分/80。抑郁严重程度指数在0.50以下为无抑郁，0.50~0.59为轻微至轻度抑郁，0.60~0.69为中至重度抑郁，0.70以上为重度抑郁。

关于抑郁症状的分级，除参考量表分值外，主要还要根据临床症状，特别是抑郁核心症状的程度来划分。量表分值仅能作为一项参考指标而非绝对标准。

值得注意的是，国内有研究指出，如果是在有一

定心理困扰的人群中筛查符合精神障碍的患者，SAS
和SDS均难以符合敏感度和特异度要求，与临床医生
根据通用工具（HAMA和HAMD）得出的症状严重程
度级别的一致性不高。因此，在实际使用中，需要结
合具体情况，确定在该场合下SAS和SDS的划界值
（段泉泉，胜利，2012）。

附 录 3

# PTSD筛查量表（PCL-5）

**指导语:**

以下是人们面对一些突然发生的压力事件会出现的问题。请您仔细阅读每一个问题，然后评估在过去一段时间内您自己的反应，以及这些反应的严重程度（在合适的方格内画"√"，0=完全没有，1=有点，2=中等，3=相当严重，4=极其严重）。

| 在过去几个月中，以下情况困扰您的严重程度为： | 完全没有 | 有点 | 中等 | 相当严重 | 极其严重 |
|---|---|---|---|---|---|
| 1. 有关该压力事件的记忆反复出现，令人感到不安和讨厌。 | 0 | 1 | 2 | 3 | 4 |
| 2. 有关该压力事件的梦反复出现，令人感到不安。 | 0 | 1 | 2 | 3 | 4 |
| 3. 突然感觉到或仿佛再次经历了该压力事件的发生（如同自己又回到当时并重新经历了一次）。 | 0 | 1 | 2 | 3 | 4 |
| 4. 当某些事情让你想起该压力事件时会感到非常沮丧。 | 0 | 1 | 2 | 3 | 4 |
| 5. 当某些事情让你想起该压力事件时，会有强烈的生理反应（例如，心跳加速、呼吸困难、出汗）。 | 0 | 1 | 2 | 3 | 4 |
| 6. 想逃避与该压力事件有关的回忆、想法或感受。 | 0 | 1 | 2 | 3 | 4 |
| 7. 想避开会让你想起该压力事件的外部事物（例如，人、地点、对话、活动、物品或情况）。 | 0 | 1 | 2 | 3 | 4 |
| 8. 无法顺利回忆起该压力事件的重要内容。 | 0 | 1 | 2 | 3 | 4 |
| 9. 对自己、其他人或整个世界有强烈的负面看法（例如产生下述想法：我很糟糕，我有严重的问题，没有人值得信任，这个世界只有危险）。 | 0 | 1 | 2 | 3 | 4 |
| 10. 因该压力事件或其后续影响而责怪自己或其他人。 | 0 | 1 | 2 | 3 | 4 |

续表

| 在过去几个月中，以下情况困扰您的严重程度为： | 完全没有 | 有点 | 中等 | 相当严重 | 极其严重 |
|---|---|---|---|---|---|
| 11. 有强烈的负面感受（例如，害怕、恐惧、愤怒、内疚或羞愧）。 | 0 | 1 | 2 | 3 | 4 |
| 12. 对过往喜爱的活动失去兴趣。 | 0 | 1 | 2 | 3 | 4 |
| 13. 感觉与其他人疏远了或有脱离感。 | 0 | 1 | 2 | 3 | 4 |
| 14. 无法顺利体验正面的感受（例如，无法获得幸福感或对亲近的人无法有爱的感觉）。 | 0 | 1 | 2 | 3 | 4 |
| 15. 有举止急躁、大发雷霆或攻击性的行为。 | 0 | 1 | 2 | 3 | 4 |
| 16. 有冒险行为或作出一些可能伤害到自己的举动。 | 0 | 1 | 2 | 3 | 4 |
| 17. 变得"过于警觉"或处于提防戒备状态。 | 0 | 1 | 2 | 3 | 4 |
| 18. 感到神经过敏或容易受到惊吓。 | 0 | 1 | 2 | 3 | 4 |
| 19. 难以集中注意力。 | 0 | 1 | 2 | 3 | 4 |
| 20. 难以入睡或睡不好。 | 0 | 1 | 2 | 3 | 4 |

**评分与解释：**

PCL-5每个条目的得分范围为0~4分，总分范围为0~80分。PCL-5的结果判定方法主要有总分判定和症状判定两种。根据我国常模，总分判定常以33分为筛查阳性的划界分数，总分越高表示PTSD症状可能越严重。症状判定标准是每个条目达到"中等""相当严重"或"极其严重"，即2分以上，并且需要至少有1个闯入症状（1~5条目）、1个回避症状（6~7条目）、2个认知和情绪负性改变症状（8~14条目）和2个唤起与反应性改变症状（15~20条目）。PTSD的临床诊断需要由专业医师作进一步评估。

# 附 录 4

# 新冠肺炎疫情心理防护手册

2020年初，新冠疫情来势汹汹。此种情势下，天津师范大学、天津市委网信办、天津教育出版社联合出版了公益读本《新冠肺炎疫情心理防护手册》，向民众发放。2022年12月26日，国家卫生健康委发布公告，将"新型冠状病毒肺炎"更名为"新型冠状病毒感染"。《新冠肺炎疫情心理防护手册》成书于2020年2月，作为应对突发公共卫生事件的案例，本书将其收于附录，并保留了"新型冠状病毒肺炎"的称谓。

编写单位：

　　天津师范大学　天津市委网信办

　　天津教育出版社

主　编：

　　白学军

副主编（按照姓氏笔画排序）：

　　闫国利　杨海波　郭尚维

编写人员（按照姓氏笔画排序）：

　　王　芹　王　锦　毋　嫘　刘妮娜　朱莹莹

　　李　琳　林　琳　周广东　赵　光　郝嘉佳

# 第一篇
# 心理防护知识

## 一、疫情之下不同程度的心理应激

人在疫情之下，会陷入不同程度的应激状态。

**轻度应激：**这是人体的一种正常反应和自我保护模式，会伴有紧张、担忧等情绪反应。在这种模式下，人们会自觉采取防护措施，不会影响正常生活。

**中度应激：**如果担忧恐惧、情绪低落等消极情绪持续发展，并影响饮食和睡眠，我们就可能处于"中度应激"了。中度应激会引起一些身心反应，如焦虑、紧张，过度激动或情绪低落，认知能力下降，记忆力变差，决策能力降低，行为易冲动，食欲不振，睡眠质量下降等，且反应会持续数小时，离开应激源或威胁情境一周，症状会明显好转或消失。中度应激会影响免疫和内分泌功能，存在导致免疫力下降的风险，因此需要积极调适。

**重度应激：**会影响个体的正常生活和工作，包括人际关系及社交活动，持续时间较久（4~6周），身心症状反应更为强烈。重度应激一般需要向专业的心理学从业人员求助。

## 二、不同程度应激反应的心理调适方法

### （一）轻度应激的心理调适方法

#### 1. 保持自我觉察、接纳自己的情绪

接纳自己紧张和担忧的情绪，告诉自己每个人在面对突发疫情时都会出现这样的情绪，而且这样的情绪有利于激发人们积极采取措施保护自己，是有积极意义的。

## 2. 采用合理方式，宣泄紧张情绪

我们可以通过与家人、朋友的交流沟通，互相倾诉，宣泄紧张情绪；也可以通过室内运动获得积极情绪，改善情绪状态，更好地应对当前的危机。

## （二）中度应激的心理调适方法

### 1. 合理控制疫情信息的接受量

过度沉浸在与疫情有关的负面信息流中，会加重担忧、恐惧等消极情绪，从而降低认知能力和辨识力。因此，尽量控制自己每天接收有关信息的时间不超过一小时，特别是在睡前不宜过分关注相关信息。

### 2. 主动关注积极信息

心理学研究表明，积极的心理状态有助于提高人体免疫力。因此，我们要多关注与疫情相关的积极信息，关注抵抗挫折和战胜灾难的成功案例。这些正能量的信息会帮助我们减轻消极情绪，提升战胜困难的信心和勇气。

3. 寻求社会支持，共筑积极情绪的人际防护网

心理学研究表明，社会支持有助于提高人体免疫力，降低患病风险。为此，在危机面前，我们要重视与家人、朋友的沟通交流。在家里，一家人经常一起说说话，一起做些事情，可以让彼此真切感受到家的温暖。

## （三）重度应激的心理干预方法

### 1. 觉察与表述情绪

当我们有负面情绪时，自动化反应是回避和压抑。我们要做的是觉察到这些负面情绪。如何觉察情绪呢？用语言描述情绪是好办法。可以是一些形容情绪的词语，也可以是表达感受的语句。任何你觉得可以贴合当下感受的词汇或者语句都可以。无论此刻你有什么感受，温和地留意到它就可以。

### 2. 睡个好觉

觉睡得好，对情绪健康十分重要。失眠大多是冗思导致的。冗思是指大量过多的想法充斥在脑海中，

延绵不绝。只要你留意，就会发现，冗思导致了负面情绪、失眠。当你在床上辗转反侧时，试着留意此刻自己的想法，然后思考这些想法。再然后，试着抛开这些想法，告诉自己：想法只是想法，是自己的心理事件，不管还有多少事情和工作没做完，现在是休息的时候了。

### 3. 列一个令自己感到愉悦的愿望清单并执行

你一定知道做什么事情会令自己开心，列出来，执行它们。例如，允许自己大哭一场，玩儿一些不费脑子的小游戏，抱抱可以慰藉自己的物体，泡个热水澡，等等。

### 4. 运动

运动的好处在于减少精神上的紧张，增强心血管机能，增加自我效能，提高自信心，减轻沮丧等。哪怕你被隔离，也可在隔离的地方做运动，这样可以很有效地调整心态。

### 5. 寻求专业的心理帮助

当发现自己一直处于应激状态，并且严重影响到生活、学习和人际交往时，向专业的心理学从业者求助是明智之举。记住：主动求助是强者的行为。

# 第二篇
## 不同人群心理防护实践

## 一、学前期

### （一）学前期儿童有哪些常见的心理和行为反应？

以往研究表明，学前期儿童作为一个特殊群体，常常是在危机事件当中容易产生心理应激反应的易感人群。他们的应激反应与其年龄、经历和平时应对压力的典型方式有关。面对疫情，学前期儿童可能出现以下心理和行为反应。

#### 1. 紧张害怕

面对让人不安的危机事件，学前期儿童可能表现出多种类型的害怕，可能是害怕"病毒"，害怕自己

"被传染"，害怕失去家人；也可能存在一种泛化的不安全感，比如怕黑、怕传说中的怪物，或者说不出具体原因。

### 2. 困惑不解

孩子们发现，防疫期间生活变得和以前不一样：为什么大家都要宅在家里不出门？大人们神色紧张地谈论的"新冠肺炎"是什么？……这些会让他们困惑和不解。

### 3. 烦躁易怒

长时间封闭在家，不能外出玩耍，没有其他小伙伴和自己一起游戏，很容易引发孩子的烦躁情绪。

## （二）家长如何应对？

### 1. 保持积极应对的心态

一方面做到正视疫情，严格防控，勤洗手、出门戴口罩、少出门，给孩子示范正确的防护措施；另一方面，要充满信心，情绪稳定，帮助孩子树立乐观积极的信念。家长镇定、自信地应对疫情，可以给孩子提供最好的支持。

## 2. 维持正常作息

有规律的生活有助于维护孩子的安全感。家长要尽量保持正常作息，还要安排高质量的亲子活动，给孩子创造愉悦的家庭氛围。

## 3. 合理解释疫情

在分享相关知识或回答孩子的疑问时，家长要用孩子可以听得懂的方式来讲解必要的信息，还可以利用绘本故事帮助孩子理解病毒、生病这些概念。同时要告诉孩子社会各界人士为疫情防控所做的努力，以及我们对相应防控措施的信心。

## 4. 帮助孩子学习管理情绪

家长要注意观察孩子的情绪反应，当孩子出现紧张、难过、不满等不良情绪时，及时帮助孩子管理情绪。对于年幼的孩子，可以利用游戏、绘画等帮助他们识别和表达自己的情绪。对于年龄稍长的孩子，可以引导他们掌握调适不良情绪的方法和技巧。无论在什么时候，倾听孩子的心声都是一种有效的支持方式。

### （三）出现哪些症状需要寻求专业心理咨询的帮助？

在疫情发生期间，家长如果观察到孩子有以下这些与以往明显不同并且影响到正常生活的症状时，请及时寻求专业的心理帮助。

**特别畏惧：**更加害怕黑暗、想象的怪物、正常的声响，不敢独处。

**睡眠失调：**出现入睡困难、容易惊醒、反复做噩梦等睡眠问题。

**行为退行：**行为表现为"倒退"到小时候，如特别黏人、咬手指、尿床等。

**行为失控：**频繁无故哭闹，易怒，攻击行为大量增加，不能集中注意力。

## 二、小学期

### （一）小学生有哪些常见的心理和行为反应？

小学阶段是儿童心理处于快速、协调发展的时期。低年级儿童具有明显的学前儿童的心理特点；高年级儿童则逐渐进入青春期，学习成为其主导活动，社会关系趋于复杂，思维逐渐从具体形象思维过渡到抽象逻辑思维，心理活动总体比较开放，情绪情感表达外显且没有明显的动荡性，因此与成人容易沟通，亲子关系融洽。

**1. 家中没有人生病，总是待在家里不能出门的情况**

（1）孩子可能会非常生气，会感到非常困惑。

（2）可能会担心、害怕自己或家人传染上这种病毒。

（3）可能会抱怨疫情给自己带来的不便，甚至感到烦躁不安。

（4）因为感受到各种负面情绪，可能会记忆力下降、注意力不集中。

（5）可能会没有食欲，闹情绪，睡不好觉，甚至做噩梦。

### 2. 目前正在外地，无法按时回家或上学的情况

（1）可能会着急和担心，想要按时回家或上学。

（2）对于现在的遭遇很生气，甚至烦躁不安。

（3）可能对疫情充满恐慌。

### 3. 家人或自己生病被隔离的情况

（1）可能会对自己或家人被隔离感到非常害怕、愤怒和恐慌。

（2）会非常担心自己和家人的身体状况，恐惧死亡。

（3）也许会否认自己或家人被传染，不相信医生。

（4）可能会对自己或家人的遭遇感到不公平，因此有一些冲动的举动。

（5）可能会过分关注自己身体的变化，并为一点

点变化而多疑、失眠、食欲不振。

## （二）如何进行自我调节？

如果你出现上述情况，千万不要紧张，因为这些反应都很正常，重要的是要学习一些缓解情绪的方法。

### 1.深呼吸放松法
深深地、慢慢地吸气，直到吸不进去；再慢慢地、轻轻地呼出来；然后，重复上面的步骤3~5次。

### 2.躯体肌肉放松法
仰面躺在床上或者舒服地坐在沙发上：握紧双拳，握紧，再握紧；慢慢放松，再放松，完全放松。抱紧双臂，抱紧，再抱紧；慢慢放松，再放松，完全放松。双腿伸直，绷紧脚弓，绷紧，再绷紧；慢慢放松，再放松，完全放松。

### 3.放声大喊
放声大喊是发泄情绪的好方法，不论是大吼或者尖叫，都可适时宣泄焦躁情绪。但是请注意避免打扰他人哟！

### 4. 制作心愿清单

列出自己的20个愿望，发布在朋友圈，邀请同学一起实现，相互激励。

### 5. 多和父母长辈沟通交流

父母长辈的关爱能够给予孩子以安全感和心理支持。孩子向家长倾诉感受和想法，有利于缓解不良情绪。

## （三）家长如何应对？

### 1. 向孩子合理解释疫情

家长可以利用生动的绘本故事、小视频等，帮助孩子了解新型冠状病毒的相关知识及其危害，并教孩子做好防范；同时告诉孩子社会各界人士为疫情防控所做的努力，让他相信国家一定能够战胜疫情，他很快就可以重返校园。

### 2. 主动关注并给予支持

家长要主动观察孩子的情绪和行为反应，当孩子出现紧张、难过、生气等不良情绪时，及时地帮助孩子管理情绪，引导其掌握一些调适不良情绪的方法和技巧。无论在什么时候，倾听孩子的表达都是一种有效的支持方式。

### 3. 做孩子的榜样

一方面，家长要以身作则，勤洗手，出门戴口罩，少出门，按时作息，给孩子示范正确的防护措施，并指导孩子做好防护；另一方面，要充满信心，情绪稳定，帮助孩子树立乐观积极的信念。

### 4. 开展居家健身活动

居家健身成为当前保持健康、提高身体抵抗力的重要方式。家长和儿童可一起做广播体操、健身操、俯卧撑、瑜伽等各种运动，每天运动量以一小时为宜。

### 5. 帮助孩子合理规划时间

为丰富孩子在家里的生活和学习，家长需指导孩子合理规划时间，做到学习、娱乐两不误。例如对时间进行模块化管理，合理安排写作业、读课外书、做家务以及娱乐活动的时间。

### （四） 出现哪些症状需要寻求专业心理咨询的帮助？

如果孩子出现入睡困难、容易惊醒、反复做噩梦等睡眠问题，有坐立不安、出汗、震颤或发抖等症状，且已经持续了相当长的一段时间，同时这些表现明显地影响到孩子的正常生活和学习，那么家长就需要带孩子去医院心理科或心理咨询机构求助。

## 三、青少年期

### （一） 青少年有哪些常见的心理和行为反应？

#### 1. 一般中学生

初中到高中这一阶段被称为青少年期，这一阶段的青少年身心发展迅速且具有不平衡性，因此孩子本身就面临一系列心理危机，例如情绪不稳定、有强烈的独立意识、存在逆反心理、内心世界丰富又具有闭锁性等。这一时期，孩子学习压力较大，亲子关系往往较为紧张。面对突发疫情，中学生可能会出现以下情况。

认知：注意力很难集中，记忆力下降。

情绪：焦虑、恐慌，担心自己及家人患病，过度紧张、害怕。因学校开学日期延后和无法出门产生不安、焦躁情绪。

行为：易冲动、烦躁、压抑，玩儿有关病毒、激战的游戏，安全感降低。

身体：可能出现食欲下降或适量增加，入睡困难，睡眠质量差，因长时间焦虑而肌肉紧张、坐立不安等情形。

### 2. 面临中考和高考的学生

因疫情防控进入关键期，学生不能正常回到学校上课，可能关系到复习进度和未来的考试形势，除了一般中学生常见的心理和行为反应，面临中考和高考的学生可能对疫情发展等情况更为敏感。

认知：注意力无法集中，记忆力明显下降，逻辑思维能力下降。

情绪：情绪不稳定的情况更加严重。一方面可能对不能出门的生活感到厌烦，压力增大，焦躁不安，缺乏安全感，缺乏耐心；另一方面对不能正常开学、无法进入有效复习而感到无奈，缺乏信心，感到沮丧和困惑。

行为：反复查看疫情进展消息，易激动，对身体过分关注，安全感降低。

身体：食欲不振或饮食过度，睡眠差，常做噩梦，肌肉紧张，伴有呼吸急促、头晕头疼等症状。

## （二）如何进行自我调节？

### 1. 身体放松

每天给自己安排10~20分钟静心冥想的时间。

### 2. 觉察自己，认识自己

这个年龄段的个体自我意识飞速发展，正处在自我同一性整合的关键时期。可以利用这段难得的独处时间，试着觉察自己当下的情绪、想法、信念和行为等。也可以学点心理学知识，掌握情绪调节、意志控制、压力管理的方法。认识自己，能有效提升幸福感，提高学习效率。

### 3. 学会过滤信息，避免造成替代性创伤

中学生越来越关注社会时事，有较强的社会责任感，在关注疫情发展情况时，要避免产生替代性创伤，对自己每天读新闻的时间要有所控制。（替代性创伤是指通过看、听、读新闻报道或与人讨论创伤性事件等造成间接暴露于相应事件，进而产生与亲身经历灾难相似的心理反应。）

### 4. 利用多种方式与家人和朋友多交流

友谊在中学生的日常生活中占有非常重要的地位。由于疫情防控的需要，虽然暂时不能和朋友见面，但可以利用微信、微博等和朋友交流。中学阶段的亲子关系往往较为紧张，而这段难得的与父母共处的时间，是与父母化解矛盾、增进理解的好机会。

### 5.积极的"愿望清单"

想想自己平时有什么想要做但是没时间做的事情，列个表并选出在家里就可以实施的活动。试试在紧张的学习之余逐一完成这些活动，还可以在朋友圈、微博等发布自己的相关信息，激励更多人参与。

## (三) 家长如何应对?

### 1.珍惜与孩子共处的时间，发展亲子共同完成的项目

家长可以和孩子一起做些家务。有的家长认为学生的任务就是学习，所以他们不提倡孩子做家务。殊不知，与孩子一起做些准备饭菜、整理衣物、打扫卫生等家务，不仅是居家期间打发时间的好办法，还能缓解孩子对学习的疲倦，增进亲子感情，让孩子在动手的过程中体会到家长每天完成家务劳动的辛苦。在活动过程中，家长可以和孩子一起完成一件"作品"并拍照留念，制作"特殊时期的回忆相册"。

**2.保持情绪稳定，正常作息，为孩子树立榜样**

家长在居家期间要有积极的心态，保持读书、锻炼、规律作息的好习惯，用实际行动为孩子树立榜样。中学阶段的孩子具有较强的逆反心理，应给予孩子一定的个人空间、足够的尊重和信任，并多给予孩子正面的、积极的鼓励和支持。

**3.尝试更多地了解孩子，引导孩子进行合理的情绪疏导**

除了关注疫情动态，家长也要学习一些心理防护知识，关注自己和孩子的心理健康，引导孩子进行简单的心理自助，更要注意孩子是否出现了严重的应激反应，必要时及时向心理健康咨询机构求助。

## （四）出现哪些症状需要寻求专业心理咨询的帮助？

如果发现孩子有异常表现（如焦虑、担心，注意力无法集中或头脑一片空白，肌肉紧张，难以入睡，无法充分休息；心境抑郁，丧失兴趣或愉悦感，心境易激惹；在未节食的情况下体重明显减轻，出现强迫观念和强迫行为等），并且在疫情过后一段时间仍不见减弱，很明显地影响了孩子正常的生活和学习，那就一定要寻求专业心理咨询的帮助。

## 四、成人期

### （一）大学生

#### 1. 大学生有哪些常见的心理和行为反应？

大学生一向被认为是各类群体中最活跃、最健康的群体之一。从身体机能方面来说，大学生青春有活力，疾病很少；但从心理健康的角度来说，问题却很多。

大学生在校期间的学习生活一般会经历过渡适应期、稳定发展期和就业准备期三个阶段。过渡适应期对大学新生来说至关重要，相应的心理适应的状况会影响到整个大学时期的学习生活。稳定发展期的大学生已经经过新学期的磨合，生活、学习、人际交往都已基本适应大学的环境。就业准备期的大学生面对即将到来的人生发展中的重大转折,心理再起波澜,面临着职业选择和个人感情的考验。

过渡适应期的大学生如果适应不良,面对来势汹汹的疫情发展态势,会加剧之前的焦虑、失落等心理问题。而就业准备期的大学生既充满着对未来的期望,又有一些紧张心理,面对疫情,情绪容易不稳定。

**2. 如何进行自我调节?**

(1)避免对疫情过度关注。自媒体时代,人们获取信息的方式既多又快捷,造成很多人反复关注疫情相关信息,加剧了人们对于疫情的恐惧和焦虑心理。建议每天接收相关信息的时间不超过一小时。

(2)运动。长时间待在家里作息不规律,极容易导致生物钟紊乱,甚至出现头晕、浑身乏力等症状。这些症状可能会使自己误判身体情况,产生紧张、焦虑等情绪。要避免这种情况,可以每天抽出一小时来运动。运动可以促使人体产生内啡肽,帮助我们感到欢愉和满足。

(3)陪伴家人。有的同学可能会说:"我们天天待在家里不就是在陪伴家人吗?"须知,陪伴不是坐在一起各干各的事，而是共同做一些事，有相同的心理感受。当我们每天都能够花一些时间和家人一起做一些事情时，比如说一起做家务、一起运动，就会发现家里充满了爱的氛围。

（4）为新学期制订计划。当前，正值新学期开始之际，给自己制订计划，有助于增强学习、生活的目标感。当我们心里有目标时，生活带给我们的更多的便是动力，还会激发我们战胜疾病的信心。

（5）看一本书。平时碎片化的阅读虽有助于迅速了解信息，但也会让同学们变得浮躁。利用不出门的这段时间，慢慢地读一本书，进行深度思考，可以弥补平时阅读的不足。另外，读书还可以使我们紧张、焦虑的心情变平静。

### 3. 身心调节方法

心情变坏与悲观解释有关，而心情变好与乐观解释有关。所谓悲观解释就是把坏事归因于内部的、稳定的和普遍的因素；乐观解释则是把坏事归因于外部的、特殊的和暂时的因素。如果我们出现了严重的焦虑情绪，可以使用归因重塑的方法来放松自己，同学们可以使用转移、远离和辩论把解释风格从悲观转为乐观。具体怎么做呢？

（1）转移自己的注意力。在自媒体时代，有关疫情的信息铺天盖地，却会让人越看越焦虑，这时我们可以做一些其他的事情转移注意力，让自己停止对疫情的悲观解释。可以通过看书、看电影或运动来转移自己对于疫情的过度关注，将自己的注意力集中在书、电影或者运动时自己的呼吸上。

（2）远离让自己焦虑的信息。当前疫情的发展形势比较复杂，安全起见，我们最好减少出门，待在家里，远离感染源。有研究发现，闭门不出容易导致人们产生抑郁情绪。待在家里能做很多有意义的事情，比如说陪伴家人、学习烹饪、练练瑜伽，这些都不失为好的选择。

（3）为自己的悲观辩论。这是一种内部对话，经由以下五个步骤为当前的疫情发展现状找一个更有力的乐观的解释。特别是第四步（D），我们分别就证据、代替、影响和功用四个问题进行对话。

A (Adversity，坏事)：当前疫情发展逐渐恶化，病毒感染人数逐步上升。

B (Beliefs，信念)：照这个发展速度，疫情何时才能结束啊？

C (Consequence，结果)：我的心情从好变到很坏。

D (Debate，辩论)：证据——可以找出2003年非典时疫情从发展到结束的证据，如社会各界人士团结一心最终战胜了病毒；代替——有专业人士说疫情发展就快到转折点了；影响——就算疫情持续发展，但是全国人民上下一心都在抵抗病毒，同时我还有很多事情可以做，生活可以继续；功用——感染人数之所以逐渐增加，是因为很多潜伏的感染者慢慢出现了症状，代表着疫情即将得到有效的控制，而不是表明疫情发展还有很长时间。

E (Effect，振作)：我现在觉得好受了一些。

为了培养辩论技巧，可以找个好朋友帮你。你可讲出自己所担心或焦虑的事情，让他指出你在这些情绪经历中的悲观解释和消极信念。

## （二）其他成人

### 1. 其他成人有哪些常见的心理和行为反应？

（1）受疫情影响，其他成人可能会有焦虑、恐慌、易怒、缺乏控制感等情绪问题，严重者会有失眠、多梦、食欲不振、头晕、胸闷等情况。

（2）长时间不出门会让人觉得生活不便、心情烦躁、不能集中注意力等，严重者可能会有呼吸不畅、肢体酸痛等感觉。

（3）很多成人可能需要在家工作，工作和家庭生活不能划清边界，进而导致夫妻之间和亲子之间的矛盾增多。而家庭关系的恶化会加剧自身本来的负面情绪和躯体反应。

### 2. 如何进行自我调节？

（1）不要过度关注疫情，以免造成替代性创伤。

（2）学会过滤信息。很多新闻专业人士有辨别真假消息的能力，他们的经验之一是只看权威媒体。权威媒体可能无法报道所有事实，但至少报道假消息的可能性很低。现在自媒体消息满天飞，"标题党"到处都是，这类媒体对信息真实性的评估能力有限，建议大家仔细辨别。

（3）试着用好奇心取代不理解。在这个特殊时期，我们可能会遇到很多不可理喻的事，进而引发愤怒的情绪。这时，别人会劝你换位思考。然而换位思考其实很难做到，因为位子不会真的换，只能基于已有经验想象。如果不能理解时，试着先不去评判对错，而是用好奇的心态去探究。当好奇心起来时，负面情绪就会减弱。

（4）允许有适当的情绪波动。新冠肺炎疫情的扩散不可避免地会让人焦虑、担心甚至害怕，各种应激事件的发生也许会让你愤怒，家里老人的不重视也许会让你无奈，这些都是正常的情绪。负面情绪也有其积极意义，比如焦虑会让我们更重视一件事，适当的焦虑还能提高做事效率。

（5）多和家人朋友交流。好的人际关系是心理健康的必要保障，也是困难时期的重要支持力量。有人说，如果灾难来了，大家一起受灾不会觉得孤单，这其实也是苦中作乐的真实写照。

（6）试着觉察自己当下的心理。关注当下是正念疗法的核心，其实每个人都可以试着觉察自己当下的情绪、想法、信念和行为等。觉察本身就可以带来平静和愉悦。

（7）学会放松自己。试着用正念或冥想的方法放松自己，比如闭上眼睛，将注意力集中在自己的呼吸上，然后让呼吸慢慢变深、变缓，也可以在此过程中数呼吸的次数，每天坚持10~20分钟。

（8）试着接纳不确定的状态。人类对不确定的状态有种天然的恐惧感，人类文明的进步也是不断将不确定变为确定的过程。当我们面对新出现的疫情时，不确定状态肯定会存在一段时间，相信最终我们一定会战胜疫情。试着告诉自己，当下的不确定状态是正常的，我们正处在通往确定性的路上。

（9）警惕自己本来特质的影响。平时情绪就不稳定的人，在遭遇负性事件时自己本来就糟糕的心情会加剧。试着去辨别：自己负面情绪的爆发是因为本来就不好的心态，还是因为受到当前事件的冲击。

（10）协调好工作与家庭的关系：只谈心情，莫论对错。当家人之间的状态不同步时，比如一个人要夜以继日地工作，而其他人则一直休闲娱乐，共处一室就会格外容易引发家庭矛盾。孩子可能不理解为什么这个寒假爸爸不能陪自己玩，老人可能感受不到这个春节来自子女的陪伴，爱人也许看到伴侣工作就烦。此时，你也许会急躁、易怒、感觉不被理解。深呼吸，再深呼吸，尝试向家人表达自己的感受，也可尝试鼓励家人说出他们的感受，但千万记得：只谈心情，莫论对错。因为在家里，当开始论对错的时候，就是错的开始。当然，不是永远不论对错，而是不要在负面情绪状态下论对错，因为当负面情绪起来时，认知能力就会下降。

（11）保证睡眠，规律作息。充足良好的睡眠不仅是身体健康的基础，也是心理健康的保障。当前，正值疫情防控关键期，这段时间，相信只要有一点咳嗽、体温升高、头疼，人们都格外警觉，但这并不一定意味着被新型冠状病毒侵袭了，在居家情况下只不过是没睡好导致的一般性感冒，这些症状可能就是身体提醒你该休息了。

（12）丰富家庭生活。比如可以把平常在户外玩的游戏改到室内进行，像是套圈、打保龄球、踢毽子等，都可以玩得不亦乐乎。另外，花时间学习学习厨艺，为家人做丰盛的大餐，也是不错的选择。

（13）做适量的运动。适量的运动和充足的睡眠一样，对身体和心理健康非常重要。在疫情防控关键期，可以多做一些室内的体育锻炼，比如正念运动、瑜伽、太极、放松训练等。现在网上相关音视频资源很多，不妨跟着专业教练学习和练习。

### （三）出现哪些症状需要寻求专业心理咨询的帮助？

你可能会因为疫情的影响出现恐慌、怀疑自己被传染、烦躁、易怒、失眠、食欲不振的症状，很多大学生或其他成人都可能会有这些症状，但如果这些负面情绪或躯体表现已经严重影响到正常生活、工作或社交，并持续超过一周，请主动寻求专业心理咨询机构的帮助。别犹豫，每个人都会有自己解决不了的困难，及时求助是勇敢的表现！

# 五、老年期

我国老年人数量众多，这个群体较其他人群抗病能力弱、免疫功能差，是传染病的易感人群和高危易发人群。统计数据表明，新冠肺炎死亡案例中年龄偏大者居多，且都患有基础疾病，包括高血压、糖尿病、冠心病等，这使得他们在面对病毒时更加脆弱。因此在控制疫情发展的同时，需要提高老年人的防范意识和自我保护能力，引导他们面对突发疫情时进行科学的心理调适，维护身心健康，更好地应对疾病和危机。

## （一）老年人有哪些常见的心理和行为反应？

### 1. 面对疫情，不予重视

面对疫病的防控，部分老年人表现得云淡风轻。"劝爸妈出门戴口罩"竟然成为让众多年轻人头痛的难题。这与老年人处理信息时容易出现的乐观偏差密不可分。乐观偏差使老年人倾向于认为他人更可能遭遇消极事件，而不愿意相信自己会被病毒感染。

### 2. 面对疫情，焦虑恐慌

随着疫情发展，部分老年人由于频繁地接触负性信息，容易出现以下症状：焦虑紧张、心烦意乱、注意力不能集中、莫名发怒、易激惹、睡眠障碍；与人交流及应答困难；行动能力突然下降；突然回想起生命中受到创伤或蒙受严重损失等其他负性事件；担忧与家人朋友分开、远离。更严重的情况是，一些老年人在危机发生后发生性格巨变。

### 3. 面对疫情，安全感降低

心理的安全感是指一种从恐惧和焦虑中脱离出来的信心、安全和自由的感觉，特别是满足一个人现在和将来各种需要的感觉。部分老年人因自身健康状况需要长期服用药物，担心疫情期间由于医疗资源紧张或者避免交叉感染等原因无法及时获得医疗救助，所以自身安全感降低。

### 4. 面对疫情，孤独感增强

这次疫情蔓延、病例高发期恰逢中国传统春节，由于绝大部分人都处于居家防疫的状态，很多老年人无法像往年一样与家人团聚，共享天伦之乐。亲朋好友间的聚会也因疫情而取消了，与年轻人相比，老年人不擅于利用科技手段与外界联系，因此部分老年人会出现痛苦无助、孤独感上升的心理现象。

## （二）如何进行心理调节？

### 1. 提高防护意识

尽量通过官方渠道关注新冠肺炎的高传染性，认识到疫情的危急形势；学习权威机构发布的防护知识，在行动上积极科学地进行疫情防控，提高防范意识和自我保护能力，助力疫情攻坚战。

### 2. 面对危机，促进理性思维

积极关注权威专业机构发布的信息，不过分关注负面报道。面对突发疫情，个体在应激状态下很容易受到信息误导。像"喝酒、吸烟防肺炎"等平时很容易被识别的虚假信息，由于符合老年人关注积极信息这一特点，因而被广泛传播。过分听信、转发不实信息会加剧个体的恐慌情绪。面对疫情信息，要做到理性分析，确定自己的判断和担忧是否合理，不信谣、不传谣。

### 3. 寻求社会支持，提升安全感

当出现焦虑、惊恐等情绪时，老年人可以通过增加与家人的交流促进情绪的互动，缓解消极情绪对生活和健康的影响。另外，持续的口头安慰有利于老年人安全感的提升。有条件的社区或单位，可以对有需要的老年人进行家访，加强社会支持，确保医疗和援助物品的供应，发挥老年食堂的送餐功能，提供交通方面的帮助，协助老年人去看医生或购物等，有效增加老年人的安全感。

### 4. 科学运用情绪调节策略

在疫情面前，恐慌、焦虑是每个人的正常情绪反应，但是如果长期处于强烈的负性情绪状态，会对免疫系统造成损伤，危害身心健康。因此面对焦虑情绪，老年人可以利用自身更加擅长的情境选择、注意转移等情绪调节策略进行自我调适。有研究表明，书法、绘画、音乐、运动、园艺等都有利于老年人心理健康和情绪的恢复。

### 5. 保持乐观心态

多年追踪研究的结果表明，乐观的人免疫系统的活动能力更强，无助感体验更少，其免疫系统会更强健。免疫系统是人保持身体健康和对抗疾病侵扰的防卫组织系统。坚定战胜疫情的必胜信心，保持乐观的心态，是老年人增强免疫力的重要手段，对于应对疫情非常重要。

### 6. 正向思维，建立积极的居家方式

减少外出、居家休息是减少交叉感染的有效方式。老年人在居家生活安排上要尽量保持规律性和稳定性，不要过度关注疫情，避免心理过度承载。通过视频、电话等方式维持与亲朋好友交流，将居家休息视为增进与家人亲密关系的良机，享受平静安乐的生活，保持应对危机的信心。适当进行室内运动，如八段锦，有助于老年人有效缓解精神紧张。研究表明，坚持练习八段锦，可较大程度改善习练者的心理状态，缓解

不良情绪。

### （三）出现哪些症状需要寻求专业心理咨询的帮助？

如果老年人出现强烈的恐惧、易怒、失眠等症状，且持续时间超过一周，同时这些症状明显地影响到正常生活以及社会交往，建议及时去医院心理科或向心理咨询机构求助。

# 第三篇
# 常见心理问题解读

## 一、被隔离或被确诊人员疫情中常见的心理问题

### 1.如果我被隔离了怎么办？

答：（1）被隔离并不意味着你做错了什么，请不要将这种偶然事件和自己以往的经历加以联系。（2）听从医务人员的隔离安排，相信他们的专业性。（3）多和家人朋友交流，他们会是你的重要支持力量。（4）当觉察到自己处理不了负面情绪时，请打电话给专业的心理援助团队。

**2. 如果我的家人被隔离了怎么办?**

答:(1)保护好自己。(2)多和被隔离家人进行电话或网络沟通。(3)不要当着被隔离家人的面表现出激烈的情绪反应。(4)必要时可寻求专业心理援助团队的帮助。(5)相信医生的专业性。(6)做好被隔离家人的后援工作。

**3. 如果我出现疑似症状,该从心理上怎么应对?**

答:(1)首先应明白有一些担心是很正常的,但是不要有过多的心理负担。(2)让自己冷静下来,做好就医的各项准备。(3)尽量保持正面思维,明白自己的病情有待医生诊断,相信即使被确诊也有相应的治疗措施。(4)联系可信赖的亲友,以获得安慰、鼓励和支持。(5)如果觉察到自己焦虑、恐惧、担心的情绪强烈且无法消除,要及时寻求专业心理援助团队的帮助。

## 二、一线工作人员疫情中常见的心理问题

1.我是一线医护人员,如何进行心理调适?

答:(1)培养自我关照意识,合理排班,保证充足的睡眠和饮食。(2)接纳负面情绪,并找到适合自己的疏导方式。(3)巩固和利用同伴、朋友、家人的情感支持系统。(4)如果产生替代性创伤等心理应激反应,要及时调整工作岗位并寻求专业人员的帮助。

2.我是一线工作人员,最近工作压力大,总是担心一不小心酿成大祸,我该怎样进行自我调适?

答:(1)首先坚信自己只要沉着冷静地开展工作,具体情况具体施策,就一定能把工作做好。(2)将事情划分出轻重缓急,优先处理紧急重要的事务。(3)将注意力放在每一件具体的事情上。(4)多给自己积极的暗示(如"我很棒""我能行"),储蓄正能量。(5)等事情处理好,再回头想想,当初的忧虑其实是过度放大了。

3.如果我是一名执勤警察，在疫情期间工作强度大、情绪不稳定怎么办？

答：（1）正视这些情绪，承认这些情绪存在。（2）用语言（形容情绪的词汇或者描述感受的语句）描述此刻的情绪，让自己充分感受这些情绪。（3）通过倾诉、运动缓解情绪。（4）切记，看到、承认自己的情绪才是调节情绪的正确方法，逃避或否认只会让情绪受到压抑，直至导致情绪失控。

## 三、宅在家里的普通人员疫情中常见的心理问题

1.如果我看疫情信息停不下来，越看越焦虑，总是担心自己也会生病怎么办？

答：（1）面对疫情，感到焦虑和紧张是人们正常的反应，但是过度焦虑和紧张会损害免疫力，因此要适度控制有关疫情信息的接收量（每天控制在一小时之内）。（2）理性分析各种信息，多关注积极的信息。（3）一旦出现幻觉，务必及时寻求专业心理咨询人员或精神科医生的帮助。

2.我每天宅在家里，但是不得不出门买菜，看到人多就紧张，感觉到处都是病毒，我是不是心理出问题了？

答：（1）面对突如其来的疫情，很多人都可能会产生恐惧、焦虑、敌对和攻击等心理学所说的"应激反应"，这是正常的，也不完全是坏事，一定程度上可以提高我们的警觉性、敏锐性，让我们通过主动积极的自我调整适应新变化。（2）我们要允许自己有不良情绪出现，不压抑、不纵容，遵守专家提倡的安全出行方式的同时，寻找一些适合自己的放松方式。

3.疫情到底什么时候能结束？我感觉在家里再待下去就要得自闭症了，我该怎么办？

答：（1）要知道，在全国抗击疫情的关键时期，看着日益增长的确诊人数，出现情绪波动、心理烦躁是很正常的。（2）坚信困难只是暂时的，想想一线的医务工作者，他们为了抗击疫情有多久没有回家了。（3）坚定对国家的信心，相信科学，相信政府，抗击疫情过程有痛苦，但危机一定会过去。（4）如果真的出现了自己难以调节的心理困扰，建议寻求专业的心理援助。

**4.如何劝老年人出门戴口罩？**

答：（1）通过陪伴老年人一起收看关于疫情发展的电视新闻节目等方式，向老年人传递疫情形势危急的信号。（2）结合与老年人高度相关的数据和身边的案例，增强他们对信息的重视和认同感。（3）注意要从关心的角度出发来说服他们，一定避免强硬地提要求，满足老年人对被尊重和自身存在感的需要。

**5.如果孩子不愿意待在家里，总想跑出去玩儿，或者因为只能待在家里就总看手机和电视，作为家长该怎么办？**

答：（1）孩子天性好动，长时间待在家里难免会想出去玩儿、看电子产品等，所以首先要理解孩子的行为，家长要控制好自己的情绪。（2）可以借助有关绘本给孩子生动讲解病毒和疫情，让孩子理解待在家里的安全性和必要性。（3）充分发动家庭成员与孩子做一些互动游戏，减少孩子对电子产品的过度使用。

**6.家里老人非常敏感，每天面对有关疫情的新闻都非常焦虑，而且特别容易相信各类谣言，我该**

怎么帮助她？

答：（1）面对疫情，我们产生焦虑和恐慌等负面情绪都是正常的，这是人体自然的应激反应。（2）引导老人通过正规媒体关注权威的疫情发展信息，避免因过多接触负面新闻而加重心理负担。（3）可以向老人传递疾病治愈率、医学防疫措施等容易理解的要点信息，促进老人科学理性思考，减轻焦虑、恐慌的情绪。

**7.我总是担心疫情结束后生活和工作会发生变化，为此比较焦虑，我该怎么办？**

答：（1）每个人都会有指向未来的焦虑，这很大程度上源于未来的不确定性。（2）面对疫情，适度的焦虑有助于我们规范自己的言行，养成良好的卫生和生活习惯，也能激励我们在目前情况下做好手头的工作，为国家控制疫情做些力所能及的事情。（3）我们要相信党和政府为控制疫情所做的各种努力，坚定胜利的信念。（4）如果出现不能控制的重度焦虑，建议及时寻求专业心理咨询机构的帮助。

8.如果我自控力不强，在家里工作（学习）无法集中注意力，该怎么办？

答：（1）留意一下此刻的自己在想些什么，试着抛开这些想法。（2）留意一下自己此刻的情绪，可以用词语和句子描述此时的感受。（3）把注意力放在鼻腔，伴随呼吸感受空气进出鼻腔的过程，持续一小会儿。任何时候都可以做这个练习，尤其在思绪杂乱、情绪起伏的时候。记住，做得越多受益越多。（4）睡个好觉或者适量运动（就在室内进行），也是释放身心、提高专注力的好办法。

9.我是一名普通的员工，非常担心上下班乘坐公共交通工具跟很多人接触会感染疾病，我该怎么办？

答：（1）非常时期，焦虑、担心是正常的情绪反应，相信很多人都会有类似的感受。（2）日常出行做好个人防护，如戴口罩（有条件的可以戴手套），与周围人保持一定距离。（3）不去人员密集的地方，避免与他人过多接触。（4）回到居住的地方，记得第一时间洗手、消毒，养成良好的卫生习惯。

# 后　记

　　党的二十大报告特别强调要"提高防灾减灾救灾和重大突发公共事件处置保障能力，加强国家区域应急力量建设"，这一重要指示突显了我国对于灾害应对体系完善的迫切需求。在人类历史的长河里，地震、洪水、飓风以及其他自然或人为灾害的发生，不仅会对人们的物质世界造成破坏，同样会对人们的心理健康产生深远的影响。由此可见，在面对灾害事件时，不仅需要实力雄厚的救援队伍和物资储备，还需要加强对受灾相关人员心理健康的关注。2022年，《"十四五"国家应急体系规划》中就明确提出要"引导心理援助与社会工作服务参与灾害应对处置和善后工作，对受灾群众予以心理援助"。

　　心理防护与援助不仅有助于稳定受灾者的情绪状态，更能减轻其心理创伤，促进其心理康复。并且，通过专业的心理干预和支持，受灾者能够更好地面对困难与挑战，重建信心，恢复正常生活。目前，我国在灾害心理防护及援助等方面较以往有了突破性进展，但是与发达国家的心理援助体系相比，还有一些差距，尤其是缺少符合中国国情的灾害心理防护体系。

　　因此，我们组织编写《灾害心理防护》一书，这本书是国家出版基金资助项目。自课题立项以来，全体课题组成员共同努力，终于完成了该书稿的撰写工作。在本书编写过程中，我们基于习近平关于防灾减灾救灾工作的重要指示精神，秉持科学严谨的精神和态度，梳理了经历重大灾害后民众的心理、行为特点与变化规律，以及国内外应对不同灾害时有效的心理防护及援助实践，为灾难发生后迅速有效地组织和实施灾害心理防护和救援行动，减少并缓解灾害对民众产生的心理伤害，使受灾地区能够更快地得到恢复和重建，提出有针对性、有效的、具有中国特色的灾害心理防护及援助体系。

本书主要由四部分组成。第一部分为基础综合，重点阐述了灾害心理防护的理论基础和国内外灾害心理防护及援助体系，包括第一至第四章。第二部分为实践操作，介绍了在自然灾害、事故灾难、突发公共卫生事件和社会安全事件中的心理防护及援助实践，包括第五章至第八章。第三部分为灾后心理援助，介绍了不同受灾群体和参与灾害救援的专业人员灾后的心理应激及危机干预，包括第九章至第十一章。第四部分为灾害心理防护及援助展望，探讨了我国灾害心理防护及援助的挑战和发展方向，包括第十二章。

参加本书编写的团队成员有白学军教授（第一章），杨海波教授（第二章），吴捷教授（第三章），李馨副教授（第四章），周广东副教授（第五章），谷莉副教授（第六章），王锦博士（第七章），毋嫘副教授（第八章），朱叶博士（第九章），林琳副教授（第十章），张秀阁教授（第十一章），章鹏博士（第十二章）。在各章作者撰写完毕初稿后，我对全部书稿进行了修改。另外，李馨副教授、孙世南博士与蒋家丽、付淑英等同学参与了书稿的统稿与校对工作。在此衷心感谢所有团队成员和学生们的大力贡献！感谢天津教育出版社王艳超老师为本书的出版所做的贡献！

　　本书在编写过程中参考了国内外大量文献资料，汲取了很多优秀的学术思想与实践成果，在此一并向各位专家和作者表示敬意和谢意！

　　此外，由于编写时间和作者水平等条件的制约，书中可能存在一些不足和不当之处，欢迎专家、实践部门的管理者、读者予以指正。

白学军

2023年12月13日